EUL VERLAG

Cash Flow Prognosen bei Biotechnologieunternehmen mittels der systemdynamischen Modellierung

Von der Fakultät für Maschinenbau, Elektrotechnik und Wirtschaftsingenieurwesen der Brandenburgischen Technischen Universität Cottbus zur Erlangung des akademischen Grades eines Doktors der Wirtschaftswissenschaften genehmigte Dissertation

vorgelegt von

Mag. rer. soc. oec. David A. Maier

geboren am 07.02.1971 in Voitsberg, Österreich

Vorsitzender:	Prof. Dr. rer. pol. habil. E. Lukas
Gutachter:	Prof. Dr. phil. Dr. sc. oec. R. Schwarz
Gutachter:	Prof. Dr. rer. pol. habil. D. Baier

Tag der mündlichen Prüfung: 30.06.2011

David A. Maier

Cash Flow Prognosen bei Biotechnologieunternehmen mittels der system-dynamischen Modellierung

Mit einem Geleitwort von Prof. Dr. Dr. Rainer Schwarz,
Brandenburgische Technische Universität Cottbus

EUL VERLAG

Bibliografische Information der Deutschen Nationalbibliothek

Die Deutsche Nationalbibliothek verzeichnet diese Publikation in der Deutschen Nationalbibliografie; detaillierte bibliografische Daten sind im Internet über <http://dnb.d-nb.de> abrufbar.

Dissertation, Brandenburgische Technische Universität Cottbus, 2011

ISBN 978-3-8441-0100-3
1. Auflage Dezember 2011

JOSEF EUL VERLAG GmbH
Brandsberg 6
53797 Lohmar
Tel.: 0 22 05 / 90 10 6-6
Fax: 0 22 05 / 90 10 6-88
E-Mail: info@eul-verlag.de
http://www.eul-verlag.de

Bei der Herstellung unserer Bücher möchten wir die Umwelt schonen. Dieses Buch ist daher auf säurefreiem, 100% chlorfrei gebleichtem, alterungsbeständigem Papier nach DIN 6738 gedruckt.

Meinen Eltern

… to boldly go, where no man has gone before …
(James T. Kirk)

GELEITWORT

Die letzte Finanzkrise hat erneut deutlich gemacht, dass die Zahlungen im Finanzsektor häufig nicht mit den realwirtschaftlichen Prozessen verbunden sind. Ihre Begründung generell und die Kreditwürdigkeitsprüfung speziell stützen sich unzureichend auf realwirtschaftliche Gegebenheiten. Am Lehrstuhl Controlling der BTU Cottbus hat Prof. Dr. Sachs bereits 2000 auf die Lücke in der theoretischen Verbindung zwischen finanzwirtschaftlichen Prozessen und realwirtschaftlichen Aktivitäten hingewiesen und ein Konzept für die Verbindung von finanzwirtschaftlichen Aktivitäten mit stochastischen Aktivitätsnetzwerken vorgelegt. Später hat auch Dr. Schnauß einen Beitrag zum Schließen dieser theoretischen Lücke geliefert. Unter anderem hat er gezeigt, dass die Zweckgesellschaften ungenügend mit dem Controlling realwirtschaftlicher Aktivitätsnetzwerke verbunden sind. Auch die hier vorgelegte Arbeit leistet einen Beitrag zur engeren Verbindung realwirtschaftlicher und finanzwirtschaftlicher Aktivitäten. Der Verfasser hat sich in seiner praktischen Arbeit ständig mit dem Problem konfrontiert gesehen, dass die Prognose von Cashflows unzureichend aus realwirtschaftlichen Größen abgeleitet wird. Zur Lösung dieses Problems schlägt er vor, die Wechselwirkungen realwirtschaftlicher und finanzwirtschaftlicher Größen aus einer systemdynamischen Perspektive zu untersuchen. Ein entsprechendes mathematisches Modell und erste Simulationsläufe werden als wichtigstes Ergebnis einer logisch aufgebauten Argumentationskette dokumentiert. Die verwendeten Größen sind aus den Spezifika junger Biotechnologieunternehmen erarbeitet worden.

Zunächst wertet der Verfasser die wissenschaftliche Literatur auf den Gebieten Unternehmensgründung, Unternehmensbewertung und Prognoseverfahren aus und zeigt, dass diese Gebiete bisher theoretisch und methodisch wenig zur Lösung des Problems der Prognose von Cashflows bei Biotechnologieunternehmen beitragen. In der Gründungsliteratur werden die Prognose von Erfolgsgrößen und die Besonderheiten bei Biotechnologieunternehmen unzureichend berücksichtigt. In der Bewertungsliteratur wird die Prognose der finanziellen Überschüsse vernachlässigt. Insbesondere wird die Wirkung von Einflussgrößen auf den Cashflow kaum erfasst. Auch trifft der in dieser Literatur unterstellte Unternehmenstyp nicht auf junge Biotechnologieunternehmen zu. Die Prognoseliteratur wiederum berücksichtigt nicht die Spezifika verschiedener Unternehmenstypen. Er hält fest: „In der Literatur ist bisher keine Systematisierung der Einflussgrößen ... für die Prognose von Cashflows ... bei Biotechnologieunternehmen zu finden." Auch eine eigene Befragung des Verfassers von neun Investment Managern aus Venture Capital und Private Equity Gesellschaften hat ergeben, dass in der Praxis DCF-Verfahren und einfache Multiplikatoren bei der Bewertung des Unternehmenswertes von Biotechnologieunternehmen vorherrschen. Damit ist ihm in überzeugender Weise der Nachweis gelungen, dass die realwirtschaftliche Fundierung von Cashflow-Prognosen (zumindest für Biotechnologieunternehmen) zum Zwecke der Entscheidungsvorbereitung für die Unternehmens- oder Projektfinanzierung in der Praxis fehlt und in den wichtigsten relevanten Theoriegebieten nicht in der notwendigen Komplexität untersucht wird.

Der wesentliche Beitrag des Verfassers zur Wissenschaftsentwicklung kristallisiert sich im vierten Kapitel. Anfangs werden die einzelnen Determinanten der Cashflow-Entwicklung dargestellt. Der Verfasser bevorzugt die direkte Berechnung des Cashflows, weil sie eine Aufspaltung in Preis- und Mengenkomponenten erlaubt. Damit wird es möglich, den Cashflow künftiger Jahre kausal auf seine realwirtschaftlichen Quellen zurückzuführen. Bei dieser sehr ausführlichen Untersuchung der Determinanten des Cashflows in der pharmazeutischen Biotechnologie gewinnt der Autor zugleich Annahmen für die Konstruktion seines systemdynamischen Modells und Daten für seine Belegung. Eine kritische Würdigung der in der Literatur beschriebenen systemdynamischen Unternehmensmodelle zeigt, dass es in der langjährigen Entwicklung von System Dynamics bisher nicht gelungen ist, ein reproduzierbares und von anderen Autoren überprüftes und weiterentwickeltes Unternehmensmodell zu erarbeiten. In Befolgung wichtiger Grundsätze sorgfältiger Modellkonstruktion werden die Prämissen des hier entwickelten systemdynamischen Unternehmensmodells auf zwei Seiten zusammengestellt. Diese Explikation von Prämissen ist leider bei vielen Autoren nicht anzutreffen. Die Abbildung auf Seite 162 dokumentiert sehr anschaulich die Submodelle des Prognosemodells und zeigt außerdem die nicht-monetären Quellen auf, aus denen der Cashflow gespeist wird. Die weiteren Abbildungen in diesem Kapitel sind überwiegend mit der Software VENSIM und dem Modell generiert worden. Sie zeigen jeweils die Wechselwirkungen zwischen den Größen in den Submodellen und geben Auskunft über die verwendeten Zeitverläufe der Modellgrößen. Es werden kritische Größen ermittelt, die wesentlichen Einfluss auf das Modellverhalten ausüben. Interessant ist die Anregung, das Modell als Entscheidungsunterstützungssystem zu interpretieren, um damit Abbruchentscheidungen von Investitionsprojekten zu treffen. Das erarbeitete systemdynamische Unternehmensmodell war auf meinem Rechner lauffähig. Es ist damit für jeden Wissenschaftler reproduzierbar und nachprüfbar. Diese selbst-redende Anforderung an die Überprüfbarkeit jeglicher wissenschaftlicher Leistung wird leider immer noch zu sehr missachtet.

Das hier vorgelegte systemdynamische Modell stellt einen beachtlichen Fortschritt auf dem Gebiet dynamischer Unternehmensmodelle dar und eröffnet neue Perspektiven für die Weiterentwicklung. Als Anregungen für weitere Forschungsarbeiten können folgende aufgegriffen werden:

- Erweiterung einiger Submodelle, vor allem des Patientenmodells;
- Verbesserung der Datenbasis durch Nutzung medizinischer Datenbanken;
- tiefere Untersuchungen von Diffusionskoeffizienten für spezifische Therapiegebiete und von Verlustraten;
- Integration der F&E-Phase unter Berücksichtigung von Abbruchwahrscheinlichkeiten.

Der unmittelbare Wert dieser Arbeit für die Praxis besteht darin, dass wesentliche realwirtschaftliche und monetäre Einflussgrößen auf den Cashflow in ihren komplexen Zusammenhängen in einem systemdynamischen Modell abgebildet werden. Das erlaubt bei künftigen qualitativen Schätzungen von Cashflows eine bessere Berücksichtigung der Einflussgrößen in ihrer komplexen Wechselwirkung – auch ohne jegliche Modellrechnung. Darüber hinaus können derartige Abschätzungen durch Simulationsrechnungen mit diesem systemdynamischen Modell besser überprüft werden. Wichtig ist hier die Erkenntnis, dass ein solches Modell stets an den Einzelfall angepasst und dabei modifiziert werden muss.

Von besonderer wissenschaftlicher Bedeutung für eine dynamische Unternehmenstheorie ist die Erkenntnis, dass man sie nicht auf ein einziges dynamisches Modell stützen kann. Meine ursprüngliche Arbeitshypothese, dass man das von uns an der BTU Cottbus entwickelte systemdynamische Unternehmensmodell im Hinblick auf die kleinen pharmazeutischen Unternehmen erweitern kann, hat sich infolge der sorgfältigen Arbeit des Verfassers als nicht realisierbar herausgestellt. Diese Falsifizierung bedeutet für die Unternehmenstheorie, dass man kein allgemeingültiges systemdynamisches Unternehmensmodell entwickeln kann, sondern künftig auf eine Familie oder Klasse spezieller Modelle zurückgreifen muss, die auf die Besonderheiten einzelner Unternehmenstypen zugeschnitten sind. Vielmehr wird es notwendig sein, anhand unterschiedlicher Unternehmenstypen zugehörige dynamische Modelle zu entwickeln. Der ursprüngliche Gedanke spezieller Betriebswirtschaftslehren erscheint damit in neuer Perspektive, nämlich als spezielle Modellklassen einer allgemeinen Unternehmenstheorie. Die vorliegende Arbeit impliziert eine Revitalisierung des ursprünglichen Konzeptes spezieller Betriebswirtschaftslehren auf moderner Grundlage. Sie setzt die an den Universitäten Mannheim, Stuttgart und Cottbus begonnene Grundlegung einer dynamischen Betriebswirtschaftslehre fort.

Prof. Dr. Dr. Rainer Schwarz

Berlin, 14. November 2011

VORWORT

Cash Flow Prognosen bei Unternehmen sind für eine Vielzahl von Anlässen, aber insbesondere bei der Unternehmensbewertung, von großer Bedeutung. Basis der gängigsten Bewertungsmethode, der Discounted Cash Flow Methode, ist die Prognose der zu diskontierenden finanziellen Überschüsse, die sich aus realwirtschaftlichen Größen ableiten. Cash Flow Prognosen sind bei Biotechnologieunternehmen wesentlich komplexer, da diese Unternehmen einige Spezifika aufweisen, die bei der Prognose berücksichtigt werden müssen. In der vorliegenden Arbeit werden diese Spezifika analysiert und die den Cash Flow beeinflussenden Größen und deren Wirkungszusammenhänge mittels der systemdynamischen Modellierung abgeleitet. Das daraus resultierende Cash Flow Prognosemodell ermöglicht vielfältige Einsichten und die Beantwortung unterschiedlicher Fragestellungen. So können letztendlich auch Handlungsempfehlungen für den Prognoseersteller abgeleitet werden.

Die vorliegende Arbeit entstand am Lehrstuhl für Controlling an der BTU Cottbus, und mein aufrichtiger Dank gilt meinem Doktorvater Prof. Dr. Dr. Rainer Schwarz, der sich bereit erklärt hat, mich als externen Doktoranden aufzunehmen und mir den notwendigen Forschungsfreiraum ermöglichte. Darüber hinaus danke ich ihm für die konstruktive Begleitung in Form von Denkanstößen und wertvollen Ratschlägen. Nicht nur sein fachlicher Einfluss, sondern auch die ermutigenden und motivierenden Worte haben wesentlich zum Gelingen und zum Abschluss der Arbeit beigetragen. Die offene und herzliche Atmosphäre der geführten Gespräche werden mir stets in Erinnerung bleiben. Prof. Dr. Daniel Baier danke ich für die Übernahme des Zweitgutachtens und Prof. Dr. Elmar Lukas für die Übernahme des Vorsitzes der Prüfungskommission.

Den Kolleginnen und Kollegen der Doktorandenseminare, den Interviewpartnern sowie den Mitarbeitern des Institutes danke ich für die methodische Unterstützung, die vielen wertvollen Anregungen und kritischen Fragen.

Meiner Frau Doris Elisabeth danke ich für die Gewährung des nötigen Freiraumes zur Umsetzung der Arbeit.

Meinen Eltern, die den Grundstein dieser Arbeit gelegt haben, danke ich in besonderer Weise. Ihnen ist diese Arbeit gewidmet.

David A. Maier

INHALTSVERZEICHNIS

ABBILDUNGSVERZEICHNIS

TABELLENVERZEICHNIS

ABKÜRZUNGSVERZEICHNIS

Abb.	Abbildung
ADME/PK	absorption, distribution, metabolism, excretion and pharmacokinetics
ADMET	Absorption, Distribution, Metabolismus, Exkretion und Toxikologie
akt.	aktualisiert
AMG	Arzneimittelgesetz
ATC	Anatomisch Therapeutische Chemisch
Aufl.	Auflage
BFuP	Betriebswirtschaftliche Forschung und Praxis
BPI	Bundesverband Pharmazeutische Industrie
bzgl.	bezüglich
bzw.	beziehungsweise
DB	Der Betrieb
DBW	Die Betriebswirtschaft
dmnl	dimensionslos
DNA	Desoxyribonucleic acid
DTC	Direct-to-consumer
DTCA	Direct-to-consumer advertising
DVFA	Deutsche Vereinigung für Finanzanalyse und Asset Management
erw.	erweiterte
ESR	Economic Systems Report
et al.	et alii (und andere)
etc.	et cetera (und so weiter)
EUR	Euro
evtl.	eventuell
F&E	Forschung & Entwicklung
FB	FinanzBetrieb
FDA	US Food and Drug Administration
FN	Fußnote
g	Gramm
GLP	Good Laboratory Practice
GMP	Good Manufacturing Practice
ICD	International Classification Disease
IFRS	International Financial Reporting Standards
IND	investigational new drug
inkl.	inklusive
insb.	insbesondere
IPO	Initial Public Offering
kg	Kilogramm
M&A	Mergers & Acquisitions
m.w.N.	mit weiteren Nachweisen
mg	Milligramm
mind.	mindestens
MIT	Massachusetts Institute of Technology
NCE	New chemical entity
NDA	New Drug Application
NLS	Non-linear least squares
NME	New Molecule Entity
o.V.	ohne Verfasser

OLS	Ordinary least squares
PuK	Planung und Kontrolle
Tab.	Tabelle
TCSDD	Tufts Center Study of Drug Development
TEUR	Tausend Euro
überarb.	überarbeitete
USD	US-Dollar
VFA	Verband Forschender Arzneimittelhersteller
vgl.	vergleiche
WHO	World Health Organization
z. B.	zum Beispiel
zfbf	Zeitschrift für betriebswirtschaftliche Forschung

1. Problemstellung

Cash Flow Prognosen sind sowohl unternehmensintern als Entscheidungsgrundlage für das Management als auch unternehmensextern für Kapitalgeber eines jeden Unternehmens von großer Bedeutung. Die betriebliche Praxis zeigt, dass Cash Flow Prognosen, unabhängig vom Zweck, nach einer relativ kurzen Detailplanungsphase, meist in der Form einer einfachen Fortschreibung der relevanten Positionen der Gewinn- und Verlustrechnung und der Bilanz durchgeführt werden. Die zukünftigen Rahmenbedingungen auf den Beschaffungs- und Absatzmärkten sowie das Verhalten der Konkurrenz werden jedoch nicht angemessen berücksichtigt.[1] Bei jungen Unternehmen sind Prognosen noch problematischer, da diese oftmals ein neues Produkt auf den Markt bringen, dessen Akzeptanz durch die Kunden nur durch eine intensive Analyse des Marktes, des Kunden- und Wettbewerbsverhaltens und der Eigenschaften des Produkts vorhergesagt werden kann. Zusätzlich kann bei jungen Unternehmen nicht von einer Stationarität des Bedingungskomplexes ausgegangen werden, sodass weitere Unsicherheiten bei der Cash Flow Prognose auftreten.

Die nachfolgende Arbeit widmet sich der Thematik der Prognose von Cash Flows für den Spezialfall Biotechnologieunternehmen. Bei Biotechnologieunternehmen existieren neben den allgemeinen Charakteristika junger Unternehmen noch einige markt-, technologie- und unternehmensspezifische Besonderheiten, die bei einer Cash Flow Prognose berücksichtigt werden müssen. Betriebswirtschaftlich kann damit diese Arbeit entsprechend der institutionellen Gliederung in die Spezielle Betriebswirtschaftslehre, die sich mit ausgewählten Fragen bei Unternehmen, z. B. aus einer bestimmten Branche, beschäftigt, eingeordnet werden.[2]

Zur Bewältigung von Cash Flow Prognosen bei Biotechnologieunternehmen müssen die Literaturstränge von drei verschiedenen betriebswirtschaftlichen Teilgebieten untersucht werden. Diese Literaturstränge sind:

1. die Gründungsliteratur mit Schwerpunkt Biotechnologie
2. die Literatur zur Unternehmensbewertung
3. die Prognoseliteratur

Eine isolierte Betrachtung der Literatur eines einzelnen Teilgebietes vermag aufgrund der Interdisziplinarität und Komplexität der Thematik für sich alleine die Zielstellung nicht beantworten. Darüber hinaus würde die Komplexität der praktischen Problemstellung zu stark vernachlässigt, sodass in einer Synthese der relevanten Teile dieser Literatur versucht wird, eine hinreichende Antwort auf die Frage, wie Cash Flows bei Biotechnologieunternehmen prognostiziert werden können, zu geben. Auf den nachfolgenden Seiten werden die einzelnen Literaturstränge kurz dargestellt, um die Bedeutung des Themas, deren ungenügende Behandlung in der bisherigen Literatur, verbunden mit der theoretisch und praktisch unzureichenden Lösung des Problems, aufzuzeigen.

---

[1] Der Verfasser trifft bei der Analyse von Businessplänen immer wieder auf derartige einfache Prognoserechnungen, und die Auswertung der Fragebögen bestätigt diese Tatsache. Zur Auswertung der Fragebögen vgl. Anhang II.

[2] Vgl. Kußmaul (2008), S. 6.

Neben der in der bisherigen Literatur noch ungenügend behandelten Thematik haben Cash Flow Prognosen bei Biotechnologieunternehmen auch eine hohe praktische Relevanz. Dies zeigt die Anzahl an Neugründungen von Unternehmen in diesem Bereich. Seit Mitte der neunziger Jahre des 20. Jahrhunderts hat sich in Deutschland die Entwicklung der Biotechnologieindustrie erheblich beschleunigt. Die Zahl der Unternehmensgründungen hat sich, mitverursacht durch den BioRegio-Wettbewerb[3] und die Novellierung des Gentechnik-Gesetzes (1993), deutlich vervielfacht.[4] Weitere Faktoren, die den Gründungsboom vieler kleiner Biotechnologieunternehmen beeinflussten, waren die gesteigerte Akzeptanz der Biotechnologie in der Bevölkerung, die staatliche Förderung von Jungunternehmen, der Technologietransfer aus den universitären Forschungseinrichtungen und vor allem die Bereitstellung von Wagniskapital durch Venture Capital Gesellschaften.[5] Die Biotechnologieindustrie ist mittlerweile in Deutschland fest etabliert und wird im 21. Jahrhundert voraussichtlich weiter an Bedeutung gewinnen, da eine zunehmend alternde Bevölkerung einen höheren Bedarf an neuen innovativen Medikamenten generiert, den die etablierten Pharmafirmen nicht mehr liefern können. In Deutschland und Europa liegt der Schwerpunkt der Tätigkeit der Biotechnologieunternehmen auf der Entwicklung neuer Medikamente. Von den insgesamt 531 mit rund 14.950 Beschäftigten in Deutschland tätigen Biotechnologieunternehmen entwickeln 241 Firmen (45 %) neue Medikamente oder diagnostische Tests für den humanmedizinischen Bereich.[6] Der Anteil an Biotech-Medikamenten bei neu eingeführten Arzneimitteln ist in den vergangenen Jahren stark gestiegen, und die „rote Biotechnologie“[7] gilt als Innovationstreiber für die Pharmaindustrie, die sich wegen auslaufender Patente von Blockbustern in einer Stagnationsphase befindet.[8] Eine Strategie von Pharmaunternehmen, den Innovationsnachteil auszugleichen, sind Übernahmen von Biotechs. Der in Biotechs vorhandene Innovationsvorsprung ist auch mit ein Grund für eine Fokussierung der Kapitalmarktteilnehmer auf diese Unternehmen. Derzeit ist ein Drittel der deutschen Biotechnologieunternehmen mit Venture Capital finanziert. Die Dynamik der Eigenkapital-Finanzierungen (Venture Capital/Börsengänge) ist im Jahr 2008 zwar um rund 50 % eingebrochen und erreichte lediglich ein Niveau von rund 250 Millionen EUR.[9] Unabhängig davon erfolgt jedoch jährlich eine Vielzahl strategischer Transaktionen bzw. Abschlüsse von Lizenz- und Kooperationsverträgen, deren Grundlage meist eine prognostizierte Erfolgsgröße ist. Aufgrund der marktseitig engen Verbindung zur pharmazeutischen Industrie kann ein derartiges Cash Flow Prognosemodell auch zur Absatzprognose von neu entwickelten Medikamenten eingesetzt werden. Damit steht ein Instrument für Fortführungs- bzw. Abbruchentscheidungen von Entwicklungsprojekten zur Verfügung.

---

3 Ausgelöst durch den BioRegio-Wettbewerb haben sich in Deutschland einige Biotechnologie-Cluster wie z. B. in München, im Gebiet Rhein-Neckar, Rheinland und Berlin-Brandenburg entwickelt.

4 Vgl. Heidenreich et al. (2002), S. 4; o.V (1999), S. 8f.

5 Vgl. Wrede/Henning (2000), S. 118; Scheibehenne et al. (2003), S. 2ff.

6 Vgl. biotechnologie.de (2010), S. 10.

7 Für die Unternehmen, die innerhalb der Biotechnologieindustrie im Bereich der Medikamentenentwicklung tätig sind, hat sich der Oberbegriff „rote Biotechnologie“ durchgesetzt; zur Definition des Begriffs „rote Biotechnologie” vgl. Kapitel 2.1.1; in dieser Arbeit wird hierfür auch die Bezeichnung medizinische oder pharmazeutische Biotechnologie verwendet.

8 Vgl. DVFA (2005), S. 3.

9 Vgl. Ernst & Young (2009b), S. 65; von 2000 bis 2008 lag das durchschnittliche aufgebrachte Eigenkapitalvolumen in der Biotechnologiebranche bei rund 500 Mio. EUR pro Jahr.

Gründungsliteratur

Bei den neu gegründeten oder erst kurz existierenden Biotechnologieunternehmen handelt es sich meistens um junge, innovative, kleine und stark wachsende Unternehmen, die zusätzlich noch einige unternehmenstypische Besonderheiten aufweisen. Das Management besteht in der Regel aus Wissenschaftlern, die direkt aus der Grundlagenforschung kommen und primär ihre Forschungsergebnisse als Startkapital besitzen. Junge Biotechs verkaufen zum Gründungszeitpunkt keine marktfähigen Produkte, sondern Wissen und Erkenntnisse. Der Weg von den viel versprechenden Forschungsergebnissen zu einem marktfähigen Produkt dauert in der Regel noch durchschnittlich sechs bis acht Jahre und ist mit erheblichen Entwicklungsrisiken behaftet. Insbesondere die Unsicherheit in der Produktentwicklung führt dazu, dass nur erschwert Aussagen getroffen werden können, ob das Unternehmen in einigen Jahren noch besteht. Damit weisen Biotechnologieunternehmen Eigenschaften auf, die bei etablierten Unternehmen gar nicht oder nicht in diesem Ausmaß vorhanden sind. Allgemein gehören Biotechnologieunternehmen mit diesen Charakteristika zu den jungen Wachstumsunternehmen, die in der ökonomischen Diskussion durch fünf Merkmale charakterisiert werden:[10]

1. Kurze wirtschaftliche Existenz und fehlende Repräsentanz der Vergangenheit für die Zukunft
2. Hohe Kompetenz des Managements
3. Innovative Produkte, Dienstleistungen und Verfahren
4. Überproportionales Wachstum
5. Dynamik und Risiko

Die oben genannten Merkmale bedürfen bei den sogenannten „pharmazeutischen" Biotechnologieunternehmen, die als Unterklasse der jungen innovativen Wachstumsunternehmen klassifiziert werden können, einer Erweiterung um zusätzliche Merkmale:

- Der Geschäftserfolg ist oftmals von einem einzigen Innovationsprojekt abhängig.
- Das einzelne Projekt hat aufgrund der begrenzten Patentlaufzeit eine vorgegebene Lebensdauer.
- Die Entwicklung des Arzneimittels von der ersten klinischen Phase bis zur Markteinführung dauert in der Regel sechs bis acht Jahre.
- Mit zunehmendem Entwicklungsstatus bzw. erfolgreicher Durchführung der klinischen Tests können die Eigenschaften des Produkts immer genauer eingeschätzt werden.
- Patente haben eine hohe Bedeutung für den Unternehmenswert.
- Der Kapitalbedarf ist aufgrund der Dauer und Kosten der Entwicklung sehr hoch.
- Bis zur Markteinführung existieren aufgrund der Investition in F&E nur negative Cash Flows.

Zwar finden junge innovative Wachstumsunternehmen seit einiger Zeit aufgrund ihrer zunehmenden volkswirtschaftlichen Bedeutung Beachtung in der wirtschaftswissenschaftlichen Literatur[11], jedoch liegen die Forschungsschwerpunkte auf der

[10] Vgl. Nowak (2000), S. 124; ausführlich und alternative Definitionsmöglichkeiten geben: Nehrlinger/Berger (1995), S. 23; Mugler (1995), S. 18f; Achleitner/Bassen (2003), S. 97.

[11] Vgl. Dautzenberg (2008), S. 1ff; Audretsch (2002), S. 29–45; Brettel et al. (2000), S. 9–14.

Person des Gründers, dem Gründungsumfeld, den Erfolgsfaktoren für Wachstum sowie auf Strukturen und Prozessen dieser Unternehmen.[12] Ein großer Teil der Literatur ist der sogenannten „Ratgeberliteratur" zuzuordnen, die sich primär auf praktische Ratschläge im Rahmen einer Unternehmensgründung beschränkt und einen starken Fokus auf die geeignete Rechtsform bei der Gründung, steuerliche Rahmenbedingungen und der Vermittlung von allgemeinem betriebswirtschaftlichen Wissen hat. In der Literatur zur Unternehmensfinanzierung haben junge Wachstumsunternehmen aufgrund der zahlreichen Gründungen von Technologieunternehmen Berücksichtigung gefunden, jedoch ist die Prognose der Erfolgsgrößen derartiger Unternehmen und deren Abhängigkeit von unternehmensinternen und -externen Rahmenbedingungen auch in diesem Literaturteil noch ungenügend berücksichtigt.[13] Die Spezifika von Biotechnologieunternehmen und des für diese Unternehmen relevanten Marktes einerseits und die Relevanz dieser Besonderheiten für die Prognose von Cash Flows andererseits sind in den erwähnten Literatursegmenten nicht ausreichend erörtert. Auch eine Quantifizierung dieser Besonderheiten im Rahmen eines Prognosemodells existiert nicht.

Unternehmensbewertungsliteratur

Empirische Untersuchungen haben gezeigt, dass die Finanzierung des Wachstums das Hauptproblem für junge Unternehmen darstellt.[14] Junge Wachstumsunternehmen, und damit auch Biotechs, finanzieren sich anfangs über Fördergelder und durch Einwerbung von Risikokapital von Venture-Capital-Gebern.[15] Bei Biotechnologieunternehmen ist ein wesentliches Finanzierungsinstrument der Abschluss von Lizenz- und Kooperationsvereinbarungen mit etablierten pharmazeutischen Unternehmen. Finanzierungs- und Kaufentscheidungen bei Wachstumsunternehmen sind somit auch Entscheidungen über den Unternehmenswert, der auf Basis von prognostizierten finanziellen Überschüssen ermittelt wird. Damit erfolgt die Hinwendung zum zweiten großen Literaturteil, der eventuell Antworten hinsichtlich der Prognose von Cash Flows leisten kann – der Literatur zur Unternehmensbewertung.[16] Methodisch erfolgt im Rahmen der Ermittlung eines Unternehmenswertes nach der Discounted Cash Flow Methode die Abzinsung von prognostizierten Cash Flows mit einem risikoadjustierten Zinssatz.[17] In der Literatur wird allgemein anerkannt, dass hinsichtlich der Bewertung von jungen Unternehmen keine anderen Grundsätze der Unternehmensbewertung gelten als für etablierte Unternehmen. Auch für die Bewertung von Unternehmen in der Seed- und Start-up-Phase sollen diskontierte Cash Flows zur Ermittlung des Unternehmenswertes herangezogen werden.[18] Der Unternehmensbewerter ist bei der Prognose der

[12] Vgl. Brüderl et al. (2009), S. 106ff; Bronner et al. (2001), S. 586; Klandt (1999), S. 2ff.

[13] Vgl. Brettel et al. (2005), mit zahlreichen weiteren Nachweisen; Böhmer (2003), S. 1ff; Thalmann (2004), S. 3ff.

[14] Vgl. Ernst & Young (2009b), S. 65ff; FhG-ISI (1998), insb. Kapitel 4.6; Menrad et al. (1999) S. 36.

[15] daneben existieren noch weitere Kriterien bei der Auswahl von Unternehmen, vgl. Schefczyk (2000) S. 25f.

[16] Die wissenschaftliche Diskussion betreffend die Bewertung von Unternehmen erfährt seit Jahrzehnten große Aufmerksamkeit. Grundlagenwerke hierzu sind: Schmalenbach (ZfbF 1917/1918); Busse von Colbe (1957); Bretzke (1975); Moxter (1983); Ballwieser (1990); Mandl/Rabel (1997); Drukarczyk (2003); Peemöller (2001).

[17] Die Cash Flows werden im Rahmen der Discounted Cash Flow Methode benötigt, die aus der angelsächsischen Bewertungspraxis stammt und zunehmend auch im deutschsprachigen Raum verwendet wird. Vgl. Peemöller et al. (1999), S. 621.

[18] Vgl. Damadoran (2001), S. 50; gegenteiliger Meinung ist Friedli (2001), S. 97.

Cash Flows mit der Identifizierung von sämtlichen relevanten Annahmen konfrontiert und muss daher auf komplexitätsreduzierende Modelle zurückgreifen.[19] Die Unsicherheit der Höhe der zukünftigen Cash Flows wird bei der Unternehmensbewertung in der Regel durch einen Risikozuschlag zum Kapitalisierungszinssatz gelöst.[20] Dies führt dazu, dass in der Praxis die Kapitalisierungszinssätze bei Technologieunternehmen bzw. bei jungen und wachstumsstarken Unternehmen zwischen 30 % und 70 % liegen.[21] Diese Vorgehensweise ist zwar methodisch korrekt, verlagert die Problematik jedoch auf das Herleiten des Risikoaufschlages und sollte den Prognoseersteller bzw. den Unternehmensbewerter nicht davon entbinden, bei der Prognose der finanziellen Überschüsse höchstmögliche Sorgfalt walten zu lassen. Die Prognose der Cash Flows sollte den gesamten Bedingungskomplex berücksichtigen, denn je besser und fundierter die Informationsbasis ist, desto eher kann das weite Spektrum des An-sich-Möglichen auf einen engen Bereich des Wahrscheinlichen reduziert werden.[22]

Das zentrale Problem einer jeden Unternehmensbewertung ist die Prognose der zu diskontierenden Zahlungsströme.[23] Die Schätzung der künftigen Erfolge gehört zum schwierigsten Teil jeder Unternehmensbewertung.[24] Zwar hat die Prognose in der bestehenden Literatur der Unternehmensbewertung hinsichtlich Breite und Detaillierungsgrad durchaus Bedeutung erlangt,[25] dennoch liegt der Schwerpunkt der Bewertungsliteratur auf den Bewertungsmethoden, der Herleitung des Kapitalisierungszinssatzes, den finanzierungstheoretischen, steuerlichen und kapitalmarktorientierten Aspekten sowie den neueren Ansätzen und Methoden der Unternehmensbewertung.[26] Die Wichtigkeit der Zukunftsprognose wird von zahlreichen Autoren erkannt, jedoch geben nur wenige Beiträge konkrete Hinweise, wie der Umsatz als zentrales Element der Cash Flows prognostiziert werden kann.[27] Ein besonderer Schwerpunkt in der Bewertungsliteratur liegt in den einzelnen Verfahren der Bewertungsmethoden (Ertragswertverfahren, Discounted Cash Flow Verfahren) und deren Kompatibilität untereinander.[28] Zwar ist verständlich, dass die Anwendung eines falschen Rechenverfahrens zu Bewertungsfehlern führt, jedoch ist festzustellen, dass das Kernproblem, die Prognose der finanziellen Überschüsse, vernachlässigt wird, insbesondere wenn man bedenkt, dass der Großteil der verwendeten Zeit auf die Analyse des Unternehmens und die Erstellung und Plausibilisierung der Prognose verwendet wird.[29] Die Kalkulation des

[19] Aus rein pragmatischen Überlegungen hinsichtlich des Kosten-Nutzen-Verhältnisses bei der Informationsbeschaffung ist eine Komplexitätsreduktion notwendig.

[20] Hierbei handelt es sich um die national und international üblicherweise angewandte Zinszuschlagsmethode.

[21] Dies ergab auch die Umfrage bei den Managern der Venture Capital Gesellschaften; vgl. Anhang II

[22] Vgl. Bretzke (1975), S. 85.

[23] Vgl. Peemöller et al. (1999), S. 621.

[24] Vgl. Helbling (2001), S. 170; Dirrigl (1988), S. 1.

[25] Vgl. Bretzke (1975); Ballwieser (1987 und 1990); Kleber (1989), der gleichzeitig einen historischen Abriss der Entwicklung der Prognose in der Unternehmensbewertung gibt, hier stellvertretend für viele, m. w. N.; wertvolle Arbeit der Prognoseprobleme bei Unternehmensbewertungen für junge, dynamische Unternehmen jüngeren Datums sind: Hayn (1998), sowie Schwall (2001).

[26] Stellvertretend für die Fülle an bewertungsrelevanter Literatur seien hier lediglich einige Standardwerke jüngeren Datums angeführt, die bei den einzelnen Themen auf die Spezialliteratur verweisen: Ballwieser (1987), Peemöller (2001); WP-Handbuch (2002); Der Prognose im Rahmen der Literatur zur Unternehmensbewertung widmen sich ausführlicher nur Ballwieser (1987); Kleber (1989); Hayn (1998); Schwall (2001); Achleitner/Nathusius (2004), S. 5.

[27] Vgl. Wipfli (2001), S. 78ff; Smith/Smith (2000), S. 158ff.

[28] Vgl. Peemöller (2001), S. 264ff; WP-Handbuch (2002), S. 54.

[29] Vgl. Kruschwitz (2002), S. 3.

Unternehmenswertes, der anschließend meist über ein standardisiertes Programm ermittelt wird, ist der einfachere Teil der Unternehmenswertermittlung. Für die Detailplanungsphase (Prognose der Cash Flows über einen Zeitraum von ca. drei Jahren) finden sich in der Bewertungsliteratur bezüglich der Vorgehensweise bei der Prognose nur vereinzelt Hinweise.[30]

Münstermann erkennt bereits 1970 als Erster die Schwierigkeiten, die sich aus der Zukunftsorientierung des Unternehmenswertes ergeben, und Bretzke stellt 1993 fest, dass die Regeln der Informationsverarbeitung, nicht aber die Qualität der zu verarbeitenden Informationen lange Zeit als das Problem in der Unternehmensbewertung angesehen wurden.[31] In jüngster Zeit wurde sogar versucht, die finanziellen Überschüsse aus der strategischen Planung abzuleiten, wobei vorweg zusammengefasst werden kann, dass, obgleich interessante Erkenntnisse gewonnen werden konnten, sämtliche Verfahren an der Transformation der qualitativen Daten in quantifizierbare Erfolgsgrößen scheitern. Überdies sind die identifizierten Zusammenhänge zwischen Erfolgsfaktoren und Erfolgsgrößen zu schwach, um daraus Prognoseaussagen zu treffen, und die Interdependenzen zwischen einzelnen Erfolgsfaktoren sind in ihrer Komplexität nur schwer zu erfassen.[32] Auch andere Ansätze der Prognose der zukünftigen finanziellen Überschüsse mit strategischen Konzepten führten nicht zum gewünschten Erfolg.[33]

Zusammenfassend ist festzuhalten, dass sich die bestehende Bewertungsliteratur auf die Darstellung der Regeln der Informationsverarbeitung bei der Prognoseerstellung beschränkt, wobei folgende grundsätzliche Vorgehensweise empfohlen wird:[34]

1. Informationsbeschaffung über die Branche und das Unternehmen
2. Vergangenheitsanalyse und Bereinigung der Vorjahresergebnisse
3. Analyse der heutigen Lage und Beurteilung der zukünftigen Strategien
4. Erstellen von Budgets und Schätzung der zukünftigen finanziellen Überschüsse

Aus der obigen Vorgehensweise ist ersichtlich, dass die Prognose der Zahlungsströme zu einem komplexen Informationsverarbeitungsprozess führt, in dem sämtliche relevanten Einflussfaktoren berücksichtigt werden müssen. Hinweise und Empfehlungen, welche Prognoseverfahren dabei zur Anwendung kommen, existieren in der Bewertungsliteratur hierzu nur vereinzelt.[35] In der Bewertungsliteratur findet sich oft der Hinweis, dass für die anzusetzenden bewertungsrelevanten Cash Flows die subjektiven Erwartungen und Einschätzungen des Bewertungssubjekts maßgeblich sind.[36] In der Praxis werden dann stark vereinfachende Verfahren herangezogen, sodass das Ergebnis lediglich eine Trivialprognose darstellt.[37] Gegen die Verwendung eines einfachen Zeiteihenmodells auf aggregiertem Niveau zur Vorhersage von Cash Flows auf Basis der erzielten

---

[30] Vgl. Bretzke (1975); Ballwieser (1987).
[31] Vgl. Münstermann (1970), im Vorwort; Bretzke (1993), S. 40.
[32] Schmidt (1997), S. 298.
[33] Vgl. Ballwieser (1987); Meyersiek (1991), S. 236; Hinterhuber (2002), S. 191ff.
[34] Vgl. stellvertretend für viele: Mandl/Rabel (1997), S. 142; Peemöller (2001), S. 264ff; WP-Handbuch (2002), S. 54; mit jeweils weiteren Nachweisen sowie FN 16 und 26 mit Schwerpunkt auf die jüngere Literatur.
[35] Vgl. WP-Handbuch (2002), S. 60, an dieser Stelle wird empfohlen, auch auf das Instrumentarium des strategischen Controllings zurückzugreifen.
[36] Vgl. Mandl/Rabel (1997), S. 142.
[37] Vgl. o.V. (1995), S. 325.

Ergebnisse sprechen auch empirische Studien.[38] Festzustellen ist auch, dass die bisherige Bewertungsliteratur und die damit verbundene Prognoseproblematik implizit einen bestimmten Unternehmenstyp voraussetzen.[39] In der Regel handelt es sich hierbei um Unternehmen, die bereits über gut eingeführte Produkte, eine funktionierende Aufbau- und Ablauforganisation und eine bestimmte Marktstellung verfügen.[40] Dies sind alles Voraussetzungen, die bei einem jungen, innovativen Biotechnologieunternehmen nicht vorhanden sind. Ist die Prognose der finanziellen Überschüsse bei etablierten Unternehmen bereits eine schwierige Aufgabe, so stellen die Besonderheiten von jungen, wachstumsstarken und innovativen Unternehmen den Prognoseersteller vor zusätzliche Herausforderungen, denn keine der oben genannten Annahmen treffen bei jungen, innovativen Wachstumsunternehmen bzw. Biotechs zu. Die besonderen Merkmale von Wachstumsunternehmen bedingen grundsätzlich eine andere Vorgehensweise bei der Prognose von Cash Flows, als dies bei etablierten Unternehmen möglich ist. Oftmals verfügen junge Unternehmen auch nur über ein einziges marktfähiges Produkt, das sich noch in der Phase der Produktentwicklung befindet. Dementsprechend existieren noch keine laufenden Erträge, die Ausgaben für den noch zu tätigenden Entwicklungsaufwand sind hoch und fallen über einen längeren zukünftigen Zeitraum an, abhängig in welcher Entwicklungsphase sich das Produkt befindet. Das Produkt selbst, wenn es auf den Markt kommt, stellt in der Regel eine Innovation dar, sodass eine Vergleichbarkeit zu anderen ähnlichen Produkten nur eingeschränkt möglich ist. Eine besondere Problematik bringen die fehlende Unternehmenshistorie und die damit verbundene schlechte Datenlage sowie die Besonderheiten in der Forschung und Entwicklung mit sich. Prognosemethoden, die auf Vergangenheitsdaten aufbauen, können daher von vornherein ausgeschlossen werden[41]. Bei der Auswahl der Prognosemethoden ist daher darauf zu achten, dass nur jene herangezogen werden können, bei denen keine Vergangenheitsdaten benötigt werden.

Die Rahmenbedingungen einer Cash Flow Prognose bei jungen, innovativen Biotechnologieunternehmen können vor dem Hintergrund der allgemeinen und spezifischen Charakteristika dieser Unternehmen wie folgt zusammengefasst werden:

- Die fehlende Unternehmenshistorie und die Tatsache, dass es sich um ein neues innovatives Produkt handelt, erlauben keinen Rückgriff auf historische Daten, die Anhaltspunkte zukünftiger Umsätze bzw. Kosten sein könnten.
- Die Entwicklung des Medikaments dauert rund sechs bis acht Jahre und die Vermarktungsphase, in der das Medikament die Entwicklungskosten plus eine entsprechende Rendite zurückverdienen sollte, zwischen acht und zwölf Jahre. Um eine Entscheidung über die Rentabilität der Entwicklungskosten zu treffen, bedarf es einer Prognose der Cash Flows über den gesamten Produktlebenszyklus und somit über einen überdurchschnittlich langen Zeitraum.
- Der zentrale Werttreiber des Unternehmens sind die aus dem Verkauf des Medikaments generierten Umsatzerlöse. Das bedeutet, dass den Umsatzerlösen die höchste Bedeutung in der Cash Flow Prognose zukommt. Dies erfordert eine

[38] Vgl. Homburg/Wrede, (2007), S. 901.
[39] Vgl. Hayn (1998), S. 2.
[40] Deutlich wird dies insbesondere bei der Betrachtung der Restwertperiode, bei der davon ausgegangen wird, dass das Unternehmen sich in einem eingeschwungenen Zustand befindet.
[41] Z. B. Methoden der Insolvenzprognose durch die Ermittlung einer Diskriminanzfunktion aus historischen Werten.

besondere Fundierung der prognostizierten Umsatzerlöse und die Darstellung der Annahmen bei der Herleitung der Umsätze in nachvollziehbarer und realistischer Form.

- Zahlreiche qualitative Faktoren, wie z. B. die Produktattraktivität, Werbewirksamkeit und das Verschreibungsverhalten von Ärzten entscheiden über den Erfolg des Medikaments. Dies bedingt die Berücksichtigung dieser qualitativen Faktoren und deren geeignete Parametrisierung in einem Prognosemodell für den Cash Flow.
- Das Geschäftsmodell von Biotechnologieunternehmen ist in der Regel beschränkt auf die Forschung und Entwicklung des Medikaments, sodass ein Großteil der Wertschöpfungskette (Produktion, klinische Studien, Vertrieb etc.) von Dritten zugekauft wird. Für die Cash Flow Prognose bedeutet dies in gewissen Bereichen eine Vereinfachung, da bestimmte Kostenpositionen gut planbar und abschätzbar sind.
- Der pharmazeutische Markt weist die Besonderheit auf, dass die Käufer des Medikaments (Ärzte) nicht die Konsumenten (Patienten) sind, beide Gruppen aber zum Erfolg beitragen, sodass eine separate Modellierung dieser beiden Gruppen erfolgen muss. Zusätzlich unterliegen Ärzte und Patienten unterschiedlichen Einflussfaktoren, die berücksichtigt werden müssen.
- Prognosegegenstand ist die derivative Ableitung des Cash Flows als Differenz aus unterschiedlichen Einzahlungs- und Auszahlungspositionen. Prognostiziert werden müssen die jeweiligen Einzahlungen und Auszahlungen, sodass nicht nur eine einzelne Prognosemethode, sondern ein Methodenmix zur Anwendung kommen muss.
- Sämtliche Prognosemethoden müssen in ein Prognosemodell integrierbar sein, sodass nur wenige Instrumente zur Verfügung stehen.

Aufgrund der oben genannten unternehmenstypischen Probleme ergibt sich notwendigerweise eine besondere Sorgfalt bei der Erstellung von Prognosen und der Auswahl der Prognosemethoden. Die Bewertungsliteratur hat aufgrund der offensichtlichen Schwächen, die die Anwendung der gängigen Bewertungsverfahren bei jungen Unternehmen zeitigt, in den letzten Jahren ergänzende Bewertungsansätze entwickelt, die auf die Spezifika von Biotechs eingehen.[42] Diese Ansätze ermöglichen zwar die Berücksichtigung industriespezifischer Besonderheiten, wie die Unsicherheit der Entwicklung oder die Bewertung immaterieller Vermögensgegenstände (Patente), sind aber nicht in der Lage, eine verbesserte Transparenz der erwarteten Cash Flows bei Biotechs herzustellen. Als einziger Ausweg, die Unsicherheit der Prognose der Cash Flows abzubilden, wird empfohlen, Modellvariationen zu rechnen.[43] Szenarien können zwar in gewissem Umfang den Bereich des Möglichen eingrenzen, tragen aber nicht zum Verständnis und zur Transparenz der Einflussfaktoren bei. Angesichts der Tatsache, dass in der Bewertungsliteratur die sachgerechte Ableitung von Cash Flows derart unterrepräsentiert ist und der Zusammenhang der auf den Cash Flow von Biotechnologieunternehmen wirkenden Größen nur ansatzweise erforscht ist, erscheint diese Arbeit, die die mit der Cash Flow Prognose verbundenen Problembereiche aufzeigt und ein Prognosemodell entwickelt, für sich allein als hinreichend gerechtfertigt.

[42] Zu nennen sind hier der Pipeline Comparable Approach, der Realoptionsansatz oder das Pipeline-Bewertungsmodell; Modelle, die die Spezifika von Biotechs integrieren, DVFA (2005), S. 67.

[43] DVFA (2005), S. 67.

Prognoseliteratur

Die beiden vorhin genannten Literaturstränge zeigen nur einen geringen Beitrag zur Lösung der Cash Flow Prognoseproblematik bei Biotechnologieunternehmen. Inwiefern die Prognose der finanziellen Überschüsse und deren ursächlich beeinflussenden Faktoren sowie die Berücksichtigung sämtlicher Rahmenbedingungen, innerhalb derer das Unternehmen auf dem Absatzmarkt agiert, mit Hilfe der Erkenntnisse aus der Prognoseliteratur gelöst werden können, wird in den nachfolgenden Absätzen untersucht.

Prognoseverfahren können grundsätzlich nach mathematisch-statistischen Verfahren sowie intuitiven Verfahren unterschieden werden.[44] Die Prognosemethoden wurden in den letzten Jahren immer wieder verbessert, oder es wurden neue Verfahren, wie z. B. das Consumer Behaviour Forecasting[45], das PIMS-Programm[46], aber auch die Methoden der künstlichen Intelligenz, die sich durch Praktikabilität bzw. Prognosequalität ausgezeichnet haben, entwickelt. Seit dem Ende der 1980er Jahre wird verstärkt die Anwendung von Expertensystemen – die rechnergestützte Verknüpfung mathematisch-statistischer und intuitiver Prognoseverfahren – in der Unternehmensbewertung für Prognosezwecke diskutiert.[47] Trotz dieser Fortschritte stellt die Prognose der zukünftigen Entwicklung eines Unternehmens ein sowohl theoretisches als auch praktisch noch nicht befriedigend gelöstes Problem dar. Für eine unmittelbare Prognose der finanziellen Überschüsse bedarf es nämlich der Anwendung vieler einzelner Methoden, da für jede einzelne zu prognostizierende Größe, die den Cash Flow determiniert, unterschiedliche Bedingungen gelten können und bestimmte noch zu diskutierende Faktoren auch nur bestimmte Prognosemethoden zulassen.

Das bedeutet, dass jedes Prognoseverfahren problemorientiert anzuwenden ist und es kein allgemeines Prognoseverfahren gibt, das auf jedes beliebig strukturierte Prognoseproblem angewandt werden kann.[48] Die Durchführung einer Cash Flow Prognose, z. B. im Rahmen einer Unternehmensbewertung, gehört nicht zu den einfach strukturierten und homogenen Problemstellungen, sodass die Anwendungsvoraussetzungen der einzelnen Prognoseverfahren vor dem Hintergrund des jeweiligen Einzelfalls geprüft werden müssen. Abhängig vom Unternehmen werden unterschiedliche Einflussfaktoren relevant sein, sodass die Besonderheiten eines Handelsunternehmens andere Probleme aufwerfen als die Besonderheiten eines Produktionsunternehmens. Bei Betrachtung einzelner Unternehmen verschärft sich diese Problematik noch, denn die Einflussfaktoren auf einen Stahlhersteller werden sich von jenen eines Pharmaunternehmens unterscheiden. Hieraus wird auch der allgemeine Charakter der Darstellung des Themas Prognose in der Bewertungsliteratur verständlich, denn eine Darstellung sämtlicher Einzelfälle, auch wenn dies auf Branchenebene beschränkt bliebe, würde den Rahmen jedes Bewertungshandbuches sprengen. Andererseits existiert auch kaum Literatur, die auf die Prognose eines bestimmten Unternehmenstypus in einer bestimmten Industrie eingeht und die Bedingungen einer derartigen Prognose offenlegt und daraus die möglichen Prognoseverfahren ableitet. Erste Schritte zur Eingrenzung, zumindest

---

[44] Brockhoff (1997), S. 17.
[45] Vgl. Zerres/Zerres (1997), S. 24.
[46] PIMS = Profit Impact of Market Strategies. Vgl. einführend Buzzell/Gale (1987).
[47] Vgl. Sieben DB (1989), S.1681–1684; Sieben et al. DB (1990), S. 1–8.
[48] Vgl. Bretzke (1975), S. 122.

des Unternehmertyps und der dafür geeigneten Prognoseverfahren, finden sich in der jüngeren Literatur.[49] Eine solche Eingrenzung findet auch in dieser Arbeit statt.

Aus der oben dargestellten Analyse der unterschiedlichen Literaturstränge ergeben sich zusammenfassend folgende Themen und noch nicht genügend gelöste Sachverhalte, die gleichzeitig aufgrund der zunehmenden Bedeutung von Biotechnologieunternehmen von hoher Praxisrelevanz sind:

1. Biotechnologieunternehmen gehören zur Gruppe junger, innovativer Wachstumsunternehmen und weisen darüber hinaus noch eine Reihe von spezifischen Charakteristika auf, die die Anwendung von Prognoseverfahren einschränken oder besondere Verfahren erfordern. Die Identifizierung dieser Spezifika und deren Berücksichtigung in einem Prognosemodell stellen neue Herausforderungen dar.
2. Die speziell für Biotechnologieunternehmen entwickelten Bewertungsmodelle geben keine oder nur spärliche Hinweise, auf welche Art und Weise die der Bewertung zugrunde liegenden finanziellen Überschüsse hergeleitet werden können.
3. Die Literatur zur Unternehmensbewertung gibt nur vereinzelt Hinweise, welche Methoden zur Erstellung von Prognosen geeignet sind. Erst die jüngere Literatur hat die Problematik von jungen, innovativen Unternehmen erkannt und diese Thematik aufgegriffen.
4. Die umfangreich vorhandene Prognoseliteratur behandelt vorwiegend einzelne Methoden der Prognose bzw. konzentriert sich auf die Prognose einzelner Teilelemente wie z. B. Wechselkurse, Zinssätze, Preise, Absatzvolumina etc.
5. In der Literatur ist bisher keine Systematisierung der Einflussgrößen der für die Prognose von Cash Flows relevanten Parameter bei Biotechnologieunternehmen zu finden.

1.1 Zielsetzung

Aus der oben dargestellten Analyse der berücksichtigten Literaturstränge ist ersichtlich, dass die vereinzelt zu findenden Hinweise bezüglich der Prognose von Cash Flows nicht ausreichen, um die übergeordnete Fragestellung, wie Cash Flows bei Biotechnologieunternehmen prognostiziert werden können, zu beantworten. Vor Beantwortung dieser Fragestellung sind jedoch folgende Forschungsfragen vorab zu klären:

1. Welche Merkmale weisen Biotechnologieunternehmen im Vergleich zu etablierten Unternehmen und jungen Wachstumsunternehmen zusätzlich auf?
2. Welche dieser in Punkt 1 genannten Merkmale bzw. Spezifika sind für die Prognose von Cash Flows relevant?
3. Welche Größen müssen für die Prognose von Cash Flows bei Biotechnologieunternehmen berücksichtigt werden und wie stark bzw. bedeutsam ist der Einfluss der einzelnen Größen auf den Cash Flow?[50]

---

[49] Vgl. Hayn (1998), S. 2; Schwall (2001), S. 2 und S. 165; Wildgruber (1997), S. 99ff; der Autor erläutert die Prognoseproblematik bei Kreditinstituten.

[50] Anknüpfend an die systemdynamische Schreibweise wird in dieser Arbeit weitgehend der Begriff der „Größe“ für die einzelnen zu prognostizierenden Elemente im systemdynamischen Modell

4. Welche Interdependenzen existieren zwischen den einzelnen Größen und wie können diese Zusammenhänge formalisiert werden?
5. Wie können die einzelnen Größen operationalisiert werden?
6. Welche Prognoseverfahren sind für die Prognose der einzelnen den Cash Flow beeinflussenden Größen geeignet?

Abgeleitet aus der Problemstellung und den damit verbundenen Forschungsfragen setzt sich diese Arbeit zum Ziel, eine sachgerechte Vorgehensweise bei der Prognose von Cash Flows bei Biotechnologieunternehmen zu entwickeln und auf Basis der wissenschaftlichen Literatur und der betrieblichen Praxis ein Prognosemodell zu entwerfen, das in geeigneter Weise die Spezifika dieser Unternehmen und der zu prognostizierenden Größen berücksichtigt. Anknüpfend an die Tatsache, dass der Umsatz einzahlungsseitig die wichtigste Komponente für den Cash Flow des Biotechnologieunternehmens ist, wird der Schwerpunkt auf die langfristige Prognose der Umsatzerlöse und die auf den Umsatz wirkenden Größen gelegt.[51] Gleichzeitig erfolgt die Prüfung, welche Prognoseverfahren für welche Größen zur Anwendung kommen können.

Nach Auswahl der einzelnen für die Cash Flow Prognose notwendigen Größen sollen diese theoriegeleitet operationalisiert und in ein Prognosemodell integriert werden.

Um die Vielzahl der den Cash Flow determinierenden Größen in ein Prognosemodell zu integrieren, bedarf es eines Instrumentes, das einige Voraussetzungen erfüllen muss:

- Komplexitätsreduzierende Darstellung sämtlicher Größen
- Erfassung der der Cash Flow Prognose innewohnenden Dynamik
- Transparente Abbildung der Beziehungen (auch nicht linearer Art) zwischen den einzelnen Größen und deren funktionalen Abhängigkeiten
- Möglichkeit der Operationalisierung sämtlicher Größen, auch wenn die Zusammenhänge qualitativer Natur sind
- Erweiterungs- bzw. Anpassungsfähigkeit hinsichtlich praxisspezifischer Anwendungen
- Möglichkeit, Szenarien zu rechnen, um die Stärke des Einflusses einzelner Größen auf den Cash Flow zu ermitteln

Ein leistungsfähiges Instrument, das die obigen Anforderungen erfüllt, ist die systemdynamische Modellierung. Dieses Instrument hat seine Leistungsfähigkeit zur Beschreibung komplexer dynamischer Systeme bereits unter Beweis gestellt und ermöglicht in einzigartiger Weise die Modellierung von Stoff- und Geldflüssen in einem Unternehmen. Die mittlerweile dazugehörige und am Markt erhältliche Software gewährleistet die Entwicklung komplexer und rechenaufwändiger Modelle in relativ kurzer Zeit. Darüber hinaus existiert ein Instrumentarium zur Durchführung

verwendet. In der englischsprachigen Literatur wird hierfür der Begriff der Variable (variable) verwendet. Teilweise sind die beiden Begriffe in dieser Arbeit synonym verwendet.

[51] Die Bewertung des kommerziellen Risikos ist ein wesentlicher Faktor bei der Finanzierungsentscheidung durch Finanzinvestoren, da die Investoren wissen wollen, wie erfolgreich ein Produkt auf dem Markt sein wird. Meinung des Hauptredners Larry Fritz auf dem 5. International Meeting on Biotechnology (BioSpain 2010); http://www.bionity.com/news/d/pdf/news_bionity.com_123723.pdf; Stand 25.11.2010

von Simulationen und zur Ableitung von Szenarien, um auf diese Weise Erkenntnisse aus dem Modellverhalten zu generieren.

Ausgangsbasis hierfür ist das von Schwarz/Schöneborn an der BTU Cottbus entwickelte elementare systemdynamische Modell für junge Start-up-Unternehmen.[52] Dieses Modell wird an die Spezifika von Biotechnologieunternehmen anzupassen und um zusätzliche Größen zu erweitern sein.

1.2 Gang der Untersuchung

Die Untersuchung der oben genannten Fragestellungen und die Realisierung der Zielsetzung werden neben der im ersten Kapitel dargestellten Einleitung in vier weitere Kapitel unterteilt.

In **Kapitel 2** erfolgt eine ausführliche Diskussion der Biotechnologieunternehmen. Dieses Kapitel verfolgt neben der Abgrenzung des Untersuchungsgegenstandes primär drei Ziele. Erstens soll die historische Entwicklung dieses neuen Unternehmenstyps und dessen Bedeutung für die Zukunft aufgezeigt werden. Zweitens sollen die Spezifika von pharmazeutischen Biotechnologieunternehmen mit im Vergleich zu etablierten Unternehmen und sonstigen jungen, innovativen Wachstumsunternehmen dargestellt werden. Drittens sollen die für die Cash Flow Prognosen bei Biotechnologieunternehmen relevanten Spezifika identifiziert werden.

In **Kapitel 3** erfolgen eine Darstellung der bisherigen Prognoseliteratur und die Identifizierung möglicher geeigneter Prognosemethoden. Schwerpunktmäßig werden jene Prognosemethoden diskutiert, die zur Vorhersage bei Neuprodukteinführungen angewandt werden können. Als weiteres Auswahlkriterium dienen die in Kapitel 2 identifizierten Besonderheiten von Biotechnologieunternehmen. Bei der Auswahl der Prognosemethoden zur Vorhersage von Cash Flows kommt es darauf an, möglichst alle Unternehmensbereiche und alle Probleme gleichermaßen zu berücksichtigen. Die Auswahl von geeigneten Prognosemethoden erfolgt vor dem Hintergrund der Spezifika der Biotechnologieunternehmen und der Anforderungen der Prognosemethode (z. B. Verfügbarkeit historischer Daten etc.) selbst.

Die in diesem Kapitel identifizierten einzelnen für die Cash Flow Prognose von Biotechnologieunternehmen geeigneten Methoden sollen in ein Gesamtmodell integriert werden, um sinnvolle Aussagen über den Einfluss der verschiedenen interagierenden Parameter treffen zu können, Entwicklungen in die Zukunft zu projizieren und daraus Handlungsempfehlungen abzuleiten. Das Modell soll Einsichten in komplexe Ursache-Wirkungs-Beziehungen ermöglichen und erstmals die Prognose des Cash Flows bei Biotechnologieunternehmen auf einer intersubjektiv nachvollziehbaren rationalen Grundlage stellen.

In **Kapitel 4** erfolgt im ersten Teil (Kapitel 4.1) die Identifizierung der für die Cash Flow Prognose notwendigen Größen. Dies erfolgt auf Basis des Geschäftsmodells eines pharmazeutischen Biotechnologieunternehmens und der bisherigen empirischen Literatur, wobei zwischen den Cash Flows der Entwicklungsphase und den Cash Flows der Marktphase unterschieden wird. Ausführlich wird die Entwicklungsphase von Arzneimitteln dargestellt, da dies in einzigartiger Weise die Problematik der Cash Flow Prognose bewusst macht. Die unternehmens- und marktseitigen Rahmenbedingungen, denen die zu prognostizierenden Größen

---

[52] Schwarz/Schöneborn (2002).

unterliegen, werden detailliert dargestellt und deren Einfluss auf den Cash Flow analysiert.

Im zweiten Teil dieses Kapitels (Kapitel 4.2) erfolgt die systemdynamische Modellierung der Cash Flow Prognose mit Hilfe der Software Vensim. Schwerpunktmäßig erfolgt die Prognose der zukünftigen Umsatzerlöse, da die Umsatzerlöse der wesentlichste Renditetreiber auf das eingesetzte Kapital, das für die Entwicklung eines Medikaments verwendet wurde, ist. Hierfür werden einzelne notwendige Partialmodelle entwickelt. Die Partialmodelle umfassen die Modellierung der Patientenzahlen, den eigentlichen Diffusionsprozess auf Ebene der Ärzte, die Produktattraktivität, den Einfluss pharmaspezifischer Faktoren auf die Absatzmenge und im Anschluss die Ermittlung des Cash Flows an die Investoren unter Berücksichtigung der einzelnen im Zusammenhang mit der Generierung der Umsatzerlöse stehenden Kosten. Neben der Veranschaulichung der Interdependenzen zwischen den einzelnen zu prognostizierenden Größen bzw. Teilmodellen werden auch die mathematischen Zusammenhänge formalisiert. Ergebnis dieses Kapitels ist ein vollständiges, alle wesentlichen Größen umfassendes Prognosemodell, das für Szenariorechnungen und Sensitivitätsanalysen herangezogen werden kann. Dieses Modell kann als Ausgangsbasis für unterschiedliche betriebliche Entscheidungen verwendet werden, wobei die Operationalisierung auf das jeweilige Arzneimittel angepasst werden muss, sodass damit gleichzeitig ein Entscheidungs-Unterstützungs-System für das Management verbunden ist.

In **Kapitel 5** erfolgen eine Zusammenfassung der Ergebnisse und die Ableitung zukünftiger Forschungsgebiete.

Die Abbildung 1 zeigt die Konzeption des Cash Flow Prognosemodells und den Aufbau der Arbeit. Aufbauend auf den Spezifika der Biotechnologieunternehmen wird mittels der systemdynamischen Modellierung unter Anwendung eines erweiterten Bass-Diffusionsmodells der Cash Flow auf Basis zusammenhängender Partialmodelle ermittelt.

Abbildung 1: Aufbau der Arbeit und Konzeption des Prognosemodells

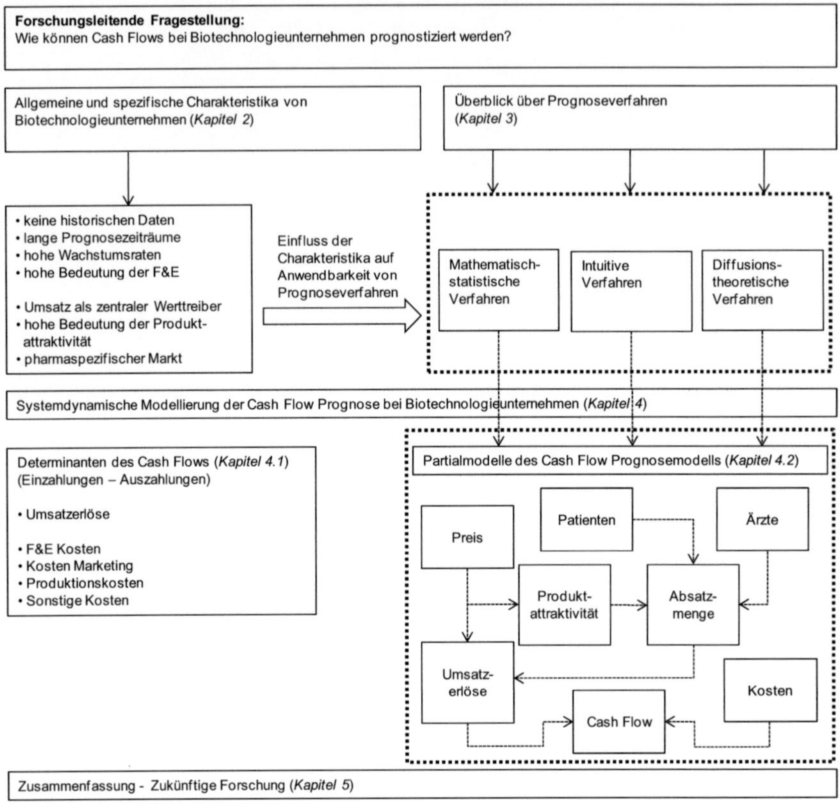

2. Charakteristika der Biotechnologieindustrie

Die Biotechnologieindustrie, die in der letzten Dekade des 20. Jahrhunderts ein rasantes Wachstum genommen hat, wird auch im 21. Jahrhundert an Bedeutung gewinnen. Ursachen hierfür sind:[53]

- Die zunehmend alternde Bevölkerung in den Industrieländern mit dem daraus resultierenden höheren Bedarf an Medikamenten.
- Der Wunsch, gegen die häufigsten Krankheiten wirksame Medikamente zu entwickeln.
- Die wachsende Bevölkerung in den Ländern der sogenannten Dritten Welt ist mit zunehmenden Schwierigkeiten in der Nahrungsmittelversorgung und der Notwendigkeit an der Entwicklung neuer Methoden der Nahrungsmittelherstellung konfrontiert.
- Der steigende Druck gegenüber Lösungen von Umweltproblemen mittels neuer Verfahren, wie z. B. dem Abbau von Erdöl durch biotechnologisch veränderte Mikroorganismen.

2.1 Allgemeine Charakteristika

2.1.1 Definition Biotechnologie

Es existieren zahlreiche unterschiedliche Definitionen des Begriffs „Biotechnologie“, die hier kurz gegenübergestellt werden sollen, um daraus eine für diese Arbeit verbindliche Definition abzuleiten.

Ursprünglich bezeichnete der Ausdruck alle Herstellungsverfahren, bei denen lebende Organismen zur Herstellung von Arzneimitteln, Nahrungsmitteln oder anderen Wirtschaftsgütern eingesetzt wurden.[54]

Der Begriff wurde erstmals im Jahr 1917 vom ungarischen Techniker F. Ereky, der ein von ihm entwickeltes Verfahren zur Massenproduktion von Schweinen als Biotechnologie beschrieb, verwendet.[55]

Gemäß der Definition der Europäischen Föderation Biotechnologie handelt es sich dabei um die integrierte Anwendung von Naturwissenschaften und Ingenieurwissenschaften mit dem Ziel, Organismen, Zellen, Teile daraus und molekulare Analoge technisch zu nutzen. In dieser anwendungsorientierten Wissenschaft werden Stoffwechselprozesse in großtechnischen Anlagen genutzt.[56]

Die OECD definiert Biotechnologie als die Anwendung naturwissenschaftlicher und technischer Prinzipien auf die Be- und Verarbeitung von Materialien unter Zuhilfenahme biologischer Kräfte und Wirkungen.[57] Die sehr allgemein gehaltene Definition reicht heute nicht mehr aus, um die moderne Biotechnologieindustrie zu erfassen, denn nach dieser Definition würden auch Brauereien, milchverarbeitende

[53] Vgl. Arojärvi (2001), S. 12.
[54] Vgl. Drews (2002), S. 56.
[55] Vgl. Glick/Pasternack (1995), S. 7.
[56] Vgl. Römpp (1996), S. 455.
[57] Vgl. hierzu auch die Definition der OECD unter www.oecd.org

Unternehmen und viele Lebensmittelhersteller zur biotechnologischen Industrie zählen. Tatsächlich gehören auch die alkoholische Gärung (Bier- und Weinherstellung), die Milchsäuregärung (Joghurt- und Käseherstellung) sowie die Essigsäuregärung zu den biotechnologischen Verfahren, sodass die Biotechnologie in diesem Sinne eine bereits sehr alte Technologie ist und biotechnische Anwendungen den Menschen schon seit Jahrtausenden begleiten.[58]

Im heutigen Sprachgebrauch werden unter Biotechnologie alle innovativen Methoden, Verfahren oder Produkte verstanden, die die Nutzung von lebenden Organismen oder ihrer zellulären und subzellulären Bestandteile zur Herstellung, Veränderung oder Analyse von Substanzen umfasst.[59]

Die Biotechnologie im heutigen Sinne ist, auch wenn sie sich in viele neue forschungsorientierte Felder hinein entwickelt hat, nicht als eigene Wissenschaftsdisziplin zu verstehen, sondern sie ist interdisziplinär und bedient sich der Gentechnik, Biochemie, Medizin, Mikro- und Molekularbiologie und der Verfahrenstechnik.[60] Die Biotechnologie wird auch als Sammelbegriff für Technologien verwendet, die z. B. in der Erforschung von Arzneimitteln, bei der Herstellung von Lebensmitteln, in der Züchtung von Pflanzen und bei der Reinigung von Abwässern Anwendung finden.[61] Zusätzlich werden auch Unternehmen, die einen wichtigen Beitrag innerhalb der Wertschöpfungskette der Biotechnologiebranche leisten, wie z. B. Bioinformatik, Biosensorik, Hochdurchsatz-Screening etc., als Biotechnologieunternehmen bezeichnet.[62] Für den Begriff hat sich in Deutschland keine einheitlich akzeptierte Definition herauskristallisiert, und die inflationäre Verwendung insbesondere in Branchenstudien von Analysten lässt eine Vereinheitlichung der Definition nicht erwarten.[63] Aufgrund der vielfältigen Anwendungsgebiete dieser Querschnittstechnologie hat sich die Biotechnologie zu einer eigenständigen anwendungsorientierten Branche entwickelt, die grob in drei Segmente eingeteilt werden kann.[64]

- Die rote Biotechnologie (Medizin/Pharma), die alle medizinischen Anwendungen und die entsprechenden Produkte (Therapeutika, Impfstoffe, Diagnostika etc.) sowie die Produktion von Wirkstoffen durch genetisch veränderte Tiere umfasst.
- Die grüne Biotechnologie (Agrarwirtschaft, Lebensmittel), die Anwendungen in der Landwirtschaft, wie transgene Pflanzen mit verbesserter Herbizidtoleranz und Insekten- und Virusresistenz, höhere Ertrags- und Verzehreigenschaften und verbesserte Klimatoleranz, umfassen. Weltweit ist die Anbaufläche von gentechnisch veränderten Pflanzen von 1,7 Millionen Hektar im Jahr 1996 auf das 25-Fache im Jahr 2000 gestiegen.[65]
- Die graue Biotechnologie (Umwelt) fasst alle Einsatzgebiete im Bereich des Umweltschutzes zusammen, wobei biotechnologische Verfahren bei der

---

58 Vgl. Marquardt (2000), S. 8.

59 Vgl. Heidenreich (2002), S. 4; Garbe et al. (2002), S. 9; diese Definition wird auch dieser Arbeit zugrunde gelegt.

60 Vgl. Langenbucher (2001), S. 7.

61 Vgl. BCG (2001b), S. 9.

62 Vgl. Heidenreich (2002), S. 4; Kollmer (2000), S. 8.

63 Vgl. Mietzsch (2002), S. 34.

64 Vgl. Heidenreich (2002), S. 5f; Arojärvi (2001), S. 11 und die dort zitierte Literatur zeigt eine Einteilung in bis zu sieben Segmente.

65 Vgl. Gent et al. (2002), S. 90.

Sanierung kontaminierter Böden, der Abwasserbehandlung, der Luft- und Abgasreinigung sowie der Abfall- und Reststoffverwertung eingesetzt werden.[66]

45 % der deutschen Biotechnologieunternehmen haben ihren Tätigkeitsschwerpunkt im Bereich Medizin und Pharma (rote Biotechnologie), gefolgt von Unternehmen, die nicht-spezifische Dienstleistungen anbieten.[67] Der starke Anteil der pharmazeutischen Biotechnologie deutete sich auch schon in den 1990er Jahren in den USA an. Damals waren 77 % der börsennotierten Biotechnologieunternehmen im Bereich Medizin/Pharma tätig, 9 % stellten Instrumente und Labortechniken bereit und der Rest war im Bereich Landwirtschaft tätig oder stellte sonstige Dienstleistungen bereit.[68] Während die pharmazeutische Biotechnologie von der allgemeinen Kritik ausgenommen und von der Gesellschaft akzeptiert ist, haben die beiden anderen Segmente mit Reputationsproblemen und mit Widerstand in der Bevölkerung zu kämpfen.[69] Einer Studie zufolge lehnen 76 % der deutschen Bevölkerung biotechnologisch veränderte Produkte im Bereich der Nahrungsmittelindustrie ab.[70]

In dieser Arbeit wird ausschließlich die „rote Biotechnologie", auch pharmazeutische Biotechnologie genannt, behandelt, weil dieses Segment einerseits den größten Anteil am Biotechnologiemarkt einnimmt und andererseits nur dieser Bereich Besonderheiten in der Forschung und Entwicklung sowie im Absatz aufweist.

2.1.2 Historische Entwicklung der Industrie

Im Nachfolgenden werden die historische Entwicklung und die Ursachen für die erfolgreiche Gründung vieler Unternehmen ausschließlich für die in dieser Arbeit zugrunde gelegte pharmazeutische Biotechnologie beschrieben. Die pharmazeutische Biotechnologie gilt heute als eine der Schlüsseltechnologien des 21. Jahrhunderts und hat in den letzten drei Jahrzehnten eine Renaissance erlebt, wobei seit Anfang der neunziger Jahre des 20. Jahrhunderts dieser Industriezweig zu einem relevanten Wirtschaftsfaktor herangewachsen ist. Manche Autoren vertreten die Meinung, dass der gesamte Gesundheitsmarkt und damit auch die Biotechnologie den 6. Kondratieff-Zyklus[71] darstellt.[72]

Wie in Kapitel 2.1.1 dargelegt, wurden biotechnologische Verfahren, wie z. B. die Alkoholherstellung oder die Milchsäuregärung, schon seit Jahrtausenden eingesetzt. Als Meilensteine auf dem Weg zur Industrie können die Entdeckungen von G. Mendel, R. Koch, L. Pasteur und anderen angesehen werden, die die naturwissenschaftlichen Grundlagen für die Biotechnologie schufen. Mit der Entdeckung der DNS (1869 durch Miescher) und der Entdeckung der Doppelhelix als Struktur der DNS (1953 durch Watson und Crick) sowie den Experimenten von S. Cohen und H. Boyer, die erstmals mit sogenannten Restriktionsenzymen die

[66] Vgl. Streck/Pieper (1997), S. 72.
[67] Vgl. biotechnologie.de (2010), S. 10; die Publikation bzw. die Website gibt einen generell guten Überblick über die deutsche Biotechnologieindustrie.
[68] Vgl. Spalding (1991), S. 1032.
[69] Vgl. Garbe et al. (2002), S. 27; o.V, (2003), S. 19.
[70] Vgl. BPI (2002), S. 24.
[71] Der russische Wissenschaftler Nikolai D. Kondratieff (1892–1938) gilt als Begründer der Theorie der langen Wellen. Nach seiner Theorie gibt es in kapitalistischen Ländern neben kurzen (3 Jahre) und mittleren (bis zu 11 Jahre) Konjunkturzyklen auch lange Wellen mit einer Dauer von 40 bis 60 Jahren. Als Beispiele seien die Erfindungen der Dampfmaschine, die Eisenbahn und das Automobil angeführt, die jeweils einen starken Einfluss auf gesellschaftliche Veränderungen hatten.
[72] Vgl. Nefiodow (2000), S. 9.

Erbsubstanz beliebig neu kombinieren konnten, wurden weitere grundlegende Techniken geschaffen.[73]

Der wirtschaftliche Aufschwung der Biotechnologieindustrie fand jedoch erst in den letzten drei Dekaden statt und lässt sich in verschiedene Phasen einteilen, die durch technologische und ökonomische Faktoren bestimmt wurden.[74] In der ersten Phase wurden neue Verfahren entdeckt und neue Unternehmen gegründet, deren Erfolg auf der Wissensbasis einiger Wissenschafter beruhte.[75] Dieses sogenannte „stille Wissen" einiger Starwissenschaftler (tacit knowledge) schaffte einen uneinholbaren Wettbewerbsvorteil und begründete damit den Erfolg dieser Unternehmen.[76] Die Entstehung der Biotechnologie ist auf dieses ausschließlich dem jeweiligen Unternehmen zugängliche Wissen zurückzuführen.[77] Dies erklärt auch die Tatsache, dass die Gründer aus der universitären Forschung und nicht aus großen Unternehmen kamen.[78]

Die Kommerzialisierung der Biotechnologie begann Ende der 1970er Jahre durch die von Wissenschaftlern aus Forschungseinrichtungen gegründeten Start-uup-Unternehmen.[79] Insbesondere in den USA wurde der Grundstein für die Entwicklung der Ausgründungen aus Hochschuleinrichtungen mit dem erfolgreichen Start-up-Unternehmen Genentech im Jahre 1976 gelegt. Die erfolgreiche Kombination aus Wissenschaft und Risikokapital zog eine Welle von Neugründungen nach sich, sodass bis Anfang der 1980er Jahre knapp 100 neue Unternehmen in den USA entstanden waren.[80]

Die zweite Phase setzte Mitte der 1980er Jahre ein, als das Wissen über bio- und gentechnische Prozesse und deren wissenschaftliche und ökonomische Potenziale zu diffundieren begann und die Wissenschaftler in den Unternehmen der ersten Generation ein Vorbild sahen und daher motiviert wurden, eigene Unternehmen zu gründen.[81] Durch den Erfolg einiger Unternehmen aus der ersten Generation war es leichter, Risikokapital zu akquirieren, wodurch eine Welle von Unternehmensgründungen einsetzte. Die achtziger Jahre, die erste volle Dekade der Biotechnologieindustrie, war gekennzeichnet durch Allianzen, Kooperationen und Fusionen zwischen den kleinen Biotechs und den großen pharmazeutischen Unternehmen.[82] Die Kooperationen und Allianzen sind als Reaktion der Pharmaindustrie auf die aufstrebende Biotechnologieindustrie zu sehen, die das Potenzial der rationalen Arzneientwicklung, im Gegensatz zum „trial and error"-Ansatz erkannte.[83] Die strategischen Motive für Kooperationen waren primär technologisch motiviert[84], denn nur dadurch war es den Pharmafirmen möglich, das „stille Wissen" der einzelnen Forscher abzuschöpfen.[85] Charakteristisch für Biotechnologiefirmen der zweiten Generation ist die Vielzahl der Märkte, die sich aufgrund der Verbindung dieses Wissenschaftszweiges mit anderen Wissen-

---

[73] Vgl. Kollmer (2002), S. 53; Spaethe (2001), S. 28; o.V. (1999), S. 138.
[74] Vgl. Giesecke (2000), S. 212.
[75] Vgl. Faulkner/Senker (1994), S. 675ff.
[76] Vgl. Audretsch/Stephan (1996), S. 21.
[77] Vgl. Zucker et al. (1998), S. 300ff.
[78] Vgl. Giesecke (1999), S. 52; Kenney (1986), S. 21ff.
[79] Sog. Spin-offs, vgl. Spaethe (2001), S. 2.
[80] Vgl. Giesecke (1999), S. 51.
[81] Vgl. Zucker/Darby (1997), S. 443.
[82] Vgl. Arojärvi (2001), S. 13; Spaethe (2001), S. 68.
[83] Vgl. Spaethe (2001), S. 61.
[84] Vgl. Hagedoorn (1993), S. 378f.
[85] Vgl. Pisano/Mang (1993), S. 124.

schaftsdisziplinen (Elektrotechnik, Informatik) zwischenzeitlich entwickelt hatten. Beispiele dafür sind die kombinatorische Chemie, Bioinformatik und das Hochdurchsatzscreening.[86] In die neunziger Jahre des 20. Jahrhunderts fällt die starke Fragmentierung der Industrie, wie sie in Kapitel 2.1.4 dargestellt ist. In diesem Jahrzehnt wurden einige biotechnologisch erzeugte Produkte, darunter Insulin und ein Wachstumshormon, auf den Markt gebracht, was der gesamten Industrie einen zusätzlichen Aufschwung verlieh. Der Börsencrash 1987 stoppte die erste Euphorie der Börsengänge, jedoch überstand diese Industrie diesen Einbruch relativ gut.[87]

Die 1990er Jahre, die dritte Dekade der Biotechnologieindustrie, waren gekennzeichnet durch eine Welle von Neugründungen und IPOs.[88] Die FDA (Food and Drug Administration) hat mittlerweile einige Dutzend gentechnologisch hergestellte Medikamente zugelassen, die sich erfolgreich am Markt platziert haben. In die Zusammenarbeit mit Genomforschungsunternehmen flossen 1996 und 1997 mehr als 2,5 Mrd. USD an Forschungsgeldern.[89] Die Biotechnologiefirmen haben sich mittlerweile noch weiter spezialisiert und konzentrieren sich nicht mehr wie die Biotechnologiefirmen der ersten Generation auf die Entwicklung einiger weniger erfolgversprechenden Substanzen innerhalb des gesamten Wertschöpfungsprozesses, sondern fokussieren bestimmte Abschnitte des Arzneientdeckungsprozesses wie z. B. die Zurverfügungstellung von Substanzbibliotheken, die Durchführung klinischer Versuche oder das Testen von Millionen von Substanzen mittels Hochdurchsatzscreening.[90] In den neunziger Jahren wurden durch den Erfolg einzelner Technologien hohe Summen für Unternehmen, die diese Technologien bereitstellten, bezahlt.[91]

2.1.3 Unterschiede zwischen USA und Europa

Wie in Kapitel 2.1.2 bereits erwähnt, nahm die Entwicklung der Biotechnologieindustrie ihren Anfang in den USA, und obwohl die Anzahl der Unternehmen in Europa mittlerweile ungefähr gleich hoch ist, ist die Biotechnologieindustrie hinsichtlich Umsatz, Mitarbeiter etc. in der USA beinahe doppelt so groß. Wie der Zufluss an Venture Capital und Eigenkapital beweist, ist die Finanzierung eines Biotechnologieunternehmens über Eigenkapital bzw. Venture Capital in den USA wesentlich leichter. Im Gegenzug existiert in Europa eine Vielzahl von Fördermöglichkeiten, die den Mangel an Risikokapital etwas kompensieren.

---

[86] Vgl. Spaethe (2001), S. 79ff.
[87] Vgl. Arojärvi (2001), S. 13.
[88] Vgl. Schonfeld (1997), S. 21.
[89] Vgl. Bayer Geschäftsbericht (1999), S. 24.
[90] Vgl. Spaethe (2001), S. 86.
[91] Z. B. zahlte Glaxo 533 Mio. USD für die Arzneientwicklungsfirma Affymax, Eli Lilly zahlte 80 Mio. USD für Sphinx Pharmaceutical; vgl. Thayer (1995), S. 21.

Tabelle 1: Kennzahlen Biotechnologieindustrie EU-USA

	2004		2008	
	EU	USA	EU	USA
Anzahl Unternehmen	2.163	1.991	2.014	2.125
Mitarbeiter	96.500	190.500	49.060	128.200
F&E Aufwendungen	EUR 7,6 Mrd.	EUR 21,0 Mrd.	USD 5,2 Mrd.	USD 25,3 Mrd.
Umsatz	EUR 21,5 Mrd.	EUR 41,5 Mrd.	USD 16,5 Mrd.	USD 66,3 Mrd.
Venture Capital Finanzierung	EUR 1,1 Mrd.	EUR 2,5 MRd.	USD 1,3 Mrd.	USD 4,4 Mrd.
Eigenkapital Finanzierung	EUR 3,65 Mrd.	EUR 11,3 Mrd.	USD 2,6 Mrd.	USD 13,0 Mrd.

Quelle: Zahlen 2004: EuropaBio (2006), S. 5
Zahlen 2008: Ernst & Young (2009a), S. 25[92]

Tabelle 1 zeigt klar den Unterschied der Biotechnologieindustrie zwischen USA und Europa. Obwohl die Anzahl der Unternehmen vergleichbar ist, sind die Biotechnologieunternehmen in den USA, bezogen auf die Anzahl der Mitarbeiter, zweimal so groß. Die F&E-Aufwendungen sind bei amerikanischen Biotechs dreimal, die Umsätze und die Venture Capital Finanzierung rund zweimal so hoch. Dies zeigt deutlich den höheren Reifegrad dieser Industrie in den USA. Der Reifegrad der amerikanischen Biotechnologieindustrie zeigt sich auch im Vergleich der Anzahl von Arzneimitteln in den unterschiedlichen klinischen Phasen. In den USA ist die Anzahl der Wirkstoffe in den klinischen Phasen I und II etwa doppelt so hoch wie in Europa und ist in Phase III sogar viermal so hoch.[93] Aufgrund der gleichzeitig weiter entwickelten Risikokapitalfinanzierung sind die amerikanischen Biotechs mit wesentlich mehr Eigenkapital ausgestattet. Die Größenunterschiede zwischen den USA und Europa werden anhand der nachstehenden Tabellen noch deutlicher:

Tabelle 2: Kennzahlen in Abhängigkeit vom Alter des Biotechnologieunternehmens – Europa

	Europa (2004)			
Alter (Jahre)	0-2	3-5	6-10	11-15
Mitarbeiter	9	17	28	41
F&E Mitarbeiter	9	11	17	18
F&E Ausgaben (EURm)	0,69	1,70	3,30	4,00
Umsatzerlöse (EURm)	0,34	1,01	2,60	6,07

Quelle: EuropaBio (2006), S. 6

Tabelle 3: Kennzahlen in Abhängigkeit vom Alter des Biotechnologieunternehmens – USA

	USA (2004)			
Alter (Jahre)	0-2	3-5	6-10	11-15
Mitarbeiter	15	28	49	77
F&E Mitarbeiter	9	18	27	47
F&E Ausgaben (EURm)	1,66	5,16	8,74	13,34
Umsatzerlöse (EURm)	0,53	1,51	4,67	7,63

Quelle: EuropaBio (2006), S. 6

Ursachen für die unterschiedlichen Entwicklungen in den USA und Europa bzw. Deutschland lagen in der Organisation der Kapitalmärkte, insbesondere in der Verfügbarkeit von Risikokapital, institutionellen Differenzen in der Forschungspolitik, in strukturellen Voraussetzungen für Unternehmensgründungen aus der Hochschule und in den vielschichtigen Funktionen von Hochschulforschern in den USA, die zu einer Vernetzung zwischen Unternehmen, akademischer Forschung und Kapitalmärkten beitrugen.[94]

---

92 Die Ursachen für die hohe Abweichung bei der Anzahl der Mitarbeiter zwischen 2004 und 2008 konnte anhand der beiden vorliegenden Studien nicht geklärt werden.
93 Vgl. BPI (2002), S. 23.
94 Vgl. Giesecke (1999), S. 83ff, S. 161ff, S. 241ff.

Bedingt durch das vor dem Jahr 2000 niedrige Niveau der Biotechnologieindustrie in Europa, verzeichnete die Industrie, nicht zuletzt unterstützt durch Investitionen von Venture Capital Geber ein starkes Wachstum in Europa und damit einen Aufholprozess. Im Jahr 2000 wurde mehr Geld in die Biotechnologieindustrie investiert als in den fünf Jahren davor.[95] Während in Europa die Anzahl der Biotechs wuchs, trat die US-amerikanische Biotechnologieindustrie in eine Phase der Konsolidierung ein.[96]

Seit Mitte der neunziger Jahre hat sich auch in Deutschland die Entwicklung der Biotechnologieindustrie erheblich beschleunigt. Insbesondere die Zahl der Unternehmensgründungen hat sich, mitverursacht durch den BioRegio-Wettbewerb und die Novellierung des Gentechnik-Gesetzes im Jahr 1993, deutlich vervielfacht.[97] Weitere Faktoren, die den Gründungsboom vieler kleiner Biotechnologieunternehmen beeinflussten, waren die gesteigerte Akzeptanz der Biotechnologie in der Bevölkerung, die staatliche Förderung von Jungunternehmen, der Technologietransfer aus den universitären Forschungseinrichtungen und vor allem die Bereitstellung von Wagniskapital durch Venture Capital Gesellschaften.[98] Insgesamt kam es zu einer neuen Einschätzung der Bedeutung dieser Branche durch Wirtschaft und Politik, sodass heute die Biotechnologie als Schlüsseltechnologie für das 21. Jahrhundert gesehen wird. Durch die Veröffentlichung der vollständigen Sequenzierung des menschlichen Genoms im Juli 2000 gelangte diese Industrie ins Bewusstsein einer breiten Öffentlichkeit, und durch die gestiegene Aufmerksamkeit von Investoren nahm die Zahl der Neugründungen von Biotechs von 1999 auf 2000 um 53 auf 332 Unternehmen zu.[99] Auch in Deutschland wurde der Boom durch Venture Capital Geber getragen. Nach dem Boom trat jedoch eine Konsolidierung der Branche ein. Aufgrund der schlechten Börsenstimmung ab 2001 waren IPOs in den Folgejahren eher die Ausnahme als die Regel. Die Entwicklung der letzten Jahre lässt sich auch gut an der Anzahl der Unternehmen und der Mitarbeiteranzahl ablesen. Nachstehende Grafik verdeutlicht dies:

Abbildung 2: Entwicklung der Unternehmens- und Mitarbeiteranzahl 1998–2008

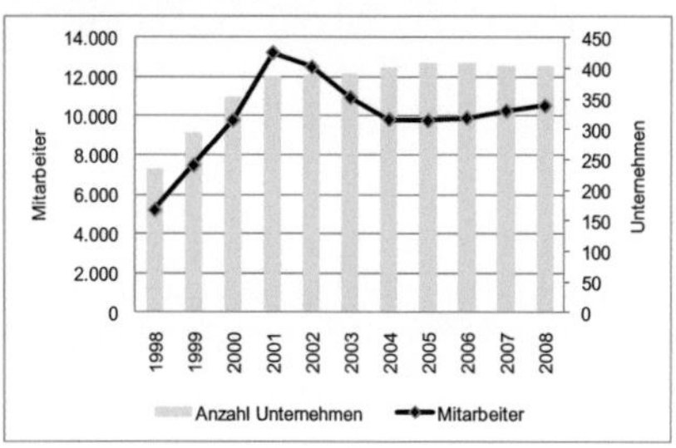

Quelle: Ernst & Young (2009b), S. 6

Tabelle 4: Kennzahlen der deutschen Biotechnologieunternehmen

	2007	2008
Anzahl Unternehmen	403	402
Mitarbeiter	10.264	10.520
F&E Aufwendungen (EURm)	986	966
Umsatz (EURm)	1.007	1.068
Eigenkapital Finanzierung (EURm)	456	247

Quelle: Ernst & Young (2009b), S. 65

[95] Vgl. Ernst & Young (2001), S. 27.
[96] Vgl. Giesecke (1999), S. 44.
[97] Vgl. Heidenreich et al. (2002), S. 4; o.V (1999), S. 8.
[98] Vgl. Wrede/Henning (2000), S. 118.
[99] Vgl. Heidenreich (2002), S. 9.

Die in diesem Kapitel dargestellten Zahlen zeigen deutlich, dass die Biotechnologieindustrie sich in Europa und auch in Deutschland als eigenständige Industrie entwickelt hat.

2.1.4 Geschäftsmodelle der Biotechnologieunternehmen

Die Hauptgeschäftsfelder der Biotechnologieindustrie sind der Gesundheitsbereich, die Agrar- und Ernährungsindustrie und der Umweltbereich. Anhand dieser drei Anwendungsfelder (Segmente) und den entsprechenden Tätigkeitsschwerpunkten lassen sich Biotechnologieunternehmen gemäß der nachfolgenden Darstellung zweidimensional darstellen. [100]

Abbildung 3: Geschäftsmodelle von Biotechnologieunternehmen

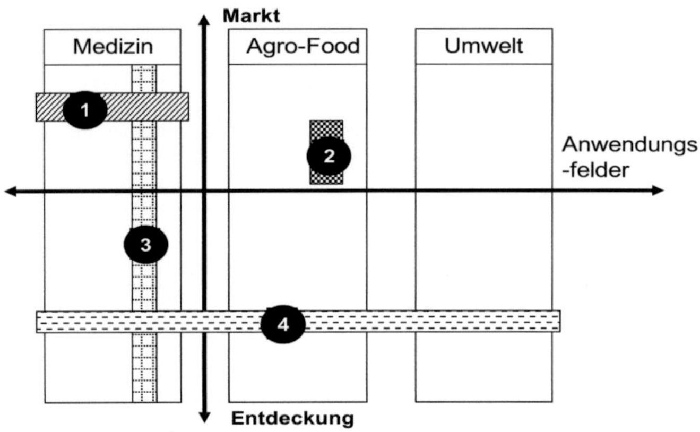

Quelle: Menrad et al. (1999), S. 18

Die horizontale Dimension zeigt die unterschiedlichen Anwendungsfelder (Segmente) der modernen Biotechnologie, die vertikale Achse zeigt die Integrität der Wertschöpfungskette des einzelnen Unternehmens. Ein vollintegriertes Biotechnologieunternehmen würde von der Entdeckung eines Wirkstoffs bis zu seiner Vermarktung innerhalb eines Anwendungsfeldes alle Wertschöpfungsstufen selbst durchführen. Aus Sicht eines Unternehmens ist eine volle Integration über die gesamte Wertkette nur dann sinnvoll, wenn ein Kostenvorteil und ein hohes Innovationspotenzial vorhanden sind, die interne Ressourcenausstattung ausreicht, ein niedriges Synergiepotenzial bei der Zusammenarbeit mit anderen Unternehmen besteht und die Interdependenzen mit anderen betrieblichen Aktivitäten hoch sind.[101] All diese Bedingungen sind nur bei wenigen Biotechnologieunternehmen erfüllt,[102]

[100] Vgl. Menrad et al.(1999), S. 18.

[101] Vgl. Hoffmann et al. (1996), S. 301.

[102] Von den kleinen und mittelständischen Biotechnologieunternehmen beschäftigt sich im Anwendungsfeld Medizin nur etwa ein Drittel mit der Entwicklung von Medikamenten. Der Großteil der anderen Unternehmen liefert die Werkzeuge und Technologien; vgl. dazu Heidenreich (2002), S. 13.

sodass eine Auflösung der Wertschöpfungskette in sich verselbstständigende Einheiten innerhalb eines Unternehmens zu beobachten ist.[103]

Nr. 1 in Abbildung 3 zeigt die Geschäftsstrategie eines Unternehmens, das sich auf die Erbringung von Dienstleistungen wie z. B. Auftragsproduktion und -analysen oder klinische Prüfungen spezialisiert hat. Diese Unternehmen versorgen als Zulieferer andere Biotechnologieunternehmen mit Laborgeräten, Analytikinstrumenten, Verbrauchsmaterialien und weiterem Laborzubehör.[104]

Wenn die Dienstleistung über alle Segmente einsetzbar ist, kann auch von einer Plattformtechnologie gesprochen werden, wobei die kombinatorische Chemie, High Throughput Screening und Genomics als Beispiele herangezogen werden können.[105] Dies entspricht Nr. 4 in obiger Abbildung.

Nr. 2 in Abbildung 3 zeigt eine Unternehmensstrategie, die ein kleines vertikales Segment innerhalb eines Anwendungsfeldes abdeckt. Dies könnte z. B. die Entwicklung eines Medikaments von der klinischen Phase I bis zur klinischen Phase II sein. Im Segment Agro-Food entspräche dies der Entwicklung eines Herbizides innerhalb eines Bereiches.

Nr. 3 in Abbildung 3 stellt ein vollintegriertes Biotechnologieunternehmen dar. Das Unternehmen übernimmt von der Identifizierung einer wirksamen Substanz bis hin zur Vermarktung alle Wertschöpfungsstufen. Dieser Unternehmenstyp ist relativ selten, da er sehr hohe Investitionen erfordert, die neugegründete Unternehmen kaum aufbringen können, und die Entwicklung eines Medikaments ca. 8 bis 12 Jahre dauert, wobei erst nach dieser Periode mit Umsatzeinzahlungen zu rechnen ist. Als erfolgreiche Beispiele für diesen Unternehmenstyp können Amgen und Genentech in den USA genannt werden.

Im Fokus dieser Arbeit stehen ausschließlich Biotechnologiefirmen aus dem Anwendungsfeld der Medizin. Außer Betracht bleiben jene Unternehmen, die lediglich Technologien bereitstellen, da diese die spezifischen Probleme der Arzneimittelentwicklung nicht aufweisen. Das bedeutendste Segment ist daher die medizinische Biotechnologie, die aufgrund ihrer dargestellten Problemfelder von besonderem wissenschaftlichem Interesse ist.

2.2 Spezifische Charakteristika

Anhand der in den vorangegangenen Kapiteln dargestellten Entwicklung der Industrie sowie der Besonderheiten in den operativen Geschäftstätigkeiten ergeben sich bestimmte Merkmale der Biotechnologieunternehmen, die als spezifisch für diese Industrie angesehen werden können und diese auch in einzigartiger Weise beeinflussen. Diese Spezifika sind einmalig und können mit keiner anderen Industrie verglichen werden. Zwar finden sich einige dieser Charakteristika auch bei jungen, innovativen, wachstumsstarken Unternehmen im Allgemeinen, jedoch existieren darüber hinaus Merkmale, die bei der Erstellung von Prognosen der Cash Flows besondere Sorgfalt und die Berücksichtigung dieser Charakteristika erfordern. In der Literatur werden als typische Merkmale für die Biotechnologieindustrie die lang dauernde und mit hoher Unsicherheit behaftete Forschungs- und Entwicklungs-

[103] Vgl. Heuskel (1998), S. 437ff.
[104] Vgl. Ernst & Young (2000), S. 77.
[105] Vgl. Menrad et al. (1999), S. 18.

phase, die starke Abhängigkeit vom wissenschaftlichen Know-how, die Bedeutung der Patente, der starke Einfluss der regulatorischen Rahmenbedingungen, die technologische Unsicherheit und die Kooperationen mit anderen Firmen herausgestrichen.[106] Aus Sicht der Biotechnologieunternehmen werden zusätzlich noch als besondere Probleme die Finanzierung, die Beschaffung kompetenter Mitarbeiter und die Marktbearbeitung bzw. das Marketing genannt.[107] Diese Merkmale und deren Bedeutung im Rahmen von Cash Flow Prognosen werden in den folgenden Kapiteln diskutiert.

2.2.1 Forschung und Entwicklung

Bei der Entwicklung eines Arzneimittels sind, wie oben bereits erwähnt, eine Forschungs- und Entwicklungsphase sowie die Präklinik, Klinische Phase I bis III und Zulassungsphase zu unterscheiden. Zur Forschungsphase gehören all jene Aktivitäten, die zu Erkenntnissen führen, die nicht unmittelbar mit der Entwicklung des Medikaments zusammenhängen.[108] Sie wird oft in die Grundlagenforschung und die angewandte Forschung unterteilt. Die Grundlagenforschung ist ausschließlich auf die Gewinnung neuer wissenschaftlicher oder technischer Erkenntnisse gerichtet, ohne an dem Ziel der praktischen Anwendbarkeit orientiert zu sein.[109] Sie ist ein offener Prozess, bei der Vorhersagen der Ergebnisse nach Art, Qualität und Zeitpunkt der Forschungsbemühungen kaum herleitbar sind.[110] Die angewandte Forschung umfasst jene Tätigkeiten der Herstellung von Substanzen, die, durch Interaktion mit den Krankheitsverursachern, zur Heilung beitragen. Die Entwicklungsphase ist im Gegensatz zur Forschungsphase eine mit genauen Zielen und Anforderungsprofilen festgelegte Phase in der Entstehung eines Arzneimittels. Ein wesentlicher Schwerpunkt der angewandten Forschung ist die Bestimmung der pharmakologischen, pharmakodynamischen und pharmakokinetischen Eigenschaften.[111]

Bis in die sechziger Jahre waren die Abwandlung von Naturstoffen und das Screening synthetischer Präparate in pharmakologischen Tierversuchen der Ausgangspunkt für neue Arzneimittel. Heute wird versucht, durch gezielte Synthese Präparate herzustellen, die mit therapeutisch relevanten Rezeptoren, Enzymen oder anderen „targets" interagieren.[112] Diese Interaktion wird meistens mittels der Schlüssel-Schloss-Analogie erklärt. Das Medikament ist der Schlüssel, der in ganz spezifischer Weise mit dem Schloss – dem Rezeptor – reagiert.[113] Es müssen daher chemische Verbindungen gefunden werden, die das Potenzial haben, ein bestimmtes „target" zu beeinflussen. Dieser Suchprozess der Wirkstoffforschung kann in weitere Teilschritte zerlegt werden:[114]

---

106 Vgl. Arojärvi (2001), S. 19 m. w. N.
107 Vgl. Menrad et al. (1999), S. 18.
108 Vgl. Dreger (2000), S. 45.
109 Vgl. Brockhoff (1989), S. 18ff.
110 Vgl. o.V (1995), S. 24.
111 Vgl. Dreger (2000), S. 46.
112 Vgl. Schindler (1995), S. 85.
113 Vgl. OTA (1993), S. 106.
114 Vgl. DiLorenzo (2002), S. 19.

Abbildung 4: Forschungs- und Entwicklungsphasen von Medikamenten

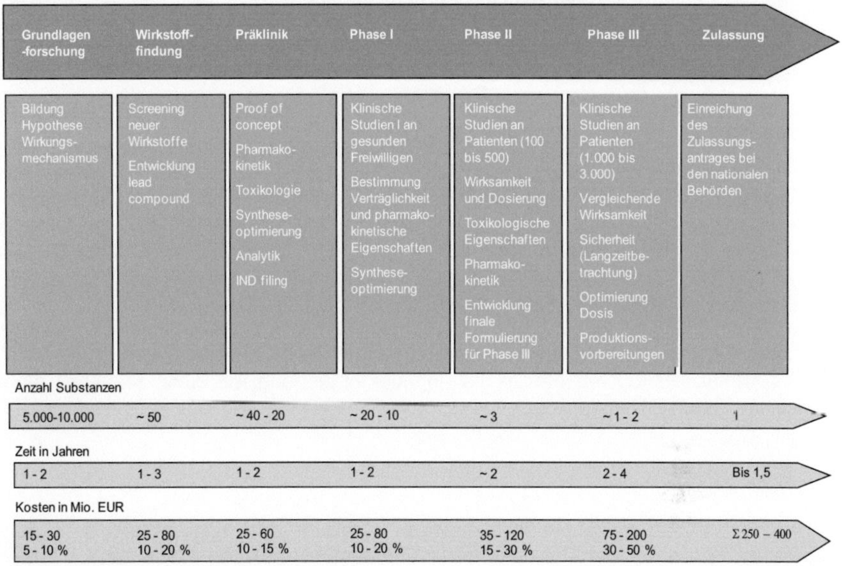

Quelle: in Anlehnung an Pritsch (2000), S. 104

2.2.1.1 Wirkstoffforschung

„Target"-Identifizierung

Der Medikamentenentwicklungsprozess startet mit der Identifizierung einer Zielstruktur (target identification), an der ein Therapeutikum („lead") ansetzen kann. Targets werden heute üblicherweise in Klassen eingeteilt, wovon 45 % Zellmembranrezeptoren, 28 % Enzyme, 11 % Hormone und 5 % ionenkanalwirksame Substanzen und 11 % Sonstige darstellen.[115] Neben den klassischen Methoden der Zell- und Molekularbiologie werden neue Methoden der Target-Identifizierung zunehmend wichtiger. Diese Methoden wie z. B. Genomik, Proteomik haben das Ziel, neue Gene und Proteine zu identifizieren und die Gen- bzw. Proteinexpression zwischen gesunden und kranken Zellen zu quantifizieren und analysieren.[116] Bereits bei der Auswahl des „targets" ist größte Sorgfalt aufzuwenden, da damit die Unternehmensstrategie für die nächsten Jahre festgelegt wird. Drei Kriterien sind insbesondere zu berücksichtigen:[117]

1. Die Wahrscheinlichkeit, die durchzuführenden Tätigkeiten auch zu erreichen und erfolgreich zu beenden, ist abzuschätzen. Dies inkludiert die Beurteilung des wissenschaftlichen Teams, die Bestimmung des therapeutischen Nutzens und die Möglichkeit der Herstellung eines Moleküls, das spezifisch auf das „target" wirkt.

[115] Vgl. Bleicher et al. (2003), S. 370; Reiss (2001), S. 496.
[116] Vgl. Hillisch/Hilgenfeld (2002), S. 6.
[117] Vgl. Knowles/Gromo (2003), S. 66.

2. Die Wahrscheinlichkeit, einen Wettbewerbsvorteil dauernd aufrechtzuerhalten, ist abzuschätzen. Dies beinhaltet eine kritische Analyse der derzeitigen Therapien, ein Verständnis der Wirkung des „targets", eine kritische Aufnahme der bisher fehlenden medizinischen Therapien und der Bedürfnisse für die zukünftigen Therapien.
3. Die Abschätzung des finanziellen Ergebnisses. Dies bedarf einer Analyse der Märkte und die Erstellung von fundierten Prognosen.

Mit der Entschlüsselung des menschlichen Genoms im Februar 2001 scheinen sich neue Ansätze zur Entdeckung von „targets" zu entwickeln, sodass sich die derzeitige Anzahl von ca. 500 „targets" für die momentan am Markt befindlichen Medikamente auf bis zu 10.000 „targets" erweitert.[118] Bei der Annahme, dass ungefähr 30 Mitarbeiter zur Bearbeitung eines „targets" von der Identifizierung bis zum Beginn der klinischen Phase notwendig sind, wären 300.000 Forscher notwendig, um die zukünftigen „targets" zu bearbeiten. Dies ist nicht umsetzbar, weshalb ein Verfahren entwickelt werden muss, um die vielversprechendsten „targets" herauszufinden.[119] Die Vorentscheidung, ob ein „target" in Zusammenhang mit einer Krankheit steht, fällt in der „target"-Validierung.

„Target"-Validierung

Im zweiten Schritt erfolgt die Validierung des „targets" (target validation), d. h. seine Rolle bei der Entstehung der Krankheit muss bestimmt werden.[120] Es muss, z. B. bei genetisch bedingten Erkrankungen, festgestellt werden, inwiefern das krankheitsverursachende Gen als Zielstruktur für ein Therapeutikum gelten kann. Dieser Vorgang basiert auf einer funktionalen Genanalyse, der Messung der Genexpression in einem gesunden und kranken Zustand und der Exploration der biochemischen Reaktionsketten.[121] Mittels In-vitro- und In-vivo-Versuchen erhält man Informationen, ob sich die Suche nach Substanzen lohnt, die in positive Wechselwirkung mit dem „target" treten. Die Entwicklung von In-vivo-Modellen ist sehr kostenintensiv und zeitraubend und stellt lediglich eine näherungsweise Schätzung des Verhaltens des Medikaments in realen klinischen Situationen, die mit Menschen durchgeführt werden, dar.[122] In-vitro-Methoden für die „target"-Identifizierung stellen die RNA und Proteinexpressionsanalyse und zellbasierte Analysen dar. Aufgrund des vorhin erwähnten notwendigen Schlüssel-Schloss-Mechanismus muss bei „target"-Proteinen die dreidimensionale Struktur bestimmt werden, um mögliche Angriffspunkte für eine Wirksubstanz zu eruieren. Zusammenfassend stellt die „target"-Validierung einen Engpass im Entdeckungsprozess von Medikamenten dar, weil die Versuchsanordnungen nur schwer automatisierbar sind.[123] Die sorgfältige Validierung des „targets" im Hinblick auf den ursächlichen Zusammenhang mit der Krankheit und die möglichen Angriffspunkte für ein zukünftiges Medikament (drugability) können die Misserfolgsrate reduzieren und die Effizienz des Entwicklungsprozesses beschleunigen.[124]

---

118 Vgl. Reiss (2001), S. 496; Knowles/Gromo (2003), S. 67.
119 Vgl. DZ Bank (2002), S. 26.
120 Vgl. DiLorenzo (2002), S. 19.
121 Vgl. Garbe et al. (2002), S. 67.
122 Vgl. Hillisch/Hilgenfeld (2002), S. 7.
123 Vgl. Hillisch/Hilgenfeld (2002), S. 8.
124 Vgl. Hillisch/Hilgenfeld (2002), S. 8.

„Lead"-Identifizierung

Nach der Validierung des „targets" beginnt die erste Screeningphase, wobei ein „High-Throughput-Screening"-fähiges Testsystem aufgebaut werden muss, bei dem eine gesamte Bibliothek an Substanzen mit dem „target" zusammengebracht wird, um erste Aktivitäten zu messen und zu erkennen, welche Substanz mit dem „target" in Interaktion tritt.[125] Dies ist mittlerweile Routinearbeit und wenig kosten- und zeitintensiv. Die aktiven Substanzen, die eine Wirkung zeigen, werden als „hits" bezeichnet. In einer zweiten Screeningphase werden die „hits" aus dem ersten Screening nochmals mit dem „target" getestet, um den Aktivitätslevel, die Selektivität und das Potenzial der Substanz abzuschätzen. Dieser Vorgang wird mehrmals wiederholt, um die vielversprechendsten Substanzen, „leads" genannt, die die gewünschte Wirkung mit dem „target" zeigen, herauszufinden.[126] Die dabei verwendeten Screeningmethoden müssen gezielt aufeinander abgestimmt werden, sodass ein kosteneffizienter, präziser und automatisierbarer Screeningprozess entwickelt werden kann. In vielen Fällen kommen in dieser Phase neue Disziplinen wie kombinatorische Chemie, High-Throughput-Screening, Bioinformatik, Robotertechnik etc. zur Anwendung. Der früher zufällige Prozess der Entdeckung der Wirkstoffe ist einer gezielten Suche nach neuen Molekülen gewichen.[127] Trotz der Fortschritte in der Geschwindigkeit von Screeningmethoden ist damit der Engpass in der „lead"-Identifizierung nicht beseitigt, denn allein aus den Kombinationen von Kohlenstoff-, Sauerstoff-, Stickstoff-, Wasserstoff-, Schwefel-, Phosphor-, Fluor-, Chlor- und Bromatomen können ca. 10^{62} bis 10^{63} Verbindungen mit einem Molekulargewicht bis 500 Dalton[128] hergestellt werden. Die größten chemischen Substanzbibliotheken verfügen über ca. 10^7 Moleküle, sodass diese nur einen kleinen Teil der potenziell möglichen Verbindungen darstellen. In nächster Zukunft werden diese Substanzbibliotheken eine Größe von 10^8 voraussichtlich nicht überschreiten.[129]

Lead-Optimierung

Der nächste Forschungsschritt wird mit der Herstellung von ähnlichen Molekülen (chemische Modifikationen) der „leads", um die Molekularstruktur zu optimieren (lead optimization) gesetzt. Es werden sogenannte Analoga synthetisiert und deren Struktur-Wirkungs-Beziehungen ermittelt. Durch Einführung von anderen Molekülgruppen oder sogar Atomen können sich plötzlich neue Eigenschaften des gesamten Moleküls ergeben und dadurch bessere therapeutische Effekte erzielt werden. Diese chemischen Modifikationen werden wiederum mehreren Screenings unterworfen, wobei eine neue Substanzbibliothek mit besonderer Aktivität zum „target" entsteht.[130] Der Screeningzyklus wird beendet, wenn die Molekülstruktur des „Lead" optimal mit dem „target" zusammenpasst. Solche optimierte Substanzen werden „lead series" genannt und kommen in die präklinische Entwicklung. Dieser

[125] Vgl. DiLorenzo (2002), S. 19.
[126] Vgl. Grossmann (1999), S. 21.
[127] Vgl. Bank Leu (2001), S. 21.
[128] Von Pauling vorgeschlagene, nach J. Dalton benannte Masseneinheit, die definiert ist als die Masse eines hypothetischen Atoms von Atomgewicht 1 in der chemischen Atomgewichtsskala. Für die Umrechnung in die Masseneinheit Gramm gilt für die Beziehung:
1 Dalton = $1{,}66018 \times 10^{-24}$ g.
[129] Vgl. Hillisch/Hilgenfeld (2002), S. 8.
[130] Diese ähnlichen Substanzen werden mit "superior structure-activity relationships" (SARs) bezeichnet.

Schritt stellt den zweiten Engpass dar, weil die zwar optimierten Substanzen eventuell nicht die gewünschten ADMET[131]-Eigenschaften aufweisen. Die Vorhersage dieser Eigenschaften wird in Zukunft stark an Bedeutung gewinnen, denn die Entwicklung von rund 60 % aller Medikamente scheitert wegen nicht zufriedenstellender ADMET-Eigenschaften.[132] An dieser Stelle endet der Entdeckungsprozess und die Entwicklungsphase beginnt.

Die Entwicklung von Medikamenten hat sich in den letzten Dekaden stark verändert. Vor Kurzem waren die Chemie und die Pharmakologie die Grundlagenwissenschaften für die Erforschung neuer Wirkstoffe. Heute steht dagegen die Entwicklung auf den Grundlagen der Biologie, Biochemie, Genetik und Informatik, wobei die Bedeutung dieser Wissenschaften noch zunehmen wird.

2.2.1.2 Präklinik

Unter der präklinischen Phase wird die Zeit von den ersten pharmakologischen Untersuchungen bis zum erstmaligen Test am Menschen verstanden. Nach der Entscheidung, eine Substanz in die Entwicklung zu überführen, beginnt eine Vielzahl von Aktivitäten, die neben der Prüfung an Zellkulturen auch Tierversuche erforderlich machen und vom Gesetzgeber zwingend vorgeschrieben sind.[133] Ziel der Präklinik ist einerseits, Aussagen über Darreichungsformen und Therapieverfahren zu gewinnen, und andererseits, chemische Produktionsprozesse zur Vervielfältigung der Wirksubstanz zu prüfen und zu vergleichen.[134] Zunächst werden die chemischen und physikalischen Eigenschaften der Substanz ermittelt und es müssen Synthesewege gefunden werden, um genügend Substanzmengen für die klinische Entwicklung herstellen zu können.[135] Weiters müssen Dosierung, Stabilität, Löslichkeit, Toxikologie, Absorption, Distribution, Metabolisierung und Exkretion (ADMET)[136] getestet werden.[137] Im Rahmen der toxikologischen Überprüfung werden etwaige Wirkungen auf andere Organe untersucht, wie und wo im Körper die Substanz abgebaut wird und wie lange die Abbauprodukte im Körper verbleiben.[138] Sie dient somit der Feststellung schädlicher Wirkungen im Hinblick auf die Verträglichkeit im Menschen und wird meist anhand von Tierversuchen getestet.[139] Bezüglich Toxizitätsprüfung muss unterschieden werden zwischen chronischer Toxizität, Mutagenitätsstudien, Fertilitätsstudien und Kanzerogenitätsprüfungen, die besonders langwierig und teuer sind.[140] Ein weiteres Ziel in der Präklinik besteht in der Ermittlung der optimalen Darreichungsform (Galenik).[141] Die Galenik eines Arzneimittels hat unter Umständen Einfluss auf seine therapeutische Wirksamkeit, denn bevor der Wirkstoff seine Aktivität entfalten kann, muss er zuerst an den Wirkungsort gelangen. Bei oraler Aufnahme könnte der Wirkstoff durch den Verdauungstrakt oder durch die Leber abgebaut werden, sodass er wirkungslos wird

[131] ADMET steht für Absorption, Distribution, Metabolismus, Exkretion, Toxikologie
[132] Vgl. DZ Bank (2002), S. 26.
[133] Vgl. BPI (2004), S. 19.
[134] Vgl. Dreger (2000), S. 48.
[135] Vgl. Herzog (1995), S. 120.
[136] ADME/PK steht für absorption, distribution, metabolism, excretion and pharmacokinetics
[137] Vgl. Garbe et al. (2002), S. 67.
[138] Vgl. VFA (2001b), S. 8.
[139] Vgl. Hasskarl (1995), S. 953.
[140] Vgl. Herzog (1995), S. 120f.
[141] Galenik: Namensgeber für diese Disziplin der Pharmazie ist der griechische Arzt Galenus von Pergamon (129–199), der Leibarzt mehrerer römischer Kaiser war und eine umfangreiche Schriftensammlung über das damalige medizinische Wissen anlegte.

und somit andere Transportwege gefunden werden müssen.[142] Auch eine Aufnahme über die Haut – in Form von Salben – oder über die Mundschleimhaut – in Form von Lutschtabletten – sind denkbar. Weiters werden pharmakodynamische Prüfungen durchgeführt, die der Ermittlung des Wirkungsspektrums eines Stoffes, insbesondere bezüglich einer Änderung von Organ- und Körperfunktionen, dienen. Außerdem werden pharmakokinetische Untersuchungen durchgeführt, die Erkenntnisse über die Verteilung, Umwandlung und Ausscheidung des Wirkstoffes liefern sollten.[143] Die Ergebnisse aus den Tierversuchen werden mittels statistischer Verfahren unter Berücksichtigung pharmakodynamischer und -kinetischer Daten für die Anwendung im Menschen hochgerechnet.[144]

Ungenügende Ergebnisse werden in dieser Phase am häufigsten festgestellt und führen damit zum Abbruch des Projekts. Hauptfaktoren, die zum Abbruch eines Projekts aufgrund mangelnder Ergebnisse der ADME/PK-Studien führen, sind zu hohe Toxizität und zu geringe Wirksamkeit, wobei zu beachten ist, dass sämtliche Faktoren (ADME/PK) untereinander in Beziehung stehen und nicht eindeutig voneinander getrennt werden können. So könnte eine zu hohe Toxizität zum Abbruch führen, wobei der wirkliche Grund ein z. B. zu langsamer Abbau des Wirkstoffs im Körper ist oder aufgrund mangelnder Wirksamkeit eine zu hohe Dosis eingesetzt werden muss und deshalb der Wirkstoff toxisch wirkt.[145]

Ungefähr 40 % der gesamten Entwicklungszeit bis zur Zulassung eines Medikaments werden in der präklinischen Phase benötigt.[146] Die patentrechtliche Sicherung des Wirkstoffes wird in den meisten Fällen bereits vor Abschluss der vorklinischen Phase erwirkt.[147] Wenn die vorklinischen Tests erfolgreich abgeschlossen sind, müssen die Ergebnisse der präklinischen Entwicklung in den USA in einem Antrag (Investigational New Drug Application – INDA) dargestellt werden, um von der FDA die Zulassung zur Durchführung der Tests am Menschen zu erhalten. In Deutschland reicht die Hinterlegung der pharmakologisch-toxikologischen Unterlagen beim Bundesgesundheitsamt (§ 40 Abs. 1 Nr. 6 AMG) und die Anzeige der klinischen Prüfung bei der zuständigen Landesbehörde (§ 67 Abs. 1 AMG).[148]

Nachdem die präklinische Phase erfolgreich durchlaufen wurde, bis zu diesem Zeitpunkt sind bereits vier bis sechs Jahre vergangen, erfolgt erstmals der Test des Arzneimittels am Menschen, an Gesunden und Patienten mit der Zielkrankheit, um festzustellen, ob der Wirkstoff auch die gewünschten Effekte zeigt.[149]

2.2.1.3 Klinische Phase I

In der ersten klinischen Phase werden die Wirkung der neuen Substanz, die menschliche Reaktion darauf sowie die Dosierung an gesunden Probanden geprüft.[150] Ziel der Studien ist nicht die Bewertung der Wirksamkeit, sondern die Ermittlung des Verhaltens der Wirksubstanz im menschlichen Organismus und deren bestmögliche Anwendung (Darreichungsform und Dosis). Es werden unter Sicher-

142 Vgl. VFA (2001b), S. 10.
143 Vgl. Hasskarl (1995), S. 953.
144 Vgl. Balant/Gex-Fabry (2000), S. 17.
145 Vgl. Eddershaw et al. (2000), S. 409f.
146 Vgl. DiLorenzo (2002), S. 18.
147 Vgl. Langenbucher (2001), S. 23.
148 Vgl. Hasskarl (1995), S. 955.
149 Vgl. VFA (2001b), S. 8.
150 Vgl. Langenbucher (2001), S. 24.

heitsaspekten pharmakodynamische und -kinetische Daten erarbeitet.[151] Generell werden einfache und mehrfache Dosen verabreicht, das Metabolisierungsprofil erarbeitet, Bioverfügbarkeitsuntersuchungen durchgeführt und pharmakokinetische Daten in Zusammenhang mit anderen Medikamenten analysiert.[152] Die verabreichte Dosis wird dabei, ausgehend von einem Minimum, bei dem keine Wirkung möglich ist, bis zur potenziell toxischen Dosis verabreicht. An diesen Versuchen nehmen üblicherweise 20 bis 120 Probanden teil.[153]

2.2.1.4 Klinische Phase II

Nach dem Abschluss der Phase I steht fest, wie die Substanz vom menschlichen Körper aufgenommen, abgebaut und ausgeschieden wird und bis zu welcher Dosis ihre Anwendung als unbedenklich eingestuft wird. Wenn sämtliche Tests der Phase I erfolgversprechende Ergebnisse bringen, wird die Testsubstanz erstmalig an Patienten mit der Zielkrankheit getestet.[154] Dabei werden sowohl Pilotstudien mit ca. 30 bis 100 Patienten als auch kontrollierte Studien mit mehreren Hundert Patienten und längerer Behandlungsdauer von in Arzneimittelprüfung erfahrenen Ärzten durchgeführt. Die Studien dauern abhängig vom Untersuchungsdesign zwischen 18 und 36 Monaten.[155] Hauptziel der klinischen Phase II ist der Nachweis der therapeutischen Wirksamkeit des neuen Arzneimittels bei verschiedener Dosierung.[156] Dabei interessieren nicht nur die Nebenwirkungen, sondern auch die Interaktion mit anderen gleichzeitig eingenommenen Arzneimitteln.[157] Zusätzlich werden weitere pharmakodynamische und -kinetische Daten ermittelt.

2.2.1.5 Klinische Phase III

Wenn die Ergebnisse der klinischen Phase II zu keinem Abbruch des Projekts geführt haben, dann erfolgt die Anwendung der Testsubstanz unter kontrollierten Bedingungen an einer großen Anzahl von Patienten (ca. 200 bis 4000).[158] In vielen Fällen werden multizentrische Studien auf internationaler Ebene durchgeführt, weil die Einführung des Arzneimittels auch weltweit erfolgen soll und Patienten mit unterschiedlichen Merkmalen teilnehmen sollen, womit ein größerer Realitätsbezug hergestellt wird. Das Ziel ist die Bestimmung der Verträglichkeit und Wirksamkeit bei einem größeren Patientenkollektiv unterschiedlichen Alters und Geschlechts, unterschiedlicher Lebens- und Ernährungsgewohnheiten und ethnischer Herkunft. Es sollen die Nebenwirkungen (Art, Dauer, Häufigkeit), Wechselwirkungen mit anderen Arzneimitteln, Dosis-Wirkungs-Beziehungen und die Überlegenheit oder Gleichwertigkeit gegenüber bereits am Markt bestehenden Arzneimitteln bestimmt werden.[159] Am Ende der Phase III-Studien werden die Ergebnisse in einem Antrag auf Zulassung des neuen Medikaments zusammengefasst.

---

151 Vgl. Reichert (2001), S. 337.
152 Vgl. Balant/Gex-Fabry (2000), S. 17.
153 Vgl. Dreger (2000), S. 49.
154 Vgl. VFA (2001b), S. 13.
155 Vgl. Herzog (1995), S. 122.
156 Vgl. Balant/Gex-Fabry (2000), S. 18.
157 Vgl. VFA (2001b), S. 13.
158 Vgl. VFA (2001b), S. 13; Herzog (1995), S. 122.
159 Vgl. Herzog (1995), S. 122.

2.2.1.6 Zulassung und Phase IV

Nach der Zulassung ist jedoch die Entwicklung des Medikaments noch nicht abgeschlossen, denn es werden weitere Modifikationen am Wirkstoff und Langzeitstudien durchgeführt, um etwaige neu auftretende Reaktionen bei Patienten zu beobachten.[160] Diese Post-Marketing-Phase wird in vielen Fällen auch als Phase IV bezeichnet und umfasst innerhalb der Grenzen der Zulassung die nochmalige systematische Beobachtung der therapeutischen und unerwünschten Nebenwirkungen auf Grundlage der im Zulassungsbescheid festgelegten Bedingungen.[161]

2.2.1.7 Einfluss der Biotechnologie

Die pharmazeutische Forschung und somit die Entwicklung von Arzneimitteln entspringt einerseits dem Wunsch, die Welt oder zumindest Teile davon zu verstehen (kognitiver Ansatz), und andererseits dem Bestreben, aus den gewonnenen Erkenntnissen einen praktischen Nutzen zu ziehen (angewandte Forschung).[162] Eine gezielte Arzneimittelforschung gibt es erst seit dem 19. Jahrhundert, als der deutsche Apothekergehilfe Friedrich Wilhelm Sertürner in den Jahren 1804 und 1805 das erste Alkaloid (Morphin) isolierte und nach wissenschaftlichen Grundlagen testete.[163]

Ein Rückblick auf die Arzneimittelforschung zeigt, dass die Suche nach neuen Medikamenten bis in die sechziger Jahre des 20. Jahrhunderts neben der Abwandlung von Naturstoffen mit bekannten pharmakologischen Wirkungen (z. B. Alkaloide) eher dem Zufall als einer planvollen Absicht zu verdanken ist.[164] Es ist das Prinzip von Versuch und Irrtum („trial and error“), das bereits zu mancher Entdeckung oder Erfindung geführt hat, wobei die Erfahrung der Wissenschaftler in diesem Prozess ebenso eine Rolle gespielt haben mag. Ausgehend von Heilpflanzen und deren isolierten wirksamen Pflanzensubstanzen, den sogenannten Leitstrukturen (lead), wurden diese durch gezielte chemische Veränderung verbessert. Heutzutage werden neue Therapeutika nicht mehr durch die Verbesserung der Eigenschaften einer zufällig wirksamen Substanz entwickelt, sondern es wird einerseits versucht, den „trial and error“-Ansatz durch eine systematische Vorgehensweise zu verbessern und zu beschleunigen (Screening), und andererseits wird versucht, durch Nutzung der Kenntnisse der zell- und mikrobiologischen Vorgänge Medikamente zu entwickeln, die bestimmte Prozesse anregen („Agonisten“) oder blockieren („Antagonisten“).[165] Die Biotechnologieindustrie hat diese Entwicklung in besonderem Maße durch die Anwendung der neuen Werkzeuge wie Molekularbiologie, Zellbiologie, Assayentwicklung, kombinatorische Chemie und Hochgeschwindigkeits-Screening unterstützt.[166] Eine besondere Rolle spielt die Gentechnik, die neue Wege, körpereigene und kompliziert konstruierte Eiweißmoleküle als neue Wirksubstanzen aufzufinden und zu produzieren, eröffnet.

160 Vgl. Balant/Gex-Fabry (2000), S. 24.
161 Vgl. DG Bank (1999), S. 71.
162 Vgl. Drews (1995), S. 768f.
163 Vgl. VFA (2000), S. 3.
164 Vgl. Schindler (1995), S. 86.
165 Vgl. Münnich/Fryns (2001), S. 9ff.
166 Im Fall des Typ II-Diabetes bedurfte es zuerst der Entdeckung der Signal-Transduktionswege innerhalb der Zellen und der Werkzeuge zur Erforschung dieser Signalwege. Erst dann konnten die Wissenschaftler nachweisen, dass Defekte in den Molekülen innerhalb des Insulinrezeptor-Signalweges zu Diabetes führen, woraufhin konkrete Ansatzpunkte zur Entwicklung von Medikamenten vorhanden waren.

Prognosen zufolge wird in Zukunft kaum noch ein neues Medikament ohne die Hilfe der Gentechnik entwickelt und hergestellt werden.[167] Mittels Gentechnik sind in Deutschland (März 2001) bereits 59 gentechnisch hergestellte Wirkstoffe als Bestandteile von Medikamenten zugelassen.[168] Der Verband Forschender Arzneimittelhersteller (VFA) geht davon aus, dass im Jahr 2015 42 % aller hergestellten Arzneien auf genomisch basierten Wirkstoffen beruhen.[169] Neben der Gentechnik, die die Aufklärung der molekularen Ursachen von krankheitsauslösenden Veränderungen ermöglicht, spielen auch neue Forschungstechnologien wie die kombinatorische Chemie, bei der chemische Substanzen am Computer bausteinartig zusammengesetzt werden können, sowie die Nutzung von Robotern, die die Effizienz des Screening um ein Vielfaches erhöhen, eine wichtige Rolle.[170]

Zusammenfassend kann gesagt werden, dass die Biotechnologie mit ihren einzelnen Wissenschaftsdisziplinen die Arzneimittelentwicklung hinsichtlich der Forschungsmethoden und der Effizienz revolutioniert hat. Derzeit basieren bereits 20 % der Medikamente auf den Erkenntnissen der Bio- und Gentechnologie.[171] Der Anteil biotechnologischer Produkte am pharmazeutischen Markt betrug im Jahr 1995 29 % und 1998 bereits 44 %.[172] Im Jahr 2002 warteten 21 Produkte aus der Bio- und Gentechnologie auf ihre Zulassung. 350 Produkte waren in den späteren Phasen der klinischen Entwicklung und 850 Substanzen befanden sich in den frühen Phasen.[173] Allgemein lässt sich der Entwicklungsprozess von Medikamenten in gut unterscheidbare Phasen trennen, wenn er auch in der Praxis nicht immer ganz genau der Darstellung in Abbildung 4 folgt.

Abbildung 4 der Forschung und Entwicklung eines Medikaments zeigt deutlich, dass die Vielzahl der durchzuführenden Tests in eine zeitliche lang dauernde Entwicklungsphase mündet, die zusätzlich sehr kostenintensiv ist. Die Diskussion der Dauer, Kosten und Risiken der Entwicklung erfolgt in Kapitel. 4.1.2.

2.2.2 Jung

Wie bereits in Kapitel 2.1.2 dargestellt, handelt es sich bei Biotechnologieunternehmen meistens um sehr junge Unternehmen. Das viele Biotechnologieunternehmen erst seit kurzer Zeit bestehen, ist anhand der Anzahl der Neugründungen innerhalb der letzten zehn Jahre deutlich zu erkennen. Für die Definition „jung" kann eine rechtliche und eine wirtschaftliche Betrachtungsweise herangezogen werden. Ein Unternehmen ist vom rechtlichen Standpunkt aus gesehen jung, wenn es erst vor kurzer Zeit in einer dem HGB entsprechenden Rechtsform gegründet wurde.[174] Die erst kurze rechtliche Existenz als alleiniges Kriterium ist jedoch nicht ausreichend, weil vormals unselbstständige Betriebsteile oder Geschäftsbereiche (z. B. innerhalb eines etablierten Pharmakonzerns), die

[167] Vgl. BPI (2004), S. 12.
[168] Vgl. VFA (2001a), S. 10.
[169] Vgl. VFA (1998), S. 11.
[170] Vgl. VFA (1998), S. 11.
[171] Vgl. Garbe et al. (2002), S. 66.
[172] Vgl. Langenbucher (2001), S. 33.
[173] Vgl. Garbe et al. (2002), S. 67.
[174] Als zulässige Rechtsformen lt. HGB kommen die Personengesellschaften in Form von Bürgerliche Gesellschaft, Offene Erwerbsgesellschaft, Kommanditgesellschaft und die Kapitalgesellschaften in Form der Gesellschaft mit beschränkter Haftung und der Aktiengesellschaft in Betracht.

durch Ausgründung aus einem größeren Unternehmen entstehen, bereits innerhalb des Verbundes an wirtschaftlichen Aktivitäten teilgenommen haben. Dies betrifft vor allem jene Unternehmen, die als Spin-off aus Konzernen gegründet werden. Als zweites Kriterium zur Definition „junges Unternehmen" ist deshalb auch eine wirtschaftliche Betrachtungsweise hinzuzuziehen. Ein Unternehmen ist als wirtschaftlich „jung" zu bezeichnen, wenn das Management noch intensiv mit der Aufbauphase des Geschäftsbetriebes beschäftigt ist. Dies äußert sich in der Akquisition von Kunden, dem Aufbau von Kontakten zu den Beschaffungsmärkten (Kapital, Betriebsmittel, Mitarbeiter), der Schaffung geregelter interner Prozessabläufe, der Bildung von Organisationsstrukturen etc.[175] Ein gemeinsames Merkmal dieser Aktivitäten ist, dass es sich dabei um nur wenig repetitive Tätigkeiten handelt. „Jung" bezieht sich somit einerseits auf die Dauer der Existenz (rechtlich) und andererseits auf ganz spezifische Gründungsaktivitäten (wirtschaftlich). Betrachtet man junge Unternehmen in Bezug auf die in der Literatur existierenden Phasenmodelle, so lassen sich auch bei Biotechnologieunternehmen vier Phasen unterscheiden, wobei es in der Praxis zu unterschiedlichen Abweichungen hinsichtlich der Länge der einzelnen Phasen kommen kann.[176]

Die Gründungsphase ist geprägt von einer Vielzahl von administrativen und organisatorischen Tätigkeiten, wie die Erstellung des Geschäftsplanes und die damit verbundene Problematik der Informationsbeschaffung (Abschätzung von Marktpotenzial, Dauer der Entwicklung bis zum marktfähigen Produkt etc.) sowie die Beschaffung von Kapital, Räumlichkeiten, Laboreinrichtungen und qualifiziertem Personal.[177] Sind die rechtlichen, finanziellen und organisatorischen Rahmenbedingungen weitgehend geklärt, beginnt die eigentliche Forschungs- und Entwicklungsphase, die die Herstellung eines marktfähigen Produkts zum Ziel hat. Die Länge dieser Phase hängt entscheidend vom Stand der Grundlagenforschung, der Art der Innovation, dem Know-how der Wissenschaftler und der eingesetzten Ressourcen ab. Erst mit Abschluss der Entwicklung des Produkts wird das Unternehmen erstmals am Markt auftreten. Zu diesem Zeitpunkt müssen bereits Vertrieb, Marketing und Produktion des Produkts funktionsfähig sein.[178]

Die relativ kurze rechtliche und wirtschaftliche Existenz des jungen Biotechnologieunternehmens hat auch Implikationen für die Cash Flow Prognosen. Die für viele Prognoseverfahren benutzten Vergangenheitsdaten sind in der Regel nicht existent, um daraus zukünftige Prognosewerte abzuleiten oder das Geschäftsmodell anhand der Vergangenheitsdaten zu plausibilisieren. Die weiter oben beschriebenen singulären Tätigkeiten im Rahmen des Gründungsprozesses verursachen einmalige und nicht dem gewöhnlichen Geschäftsbetrieb zuordenbare Aufwendungen. Diese sind nicht repräsentativ für zukünftige Aufwendungen und können daher nicht als Grundlage für Prognosen benutzt werden. Die Unternehmensentwicklung ist von Diskontinuitäten geprägt und das Management hat aufgrund der unterschiedlichen Entwicklungsphasen, die das Unternehmen durchläuft, ständig neue Herausforderungen zu bewältigen.

Eine Repräsentativität der Vergangenheitsdaten, soweit bei Neugründungen überhaupt welche existieren, ist nicht gewährleistet und kann in den meisten Fällen nicht zur Ableitung von zukünftigen Entwicklungen verwendet werden.

---

175 Vgl. Hayn (2000), S. 15f.
176 Vgl. Pfirrmann et al. (1997), S. 11ff.
177 Vgl. Schwall (2001), S. 31.
178 Ebenda, S. 32.

2.2.3 Finanzierung

Der Zugang zu Finanzmitteln von jungen, innovativen und technologieorientierten Unternehmen ist aufgrund der hohen Produktentwicklungskosten, Markteintrittsaufwendungen und Investitionen in die Fertigung generell ein wesentlicher Hemmfaktor für die Unternehmensentwicklung.[179] Dies gilt noch mehr für Biotechnologieunternehmen in der frühen Phase der Unternehmensentwicklung, da mit der Finanzierung erhebliche Risiken verbunden sind und in der Anfangsphase eine Innenfinanzierung aufgrund fehlender Umsätze nicht möglich ist. Das Risiko ergibt sich primär aus der hohen Unsicherheit der erfolgreichen Produktentwicklung und des damit verbundenen hohen Kapitalbedarfs zur Finanzierung des Medikaments bis zur Marktreife.[180] Die lange Dauer der Produktentwicklung und die damit verbundene Zeitspanne, bis das Biotechnologieunternehmen Umsätze generiert, ist aus Sicht der Investoren ein Investitionshindernis, da manche Fonds generell nur für eine Laufzeit von zehn Jahren gegründet werden. Reichen zu Beginn, im Rahmen der Gründung, noch die Mittel der Gründer, bilden staatliche Förderungen die Basis für die ersten Entwicklungsschritte.[181] Zur Finanzierung der technologie- und forschungsintensiven Phasen ist jedenfalls Venture Capital notwendig. Neben staatlicher Förderung ist Venture Capital bzw. die Lizenzierung des Produkts an Pharmaunternehmen in einer frühen Phase, verbunden mit Up-Front-Payments, ein wesentlicher Bestandteil bei der Finanzierung von Biotechnologieunternehmen. Das Scheitern von Biotechnologieunternehmen ist in erster Linie auch auf das fehlende Kapital zur Finanzierung einzelner Forschungs- und Entwicklungsphasen zurückzuführen.[182] Die Situation hat sich in den letzten zehn Jahren sogar noch verschärft, denn Biotechnologieunternehmen benötigen heute mehr Zeit für die Beschaffung der Finanzierung, da die Investoren wesentlich selektiver vorgehen.[183] Den Biotechnologieunternehmen bleibt nur die Möglichkeit, die Informationsasymmetrien durch das Senden geeigneter Signale, wie Patentanmeldungen oder bereits erhaltene Finanzierungen, an die Investoren abzubauen.[184]

2.2.4 Innovativ

Obwohl in der Literatur bis heute keine einheitliche Definition des Begriffs Innovation existiert, weil dieser sich aus unterschiedlichen Zielsetzungen und Verwendungen bestimmter wissenschaftlicher Disziplinen begründen lässt, ist allen Vorstellungen gemeinsam, dass es sich bei Innovationen im weitesten Sinne um etwas Neues[185] handelt.[186]

Bei Biotechnologieunternehmen handelt es sich bei einem Produkt meistens um eine „new chemical entity“ oder „new biological entity“. Die inhaltliche Dimension des

179 Vgl. Nathusius/Göring (2007), S. 774; Menrad et al. (1999), S. 36.

180 Vgl. Thalmann (2004), S. 197; Bastin et al. (2004), S. 3ff; Brown et al. (2009), S. 156

181 Vgl. Festel (2005), S. 482; Haller (1999), S. 269.

182 Vgl. Bains (2009), S. 83.

183 Kommentar des Hauptredners Larry Fritz auf dem 5. International Meeting on Biotechnology (BioSpain 2010); http://www.bionity.com/news/d/pdf/news_bionity.com_123723.pdf

184 Vgl. Henric et al. (2008), S. 673.

185 Etymologische Grundlage ist das lat. Wort „novus“ mit der Bedeutung neu und das lat. Wort „innovatio“ mit der Bedeutung Erneuerung, vgl. Räbel (1986), S. 35.

186 Vgl. o.V. (2010); S. 1543ff; Hauschildt (2007), S. 7f gibt einen Überblick über die bisher in der Literatur zu findenden Definitionen.

Begriffes Innovation legt fest, was unter neu zu verstehen ist, und stellt daher auf Innovationsgrade ab.[187] Die Innovationsgrade bestimmen, ob es sich um eine grundlegende Neuheit oder um inkrementale Verbesserungen eines bereits bestehenden Produkts oder Prozesses handelt. Der Neuigkeitsgrad steigt mit der Anzahl und dem Ausmaß der Abweichungen der bisher angebotenen Produkte bezüglich einiger bestimmter Leistungsmerkmale.[188] Nur ein entsprechend hoher Innovationsgrad wird die erwarteten ökonomischen Ergebnisse bringen.

Neue Substanzklassen, sogenannte NCE's oder „new chemical entities", ermöglichen aufgrund neuer Wirkprinzipien oder neuer Angriffspunkte am „target" eine Innovation bei der Behandlung von Krankheiten. Verbesserte Wirkstoffe, die durch die selektive Weiterentwicklung bereits bekannter „leads" hergestellt werden, zeichnen sich oftmals durch spezifische Wirkungen, geringere Nebenwirkungen oder verbesserte pharmakologische Eigenschaften aus. Dadurch wird ein günstigeres Risiko-Nutzen-Verhältnis und eine höhere Therapietreue der Patienten erreicht. Eine Innovation stellt auch die Anwendung bereits bekannter Substanzen auf ein anderes Therapiegebiet dar. Hier wird besonders deutlich, dass eine Neuerung nur dann als Innovation gilt, wenn diese erfolgreich zu einer produktiven Anwendung führt. Ein innovatives Herstellungsverfahren, wie z. B. die gentechnisch hergestellten Hormone oder das gentechnisch hergestellte Insulin, führte zu reineren Produkten in größeren Mengen. Dabei handelte es sich typischerweise um eine Prozessinnovation. Die Anwendung eines Wirkstoffes in einer neuen Darreichungsform (oral statt parenteral) kann die Wirkcharakteristika und die Wirkungsdauer von Medikamenten verbessern, was gleichzeitig auch zu geringeren Nebenwirkungen führt. Die neuen Darreichungsformen ermöglichen oftmals auch eine kostengünstigere Behandlung. Als weitere Gruppe innovativer Arzneimittel können neue Therapieschemata gewertet werden, die durch Kombination von Medikamenten die Verbesserung der Lebensqualität des Patienten zum Ziel haben. Oftmals können dabei stationäre Krankenhausaufenthalte durch ambulante Behandlungen ersetzt werden, sodass gleichzeitig auch erhebliche Kosteneinsparungen in der Therapie möglich sind.

Aus der oben angeführten Systematisierung der biopharmazeutischen Innovationen ist ersichtlich, dass es sich dabei um Produkt- und/oder Prozessinnovationen handelt. Allgemein kann gesagt werden, dass Innovationen in der Biotechnologieindustrie als Verbesserung der Behandlung von Krankheiten gegenüber dem früheren Zustand definiert werden können.

Aus der bisherigen Diskussion des Begriffs Innovation ergeben sich für die Prognose von Cash Flows einige Implikationen, die im Rahmen dieser Arbeit unbedingt berücksichtigt werden müssen. Diese sind:

1. Aufgrund der mit der Innovation verknüpften Neuartigkeit gilt, dass keine spezifischen Erfahrungs- oder Vergleichswerte vorliegen, die zu einer Komplexitäts- und Risikoreduktion im Rahmen der Prognose beitragen könnten.
2. Mit der Innovation verbunden ist die Notwendigkeit, den Innovationsgrad einzuschätzen.
3. Dem Innovationsprozess liegt eine hohe Unsicherheit zugrunde, da nicht davon ausgegangen werden kann, dass die Entwicklung der Innovation zum Erfolg führt.

---

[187] Vgl. Hauschildt (2007), S. 46ff und S. 7.
[188] Vgl. Schlaak (1999), S. 121.

Während Punkt 1 in Kapitel 2.2.2 bereits behandelt wurde, erweist sich als größte Schwierigkeit die erhöhte Unsicherheit, die eine direkte Konsequenz der mit der Innovation verknüpften Neuartigkeit ist. Die Unsicherheit ist nicht alleine aufgrund der geringen Repräsentativität der Vergangenheitszahlen bedingt, sondern wird durch die mögliche Mehrwertigkeit zukünftiger Ausprägungen des Innovationsprojektes verstärkt. Dies betrifft einerseits den Grad der Innovation und andererseits die Möglichkeit, dass das Innovationsprojekt überhaupt nicht realisiert wird. Deutlich wird die Möglichkeit der Nichtrealisierung des Projektes bei der Arzneimittelentwicklung insbesondere durch die hohen Abbruchwahrscheinlichkeiten.

Die beiden Merkmale „jung“ und „innovativ“ führen dazu, dass für eine Zukunftsprognose die Vergangenheit nicht als Ausgangspunkt verwendet werden kann, denn die Zukunft wird nicht mit der Vergangenheit vergleichbar sein.[189] Der Effekt der Unsicherheit wird noch zusätzlich dadurch verstärkt, dass Biotechnologieunternehmen oftmals nur ein einziges Projekt bearbeiten bzw. nur einen einzigen Wirkstoffkandidaten in der „pipeline“ haben, sodass der Gesamterfolg der Unternehmung vom Erfolg eines Projektes abhängt. Zwar wird in dieser Arbeit davon ausgegangen, dass das Projekt sämtliche klinischen Phasen positiv durchläuft, jedoch bleibt die Schwierigkeit der Einschätzung des Innovationsgrades des neuen Medikaments.

2.2.5 Management

Zwischen intellektuellem Humankapital, das durch Forschung kreiert wurde, und der Gründung von Biotechnologiefirmen besteht eine enge Verbindung. Für die Biotechnologie wurde nachgewiesen, dass die besten Wissenschaftler eine Schlüsselrolle in der Formation neuer und der Transformation existierender Industrien spielten, denn die Wissenschaftler selbst erkannten den Wert ihres Wissens und nutzten es zur Kommerzialisierung der Biotechnologieindustrie.[190] Wissenschaftler gründeten Unternehmen, weil ihr Wissen nicht zum entsprechenden ökonomischen Wert zu anderen Firmen transferierbar war.[191] Der Wissenschaftler fungiert nicht nur unter dem finanziell-juristischen Aspekt als Gründer und damit als Teil-Eigner und -Risikoträger, sondern durch seine maßgebliche Mitarbeit auch als Gestalter des Unternehmens auf kultureller, strategischer und operativer Ebene.[192]

Im Hinblick auf die Tatsache, dass bei der Gründung von Biotechnologieunternehmen Eigentümer und Manager bzw. Forscher in einer Person vereinigt sind, muss die Beurteilung der Unternehmensführer hinsichtlich der kaufmännischen und wissenschaftlichen Fähigkeiten eine besondere Bedeutung zukommen. Die zukünftigen Erfolge sind eng mit dem Gründer verbunden, sodass in der Person des Gründers, der gleichzeitig Träger des wissenschaftlichen Know-hows ist, der entscheidende Erfolgsfaktor zu sehen ist.[193] Ein Ausscheiden des Gründers und damit der Verlust des Know-hows käme einer Beendigung des Unternehmens gleich. Dies gilt besonders für den Fall der Einzelgründung, in abgeschwächter Form aber auch im Falle einer Teamgründung, da auch hier wichtiges Know-how abfließt. Ein freiwilliges Ausscheiden des Unternehmers ist jedoch nicht anzunehmen, da die

[189] Vgl. Schwall (2001), S. 39.
[190] Vgl. Zucker et al. (1998), S. 290 und 302.
[191] Vgl. Audretsch/Stephan (1996), S. 646f.
[192] Vgl. Dietz (1989), S. 348.
[193] Vgl. Laub (1989), S. 47; Hurwitz (1999), S. BE35.

Gründer oft einen Teil ihres Vermögens direkt über Einlagen oder indirekt über Bankkredite, die durch private Bürgschaften abgesichert sind, investiert haben.[194] Wagniskapitalgeber messen den wissenschaftlichen Fähigkeiten und damit der Person des Gründers eine hohe Bedeutung zu. Zur Bewertung der Fähigkeiten des Managements müssen neben den wissenschaftlichen Qualifikationen auch die kaufmännischen und strategischen Fähigkeiten einer genaueren Betrachtung unterzogen werden, denn Managementkapazität und betriebswirtschaftliche Expertise ist oftmals unterrepräsentiert. Die wichtigsten Anforderungskriterien an Führungskräfte sind: fachliches Wissen, unternehmerisches Denken, Risikobereitschaft, internationale Anerkennung und eigenes Netzwerk zu externen Partner sowie weitere positive persönliche Eigenschaften wie Charisma, Kommunikationsfähigkeit, Flexibilität und Teamfähigkeit.[195]

Mit zunehmender Entwicklung des Biotechnologieunternehmens ändern sich die spezifischen Anforderungen an das Management, wobei die deutsche Biotechnologieindustrie nach wie vor noch zu jung ist, um sich diesen Anforderungen zu stellen. In diesem Fall gilt, dass die Führungskräfte sich allmählich aus dem operativen Tagesgeschäft zurückziehen sollten und sich vermehrt auf die strategische Steuerung des Unternehmens konzentrieren müssen. Damit müssen die Führungskräfte vermehrt eine Doppelqualifikation, d. h. neben der hervorragenden wissenschaftlichen Ausbildung auch professionelle Kenntnisse aus der Betriebswirtschaft mitbringen, wobei die Gründer diese Anforderungen in den meisten Fällen nicht optimal erfüllen können.[196] Die Nachbesetzung von Führungskräften bedarf daher einer sorgfältigen Auswahl, die den unterschiedlichen Ansprüchen, die diese Branche charakterisieren, gerecht wird. Deutlich wird diese Problematik bei der Transformation des Unternehmens von einer Forschungseinheit zu einem stark wachsenden vollintegrierten Biotechnologieunternehmen.

2.2.6 Unternehmensgröße und -wachstum

Eine Segmentierung der existierenden Unternehmen hinsichtlich ihrer Größe ist aus qualitativer und quantitativer Sicht möglich. Qualitative Kriterien für kleine Unternehmen sind:[197]

- Eigentümer und Management sind in der Person des Gründers vereinigt.
- Der Betrieb stellt die Einkommensquelle für den Unternehmer dar.
- Zwischen Gründer und Mitarbeiter herrscht ein persönliches Verhältnis.
- Eine größenmäßige Begrenzung ist durch die Überschaubarkeit des Unternehmens gegeben.
- Es dominieren Unternehmen der Rechtsform Einzelfirma und Personengesellschaft.

In vielen Fällen sind diese qualitativen Merkmale auch bei Biotechnologieunternehmen anzutreffen und eignen sich gut zur besseren Darstellung der

194 Vgl. Kulicke (1997), S. 132.
195 Vgl. Menrad et al. (1999), S. 46.
196 Vgl. Menrad et al. (1999), S. 46.
197 Vgl. Baltzer (2000), S. 12.

Besonderheiten der zu charakterisierenden Unternehmen, zeichnen sich aber durch eine geringe Operationalisierbarkeit aus.[198]

Als quantitatives Kriterium zur Abgrenzung der Größe eines Unternehmens werden der Umsatz, die Bilanzsumme und die Anzahl der Mitarbeiter herangezogen.[199] Der Umsatz ist besonders geeignet, die Entwicklung des Unternehmens abzubilden, weil er die Fähigkeit der Durchsetzung am Markt widerspiegelt.[200] Für Biotechnologieunternehmen ist der Umsatz als Größenmerkmal jedoch nicht geeignet, weil sich viele der Unternehmen noch in der Forschungs- und Entwicklungsphase befinden und somit am Markt noch keine Umsätze generieren, sodass der Umsatz kein bestimmendes Größenmerkmal sein kann. Auch die Bilanzsumme ist aufgrund der möglichen Beeinflussung durch Rechnungslegungsvorschriften nicht geeignet, die Größe des Unternehmens abzubilden. So dürfen die Forschungs- und Entwicklungsaufwendungen und eigene erstellte immaterielle Vermögensgegenstände nicht aktiviert werden und sind damit nicht in der Bilanz abgebildet.[201] Auch die Gründungsausgaben, die Ausgaben für die Eigenkapitalbeschaffung und für die Ingangsetzung des Geschäftsbetriebes dürfen nach deutschem Handelsrecht nicht aktiviert werden.[202] Gerade diese Positionen stellen bei originären Neugründungen von jungen Unternehmen und besonders bei Unternehmen der Biotechnologieindustrie erhebliche Vermögenswerte dar, weil die Gründer meist ihre Idee und ihr Wissen einbringen und die materielle Substanz in Form von Gebäuden, Laboreinrichtungen und Büroausstattung eher gering ist.[203]

Die Zahl der Mitarbeiter wird am häufigsten als ein Indikator für die Größe eines Biotechnologieunternehmens verwendet, denn es bedarf in der Forschung und Entwicklung und innerhalb der Organisation einer gewissen Anzahl von Personen, um das operative Geschäft abwickeln zu können. Die folgenden Mitarbeiterzahlen verdeutlichen, in welch frühem Entwicklungsstadium sich die gesamte Industrie befindet. Ungefähr 45 % der deutschen Biotechnologieunternehmen beschäftigen weniger als 10 Mitarbeiter, weitere 42 % beschäftigen bis zu 50 Mitarbeiter und nur ca. 5 % der Unternehmen haben mehr als 100 Mitarbeiter.[204]

Aus der geringen Unternehmensgröße und des in Kapitel 2.2.4 beschriebenen Innovationgrades des Produktes eines Biotechnologieunternehmens lässt sich eine hohe zukünftige Wachstumsrate ableiten. Unter einer hohen Wachstumsrate wird in vielen Studien ein schnelles relatives Wachstum anhand der Beschäftigungs- oder der Umsatzwachstumsrate definiert.[205] Der negative Zusammenhang zwischen Unternehmensgröße und Wachstum ist empirisch belegt und besagt eben, dass kleine und junge Unternehmen höhere realisierte Wachstumsraten aufweisen.[206] Weiters existiert eine Vielzahl von theoretischen Konzepten, die neben firmenspezifischen, unternehmensspezifischen und unternehmensexternen Faktoren den

198 Vgl. Heitzer (2000), S. 10.
199 Vgl. § 267 Abs 1 HGB: Kleine Kapitalgesellschaften sind solche, die mindestens zwei der drei Merkmale nicht überschreiten: 3.438.000 EUR Bilanzsumme, 6.875.000 EUR Umsatzerlöse in zwölf Monaten, durchschnittlich fünfzig Arbeitnehmer.
200 Vgl. Hunsdiek/May-Strobl (1987), S. 146.
201 Vgl. Baetge et al. (2001), S. 146 und S. 133.
202 Vgl. § 248 Abs 1 und § 269 HGB, nach internationalen Rechnungslegungsvorschriften (US-GAAP, IFRS) dürfen diese Aufwendungen teilweise oder ganz aktiviert werden.
203 Vgl. Kulicke (1997), S. 129.
204 Vgl. biotechnologie.de (2010), S. 9.
205 Vgl. Bürgel et al. (2000), S. 12ff.
206 Vgl. Hall (1987), S. 606.

Einfluss der Größe auf das Wachstum der Unternehmen beleuchten.[207] Bei Betrachtung des Beschäftigungswachstums[208] wird ausgehend von „Gibrat's Law" unterstellt, dass sich die Größe eines Unternehmens in jeder Periode im Durchschnitt proportional zur Größe in der Vorperiode verändert.[209] Für große Unternehmen ist das Gesetz nicht falsifizierbar, aber eine Vielzahl empirischer Studien belegt, dass das Beschäftigungswachstum von jungen Unternehmen mit zunehmender Unternehmensgröße abnimmt.[210] Untersuchungen von technologieintensiven Unternehmen in Deutschland haben ergeben, dass diese Unternehmen eine höhere Wahrscheinlichkeit haben, schneller zu wachsen als Unternehmen aus anderen Branchen.[211]

Wird die Steigerung des Umsatzes als Wachstumsindikator herangezogen, muss beachtet werden, dass ein junges Biotechnologieunternehmen zu Beginn (in der Forschungs- und Entwicklungsphase) keine oder nur geringe Umsätze erzielt. Das Wachstum ist sogar stark von Diskontinuitäten geprägt und kann in manchen Jahren auf Ebene des Umsatzes auch negativ sein.[212] Erst mit der Markteinführung des Arzneimittels und der daraus erzielten Umsätze kann von einer klassischen Umsatzwachstumsrate gesprochen werden. Ob ein hohes Umsatzwachstum vorliegt, hängt vom jeweiligen Bezugssystem ab, wobei ein mögliches Bezugssystem der relevante Markt bzw. das Wachstum der Konkurrenzunternehmen sein können.[213] Der Quotient aus dem Wachstum der Branche und dem Unternehmenswachstum wäre, wenn dieser größer als eins ist, sicher ein geeigneter Indikator, um von einem hohen überproportionalen Wachstum zu sprechen. Während die Abgrenzung des relevanten Marktes bei Biotechnologieunternehmen ohne größere Schwierigkeiten möglich ist, wird der Vergleich mit anderen Unternehmen in der Regel scheitern, denn das besondere Kennzeichen von jungen, innovativen Unternehmen ist die Innovation bzw. Neuerung, die zusätzlich durch ein Patent geschützt ist, sodass es schwierig sein wird, vergleichbare Unternehmen zu finden. Ein Vergleich kann lediglich auf Ebene der Produktkategorie bzw. des Therapiegebietes stattfinden.

Die geringe Unternehmensgröße gemessen an der Anzahl der Mitarbeiter und das überproportionale zukünftige Wachstum haben Implikationen für die in dieser Arbeit zugrundeliegende Problemstellung. Die überschaubare Größe der Unternehmen erlaubt eine einfache Planung bestimmter Kostenkategorien, wie z. B. des Personal- und Sachaufwandes in der F&E-Phase. Das Wachstum dieser Unternehmen ist nach der Markteinführung des Produkts hoch und wird stark von Diskontinuitäten geprägt, sodass die Prognose der Umsatzerlöse einen bedeutenden Teil der Unternehmensplanung darstellt.

---

207 Einen guten Überblick dazu gibt: Almus (2002), S. 56 m. w. N.

208 Das Wachstum anhand der Zunahme der Anzahl der Beschäftigten zu messen hat auch praktische Vorteile, wie die einfache Operationalisierbarkeit und die leichte Beschaffung der Daten auch für Externe.

209 Vgl. Locher/Roider (2000), S. 699.

210 Dies bedeutet, dass die Wachstumsrate unabhängig von der Größe des Unternehmens ist; vgl. Almus (2002), S. 56 m. w. N.

211 Vgl. Licht/Nerlinger (1998), S. 25ff.

212 Dies wäre bei Meilensteinzahlungen, wie sie in der Branche üblich sind, der Fall. Das Unternehmen erhält einen einmaligen hohen Betrag und finanziert damit für einige Jahre seine Forschungsaktivitäten. Bis zur Entwicklung des marktfähigen Arzneimittels sind Lizenzeinnahmen die einzigen Umsätze, woraus neben dem zur Verfügung stehenden Venture Capital die Forschungs- und Entwicklungskosten gedeckt werden.

213 Vgl. Hayn (2000), S. 21.

2.2.7 Kooperationen

Wie in Kapitel 2.2.1 dargestellt, ist die Entwicklung von Medikamenten ein sehr kostenintensiver, langwieriger und äußerst risikoreicher Prozess, sodass die Eintrittsbarrieren für neue Biotechnologieunternehmen sehr hoch sind, die nur durch die komplementären Ressourcen und die finanziellen Mittel, die für eine erfolgreiche Entwicklung und Vermarktung des Produkts notwendig sind, beseitigt werden können.[214] Für ein kleines oder mittelständisches Biotechnologieunternehmen ist es auch ökonomisch nicht sinnvoll bzw. unmöglich, das gesamte Know-how der vollständigen Wertschöpfungskette vorzuhalten, sodass die Kooperation ein wesentliches Element der Geschäftsstrategie eines Biotechnologieunternehmens darstellt.[215] Die Beseitigung des Ressourcendefizits, welches primär in den Bereichen klinische Entwicklung, Produktion und Vertrieb herrscht, erfolgt bei den Biotechnologieunternehmen in den meisten Fällen durch Kooperationen mit etablierten Pharmafirmen.[216] Gleichzeitig bedeutet die Kooperation die Transformation des wissenschaftlichen Know-hows in ein marktfähiges Produkt. Die hohe Bedeutung von Kooperationen in der Biotechnologiebranche ist primär verursacht durch den Innovationsschub in der Arzneimittelentdeckung, ausgelöst durch biotechnologische Verfahren. Diese starke Veränderung in der Forschung und Entwicklung und die damit verbundene Kompetenzverlagerung auf die Biotechs fand außerhalb von Pharmafirmen statt, wobei die Kompetenzen der nachgelagerten Wertschöpfungsstufen wie klinische Entwicklung, Produktion und Marketing und Vertrieb bei den großen etablierten Pharmafirmen verblieb.[217] Weitere Vorteile von Kooperationen für junge Biotechnologieunternehmen mit etablierten Pharmafirmen sind die Erhöhung des Bekanntheitsgrades, die Schaffung von Vertrauen in Technologie und Qualität und der Erfahrungsaustausch mit etablierten Unternehmen. Für die etablierten Pharmafirmen bietet sich die Möglichkeit, an neue Technologien, an junge hochqualifizierte Wissenschaftler und zusätzliche Produktkandidaten heranzukommen.[218] Eine aktuelle Studie kommt sogar zum Ergebnis, dass die Innovationsstärke von Pharmaunternehmen positiv mit der Kooperationstätigkeit mit Biotechnologieunternehmen korreliert.[219]

Die Kooperationen können nach den Funktionsbereichen Forschung und Entwicklung, Produktion oder Marketing und Vertrieb unterschieden werden. Weiters können die Kooperationen nach den Kooperationspartnern, wie z. B. Forschungseinrichtungen oder Firmen untereinander, eingeteilt werden. Weitere Klassifikationsmerkmale für Kooperationen wären die Art der Zusammenarbeit und die Verbundenheit der Kooperationspartner.[220] Die sich daraus ergebenden unterschiedlichen Kooperationsformen haben unterschiedliche Motive und Zielsetzungen. Allgemein kann auch zwischen einer Technologiebeschaffung und einer Technologieverwertung gesprochen werden.[221]

---

214 Vgl. Pisano (1991), S. 109ff.

215 Vgl. Menrad et al. (1999), S. 51.

216 Ausnahmen hiervon sind nur die auf einer guten finanziellen Basis stehenden Biotechs, die sich zu einem vollintegrierten Biotechnologieunternehmen entwickeln und die gesamte Wertschöpfungskette selbst abdecken.

217 Vgl. Pisano/Mang (1993), S. 110.

218 Vgl. Kollmer (2003), S. 68, m. w. N.

219 Vgl. Rothaermel (2001), S. 1237ff.

220 Vgl. Kollmer (2003), S. 73f.

221 Vgl. Zahn (1995), S. 4ff.

Im Bereich der Forschung und Entwicklung (Technologiebeschaffung) sind die häufigsten Kooperationspartner andere Forschungseinrichtungen (Universitäten, andere Unternehmen und Fachhochschulen), wobei die praktischen Gründe, wie der persönliche Kontakt zu Wissenschaftler und Studierenden und die kostengünstige Erbringung von Forschungsleistungen, eine bedeutende Rolle spielen.[222] Insbesondere der persönliche Kontakt wird als geeigneter Transfermechanismus zur Übertragung des stillen, nicht kodifizierten Wissens genutzt. Ziel der Kooperation ist es, Fähigkeiten in neuen spezialisierten Gebieten der Biotechnologie zu bekommen.[223] Zusätzlich fungiert die Zusammenarbeit mit wissenschaftlichen Laboratorien hoher Reputation als Qualitätssignal für Kapitalgeber, wodurch die Kapitalbeschaffung erleichtert wird.[224] Im Bereich der Kooperationen der Firmen untereinander wird zwischen den beiden Motiven, aktuelle Forschungsergebnisse zu erlangen oder den Zugang zu einem Markt zur kommerziellen Nutzung des Produkts zu ermöglichen, unterschieden. Auch hier ist das vorrangige Motiv die technologische Kooperation und hebt die Bedeutung der Grundlagenforschung als Ziel der Allianz hervor.[225] Die chronologische Entwicklung der Biotechfirmen und die Reaktion der Pharmafirmen darauf zeigen ebenfalls, dass die großen etablierten Pharmafirmen ihre Wissenslücke im Bereich F&E erkannt und diese durch gezielte Akquisitionen oder strategische Allianzen zu schließen versucht haben.[226] Mittels Kooperationen ist es den etablierten Großunternehmen möglich, sich innovative Forschungsergebnisse externer Partner anzueignen, ohne selbst große ökonomische Ressourcen zu binden. Die Pharmafirmen stellen die Finanzierung der risikoreichen Projekte, übernehmen den langwierigen und kostenintensiven Zulassungsprozess und setzen im Erfolgsfall ihren Vertriebsapparat ein, um das Produkt zu vermarkten, während die Forscher weitgehend selbständig und ohne hohe organisatorische und hierarchische Gliederung des Biotechs ihren Forschungsprojekten nachgehen können. In der organisationssoziologischen Literatur wird in diesem Zusammenhang die These vertreten, dass sich solche industrielle Organisationsformen als stabiles institutionelles Arrangement durchsetzen werden.[227] In Deutschland existiert kein Trend zu zwischenbetrieblichen Beziehungen, sondern es existieren vielmehr sternförmig angelegte, bilaterale und hierarchisch strukturierte Forschungskooperationen, die von einigen wenigen Großunternehmen gesteuert und kontrolliert werden und mit denen bestimmte messbare Ziele vereinbart wurden, die bei Erreichen zu Prämienzahlungen führen.

Im Bereich der Technologieverwertung fehlen den jungen und kleinen Biotechnologieunternehmen die Ressourcen der Produktion[228], das Know-how des aufwendigen Zulassungsverfahrens und die Durchführung der klinischen Phasen sowie das weltweite Vertriebssystem, um das Produkt zu vermarkten. Besonders im Bereich Marketing und Vertrieb wird zur Erschließung internationaler Märkte eine Kooperation von den jungen Biotechs angestrebt.[229] Als besonders schwierig zeigt sich die Suche nach einem geeigneten Kooperationspartner, denn der Erfolg der

222 Vgl. Menrad et al. (1999), S. 51.
223 Vgl. Faulkner et al. (1995), S. 78ff.
224 Vgl. Audretsch/Stephan (1996), S. 7ff.
225 Vgl. Hagedoorn (1993), S. 378f.
226 Vgl. Spaethe (2001), S. 60ff.
227 Vgl. Powell (1996), S. 197ff.
228 Für Labore von Unternehmen aus dem Pharmabereich hat sich der internationale Standard „Good Labor Practice“ (GLP) durchgesetzt, der eine Vielzahl von Anforderungen an Räume und Laborausrüstungen festlegt. Die jungen Biotechs können die Kosten zur Erfüllung dieser Standards kaum aufbringen.
229 Vgl. Menrad et al. (1995), S. 18ff.

Vermarktung hängt wesentlich von den Aktivitäten und den Leistungen des Vertriebssystems des Partnerunternehmens ab.[230]

In der chemischen und pharmazeutischen Industrie sind die Kooperationen in Form von Lizenzen[231] weit verbreitet, deren Grundlage meistens Patente sind und wobei der Lizenzvertrag als Koordinations- und Organisationsmechanismus für den Technologietransfer fungiert.[232] Als Ziele der Lizenzierung seitens der Biotechnologieunternehmen sind primär finanzwirtschaftliche Gründe zu nennen, d. h. die Erzielung von Einkünften und die Finanzierung der weiteren Forschungstätigkeit sowie der Zugang zu komplementären Ressourcen insbesondere im Bereich Marketing und Vertrieb.[233] Eine Lizenz ist definiert als eine Erlaubniserteilung, die sich auf genau definierte und sachlich abgegrenzte Schutzrechte oder Know-how bezieht, zur Nutzung des zugrundeliegenden Lizenzgegenstandes, wofür als Gegenleistung eine bestimmte Kompensationsregelung (der Lizenzvertrag) getroffen wird.[234]

Bezüglich der Ausgestaltung von Lizenzverträgen, des Lizenzgegenstandes, des Zeitpunkts der Lizenzvergabe und der Wahl des Lizenzpartners existiert eine Vielzahl von Studien.[235] Im Folgenden werden nur die wesentlichsten Ergebnisse der Arbeit von *Kollmer* unter Berücksichtigung der Relevanz für die Cash Flow Prognose diskutiert. Einen direkten Einfluss auf den Cash Flow hat die Ausgestaltung der Kompensationsregelung zwischen Lizenzgeber (das Biotechnologieunternehmen) und Lizenznehmer (in der Regel ein großes etabliertes Pharmaunternehmen).

Die Bedeutung von Kooperationen in Form von Lizenzverträgen hat für beide Sektoren in jüngster Vergangenheit zugenommen. Dabei ist es den Biotechnologiefirmen gelungen, ihre Position gegenüber den großen Pharmafirmen zu stärken, was sich insbesondere auch finanziell positiv niederschlägt. Erhielten die kleinen Firmen einst bei erfolgreicher Einführung eines Medikaments auf dem Markt Lizenzgebühren in der Größenordnung von 5 bis 10 % des Umsatzes, so sind heute Zahlungen bis zu 50 % keine Seltenheit mehr. Ein im September 2001 abgeschlossener, bis 2018 gültiger Vertrag zwischen Bristol–Myers Squibb (BMS) und ImClone Systems, einer US-Firma mit rund 270 Mitarbeitern, entschädigt den Biotech-Partner mit einer Cash-Zahlung von 1 Milliarde USD in drei Raten. Darüber hinaus erwirbt BMS 14,4 Mio. ImClone-Aktien zu USD 70 (ca. 24 % Anteil) und erstattet der Firma Lizenzzahlungen in der Höhe von 39 % des mit dem Medikament erzielten Umsatzes. Die Firmen haben vereinbart, ein Krebsmedikament (IMC-C225, aktuell in Phase III) gemeinsam zu entwickeln und zu vermarkten.[236]

Die empirische Untersuchung von *Kollmer* hat gezeigt, dass Pauschalgebühren in Form von Up-Frontzahlungen, Meilensteinzahlungen, F&E-Zahlungen und sonstige einmalige fixe Zahlungen sowie laufende Lizenzgebühren nach der Markteinführung und Kapitalbeteiligungen die häufigsten Kompensationsregelungen im Bereich der

---

230 Vgl. Menrad et al. (1999), S. 54.
231 Das Wort „Lizenz“ stammt vom lateinischen „licencia“ und kann mit Erlaubnis übersetzt werden.
232 Vgl. Pausenberger et al. (1982), S. 1026.
233 Vgl. Kollmer (2003), S. 228.
234 Vgl. Kollmer (2003), S. 22 und 32 m. w. N.
235 Vgl. statt vieler, Kollmer (2003), S. 23 mit einer Vielzahl von weiteren Literaturangaben und einem guten Überblick über die einzelnen Komponenten.
236 Vgl. Bank Leu (2001), S. 37.

Biotechnologie darstellen.[237] Eine weitere Feststellung dieser Arbeit betrifft die Komplexität der Kompensationsstruktur als eine Kombination aus fixen pauschalen Zahlungen und laufenden Zahlungen entsprechend dem erzielten Umsatz. Diese Feststellung hat eine plausible Erklärung, denn aufgrund der Charakteristika im Bereich F&E (lange Entwicklungszeit, klar abgrenzbare Phasen) und der Risikostruktur der Entwicklung werden zu Beginn der Entwicklung, wo eine Markteinführung noch weit entfernt ist und der Ausgang des Projektes ungewiss, kaum umsatzabhängige laufende Zahlungen vereinbart werden, sondern es werden Einmalbeträge bezahlt, die es dem Biotechnologieunternehmen ermöglichen, die Forschung weiter zu betreiben. Der Anteil der Meilensteinzahlungen nimmt mit dem zunehmenden Entwicklungsstadium auch tatsächlich stark ab, während die Up-Frontzahlungen zunehmen. Insgesamt entfielen bei der Untersuchung der reinen Lizenzabkommen und der Betrachtung einer Stichprobe von 48 Unternehmen 72 % auf Meilensteinzahlungen und 25 % auf Up-Frontzahlungen.[238]

Als laufende Zahlungen wurden nach der Markteinführung im Rahmen der Studie sowohl prozentuale Umsatzbeteiligungen (68 %) als auch 1:1-Gewinnaufteilungen (32 %) festgestellt. Durchschnittlich betrug die Umsatzbeteiligung 10 %, wobei eine nicht repräsentative Stichprobe von 24 Unternehmen gegeben war, sodass keine allgemeinen Schlüsse daraus gezogen werden dürfen. Die Ergebnisse sind in der nachfolgenden Grafik zur Verdeutlichung dargestellt:[239]

Abbildung 5: Höhe der Umsatzbeteiligungen bei Lizenzverträgen

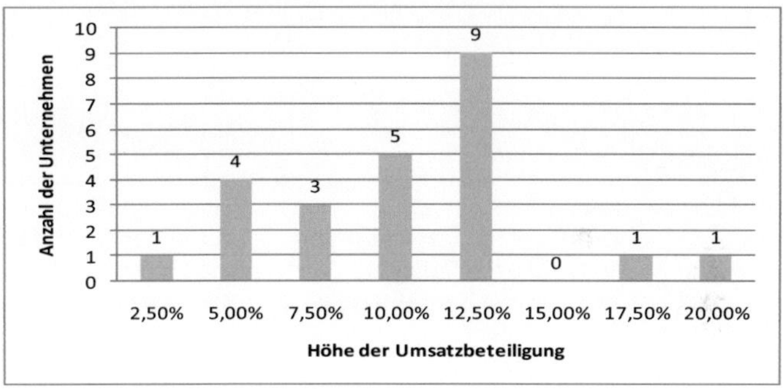

Quelle: Kollmer (2003), S. 197

Für das Biotechnologieunternehmen bedeutet die Kooperation mit einem etablierten Pharmaunternehmen einerseits Gewinnung von Know-how entlang unterschiedlicher Stufen des Wertschöpfungsprozesses, aber insbesondere im Bereich der Produktion und des Vertriebs, und andererseits die Sicherstellung der Finanzierung der langen Entwicklungsphasen. Die Art der Kooperationen hat sich, um das Risiko der Nichtzulassung für den Lizenznehmer gering zu halten, in Richtung „back loaded

237 Up-Frontzahlungen in Form von Pauschalgebühren werden mit Abschluss des Lizenzvertrages festgelegt. Meilensteinzahlungen sind an das Erreichen bestimmter Ziele, z. B. erfolgreicher Abschluss der klinischen Phase II, geknüpft.

238 Vgl. Kollmer (2003), S. 193.

239 Vgl. Kollmer (2003), S. 197.

deals“ verschoben, d. h., dass die Up-Front-Payments zugunsten von späteren erfolgsabhängigen Zahlungen reduziert werden.[240]

2.2.8 Marktphase

Ein wesentliches Merkmal in der Biotechnologieindustrie bzw. in der gesamten pharmazeutischen Industrie ist die begrenzte Dauer der Marktphase des Produkts respektive des Medikaments. Selbst bei sehr innovativen Medikamenten, welche einen wesentlichen therapeutischen Vorteil aufweisen, werden, wie die Empirie beweist, innerhalb ein bis drei Jahre Wettbewerbsprodukte auf dem Markt kommen, die den Marktanteil des „First Mover“ sinken lassen. Gleichzeitig ist die Dauer der Marktphase mit der Patentlaufzeit begrenzt, denn in der Regel treten nach Ablauf des Patentschutzes Generika auf, die innerhalb weniger Monate die Absatzzahlen um 60–80 % reduzieren. Für die Prognose bedeutet dies, dass die F&E-Kosten innerhalb der Patentlaufzeit inkl. einer entsprechenden Rendite erwirtschaftet werden müssen. Damit gewinnt das in der pharmazeutischen Industrie bekannte Prinzip „time to market“ eine wesentliche Bedeutung, denn je schneller das Medikament nach Patentanmeldung der Substanz fertigentwickelt ist, desto länger ist die Vermarktungsphase des Medikaments.

2.2.9 Zusammenfassung und Einfluss der spezifischen Charakteristika auf die Prognose

In nachfolgender Tabelle findet sich eine zusammenfassende Darstellung der spezifischen Charakteristika von Biotechnologieunternehmen, deren Merkmale und deren Einfluss auf die Cash Flow Prognose.

Spezifische Charakteristika	**Merkmale**	**Einfluss auf die Prognose des Cash Flows**
Forschung & Entwicklung	• Lange F&E-Phase (5–10 Jahre) bis zur Fertigstellung des Produkts • klar abgrenzbare Entwicklungsphasen • F&E ist der häufigste Finanzierungsanlass	• Kosten und Dauer der Entwicklungsphasen sind über einen langen Zeitraum zu schätzen • Schätzung der Kosten in den einzelnen F&E-Phasen vereinfachen sich aufgrund der klar definierten Anforderungen in den einzelnen F&E-Phasen
Junge Unternehmen	• Unternehmen sind generell noch sehr jung	• Keine Vergangenheitsdaten zur Plausibilisierung der Historie vorhanden • keine Anwendung von Prognoseverfahren, die auf historische Zeitreihen basieren • Geschäftstätigkeit von Diskontinuitäten geprägt

240 Vgl. Thalmann (2004), S. 177.

Spezifische Charakteristika	**Merkmale**	**Einfluss auf die Prognose des Cash Flows**
Innovatives Produkt	• Das entwickelte Arzneimittel ist ein neues innovatives Produkt und verfügt in der Regel über einen klaren therapeutischen Vorteil gegenüber den bisherigen Therapiemöglichkeiten	• Der Innovationsgrad und die Akzeptanz bei den Ärzten müssen während der Entwicklungsphase auf Basis der Ergebnisse in den einzelnen klinischen Phasen eingeschätzt werden • Vergleiche mit analogen Produkten sind aufgrund des Neuigkeitsgrades nur eingeschränkt möglich
Management	• Eigentümer und Management sind oftmals ident • Managementstruktur schwach ausgeprägt	• Einfache Organisationsstruktur der Unternehmen • Wenig formalisierte und institutionalisierte Kommunikationsbeziehungen
Unternehmensgröße	• 87 % der Unternehmen haben in Deutschland weniger als 50 Mitarbeiter • Unternehmensgröße bedingt durch die Auslagerung unterschiedlicher Stufen der Wertschöpfungskette und der Tatsache, dass viele Produkte sich noch in der Entwicklungsphase befinden	• Aufgrund der überschaubaren Größe des Unternehmens und der Auslagerung unterschiedlicher Schritte der Entwicklungsphase an Dritte (Produktion, einzelne Entwicklungsstufen an CRO etc.) sind die Sach- und Personalkosten während der Entwicklungsphase gut planbar
Kooperationen	• Einzelne Stufen der Wertschöpfungskette werden durch Kooperationen mit etablierten Pharmafirmen abgedeckt. Dies betrifft insbesondere die Produktion und den Vertrieb	• Häufigster Anlass zur Erstellung einer Umsatz- respektive Cash Flow Prognose, um die Höhe und den Zeitpunkt der Finanzzahlungen an das Biotechnologieunternehmen zu verhandeln • Finanzierung durch Kooperationspartner über erfolgsabhängige Meilensteinzahlungen

Spezifische Charakteristika	Merkmale	Einfluss auf die Prognose des Cash Flows
Vermarktungsphase	• Zeitraum zwischen Markteintritt und Patentrestlaufzeit • Starker Absatzrückgang nach Ablauf der Patente durch Eintritt von Generika • Je schneller die Entwicklung abgeschlossen werden kann, desto länger die Möglichkeit der „exklusiven“ Vermarktung des Medikaments	• „time to market“ kann über die Rentabilität des Medikaments entscheiden • Die Länge der Vermarktungsphase kann über die Rentabilität des Medikaments entscheiden

Abhängig von der Prognose der zukünftig erwirtschaftbaren Cash Flows, lässt sich der Eigenkapitalanteil im Rahmen der Gesamtfinanzierung beim Biotechnologieunternehmen ableiten. Die Eigenkapitalinvestoren entscheiden letztendlich auf Basis des prognostizierten Cash Flows und der daraus ermittelbaren Rendite hinsichtlich einer Investition in das Biotechnologieunternehmen.

3. Überblick Prognose und Prognoseverfahren

3.1 Allgemeines

3.1.1 Prognose – Definition

Am Anfang jeder wissenschaftlichen Arbeit ist es unentbehrlich, eine genaue Definition der verwendeten Begriffe voranzustellen, um unscharfe und irrtümliche Verwendungen und Verwechslungen mit Synonymen zu vermeiden. Für eine genaue Begriffsbestimmung eines Wortes ist oftmals die Rückbesinnung auf dessen semantischen Gehalt hilfreich. Das Wort Prognose leitet sich, etymologisch betrachtet, vom griechischen Wort „prognosis" („pro" und „gnosis", was soviel wie „Vorherwissen" bedeutet) ab. Die Prognose steht in engem terminologischem Zusammenhang mit dem Wort Diagnose und wird in der Medizin für die Beschreibung des weiteren Verlaufs einer Krankheit verwendet.[241] Die enge ursprüngliche Verwendung mit dem medizinischen Begriff Diagnose ist deshalb interessant, weil am Beginn jeder Prognose eine ausreichend genaue Diagnose stehen sollte.[242] Entsprechend diesem etymologischen Ursprung übersetzt der Duden das Wort Prognose mit „Vorherwissen" und nimmt ebenfalls auf die Vorhersage einer zukünftigen Entwicklung und die kritische Beurteilung des Gegenwärtigen Bezug.[243] Daneben existieren weitere wesensähnliche, weil zukunftsbezogene Begriffe, wie Projektion, Planung, Erwartung, Vision, Prophezeiung, Wahrsagung, die jedoch hier nicht weiter diskutiert werden.[244]

Kurz eingegangen wird auf die Unterscheidung zwischen den Begriffen Planung und Prognose, da diese oft synonym verwendet werden, obwohl diese keineswegs das Gleiche bedeuten.[245] Die Prognose des Cash Flow bzw. dessen Komponenten kann nur sinnvollerweise geschehen, wenn die Pläne des Unternehmers hinreichend bekannt sind. Die Erstellung eines Plans setzt wiederum die Existenz von Prognosen der zu planenden Parameter voraus, sodass sich beide Begriffe scheinbar gegenseitig bedingen. In der Literatur wird diese Thematik in der Form gelöst, dass die Planung handlungsorientiert ist und nach *„Was ist zu tun?"* fragt, während Prognosen die Frage *„Was wird sein?"* aufwerfen.[246] Damit wird deutlich, dass ein grundlegendes Element der Planung der aktive Gestaltungscharakter ist, während für die Prognose ein passiver Erwartungs- oder Rezeptionscharakter vorherrscht.[247] Ein unmittelbarer Zusammenhang ergibt sich dadurch, dass die Prognose als Teilelement der Planung verstanden wird, weil mittels der Prognose planungsgerechte Informationen bereitgestellt werden. Planung ist somit der umfassendere Begriff. Als gemeinsames Merkmal der beiden Begriffe lässt sich die Zukunftsorientierung feststellen.[248] Prognoseinformationen schaffen erst die Basis für die strategische und operative Planung.[249] Die Prognose soll aufbauend auf klar

---

241 Vgl. Rogge (1972), S. 14f.
242 Vgl. Gerfin (1964), S. 16.
243 Vgl. Duden (2009).
244 Vgl. Henschel (1979), S. 12.
245 Vgl. Mattmüller (1990), S. 16f, mit weiteren Literaturhinweisen; Meier (1982), S. 2; Graff (1977), S. 359; Rogge (1972), S. 16.
246 Vgl. Szyperski (1989), S. 1631.
247 Vgl. Mag (1995), S. 74f.
248 Vgl. Ehrmann (1995), S. 32.
249 Vgl. Hammer (1995), S. 37.

festgelegten Bedingungen und Prämissen den zukünftigen Eintritt eines Zustandes oder Ereignisses anzeigen[250], während Planung zukünftige Entscheidungsprobleme beschreibt und Prämissen für die Bewältigung dieser Probleme festlegt.[251] Eine zeitliche Hierarchie zwischen Planung und Prognose existiert nicht, denn die Prognose ist nicht unbedingt der erste Schritt der Planung, sondern diese liefert oftmals erst den Impuls zur Erstellung einer Prognose.[252] Festzuhalten bleibt, dass die Planung eine handlungsorientierte Gestaltungsfunktion und die Prognose eine erkenntnisorientierte Informationsfunktion darstellt.[253]

In weiterer Folge wird eine für diese Arbeit verbindliche Definition des Begriffs Prognose versucht.

Als erste Eingrenzung des Begriffs kann Prognose allgemein als eine Aussage über ein zukünftiges Ereignis definiert werden.[254] Für eine wissenschaftliche Definition muss der Begriff noch präzisiert werden, denn die Beschränkung auf eine Aussage über ein mögliches zukünftiges Ereignis ist nicht hinreichend.[255] Als notwendige Bedingung einer wissenschaftlichen Prognose wird in der Wissenschaftstheorie die deduktive Ableitung einer Prognose aus hinreichend empirisch bestätigten Gesetzen und Anfangsbedingungen gesehen.[256] Die Ableitung muss interpersonell nachvollziehbar und nach bestimmten überprüfbaren Regeln geschehen. Dieses Kriterium bezieht sich nicht alleine auf die getroffene Aussage über das zukünftige Ereignis, sondern auch auf den Modus ihrer Herleitung aus der Realität.[257] Kritisch zu beurteilen ist dieses Kriterium für qualitative Prognoseverfahren, denn diese stellen auf subjektive Ansätze ab, was die Nachvollziehbarkeit nicht ohne weiteres gewährleistet. Zusätzlich ist zu beachten, dass die Überprüfbarkeit des Modus der Herleitung des Prognosewertes noch keine Garantie für den resultierenden Wert ergibt, denn es können auch aus falschen Prämissen wahre Schlussfolgerungen resultieren.[258]

Für diese Arbeit wird der Begriff Prognose wie folgt definiert:[259] **Prognosen sind Aussagen über zukünftige prinzipiell realisierbare Ereignisse innerhalb eines abgegrenzten Untersuchungsgebietes, deren Grundlagen auf empirisch**

---

250 Vgl. Picot (1977), S. 2149.

251 Vgl. Luhmann (1971), zitiert nach Picot (1977), S. 2149; Makridakis et al. (1980), S. 14.

252 Vgl. Jantsch (1972), S. 13f; anders sieht dies *Hüttner,* der als logische Abfolge Prognose – Entscheidung – Planung definiert und somit eine zeitliche Abfolge postuliert. Die zeitlich vorgelagerten Prognosen liefern die Entscheidungsgrundlagen für die Planung; vgl. Hüttner (1986), S. 7.

253 Eine weitere vertiefende Diskussion der beiden Begriffe wird an dieser Stelle nicht fortgeführt, es wird auf die weiterführende Literatur verwiesen. Szyperski (1989), S. 1630; Bruckmann (1978), S. 72ff; Ballwieser (1990), S. 147ff.

254 Vgl. Weber (1990), S. 2 und die dort zitierte Literatur in Tabelle 1.

255 Eine Aussage wie z. B. „Das Medikament wird dieses Jahr die klinische Phase I erfolgreich durchlaufen oder nicht durchlaufen“ bezieht sich auf ein zukünftiges Ereignis, jedoch ist diese infolge ihres völlig logischen Spielraumes vollkommen inhaltsleer. Eine ähnliche Problematik ergibt sich bei der Aussage „Eines Tages wird die Substanz alle klinischen Phasen bestanden haben“, denn die Aussage ist zwar nicht inhaltsleer, jedoch aufgrund des mangelnden Zeitbezugs nicht überprüfbar. vgl. hierzu Bretzke (1975), S. 117.

256 Vgl. Seiffert/Radnitzky (1989), S. 275.

257 Vgl. Bretzke (1975), S. 117.

258 Das Werfen von Knochen und die daraus folgenden Prognosen ist ebenfalls ein überprüfbarer Modus, daher ist die Herleitung einer Prognose aus einem Modell der Realität zu verstehen, das Hypothesen über Beziehungen zwischen Prognosevariablen und den die Prognosevariablen beeinflussenden Parametern enthält. vgl. hierzu Bretzke (1975), S. 117.

259 Vgl. Mattmüller (1990), S. 32.

gewonnenen Erkenntnissen, Gesetzmäßigkeiten und Theorien bestehen. Die Prognose wurde nach einer von wissenschaftlichen Maßstäben durchgeführten Analyse problemrelevanter Parameter und Strukturen der Gegenwart und eventuell der Vergangenheit fundiert abgeleitet und die Herleitung ist nachvollziehbar.

Damit ist die Prognose weniger eine Technik, sondern ein Prozess, welcher transparent gestaltet ist und die Annahmen, die zum Prognoseergebnis führen, offenlegt.

3.1.2 (Erfolgs-)Beurteilung von Prognoseergebnissen

In der Regel basiert die Beurteilung einer Prognose auf der Übereinstimmung der Prognoseaussage mit der Wirklichkeit. Dies ist auch insofern einsichtig, weil es Ziel jeder Prognosetätigkeit ist, möglichst „richtige“ Prognosen zu erstellen.[260] In der Fachliteratur wird in diesem Zusammenhang auch von einer Ex-post-Beurteilung gesprochen. Unterschiede zwischen Prognoseergebnis und eingetretener Realität werden meist als Indiz für mangelnde Kompetenz des Prognostikers oder für die prinzipielle Unmöglichkeit der Vorhersage zukünftiger Entwicklungen interpretiert und als Beweis für die mangelnde Umsetzbarkeit von theoretischen Erkenntnissen auf reale Problemstellungen gewertet.[261] Dieser Vorwurf wird zusätzlich genährt durch über allen Fachbereichen bekannt gewordenen Fehlprognosen, die berechtigte Zweifel an Prognoseverfahren aufkommen ließen.[262] Verschärft wird die Problematik im Bereich der Sozial- und Wirtschaftswissenschaften, weil in diesem Bereich soziale Gesetzmäßigkeiten einfließen, die zeit- und raumgebunden sind, und der Anspruch auf Allgemeingültigkeit zweifelhaft ist.[263] Der simple Vergleich von Prognose und Realität hat jedoch eine eingeschränkte Aussagekraft und ist an eine Reihe von Voraussetzungen geknüpft. Gründe gegen den einfachen Vergleich von Prognose und Realität als Maßstab zur Erfolgsbeurteilung von Prognosen können bereits aus erkenntnistheoretischer Sicht vorgebracht werden.[264] Dabei wird eingewendet, dass der Erfolg einer Prognose kein hinreichendes Kriterium für die Wissenschaftlichkeit sei, denn es sei einsehbar, dass die Qualität wissenschaftlicher Theorien und die Zuverlässigkeit der davon abgeleiteten Prognosen nicht unbedingt korrelieren müssen.[265] Ein Beispiel dafür wäre, dass aus richtigen (falschen) Theorien aufgrund von Sondereinflüssen falsche (richtige) Prognosen abgeleitet werden.[266] Das bedeutet, dass zur Beurteilung der Wissenschaftlichkeit einer Prognose der einfache Ex-post-Vergleich mit der Realität nur beschränkte Aussagekraft besitzt und der Sinn und Nutzen von Voraussagen in der rein ergebnisbezogenen Sichtweise nicht gerechtfertigt ist.[267]

Die notwendige Beseitigung der Erwartungslücke im betrieblichen Management bei den planerischen Tätigkeiten rechtfertigt jedoch die Anwendung von Prognoseverfahren, um das breite Spektrum des An-sich-Möglichen auf einen engen Bereich des Wahrscheinlichen zu reduzieren. Der Verhaltensspielraum, den die

[260] Richtige Prognosen zu erstellen ist nicht das ausschließliche Ziel der Prognosetätigkeit, wie im Text weiter unten noch erläutert wird. vgl. Rothschild (1969), S. 165.
[261] Vgl. Mattmüller (1990), S. 47; Härter (1985), S. 14.
[262] Vgl. Galler, in: Absatzwirtschaft 3/1983, S. 268.
[263] Vgl. Kwang-Uh Oh (1976), S. 2.
[264] Vgl. Härter (1985), S. 36 m. w. N.
[265] Vgl. FN 258.
[266] Vgl. Henschel (1979), S. 137.
[267] Vgl. Mattmüller (1990), S. 32; Härter (1985), S. 37.

Realität aus Sicht des Subjekts hat, soll durch die Einsicht in die Gesetz- und Regelmäßigkeiten verringert werden, denn wenn die Realität ein gewisses Maß an Ordnung erkennen lässt, dann erscheint es als sinnvoll, Entscheidungen auf diesen Regelmäßigkeiten aufzubauen, auch wenn die Realität damit nicht vollständig erklärt werden kann und sich nur mit einiger Unsicherheit prognostizieren lässt.[268] Verschärft wird diese Problematik, wenn die Prämisse der vollkommenen Information zugunsten der realitätsnäheren unvollkommenen Information aufgegeben werden muss. Die Komplexität einer Entscheidungsstruktur darf jedoch nicht zu einem wissenschaftlichen Fatalismus führen, denn der Ersatz mangelhafter Modelle durch weniger mangelhafte Modelle führt bereits zu einem Fortschritt, selbst wenn keine optimale Lösung existiert, irgendeine Lösung muss in der Praxis gefunden werden.[269] Sinn und Nutzen von Prognosen liegen somit nicht ausschließlich in der Vorhersage von einer möglichst exakt quantifizierten Zukunft. Dies mag für den kurzfristigen Bereich zwar Geltung besitzen, bei langfristigen Prognosen, die häufig kritisiert werden, steht die Auseinandersetzung mit den möglichen Zuständen in der Zukunft im Mittelpunkt und jene Prognose ist die Beste, die dem Benutzer die beste Einsicht in das System gewährt. Prognosen dienen in diesem Sinne der Reflexion der bisherigen und der daraus abgeleiteten zukünftigen Entwicklungen und der daraus resultierenden Verhaltensänderungen.

Im Folgenden wird deshalb eine umfassendere und allgemeinere Definition der Erfolgsbeurteilung von Prognosen versucht, die verbunden mit der Frage ist, welche neuen Einsichten aus der Prognose erwartet werden können, sodass die Beurteilung zukunftsbezogener Aussagen definiert wird als der Nutzen, den diese für die konkrete Entscheidungssituation bringt.[270] Ausgangspunkt dieser Definition ist die pragmatische Aufgabe der Prognose in der Reduzierung der Ungewissheit durch eine möglichst genaue Analyse der vorliegenden Situation und der daraus abgeleiteten möglichen Zukunftsentwicklungen. Vor dem Hintergrund einer immer komplexeren Unternehmensumwelt erscheint diese Definition als gerechtfertigt, weil die konkrete Auseinandersetzung mit den Prognosevariablen, deren Rahmenbedingungen und den Kausalbeziehungen der Größen untereinander, bei der Erstellung einer Prognose notwendig ist. Damit rücken der Prognoseprozess und die den Prognosewert beeinflussenden und dahinterliegenden Annahmen in den Vordergrund, und die Transparenz der Prognoseerstellung, sowie die Nachvollziehbarkeit des Prognoseergebnisses gewinnen an Bedeutung. Die Langfristigkeit der Prognosen bei Biotechnologieunternehmen unterstützt diese Definition, denn mit steigender Länge des Prognosezeitraums wächst die Schwierigkeit, zuverlässige Prognosen zu erstellen.[271] Prognose ist somit ein Hilfsmittel zur verbesserten Entscheidungsunterstützung und zur Offenlegung der Prämissen, die die Entscheidung beeinflussen.[272]

Damit stellt sich aber die Frage nach der Ex-ante-Erfolgsbeurteilung der Prognose, speziell in Bezug auf langfristige Aussagen, bei denen die Beurteilung schon im Zeitpunkt der Benutzung notwendig ist. Eine sinnvolle Ex-ante-Beurteilung kann nur dadurch erfolgen, dass die verschiedenen methodischen Annahmen und Randbedingungen, die bei der Erstellung einer Prognose verwendet wurden, einer kritischen wissenschaftlichen Überprüfung unterzogen und die verwendeten Daten

[268] Vgl. Bretzke (1975), S. 86.
[269] Vgl. Bretzke (1975), S. 116.
[270] Vgl. Härter (1985), S. 15.
[271] Vgl. Kwang-Uh Oh (1976), S. 5.
[272] Vgl. Lancaster/Lomas (1986), S. 6.

plausibilisiert werden.[273] Die Qualität des Prognoseergebnisses wird alleine durch das erhöhte „Für-wahr-Halten“ der zukünftigen Entwicklung verbessert.[274] Es müssen faktisch alle Faktoren in die Prognose mit einbezogen werden, die auf die prognostizierenden Sachverhalte wesentlichen Einfluss haben. Hierbei besteht die Gefahr, dass es zu einem unendlichen Prognoseregress kommt. Damit ist gemeint, dass mit zunehmender Anzahl der integrierten Größen und deren Wirkungszusammenhänge noch mehr zu prognostizierende Größen erzeugt werden.[275] Der Prognoseersteller muss deshalb beachten, dass nach pragmatischen Grundsätzen Systemgrenzen gesetzt werden, um nicht eine methodisch nicht mehr zu verarbeitende Datenmenge zu erhalten. Alle als wesentlich erkannten Größen müssen dann methodisch aufgearbeitet und in der Prognose berücksichtigt werden. Größen von nicht ursächlicher Relevanz können vernachlässigt werden, wobei die Unterscheidung dieser Größen besonderer Sorgfalt bedarf und argumentativ unterlegt werden muss. Als Kriterium kann die mit der Einbeziehung der zusätzlichen Parameter verbundene erhöhte Einsicht in das System und der daraus gefolgerte Nutzen herangezogen werden. Als Kriterien für die Datenauswahl können Relevanz, Akzeptanz und Glaubwürdigkeit, Transparenz und Beschreibung sowie der Aufwand (Zeit und Kosten) für deren Erfassung herangezogen werden. Inhaltlich und methodisch sind die getroffenen Prämissen und damit der Ausgangspunkt der Prognose klar und nachvollziehbar herauszuarbeiten.[276]

Damit wird als Prognoseerfolg bereits die verbesserte Einsicht in die Rahmenbedingungen und die Beziehungen der Prognoseelemente untereinander gewertet. Bezogen auf die vorliegende Untersuchung liegt das Ziel nicht in der Entwicklung einer einzelnen Prognosemethode mit normativem Anspruch, sondern es wird versucht, die wesentlichen Elemente, ihre Beziehungen untereinander sowie ihr gegenseitiger Einfluss bei der Prognose von Cash Flows darzustellen.[277] Hierzu sind Überlegungen zur Definition des Cash Flows bei Biotechnologieunternehmen sowie eine kritische Überprüfung der bereits bestehenden Prognoseverfahren anzustellen.

3.1.3 Auswahl von Prognoseverfahren

Jeder Prognoseersteller sieht sich heute einer Fülle von Prognosetechniken gegenüber, es fehlt jedoch an systematisch dargestellten Erfahrungen und Empfehlungen, welche Technik für welches spezifische Problem geeignet ist.[278] In der Literatur wurden Kriterien entwickelt, um die geeigneten Verfahren aus der Vielzahl von Prognosemethoden zu selektieren. Für eine Diskussion der verschiedenen Kriterien sei auf die Spezialliteratur verwiesen.[279] Besonders zu erwähnen ist hierbei die Matrix von Georgoff/Murdick, die in Form eines Entscheidungsbaumes eine Hilfestellung bei der Auswahl von Prognoseverfahren vor dem Hintergrund der jeweils vorhandenen Ressourcen und Prämissen gibt.[280] Die Matrix zeigt jedoch lediglich die Voraussetzungen für die Anwendung bestimmter Verfahren, gibt aber keine

273 Vgl. Kwang-Uh Oh (1976), S. 15.
274 Vgl. Wildgruber (1998), S. 113.
275 Vgl. Mattmüller (1990), S. 50.
276 Vgl. Henschel (1979), S. 10.
277 Vgl. hierzu Kapitel 4.1.2
278 Vgl. Makridakis et al. (1980), S. 17ff.
279 Vgl. Armstrong (2001), S. 364ff; Rogge (1972), S. 77ff; Makridakis/Wheelwright (1982), S. 504ff; Chambers et al., S. 45ff; Eine wegweisende Matrix zur Auswahl von Prognoseverfahren erstellten: Georgoff/Murdick, S. 113ff.
280 Vgl. Georgoff/Murdick, S. 113ff.

Hilfestellung für ein spezifisches Problem. Dies ist vor dem Hintergrund, dass Prognoseverfahren in der Regel problemorientiert sind, verständlich, da die Prognosemethoden nicht auf beliebig strukturierte Prognoseprobleme angewandt und nicht unabhängig von einer bestimmten Problemstellung beurteilt werden können.[281]

Aus diesem Grund erfolgt in dieser Arbeit die Eingrenzung auf die Prognose von Cash Flows bzw. den Cash Flow beeinflussenden Komponenten bei Biotechnologieunternehmen. Damit ist der Untersuchungsgegenstand mit den jeweiligen Spezifika eingegrenzt und die zu prognostizierenden Komponenten festgelegt. Unter Berücksichtigung, dass es sich hierbei um die Einführung eines neuen innovativen Medikaments handelt, sind vor allem jene Prognoseverfahren auszuwählen, die bei Neuprodukteinführungen zur Anwendung kommen können. Der Ausgleich der Vor- und Nachteile jeder Methode mit den Anforderungen der spezifischen Situation ist dabei eine entscheidende Managementaufgabe.

In der Literatur finden sich Hinweise und Empfehlungen, die bei der grundlegenden Auswahl von Prognoseverfahren eine Hilfestellung bieten können und auch empirisch bestätigt werden konnten:[282] Diese lauten:

1. Bei jeder Prognosemethode ist eine strukturierte Vorgehensweise, selbst wenn es sich um Expertenschätzungen handelt, immer vorzuziehen.[283]
2. Quantitative Methoden sind, sofern genügend verlässliche Daten existieren und deren Zusammenhänge bekannt sind, qualitativen Methoden vorzuziehen.
3. Kausale Methoden sind insbesondere bei langfristigen Vorhersagen genauer als einfache Verfahren (z. B. Trendextrapolation).
4. Komplexe Methoden sind nur dann zu verwenden, wenn die Situation es wirklich erfordert. Generell bestätigen empirische Untersuchungen, dass komplexere Methoden nicht die Genauigkeit der Prognose erhöhen, denn die Komplexität führt zu Verständnis- und Implementierungsproblemen und wird dadurch fehleranfälliger und teurer.
5. Sinnvoll ist, in einem ersten Schritt eine unkomplizierte und relativ einfache Prognosemethode anzuwenden und erst allmählich zu komplexeren Methoden überzugehen.

Der Auswahlprozess aus der mittlerweile hohen Anzahl von möglichen Prognoseverfahren muss sich an die spezifische Situation – hier junge Biotechnologieunternehmen – richten und bedarf der Kenntnis der einzelnen Stärken und Schwächen der einzelnen Verfahren. Insbesondere richtet sich die Auswahl der Verfahren an die Relevanz und Verfügbarkeit der Daten, den Grad der erforderlichen Genauigkeit des Prognoseergebnisses, den Prognosezeitraum, des Kosten-Nutzen-Verhältnis und die Anwendbarkeit der Prognosemethode.[284] Unter Berücksichtigung dieser Kriterien müssen die Vor- und Nachteile der Prognosetechniken mit den spezifischen Anforderungen der Situation in Einklang gebracht werden.[285] Die wesentlichsten Bestimmungsfaktoren, welche vor dem Hintergrund der Spezifika (vgl. Kapitel 2.2) von Biotechnologieunternehmen die Auswahl der Prognosemethode determinieren, werden in den nachfolgenden Kapiteln erläutert.

[281] Vgl. Bretzke (1975), S. 122.
[282] Vgl. Armstrong (2001), S. 373f m. w. N.
[283] Damit ist auch die Nachvollziehbarkeit als wissenschaftliches Kriterium gewährleistet.
[284] Vgl. Chambers et al. (1971), S. 45; Rogge (1972), S. 77ff; Georgoff/Murdick (1986), S. 113ff; Makridakis et al. (1980), S. 17.
[285] Vgl. Georgoff/Murdick (1986), S. 111.

3.1.3.1 Prognosegenauigkeit bzw. -güte

Die Genauigkeit des Prognoseergebnisses ist in der Praxis zweifellos das wesentlichste Kriterium und wird in Umfragen unter Managern auch immer am häufigsten genannt.[286] Im Falle von Neuprodukteinführungen können anhand der Literatur einige zusammenfassende Aussagen hinsichtlich der Prognosegüte getroffen werden:[287]

1. Bei einer Analyse von 33 Produkten von 16 Unternehmen betrug der Prognosefehler durchschnittlich 53 %.
2. In der Regel dauert es vier bis fünf Jahre nach dem Produktstart, um hinreichend genaue Gewinnprognosen für das jeweilige Produkt abzugeben.
3. Das durchschnittliche Verhältnis zwischen realisierten und prognostizierten Umsätzen beträgt im ersten Jahr 0,79, 0,60 im zweiten Jahr, 0,51 im dritten, 0,46 im vierten und 0,41 im fünften Jahr. Das heißt, dass mit zunehmender Länge des Prognosezeitraums die Prognosegüte abnimmt.

Die obigen Aussagen bestätigen auch die praktische Relevanz des in dieser Arbeit zu behandelnden Themas, da die Punkte 1 bis 3 bei Biotechnologieunternehmen durch die dort existierenden Spezifika besondere Bedeutung erhalten, der bisher in der Literatur keine Bedeutung geschenkt wurde.

Regeln für die Erstellung von „genaueren“ Prognosen von Neuprodukteinführungen wurden durch Gartner/Thomas ermittelt. Die Empfehlungen der Autoren lauten:[288]

1. Die Wichtigkeit der Prognose im Unternehmen und die Zielsetzung einer möglichst hohen Genauigkeit sollten von allen Beteiligten im Unternehmen anerkannt werden.
2. Die Prognosemethoden sollen so gewählt werden, dass ein möglichst naher Kontakt zum Endkunden besteht. Dies wären beispielhaft Interviews, Produkttests beim Konsumenten, Zielgruppenanalysen etc.
3. Die Anwendung mehrerer Methoden und deren Kombination erhöht die Genauigkeit.
4. Die Volatilität im Markt und die damit verbundene Änderung des Konsumentenverhaltens sollten berücksichtigt werden.

Der Detaillierungsgrad der Prognose ist mit der Genauigkeit eng verbunden, denn je genauer das Ergebnis sein sollte, desto höher wird der Aufwand in der Erstellung der Prognose. Je nach Problemstellung mag eine Abweichung von 10 bis 20 % tolerierbar sein, während in bestimmten Situationen eine Abweichung von 1 % fatale Folgen haben kann. Wie in Kapitel 3.1.2 diskutiert, steht in dieser Arbeit weniger das Ziel, möglichst genaue Prognosen zu erzielen, im Vordergrund, sondern die Absicht, durch die systematische Analyse der den Cash Flow beeinflussenden Komponenten und deren gegenseitige Abhängigkeiten untereinander neue Einsichten bei der Durchführung von Cash Flow Prognosen bei Biotechnologieunternehmen zu gewinnen. Selbstverständlich wird durch die explizite Darstellung der prognostizierten Komponenten die Prognosequalität nicht erhöht, jedoch erleichtert eine derartige Offenlegung die kritische Auseinandersetzung mit dem

---

[286] Vgl. Hüttner (1986), S. 279.
[287] Vgl. Kahn (2006), S. 130 m. w. N.
[288] Vgl. Gartner/Thomas (1993), S. 48.

Prognoseergebnis und die Analyse der Stärke der einzelnen den Cash Flow beeinflussenden Faktoren.

3.1.3.2 Verfügbarkeit historischer Daten

Die Qualität und Anzahl der historisch verfügbaren Daten beeinflusst die Auswahl des Prognoseverfahrens. Liegen ausreichende Vergangenheitsdaten vor, kann mittels statistischer Methoden eine Quantifizierung der Modellparameter vorgenommen werden, die zur Prognose der zukünftigen Entwicklung verwendet werden können. Liegen keine historischen Inputdaten vor, sind bestimmte Verfahren (Zeitreihenanalyse, Regression, ökonometrische Verfahren) von vornherein ausgeschlossen. Die Anwendung der Analogiemethode (vgl. Kapitel 3.2.2.4) würde bei Erfüllung bestimmter Voraussetzungen auch die Anwendung dieser mathematisch-statistischen Verfahren ermöglichen.

Auf Biotechnologieunternehmen angewandt, hängt es von der zu prognostizierenden Größe ab, ob historische Daten verfügbar sind. Das vom Biotechnologieunternehmen entwickelte Medikament stellt eine Innovation aus Sicht des Marktes dar. Für die Prognose von z. B. Absatzmengen stehen daher keine historischen Daten zur Verfügung, die als Ausgangspunkt des weiteren Absatzverlaufs mit Hilfe statistischer Methoden dienen könnten. Historische Daten liegen jedoch z. B. bei der Anzahl der Neuerkrankungen (Inzidenzrate) innerhalb eines Therapiegebietes vor, sodass zeitreihenanalytische Verfahren partiell zur Anwendung kommen können.

In der Literatur werden zur Vorhersage des Absatzes von Neuprodukten sehr häufig Diffusionsmodelle herangezogen, die breite Akzeptanz gefunden haben und auch empirisch als gut fundiert gelten.[289] Zahlreiche Modelle zur Vorhersage des Erfolgs eines Neuprodukts wurden entwickelt, die unterschiedliche Vorzüge aufweisen, jedoch existiert kein empirischer Vergleich bezüglich der Leistungsfähigkeit der verschiedenen Modelle.[290] Eine ausführliche Diskussion der Anwendung von Diffusionsmodellen bei Neuprodukteinführungen findet sich in Kapitel 3.2.3.

3.1.3.3 Länge des Prognosezeitraums

Für kurz- bis mittelfristige Vorhersagen können zahlreiche theoretisch fundierte und empirisch bestätigte quantitative Methoden wie z. B. Zeitreihenanalysen angewandt werden, die jedoch bei der Betrachtung von längeren Zeithorizonten aufgrund der Nichtberücksichtigung kausaler Zusammenhänge weniger geeignet sind.[291] Unterstellt man, dass die Zeitstabilitätshypothese mit zunehmendem Prognosezeitraum unsicherer wird, und geht man davon aus, dass damit verbunden der Informationsgehalt der Prognose abnimmt, nimmt auch die Prognosequalität ab. Es existieren nur vereinzelt Methoden, die für die Langfristprognose geeignet sind.

Vor dem Hintergrund, dass zur Bestimmung der Rendite auf die Entwicklungskosten die Cash Flows praktisch über den gesamten Produktlebenszyklus geschätzt werden müssen, stellt dieser Faktor eines der wesentlichsten Auswahlkriterien dar. Verschärft wird das Thema der Langfristprognose noch dadurch, dass es sich bei dem

---

289 Vgl. Böcker/Gierl (1988), S. 33.

290 Vgl. Makridakis/Wheelwright (1989). S. 419.

291 Vgl. Reitsch/Hanke (1998), S. 110; Als langfristig wird in diesem Fall eine Zeitspanne von mehr als drei Jahren definiert.

von Biotechnologieunternehmen entwickelten Produkt um ein neues innovatives Medikament handelt, wofür keine Erfahrungswerte oder historische Daten existieren. Daher ist es umso wichtiger sämtliche wesentlichen Faktoren in die Prognose mit einzubeziehen. Weiters müssen Umsätze, Gewinne und Marktanteile über den gesamten Produktlebenszyklus vorhergesagt werden, um zu jedem Zeitpunkt abschätzen zu können, ob sich die Entwicklung des Produkts noch lohnt. Weiters sind das Auftreten von Konkurrenzprodukten, geändertes Verschreibungsverhalten der Ärzte, Wettbewerbsdruck und demografische Verhältnisse zu berücksichtigen und in das Modell zu integrieren.[292]

3.1.3.4 Verfügbare Ressourcen

Eine wesentliche Frage bei der Auswahl der Prognosemethode ist die Frage der Komplexität des Prognoseverfahrens und der im Unternehmen vorhandenen Ressourcen. Unter Komplexität ist der Schwierigkeitsgrad in statistisch-mathematischer Beziehung und unter Ressourcen der Einsatz von Zeit, Kosten und Know-how zu verstehen. Das Know-how im Unternehmen spielt eine wesentliche Rolle bei der Auswahl der Verfahren. Während einfache statistische Regressionen noch mittels Excel Spreadsheets gelöst werden können, bedarf die Anwendung einer Conjoint-Analyse oder der Modellierung eines Markov-Prozesses umfangreiches Know-how des Prognoseerstellers und zusätzliche Werkzeuge, die in der Regel in kleineren Unternehmen nicht vorhanden sind. Mit zunehmender Komplexität des Prognoseverfahrens steigt der Einsatz der Ressourcen. Empirisch bestätigt ist der Zusammenhang zwischen Aufwand zur Erstellung des Prognoseverfahrens und der Auswahl des Verfahrens bzw. der Häufigkeit der Anwendung des Verfahrens. Einfache Methoden werden am häufigsten angewandt.[293]

Unter „Zeit“ ist in diesem Zusammenhang nicht der Prognosezeitraum zu verstehen, sondern die Dauer der Erstellung der Prognose. Die Dringlichkeit der Prognose beeinflusst die Auswahl des Verfahrens. Manche Verfahren können in wenigen Tagen fertiggestellt werden und andere wiederum benötigen alleine für die Aufbereitung der vorhandenen Daten bereits mehrere Wochen.

Bei den Kosten sind die Kosten der Datenbeschaffung und die internen Kosten (Aufwendungen für Software, Personal etc.) sowie eventuell extern zugekaufte Leistungen zu berücksichtigen.

Bei der Auswahl der Prognosemethode ist auch auf die Benutzerfreundlichkeit und die Angemessenheit hinsichtlich des Zwecks der Prognoseerstellung zu achten. Es mag in der präklinischen Phase ausreichend sein, das Marktpotenzial und die vorhandenen Konkurrenzprodukte und deren Marktanteile für ein bestimmtes Indikationsgebiet zu kennen, um zu einer Entscheidung hinsichtlich Weiterentwicklung des Arzneimittels und der Investition weiterer Gelder zu kommen. Die Entscheidung, ein Entwicklungsprojekt innerhalb der klinischen Phase abzubrechen oder fortzuführen, kann wohl nur auf der Einbeziehung sämtlicher Komponenten in die Prognose basieren. Damit verbunden ist die Anforderung, das Prognosemodell so einfach wie möglich zu halten, um den in kleineren Unternehmen üblicherweise vorhandenen Ressourcen gerecht zu werden.

---

[292] Vgl. Makridakis/Wheelwright (1989), S. 394.
[293] Vgl. Makridakis et al. (1998), S. 517.

3.1.3.5 Variabilität und Flexibilität

Da es sich bei der Cash Flow Prognose um die langfristige Prognose mehrerer Komponenten handelt, die in ein Modell integriert werden müssen, ist ein entscheidendes Kriterium die Möglichkeit, dass das Modell um zusätzliche Einflussfaktoren erweiterbar ist. Aufgrund der Langfristigkeit der Prognose und der damit zunehmenden Unsicherheit wird es notwendig sein, mögliche Entwicklungsszenarien zu rechnen, um den Einfluss einzelner Größen abschätzen zu können. Wichtige Anforderungen an das Prognosemodell sind daher die Erweiterbarkeit um neue Einflussgrößen und die Möglichkeit Szenarien darstellen zu können. Das Modell sollte kontinuierlich an die jüngsten Ergebnisse und Entwicklungen angepasst werden können und muss in der Lage sein, die Unsicherheit in den Prognoseergebnissen offenzulegen.

Kritische Würdigung

Ziel des vorangegangenen Kapitels war es, die Rahmenbedingungen und die zu berücksichtigenden Faktoren bei der Auswahl von Prognoseverfahren vor dem Hintergrund der Spezifika von Biotechnologieunternehmen zu skizzieren. Es zeigt sich dabei, dass die Prognosemethode stark von der Problemstellung und den vorhandenen Ressourcen im Unternehmen abhängig ist. Da es sich beim Cash Flow um eine zusammengesetzte Größe mehrerer Komponenten handelt, werden auch unterschiedliche Prognoseverfahren zur Anwendung kommen müssen. Die Spezifika von Biotechnologieunternehmen und die Tatsache, dass es sich beim Cash Flow um eine zusammengesetzte Größe handelt, machen deutlich, dass das Prognosemodell einigen Anforderungen genügen muss.

1 Das Prognosemodell sollte unterschiedliche Prognoseverfahren vereinen bzw. mathematisch verknüpfen können, ohne die Komplexität zu stark zu erhöhen.

2 Das Modell sollte möglichst flexibel gestaltbar, anpassungsfähig und erweiterbar sein.

3 Das Modell soll klar die Zusammenhänge zwischen den einzelnen Größen darstellen können.

4 Das Modell sollte die Dynamik des Wachstumsprozesses abzubilden vermögen und Szenarien darstellen können.

5 Das Modell muss der langfristigen Prognose über den gesamten Produktlebenszyklus gerecht werden.

Welches Prognosemodell diesen Anforderungen genügt, wird durch eine kurze Beschreibung der einzelnen Verfahren und eine abschließende Würdigung im nächsten Kapitel evaluiert. Im folgenden Kapitel werden daher insbesondere jene Verfahren und Methoden diskutiert, die eine Anpassung an die Spezifika von Biotechnologieunternehmen ermöglichen und schwerpunktmäßig im Zusammenhang mit Neuprodukteinführungen verwendet werden können. Hinsichtlich der Prognose der Umsatzerlöse bei Neuprodukteinführungen existieren in der Literatur einige Empfehlungen, welche Methoden hierfür geeignet erscheinen und in der Praxis angewandt werden können.[294]

[294] Vgl. Kahn (2006), S. 129 m. w. N.

3.2 Verfahren zur Prognose von Cash Flows bei Biotechs

Mit diesem Kapitel erfolgt die Hinwendung zu den für die Prognose von Cash Flow bzw. dessen Komponenten einsetzbaren Prognoseverfahren. Ziel dieses Kapitels ist es, einen Überblick über die einzelnen Verfahren zu geben, um im Prognosemodell eine Aussage treffen zu können, inwiefern die einzelnen Verfahren bei der Vorhersage der den Cash Flow beeinflussenden Komponenten angewandt werden können. Zentrales Element ist im Rahmen der Ermittlung des Cash Flows die Prognose der möglichen Umsatzerlöse des neuen innovativen Medikaments, da diese Größe nach der Markteinführung die wesentlichste renditebestimmende Komponente ist. Im nachfolgenden Abschnitt werden daher insbesondere jene Prognoseverfahren diskutiert, welche bei Neuprodukteinführungen zur Anwendung kommen können.[295]

Prognoseverfahren lassen sich grundsätzlich nach einer Vielzahl unterschiedlicher Merkmale systematisieren, und dementsprechend zahlreich sind die in der Literatur vorzufindenden Ansätze. Am häufigsten findet sich die Systematisierung in mathematisch-statistische und intuitive[296] Prognoseverfahren, die auch dieser Arbeit zugrunde gelegt wird.[297] Die Differenzierung in diese beiden Kategorien erweist sich zwar als nicht besonders trennscharf, denn quantitative Verfahren enthalten oft auch qualitative Überlegungen, und bei qualitativen Verfahren sind oft auch mathematische Methoden hinzuzuziehen, wie z. B. die statistische Auswertung von Fragebögen.[298] Betrachtet werden auch Simulationsverfahren, die auf einem System von Funktional- und Definitionsgleichungen beruhen, die die zu prognostizierende Größe von einer externen Determinante abhängig machen. Vor der Simulation müssen die im System verwendeten Gleichungen und Daten zu den externen Determinanten hergeleitet werden. Das Simulationsmodell basiert folglich auf der Verknüpfung von mathematisch-statistischen und intuitiven Prognoseverfahren.[299]

Eine Übersicht über die unterschiedlichen qualitativen und quantitativen Verfahren zeigt nachfolgende Grafik:[300]

[295] Einen guten, aber wenig spezifischen Überblick über mögliche Prognoseverfahren bei Neuprodukteinführungen in der pharmazeutischen Industrie gibt: Cook (2006), S. 35.

[296] Diese werden auch als quantitative und qualitative Verfahren bezeichnet; vgl. Adam (1996), S. 195.

[297] Vgl. Graff (1977), S. 25; Hansmann (1983), S.12f; Henschel (1979), S.15f; Makridakis et al. (1980), S. 14–16.

[298] Vgl. Mattmüller (1990), S. 90.

[299] Vgl. Ballwieser (1990), S. 46.

[300] Die Übersicht hat keinen Anspruch auf Vollständigkeit und stellt lediglich die in der Literatur am häufigsten anzutreffende Kategorisierung der unterschiedlichen Methoden dar.

Abbildung 6: Systematik Prognoseverfahren

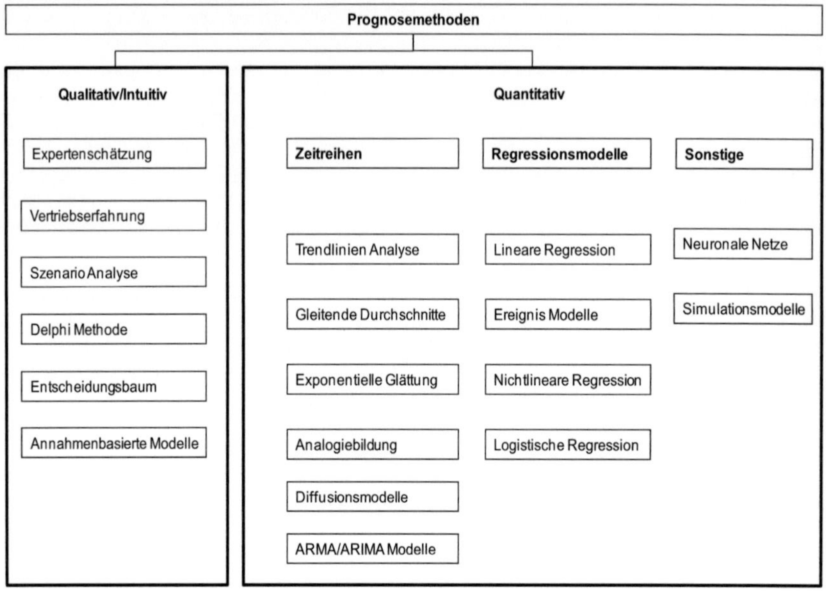

Quelle: Kahn (2006), S. 13

3.2.1 Mathematisch-statistische Prognoseverfahren

3.2.1.1 Zeitreihenanalysen

Die Grundlage jeder Zeitreihenanalyse bilden chronologisch geordnete Beobachtungswerte der im Einzelfall zu prognostizierenden Größen.[301] Die Zielsetzung bei der zeitreihenanalytischen Betrachtung besteht darin, aus dem historischen Datenmaterial bestimmte Regelmäßigkeiten abzuleiten, die auf einen dahinterliegenden Entwicklungsprozess der Prognosegröße schließen lassen. Aus den beobachteten Werten ist dann ein idealtypischer Kurvenverlauf zu bestimmen, der einen Rückschluss auf die zukünftige Entwicklung der Größe ermöglicht.[302] Die zu prognostizierende Größe wie z. B. der Umsatz oder der Absatz wird dabei ohne Berücksichtigung auf die Einflussfaktoren beschrieben, sondern lediglich über die Zeit fortgeschrieben bzw. extrapoliert. Dementsprechend liegt der Zeitreihenanalyse die Annahme zugrunde, dass das als Ursachenkomplex wirkende System von interdependenten internen und externen Determinanten selbst keinen Veränderungen unterliegt und in der Zukunft ebenso Bestand hat.[303] Zur Überprüfung der Annahme der Konstanz der Parameter sind daher zusätzliche Überlegungen zur Struktur des zu prognostizierenden Sachverhalts erforderlich, da die Glaubwürdigkeit

[301] Vgl. Brockhoff (1977), S. 93.
[302] Vgl. Bretzke (1975), S. 126f; Brockhoff (1977), S. 94; Weber (1990), S. 177.
[303] Vgl. Hansmann (1983), S. 27; Brockhoff (1977), S. 93.

der Konstanz der Parameter nur durch zusätzliche ergänzende qualitative Überlegungen hergestellt werden kann.[304] Eine Möglichkeit, die Problematik der Strukturkonstanz der wirkenden Einflussfaktoren zu überwinden bzw. abzuschwächen, wäre die Aufspaltung der zu prognostizierenden Größe in die auf diese Größe wirkenden Faktoren, denn mit zunehmender Aufspaltung der aggregierten Größe in Einzelgrößen reduzieren sich die Einflussfaktoren bzw. können diese leichter abgeschätzt werden.[305] Eine zu tiefe Gliederung hat jedoch den Nachteil, dass etwaige einmalige Sonderfaktoren sich nicht durch gegenläufige Entwicklung abschwächen bzw. ausgleichen, wie dies bei einer aggregierten Größe der Fall sein könnte. Somit ist die bei einer Zeitreihenanalyse ermittelte Regelmäßigkeit bei aggregierten Größen in der Regel stabiler und damit auch verlässlicher für die Zukunft.[306]

Die Anwendung quantitativer statistischer Verfahren erfordert eine hohe Anzahl von Daten, um die statistischen Parameter verlässlich bestimmen zu können. Daraus ergibt sich ein weiteres methodisches Problem für alle Formen der Zeitreihenanalyse. Dies ist die Auswahl der für die prognostisch verwertbare Funktion einzubeziehenden Menge an Beobachtungswerten.[307] Einerseits lassen sich durch das Einbeziehen einer größeren Anzahl von Beobachtungswerten bestimmte Regelmäßigkeiten besser erkennen, aber andererseits mag es auch sinnvoller sein, die Prognose auf Daten der jüngeren Vergangenheit zu stützen, da diese eventuell eine höhere prognostische Relevanz aufweisen.[308] Eine Verbindung beider Argumentationslinien ist in der Methode der exponentiellen Glättung erkennbar, bei der altersabhängige Gewichtungen der Beobachtungswerte vorgenommen werden.[309] Hierbei tritt die Auswahl des Gewichtungsfaktors als zusätzliches Entscheidungsproblem auf, das durch die Einführung von adaptiven Filtern zu lösen versucht wurde.[310] Argumentativ lässt sich keine zwingende Empfehlung, wie umfangreich die einzubeziehenden Beobachtungswerte sein sollen, ableiten, und es bleibt dem Prognoseersteller vorbehalten, eine auf den jeweiligen Fall plausible und nachvollziehbare Vorgangsweise zu wählen. In diesem Zusammenhang sind zyklische, saisonale sowie andere Trendkomponenten zu beachten und eventuell entsprechend zu berücksichtigen.[311]

Insbesondere bei langfristigen Prognosen kommt dem Trend eine besondere Bedeutung zu.[312] Die Bestimmung einer Trendfunktion wirft die Frage nach der Auswahl des Funktionstyps auf, denn die Extrapolation kann auf Basis einer linearen, parabolischen, exponentiellen oder einer anderen Funktion höherer Ordnung durchgeführt werden.[313]

Bei der Vorgehensweise zur Bestimmung der für die Prognose zu verwendenden Extrapolationstechnik können prinzipiell drei unterschiedliche Varianten anhand der für die Abbildung der Regelmäßigkeiten angenommenen funktionalen Beziehungen

[304] Vgl. Bretzke (1975), S. 127.
[305] Vgl. Hayn (2000), S. 294.
[306] Vgl. Adam (1996), S. 208.
[307] Vgl. Bretzke (1975), S. 132.
[308] Vgl. Makridakis et al. (1980), S. 14–16.
[309] Vgl. Hüttner (1986), S. 56f.
[310] Eine ausführliche Darstellung dieser Methode findet sich mit weiteren Nachweisen in: Hansmann (1983), S.98–103; Makridakis et al. (1980), S. 82–97; Hüttner (1986), S. 199–204.
[311] Vgl. Adam (1996), S. 202; Hüttner (1986), S. 11.
[312] Vgl. Hüttner (1986), S. 44.
[313] Vgl. Bretzke (1975), S. 136.

des Entwicklungsprozesses unterschieden werden: das Mittelwertverfahren, die Trendextrapolation und Sättigungsmodelle.[314]

Daneben existieren noch einige weitere Verfahren wie z. B. Verfahren der exponentiellen Glättung oder autoregressive Methoden, die jedoch primär für kurzfristige Vorhersagen geeignet sind und daher in der hier zu betrachtenden Problemstellung ausscheiden.

3.2.1.1.1 Das Mittelwertverfahren

Bei dieser Methode wird der arithmetische Mittelwert der Zeitreihe durch Summenbildung der beobachteten Werte und Division durch die Anzahl der Werte errechnet und als Prognosewert für die Folgeperiode angesetzt.[315] Hintergrund des Mittelwertverfahrens ist, dass die in der Vergangenheit aufgetretenen Schwankungen der Zeitreihe zufallsbedingt sind und der Mittelwert daher der unverzerrte Schätzwert mit der höchsten Wahrscheinlichkeit ist.[316] Die in Kapitel 3.2.1.1 erwähnten Bedingungen (Strukturkonstanz und Auswahl der Anzahl der Beobachtungswerte) haben in diesem Fall hohe Bedeutung und bedürfen entsprechender zusätzlicher qualitativer Überlegungen.

3.2.1.1.2 Das Trendextrapolationsverfahren

Sobald die Zeitreihe einen Wachstums- oder Schrumpfungsprozess aufweist, stellt der Mittelwert keinen geeigneten Schätzwert mehr dar, denn die Extrapolation würde zwangsläufig zu einem Über- bzw. Unterschätzen der künftigen Entwicklung der Prognosevariablen führen. Während die Zeit beim Mittelwertverfahren lediglich als Index verwendet wird, dient sie bei einem trendförmigen Verlauf als erklärende Variable.[317] Die einfache Trendextrapolation passt an die Vergangenheitswerte der Zeitreihe ein Polynom höheren Grades an, wobei davon ausgegangen wird, dass die Zeitstabilitätshypothese gilt, d. h. die Bedingungen der Vergangenheit gelten auch für die Zukunft[318]. Die Auswahl des Funktionstyps, der sich bestmöglich an die historischen Werte anpasst, ist dabei kritisch zu beurteilen, da die möglichst genaue und vollständige Anpassung der Funktion an die vorhandenen Beobachtungswerte der Idee einer Identifikation einer Trendlinie widerspricht. Die Entscheidung über den Funktionstyp kann somit nur durch zusätzliche qualitative Überlegungen getroffen werden und nicht über die bestmögliche Anpassung an die Beobachtungswerte.[319]

Beim Trendextrapolationsverfahren ist die ökonomische Interpretation der extrapolierten Beobachtungswerte zu hinterfragen, denn ein stetig in der Zukunft eventuell sogar exponentiell steigendes Wachstum des Absatzes kann mit Recht als ökonomisch nicht plausibel interpretiert werden. Anstatt eines unendlichen Wachstums wird sich der Wachstumsprozess allmählich aufgrund von Marktwiderständen oder Kapazitätsgrenzen verlangsamen oder sich allmählich an eine Sättigungsgrenze annähern. Für diesen Zweck wurden zahlreiche Modelle entwickelt, die eine Sättigungsgrenze berücksichtigten.

---

[314] Vgl. Wildgruber (1998), S. 126; Hayn (2000), S. 299; Hansmann (1983), S. 27ff.
[315] Vgl. Henschel (1979), S. 31; Hüttner (1986), S. 13.
[316] Vgl. Bretzke (1975), S. 129f.
[317] Vgl. Bretzke (1975) S. 135f.
[318] Vgl. Bruckmann (1997), S. 46f.
[319] Vgl. Bretzke (1975), S. 141ff.

3.2.1.1.3 Wachstumsfunktionen – Sättigungsmodelle

Im Unterschied zu den oben besprochenen Trendfunktionen zeichnen sich Wachstumsfunktionen durch einen linearen, exponentiellen oder parabolischen Trend mit einem anhaltenden Wachstums- oder Schrumpfungsprozess aus, der je nach Modell auch Sättigungsgrenzen aufweisen kann.[320] Eine Prognose auf Basis von Wachstumsfunktionen bedarf der vorherigen autonomen Festlegung des zu verwendenden Funktionstyps und der Sättigungsgrenze. Zur Herleitung der Sättigungsgrenze wird diese entweder aus dem historischen Verlauf der Beobachtungswerte geschätzt,[321] oder diese wird intuitiv bestimmt.[322]

Auch in diesen Fällen gilt, dass neben dem Kriterium der maximalen Anpassung an die Struktur der Entwicklungslinien auch andere, weniger formalistische Kriterien zur Ermittlung einer zeitabhängigen Funktion herangezogen werden, sodass neben der Schwierigkeit der Ermittlung der Wachstumsfunktion zusätzlich noch die Sättigungsmenge autonom zu schätzen ist.[323]

Die Wachstumsfunktionen, die in der Literatur zur Beschreibung z. B. des Absatzes von Produkten verwendet werden, sind Lebenszykluskonzepte, die auf einer Verallgemeinerung von Beobachtungen unterschiedlicher Entwicklungsprozesse basieren. Ein Versuch zur plausiblen Begründung des für die Repräsentation der Variablenentwicklung gewählten Funktionstyps wäre die Suche nach Analogien aus anderen Zeitreihen.[324] Bei dieser Vorgehensweise wird die Wahl des Funktionstyps aufgrund von beobachteten Funktionsverläufen anderer Variablen vorgenommen. Einen Überblick über die grundlegenden Funktionstypen von Wachstumsmodellen ist in untenstehender Tabelle abgebildet:[325]

Exponentialfunktion	**Logistische Funktion**	**Semi-logistische Funktion**
Unbegrenztes Wachstums ohne Sättigungsgrenze	Wachstum mit Sättigungsgrenze	Verknüpfung des exponentiellen und logistischen Wachstums mit Sättigungsgrenze
$\frac{dx}{dt} = a * x_t$	$\frac{dx}{dt} = a * x_t * (S - x_t)$	$\frac{dx}{dt} = a * (S - x_t) + b * x * (S - x_t)$

320 Vgl. Hüttner (1986), S. 104f; eine übersichtliche Klassifizierung der unterschiedlichen Sättigungsmodelle findet sich bei Mertens (1978), S. 182.
321 Vgl. Hansmann (1983), S.113.
322 Vgl. Bretzke (1975), S. 150.
323 Vgl. Gerfin (1964), S. 40; Lewandowski (1974), S. 380f.
324 Vgl. Wildgruber (1998), S. 179.
325 Vgl. eine übersichtliche Klassifizierung der unterschiedlichen Sättigungsmodelle findet sich bei Mertens (1978), S. 182; Spezifika und Bedingungen der Anwendung obiger Sättigungsmodelle finden sich auch bei: Hüttner (1986), S. 104ff ; Gerfin (1964), S. 40; Lewandowski (1974), S. 380f; Wildgruber (1998), S. 179; Hansmann (1983), S.108ff.

Exponentialfunktion	Logistische Funktion	Semi-logistische Funktion
Annahme, dass das Wachstum der Zeitreihe xt, d. h. ihre zeitliche Veränderung Δxt, proportional zum bisher erreichten Niveau xt ist und um einen konstanten Faktor a wächst (xt+1/xt = a).	Annahme, dass das Wachstum dx/dt der Zeitreihe xt proportional dem jeweils erreichten Niveau xt und dem Abstand zwischen dem erreichten Niveau xt und dem absoluten Sättigungsniveau S ist	Die semi-logistische Funktion ist eine additive Kombination des exponentiellen und des logistischen Modells und wird synonym auch nach seinem Entwickler Bass als Bass-Modell bezeichnet.
Exponentielles Wachstum, stetig steigend	Funktion steigt zuerst exponentiell an, erreicht bei der Hälfte des Sättigungsniveaus den Wendepunkt und strebt mit abnehmender Wachstumsrate dem Sättigungsniveau zu.	Schneller exponentieller Anstieg, um danach mit abnehmender Wachstumsrate dem Sättigungsniveau zuzustreben.

Kritische Würdigung

Die in den vorangegangenen Kapiteln dargestellten Verfahren der Zeitreihenanalyse haben gezeigt, dass unterschiedliche Schwierigkeiten bei der Bestimmung des zukünftigen Verlaufs einer Variablen aus ihren historischen Beobachtungswerten auftreten. Diese betreffen die Menge der zu verarbeitenden historisch verfügbaren Werte und die Auswahl des Funktionstyps. Auch können die Prognosefunktion und die Sättigungsgrenze nicht immer unmittelbar aus den historischen Daten abgeleitet werden, sondern es sind zusätzliche qualitative Überlegungen notwendig. Dies ist nicht unbedingt als Nachteil zu verstehen, denn dies erfordert vom Prognoseersteller die Einbeziehung von qualitativen Daten, die zwecks Überprüfbarkeit ausreichend begründet und dargelegt werden müssen. Wird die Überprüfbarkeit als Plausibilitätskontrolle der intuitiven Faktoren verstanden, so ist die Erfüllung dieses Kriteriums möglich. Ein weiterer Kritikpunkt ist die Tatsache, dass die Zeit als einzige erklärende Variable verwendet wird und diese zur Vorhersage nur dann geeignet ist, wenn genügend historische Werte vorliegen, die keinen Strukturbruch aufweisen oder um denselben bereinigt sind. Zusätzlich dürfen sich die Einflussfaktoren, die auf die zu prognostizierende Größe einwirken, in Zukunft nicht verändern. Bei Extrapolation ist von einer Konstanz, einem vollständigen Wirkungsausgleich der Faktoren oder von einer Veränderung des Bedingungskomplexes auszugehen, die die Fortsetzung der Variablenentwicklung induzierten.[326] Hier wird deutlich, dass mit zunehmender zeitlicher Entfernung die Konstanz der Einflussfaktoren immer unwahrscheinlicher wird und die Extrapolation eine zunehmend geringere Plausibilität aufweist. Mit höherer zeitlicher Entfernung erfolgt zwangsläufig eine deutlichere, wenn auch unbegründete Komplexitätsreduktion. Zwar kann mittels statistischer Techniken eine hohe Anpassung der mathematischen Funktion der

326 Vgl. Wildgruber (1998), S. 181.

Zeitreihe erreicht werden, jedoch darf die hohe Anpassungsqualität nicht mit Prognosegüte verwechselt werden.

Zu diskutieren bleibt die Frage, welche qualitativen Faktoren Einfluss auf die Prognosefunktion ausüben, denn die internen und externen Faktoren werden durch die intuitiven Überlegungen selbst nicht aufgedeckt. Diese Diskussion erfolgt in Kapitel 4.1.3.

Bei den meist sehr jungen Biotechnologieunternehmen, die erst vor kurzer Zeit gegründet wurden, ist die Annahme, dass die die Prognosegröße beeinflussenden Faktoren konstant bleiben, nicht aufrechtzuerhalten, da in der Anfangsphase das Unternehmen von starken singulären, nicht repetitiven Aktivitäten geprägt ist. Es müssen die Unternehmens- und Organisationsstruktur und die internen Prozesse erst aufgebaut werden, sodass der Großteil der Aktivitäten und die damit verbundenen Cash Flows eher Einmalcharakter haben und nicht als repräsentativ für die Zukunft angesehen werden können. Für die Prognose der Cash Flows als singuläre Größe wird ein derartiges Verfahren daher wenig geeignet sein. Denkbar ist aber die Anwendung zeitreihenanalytischer Verfahren bei den den Cash Flow beeinflussenden Komponenten wie z. B. bei der Bestimmung der Patientenzahlen. Die Möglichkeit der Anwendung der Zeitreihenanalyse im Rahmen der Cash Flow Prognose hängt daher von der zu prognostizierenden Größe und der Erfüllung der beiden zugrunde liegenden Prämissen Strukturkonstanz und dem Vorhandensein historischer Beobachtungswerten ab.

Die Annahmen zu den internen und externen Faktoren lassen es in diesem Fall als lohnenswert erscheinen, die Regressionsanalyse als weiteres mathematisch-statistisches Verfahren zu untersuchen.

3.2.1.2 Die Regressionsanalyse

Bei den zuvor dargestellten Prämissen an den Methoden der Zeitreihenanalyse haben die Vernachlässigung des Bedingungskomplexes und die Veränderung der Prognosegröße mit der Zeit die größte Bedeutung, denn die Prognosevariablen verändern sich in der Regel nicht durch die Zeit, sondern in der Zeit.[327] Sollen die Prognosevariablen durch ihre Einflussfaktoren erklärt werden, ergibt sich die Notwendigkeit, den Zusammenhang zwischen erklärende und abhängige Variable festzustellen. Als Verfahren, die funktionale Beziehung zwischen den Variablen herzustellen, eignet sich die Regressionsanalyse. Das Grundprinzip der Regressionsanalyse ist die paarweise Darstellung von Beobachtungswerten zweier Variablen, zwischen denen eine lineare Funktion errechnet wird, die die Beziehung zwischen der als unabhängig unterstellten und der als abhängig angenommenen Variable abbildet.[328] Eine Überprüfung des Ausmaßes (Stärke) des Zusammenhangs kann über die Berechnung des Korrelationskoeffizienten erfolgen, der die Werte zwischen minus eins und plus eins annehmen kann. Bei minus eins bzw. plus eins existiert eine stark negative bzw. positive Korrelation.[329] Auch wenn ein hoher Korrelationskoeffizient die Annahme eines sehr starken Zusammenhangs zwischen den beiden Variablen stützt, ist nicht auszuschließen, dass sich dieser Zusammenhang nur zufällig ergibt. Die Abhängigkeit einer Variablen von der anderen lässt sich mit dem Korrelationskoeffizienten jedoch nicht zeigen. Diese kann

---

[327] Vgl. Bretzke (1975), S. 156.

[328] Vgl. Wildgruber (1998), S. 183.

[329] Vgl. Hüttner (1986), S. 80.

durch das Bestimmtheitsmaß quantifiziert werden, das den prozentualen des durch die Ausprägungen der unabhängigen Variablen erklärten Einflusses auf die Veränderungen der abhängigen Variablen zeigt.[330] Um einen etwaigen Zufall auszuschließen, muss zur Bestimmung der Signifikanz des Korrelationskoeffizienten dieser nach wahrscheinlichkeitstheoretischen Prinzipien gegen die Nullhypothese getestet werden. Bei diesem Test wird nach der Wahrscheinlichkeit gefragt, mit der die vorliegenden Messergebnisse auch mit der Annahme eines Korrelationskoeffizienten von null vereinbar sind. Der Test liefert aus dem Umkehrschluss eine Wahrscheinlichkeit, mit der der ermittelte Korrelationskoeffizient als signifikant von null verschieden angesehen werden kann.[331]

Zu den Annahmen der Regressionsverfahren zählen wie auch schon bei den zeitreihenanalytischen Verfahren, dass der Einfluss der Variablen konstant ist und dass die Variablen auch tatsächlich voneinander abhängig sind. Die statistische Absicherung von Zusammenhängen bedingt im Vorfeld eine plausible Begründung für die Existenz und die Richtung der Beziehung zwischen den Variablen, wodurch ergänzende qualitative Überlegungen notwendig sind.[332] Nur wenn sich die Existenz und die Richtung der Beziehung plausibilisieren lassen und die Intensität des Zusammenhangs regressionsanalytisch bestimmt wurde, können Regressionen für Prognosezwecke genutzt werden. Durch die Einführung einer unabhängigen Variablen wird auch bei Annahme der zukünftigen Gültigkeit der Regressionsfunktion das Prognoseproblem auf die Vorschau der unabhängigen Variable verlagert, womit diese Vorgehensweise nur dann sinnvoll ist, wenn deren Entwicklung leichter und zuverlässiger vorhergesehen werden kann.[333]

Wenn die Prognosevariable lediglich von einer einzigen unabhängigen Variable abhängig ist, spricht man von einer Einfachregression, wobei der Zusammenhang zwischen den zwei Variablen sich nicht auf einen linearen Funktionstyp beschränken muss. Eine Variante der Einfachregression ist die stufenweise Regression. Bei der stufenweisen Regression wird der Regressor in weitere einzelne Variablen aufgelöst. Die stufenweise Regression wird angewandt, wenn der Zusammenhang zwischen abhängige und unabhängige Variable intuitiv „lose“ ist, sodass die unabhängige Variable gegen eine direkter abhängige Variable regressiert wird. Beispielsweise hängt der Umsatz eines Medikaments von den Gesamtausgaben für die Gesundheit ab. In diesem Fall wäre es sinnvoll, den Umsatz des Medikaments zuerst auf die Gesamtausgaben des Staates für Arzneimittel zu beziehen und in einem zweiten Schritt die Ausgaben für Arzneimittel gegen die gesamten Gesundheitsausgaben zu regressieren. Vorteile der Stufenregression sind die vertiefte Problemanalyse und die Auseinandersetzung mit dem Zusammenhang der Variablen, wodurch neue Einsichten gewonnen werden, die im Falle der Regression gegen die „aggregierte“ Variable nicht unmittelbar einsichtig gewesen wären.[334]

Eine weitere Variante der Regressionsanalyse ist die komponentenweise Regression. In diesem Fall wird die zu prognostizierende Variable (Regressand) zerlegt. Ein Beispiel hierfür wäre die Zerlegung der abhängigen Variable Arzneimittelumsatz auf Ebene der einzelnen therapeutischen Klassen. Auch hier führt die Zerlegung der Variable zu einer vertieften Problemanalyse.

---

330 Das Bestimmtheitsmaß ist mit dem Quadrat des Korrelationskoeffizienten identisch.

331 Die Signifikanzbestimmung zur Absicherung der Regressionsanalyse erfolgt mittels t-Test; vgl. Bretzke (1975), S. 162ff.

332 Vgl. Bretzke (1975), S. 167, Hansmann (1983), S. 125.

333 Vgl. Henschel (1979), S. 48; Hansmann (1983), S. 126.

334 Vgl. Bretzke (1975), S. 171.

Wenn anstelle einer einzigen unabhängigen Variablen mehrere unabhängige Variablen in den Regressionsansatz mit einbezogen werden, spricht man von einer Mehrfachregression oder einer multiplen Regression. Wie bei der Einfachregression kann ein Korrelationskoeffizient für jede einzelne unabhängige Variable berechnet werden.[335]

$$\hat{y} = a + b_1 * x_1 + \ldots b_n * x_n + \varepsilon_n$$

Für die Ermittlung der Regressionsparameter sind Beobachtungswerte aller Variablen zusammenzustellen, und auf Basis dieser Werte können die Parameter der Regressionsfunktion nach der Methode der kleinsten Quadrate errechnet werden. Wie bei der Einfachregression können auch hier Korrelationskoeffizienten für jede einzelne Variable und deren Signifikanzniveau berechnet werden.[336]

Bei der Mehrfachregression stellen sich zu Beginn das Problem der Auswahl der in die Mehrfachregression einzubeziehenden unabhängigen Variablen und die Frage, ob die einbezogenen Variablen vollständig sind. Die Bestimmung der Variablen ist Aufgabe des Managements und schafft im Zuge der Auswahl der Variablen ein vertieftes Verständnis von den Abhängigkeitsbeziehungen. Solange keine wesentlichen Variablen, die die abhängige Variable erklären, vernachlässigt werden, ist das kein Problem, da der Rest über eine normalverteilte Fehlervariable erklärt wird. Voraussetzung der Anwendung ist die Quantifizierbarkeit sämtlicher Variablen, fehlende Multikollinearität und eine einseitige Abhängigkeit, d. h. die unabhängige Variable beeinflusst nicht das Verhalten der abhängigen Variablen. Bei wechselseitigen Abhängigkeiten wäre die Regressionsgleichung durch ein simultanes Gleichungssystem zu ersetzen.

3.2.1.3 Sonstige Methoden

Neben den oben erwähnten Verfahren, die die am häufigsten verwendeten Methoden darstellen, existieren noch zahlreiche weitere verfeinerte Methoden der Zeitreihen- und Regressionsanalyse. Zu nennen sind hier beispielhaft ARIMA- und Markov-Prozesse, Box-Jenkins-Verfahren, exponentielle Glättungen, adaptive Filter etc., die je nach Problemstellung zu verbesserten Prognosen führen können, die an dieser Stelle nicht weiter vertiefend behandelt werden und somit sei auf die Spezialliteratur verwiesen.[337]

Kritische Würdigung

Um die Regressionsanalyse als Prognoseverfahren für den Cash Flow zu verwenden, ist es zunächst notwendig, die in den Cash Flow eingehenden unabhängigen Variablen zu identifizieren und diese Daten zu beschaffen, wodurch die Prognose aufwendiger wird als bei der Nutzung der zeitreihenanalytischen Verfahren. Neben der Auswahl der Menge der Beobachtungsdaten und der Auswahl des Funktionstyps ist bei der Regressionsanalyse besonders auf die Auswahl der als

---

335 Vgl. zu einer ausführlichen Darstellung der multiplen Regressionsanalyse vgl. Hansmann (1983), S. 128f; Bretzke (1975), S. 174; Hüttner (1986), S. 86; Weber (1990), S. 104f.

336 Als zusätzliche Bedingung gegenüber der Einfachregression ist bei der multiplen Regression die Multikollinearität zu beachten. Das bedeutet, dass die als unabhängig angenommenen Variablen auch tatsächlich voneinander unabhängig sein müssen.

337 Vgl. Makridakis et al. (1998), m. w. N.

unabhängig angenommenen Variablen zu achten. Die Kritik, dass durch die Schätzung der unabhängigen Variablen eine Verlagerung der Prognoseproblematik auf die vorgelagerten Einflussfaktoren erfolgt, ist insofern unberechtigt, da die sachgerechte Schätzung der Ausprägungen der Haupteinflussfaktoren Bedingung ist und ein Regressionsverfahren insbesondere dann angewandt wird, wenn die unabhängige Variable besser als die abhängige Variable geschätzt werden kann. Dies ist sogar als Vorteil zu sehen, da die notwendigen qualitativen Überlegungen dazu genutzt werden können, sich intensiv und bewusst mit den auf die abhängige Variable wirkenden Einflussfaktoren auseinanderzusetzen und dadurch die Bedingungen offengelegt werden. Es ist insbesondere die Kausalität zwischen der exogenen und der endogenen Variable zu prüfen und inwiefern diese auch in Zukunft Gültigkeit besitzt.[338] Der Schätzung der Ausprägung der Einflussfaktoren kommt hinsichtlich der Qualität der Prognose besondere Bedeutung zu, da die Vorhersage der exogenen Variable aufgrund der funktionalen Abhängigkeit die Prognose der endogenen Variablen bestimmt.[339] Der bei der exogenen Variable gemachte Vorhersagefehler verursacht einen entsprechenden Fehler in der endogenen Variablen.

Als weiterer Vorteil der Regressionsanalyse im Vergleich zu zeitreihenanalytischen Methoden kann neben der Angabe eines Punktschätzwertes bei gegebener Sicherheitswahrscheinlichkeit auch ein Prognoseintervall angegeben werden.[340] Zusätzlich können durch Variation der Stärke des Einflusses der exogenen Variablen Szenarien gerechnet werden. Der Unvollkommenheit der zur Verfügung stehenden Informationen kann durch Darstellung unterschiedlicher potenzieller Ausprägungen der exogenen Variablen Rechnung getragen werden. Zu beachten ist jedoch, dass aufgrund der zugrunde liegenden Prämisse der Konstanz der Beziehung eine Berücksichtigung alternativer Umweltbedingungen nicht möglich ist, sondern lediglich für die einzelnen prospektiven Ausprägungen der prognostizierten Variablen Punktschätzwerte ermittelt werden können.[341]

Für Biotechnologieunternehmen, die erst kurz existieren und sich relativ dynamisch entwickeln, gilt auch bei der Regressionsanalyse das bereits bei den zeitreihenanalytischen Methoden Festgehaltene. Insbesondere die Strukturkonstanz der Beziehungen der Variablen untereinander wird aufgrund der dynamischen Entwicklung (Eintritt Wettbewerber, Indikationserweiterungen etc.) nicht aufrechtzuerhalten sein. Die bei dieser Methode durch intuitive Überlegungen verstärkt zu berücksichtigenden Prämissen und Bedingungen des ermittelten Prognosewertes sind im Hinblick auf die Bedingung der Nachvollziehbarkeit der Prognose ein nicht zu unterschätzender Vorteil. Auch hier gilt, dass die Prognose einer regressionsanalytisch bestimmten Variable je nach Problemstellung durchaus sinnvoll sein kann. Denkbar ist die Regression des Umsatzes gegen den Marketingaufwand in Form einer Einfachregression oder die Darstellung des Zusammenhangs zwischen Umsatz, Marketingaufwand, Produktqualität und Preis in Form einer Mehrfachregression. Die Möglichkeit der Anwendung einer Regressionsanalyse bei den den Cash Flow beeinflussenden Variablen hängt jedoch in erster Linie von der Verfügbarkeit einer ausreichenden Datenbasis ab. Bei der Einführung von neuen Produkten sind in der Regel keine historischen Daten

338 Vgl. Bretzke (1975), S. 167; Hansmann (1983), S. 125.
339 Vgl. Bretzke (1975), S. 168.
340 Vgl. Hayn (2000), S. 318.
341 Vgl. Bretzke (1975), S. 149.

verfügbar, sodass wie bei den zeitreihenanalytischen Verfahren über die Anwendung der Analogiemethode auch Regressionsanalysen durchgeführt werden können.

3.2.2 Intuitive Prognoseverfahren

Wesentliche Voraussetzung der mathematisch-statistischen Verfahren ist das Vorhandensein einer ausreichenden Datengrundlage. Die historischen Datenreihen werden in einer formalisierten Vorgehensweise verschiedenen Rechenoperationen unterworfen, woraus letztendlich eine Funktion resultiert, die für prognostische Zwecke nutzbar ist. Bei jungen Biotechnologieunternehmen, die ein neues Produkt auf den Markt bringen, sind historischen Datenreihen in der Regel nicht vorhanden, sodass alternative Prognoseverfahren herangezogen werden müssen. Mit den sogenannten intuitiven Prognoseverfahren wurden Instrumente entwickelt, die auch bei geringem Datenmaterial Schätzungen von zu prognostizierenden Variablen erlauben. In den nachfolgenden Kapiteln erfolgen eine kurze Darstellung der intuitiven Prognoseverfahren und die Analyse der Eignung für die Prognose des Cash Flows bzw. der den Cash Flow beeinflussenden Variablen bei Biotechnologieunternehmen. Vorweg kann gesagt werden, dass es sich bei dieser Art von Prognoseverfahren primär um Werkzeuge handelt, die die Intuition bzw. das implizite Wissen des Prognoseerstellers zu formalisieren und die Annahmen und Ergebnisse der Prognose transparent darzustellen versuchen.

Weitere Merkmale intuitiver Verfahren sind die schwache Ausprägung der zugrunde liegende Theorie und das Einfließen subjektiver Elemente des Prognoseerstellers, wie z. B. Expertenwissen.[342] Das Expertenwissen ist eben jenes Wissen, welches weder in seinem Ausmaß bestimmbar noch in einer präzisen Form sprachlich artikulierbar ist und auf intuitivem Wege und nicht auf Basis streng formalisierter Prozesse verarbeitet wurde.[343] Die gering formalisierte Transformation der Input-Daten in Prognosewerte erweckt den Eindruck, dass die Prognoseproblematik dadurch nicht gelöst, sondern auf die im Prognoseprozess involvierten Personen übertragen wird und das Prognoseergebnis aufgrund der einfließenden Intuition selbst nicht mehr nachvollziehbar wird. Sachlogisch mag dieser Einwand auch gerechtfertigt sein, jedoch ist bei der Markteinführung von neuen, innovativen Produkten die Bedingung der Strukturkonstanz nicht aufrechtzuerhalten, sodass dem Expertenwissen eine besondere Bedeutung zukommt. Durch die Berücksichtigung des Expertenwissens erfolgt eine Erweiterung des Informationsspektrums, sodass es möglich wird, die in diesem Fall vorhandene Strukturinvarianz der quantitativ erfassten, retrospektiven Daten zu berücksichtigen und in die Prognose einfließen zu lassen. Auf die hinter der Prognoseaussage stehenden Annahmen und Modelle kann nicht geschlossen werden, weil diese sich nur implizit auf das Prognoseergebnis niederschlagen.[344] Zur Plausibilisierung müssten die Gedankengänge offengelegt werden, wobei die Problematik der Verbalisierbarkeit der gedanklichen Prozesse auftritt. Neben der Beurteilung des Prognoseergebnisses fließt auch eine Beurteilung des Prognostikers bzw. des Experten zur Plausibilität des Prognoseergebnisses ein. Als Kriterien zur Beurteilung von Experten werden meist Erfahrung im relevanten Bereich, Fachwissen und Kreativität sowie interdisziplinäres und diskursives Denken gefordert.[345]

342 Vgl. Hansmann (1983), S. 271.
343 Vgl. Bretzke (1975), S. 180; Hayn (2000), S. 323.
344 Vgl. Brockhoff (1977), S. 63.
345 Vgl. Bretzke (1975), S. 184; Brockhoff (1977), S. 76.

3.2.2.1 Expertenschätzung

Die Expertenschätzung oder -befragung ist die einfachste Methode zur Generierung von Prognosen. Ziel der Methode ist es, die Erfahrung und Intuition von Experten in formaler Weise zu einem Prognosewert zu verdichten. Grundsätzlich handelt es sich hierbei um die einfachste und schnellste Methode, um zu einem Prognosewert zu kommen, jedoch kann der Prozess, mehrere Experten auf einen konsensualen Prognosewert zu bringen, durchaus zeitaufwendig sein, bei dem es des Einsatzes von formalisierten Methoden bedarf.

3.2.2.2 Delphi-Methode

Die Delphi-Methode ist der freien Schätzung eines Experten ähnlich und unterscheidet sich primär durch die Einbeziehung von mehreren Experten, die sich untereinander nicht kennen, um Einflüsse von einzelnen Personen wie rhetorische Fähigkeiten, Ansehen etc. auszuschalten.[346] Der Einsatz der Delphi-Methode hat folgende charakteristische Eigenschaften:[347] Die Prognose wird von Experten abgegeben, die sich mit dem Problem beschäftigt haben, sich untereinander nicht kennen und durch anonymisierte Informationsrückkopplung die Möglichkeit haben, durch Analyse der Prognose der anderen Experten ihre eigene Prognose nachzubessern bzw. zu verfeinern.

Der Ablauf einer Delphi-Prognose erfolgt in den meisten Fällen nach ähnlichen Schemata.[348] In der ersten Runde geben die Experten schriftlich und anonym ihre Prognose ab, woraus der Projektleiter den Median, das untere und obere Quartil und die Quartilsspanne ermittelt. Diese Kennzahlen werden den Delphi-Teilnehmern mitgeteilt und unter Berücksichtigung dieser Information geben diese wieder ihre korrigierten Prognosen ab. Dieser Prozess wird so oft wiederholt, bis die gewünschte Konvergenz der Prognosewerte erreicht ist. In der Regel genügen drei solcher Runden.

Kritisch zu beurteilen bei dieser Methode ist, dass das starre Befragungsschema keine neuen Entwicklungen während der Befragung zulässt und kein Lernprozess zwischen den Teilnehmern möglich ist. Zusätzlich erfordert diese Methode einen hohen Zeitaufwand. Als nachteilig ist auch der Zwang zum Konsens bei der Durchführung mehrerer Befragungsrunden zu betrachten. Die bisher vorliegenden empirischen Erfahrungen mit der Delphi-Methode zeigen, dass diese nicht generell den offenen Gruppendiskussionen überlegen ist, ihre Leistungsfähigkeit bei mittel- bis langfristigen Prognosen jedoch anerkannt wird.[349]

3.2.2.3 Entscheidungsbaum

Der Entscheidungsbaum ist ein kombiniertes Planungs- und Prognoseverfahren, das ermöglichen soll, aus einer bestimmten Anzahl von Alternativen die erfolgversprechendste, ausgedrückt als Erwartungswert, auszuwählen. Der Entscheidungsbaum wird außerdem zur übersichtlichen Darstellung von formalen Regeln zur Entscheidungsfindung genutzt. Hierzu werden grafisch, ausgehend von einem Wurzelknoten, die Alternativen aufgezeichnet, die wiederum zu einem

346 Vgl. Brockhoff (1977), S. 81.
347 Vgl. Hansmann (1983), S. 22.
348 Vgl. ebenda, S. 22.
349 Vgl. Brockhoff (1977), S. 82.

weiteren Entscheidungsknoten führen. Dies wird so oft durchgeführt, bis jede einzelne mögliche Entscheidungssituation dargestellt ist.[350] Häufig werden Entscheidungsbäume zur Kalkulation des Barwertes einer Investition unter verschiedenen Bedingungen angewandt. In der Regel ist jede Alternative mit bestimmten Wahrscheinlichkeiten hinterlegt, sodass durch Multiplikation der Wahrscheinlichkeit mit den monetär bewerteten Alternativen eine Auszahlungsmatrix erstellt wird. Mit der Anwendung eines Entscheidungsbaumes ist die Einführung von Wahrscheinlichkeiten verbunden. Diese Wahrscheinlichkeit ist ein Ausdruck der Unsicherheit, mit der das Ergebnis nach der Entscheidung eintritt. Das bedeutet, dass das Management eine subjektive Einschätzung der Wahrscheinlichkeit, mit der das Ergebnis eintritt, vornimmt, und das Ergebnis ist nur soweit zuverlässig, wie es die Wahrscheinlichkeiten, die man den alternativen Ereignissen zugeordnet hat, sind.[351] Die Schätzung der Wahrscheinlichkeit bleibt dem Manager selbst überlassen und beruht in der Regel auf Erfahrung und Intuition. Der Entscheidungsbaum wird im Rahmen von Prognosen gerne als Unterstützung eines Entscheidungsprozesses herangezogen, da die Methode geeignet ist, die einzelnen Alternativen aufzuzeigen. Vorteilhaft ist auch die Durchführung von Simulationen auf Basis unterschiedlicher Wahrscheinlichkeitsverteilungen, wodurch verbesserte Einsichten in das Systemverhalten möglich werden.

Kritische Würdigung

Die Durchführung von Simulationen auf Basis von unterschiedlichen Wahrscheinlichkeiten ermöglicht eine Vielzahl von Analysen und gibt Einsichten über die möglichen Ergebnisse. Als nachteilig bei dieser Methode ist festzuhalten, dass Manager in der Regel nicht gewohnt sind, mit Wahrscheinlichkeiten umzugehen und solche zu schätzen, sodass daraus wesentliche Fehler resultieren können. Auch der Umgang mit Wahrscheinlichkeitsverteilungen ist in der Praxis oft wenig geläufig, sodass diese Methode nur in größeren Unternehmen, die über das entsprechende Know-how und Ressourcen (Zeit, Software) verfügen, angewandt wird.

3.2.2.4 Prognose mittels Analogieschluss

Ausgangspunkt bilden bei dieser Methode retrospektive quantitative Daten, die um qualitative Unternehmensdaten und bezeichnenderweise auch um unternehmensfremde Daten ergänzt werden. Denn zur Generierung eines Analogieschlusses wird das Untersuchungsobjekt mit mindestens einem anderen Objekt verglichen, wobei als Basis der Prognose der in dem jeweiligen Vergleichsobjekt bereits schon eingetretene Zustand heranzuziehen ist. Notwendigerweise müssen zwischen dem Untersuchungsobjekt und dem zu Vergleichszwecken herangezogenen Objekt bestimmte sachlogisch-inhaltliche Beziehungen existieren.[352] Ein Analogieschluss sollte nur dann erfolgen, wenn eine weitgehende Übereinstimmung der Struktur und der Inhalte der einzelnen Einflussfaktoren zwischen dem Untersuchungsobjekt und den Vergleichsobjekten festzustellen ist.[353] Unter der Annahme, dass eine

350 Vgl. Makridakis/et al. (1980), S. 204.
351 Vgl. Makridakis/et al. (1980), S. 200.
352 Vgl. Bruckmann (1978), S. 72.
353 Vgl. Bruckmann (1978), S. 72.

weitgehende Übereinstimmung herrscht,[354] kann nicht ausgeschlossen werden, dass die zukünftige Entwicklung ebenfalls zwangsläufig in analoger Weise erfolgt. Eine sachgerechte Vorgehensweise bei dieser Methode erfordert die Analyse des Vergleichsobjekts und die Prüfung der beim Vergleichsobjekt damals vorherrschenden Bedingungen. Diese müssen beim Untersuchungsobjekt ebenfalls analog zum Vergleichsobjekt existieren, da ansonsten die Vergleichbarkeit nicht mehr gewährleistet ist.[355] Dies bedeutet für den Prognoseersteller einen erheblichen Mehraufwand, denn zur korrekten Analyse bedarf es der detaillierten Gegenüberstellung der Struktur und der Inhalte der Einflussfaktoren des Untersuchungsobjekts mit dem Vergleichsobjekt, um Gemeinsamkeiten und Differenzen aufzudecken. Diese Hintergrundinformationen werden nicht immer einfach zu beschaffen sein. Im besten Fall wären sogar mehrere Vergleichsobjekte heranzuziehen, um ein Spektrum von möglichen Entwicklungen aufzudecken, was die Komplexität und den Mehraufwand noch erheblich steigert. Einen Ausweg bietet die Möglichkeit, nicht das gesamte Objekt bzw. eine aggregierte Größe einem Analogieschluss zu unterwerfen, sondern nur einzelne Komponenten wie z. B. die Absatzentwicklung eines Produkts. Es ist anzunehmen, dass für einzelne Komponenten auch eine geringere Anzahl von Einflussfaktoren wirksam ist. Dem wäre das Argument entgegenzuhalten, dass eine teilweise Neutralisierung des Einflusses von verschiedenen Faktoren, die gegensätzliche Richtungen aufweisen, erfolgen könnte.[356]

Kritische Würdigung

Als Prognosemethode kommt der Prognose mittels Analogieschluss bei der Einführung von neuen Produkten eine wichtige Rolle zu, da durch die sorgfältige Analyse der analogen Produkte Anhaltspunkte für etwaige potenzielle Entwicklungen gefunden werden. In Zusammenhang mit der Vorhersage der Einführung von neuen Produkten werden häufig Zeitreihenanalysen gemeinsam mit der Analogiemethode angewandt. Im Rahmen der Prognose können Analogieschlüsse zur Gewinnung von Erkenntnissen über potenzielle Gefahren und Chancen einer zukünftigen Entwicklung dienen. Zwar kann bei der Einbeziehung von mehreren Vergleichsobjekten auch nicht sichergestellt werden, dass beim Untersuchungsobjekt eine gleichlautende Entwicklung auftritt, die Wahrscheinlichkeit, dass bei einem gleichen Bedingungskomplex ähnliche Entwicklungen auftreten, ist jedoch höher. Die Komplexität des Umfeldes und die Schwierigkeit, möglichst analoge Unternehmen bzw. Produkte zu finden, erlauben nur eine eingeschränkte Verwendung dieser Methode. Verstärkt wird die mangelnde Vergleichbarkeit durch den Umstand, dass es sich bei den jungen, innovativen Biotechnologieunternehmen um Unternehmen mit völlig neuen Produkten handelt, die erstmalig auf den Markt kommen. Ganz entscheidend für die Anwendung dieser Methode ist die sorgfältige Analyse des gesamten Umfelds und der Rahmenbedingungen, unter denen das neue Produkt auf den Markt kommt. Aufgrund der guten Datenlage in der pharmazeutischen Industrie ist die Prognose mittels Analogieschluss eine wertvolle Ergänzung in der Cash Flow Prognose.

---

[354] Die Bedingung der vollkommenen Vergleichbarkeit wird in der Ökonomie nur schwer aufrechtzuerhalten sein, da die Dynamik des sich entwickelnden Biotechnologieunternehmens besonders hoch und von situationsspezifischen Faktoren abhängt.

[355] Vgl. Bruckmann (1978), S. 18.

[356] Vgl. Kapitel 3.2.1.1.1.

3.2.2.5 Szenario-Technik

Bei der Szenario-Technik handelt es sich um eine Methode, die verschiedene mögliche Entwicklungen des Prognosegegenstandes aufgrund der Kombination von Einflussfaktoren mit unterschiedlichen Ausprägungen aufzeigt.[357] Die Berücksichtigung unterschiedlicher Rahmenbedingungen und von potenziell möglichen Ausprägungen der einzelnen Faktoren ermöglicht die Generierung von Szenarien, die eine Darstellung der zukünftigen Entwicklungslinien zulassen.[358] Bei dieser Methode werden die zukünftigen Daten nicht aus der Fortschreibung bzw. Extrapolation der retrospektiven Daten gewonnen, sondern es können die möglichen Veränderungen in der Zukunft berücksichtigt werden. Damit können die beiden wesentlichsten Prämissen bei den bisher besprochenen Methoden, die Strukturkonstanz und die unveränderte Ausprägung der einzelnen Einflussfaktoren, aufgegeben und explizit berücksichtigt werden.[359] Durch die Aufgabe der Strukturkonstanz können auch Szenarien in Bezug auf geänderten Wettbewerb oder Kundenverhalten berücksichtigt werden. Zu beachten ist, dass das Ziel der Szenario-Technik nicht die Angabe eines Punktwertes für eine mögliche Kombination der Einflussfaktoren ist, sondern dass durch die Kombination sämtlicher möglicher Ausprägungen der Faktoren Transparenz bezüglich der Unsicherheit über die Zukunft hergestellt werden soll, sodass der Prognoseersteller erkennt, welche Entwicklungen im positiven und negativen Sinne möglich sind.

Für die nähere Zukunft können meist noch relativ zuverlässige Aussagen getroffen werden, während bei den Entwicklungen in weiterer Zukunft die möglichen Szenarien zunehmen. Zur Veranschaulichung möglicher Szenarien dient oftmals der nachfolgend abgebildete Szenario-Trichter.

Abbildung 7: Szenario-Trichter

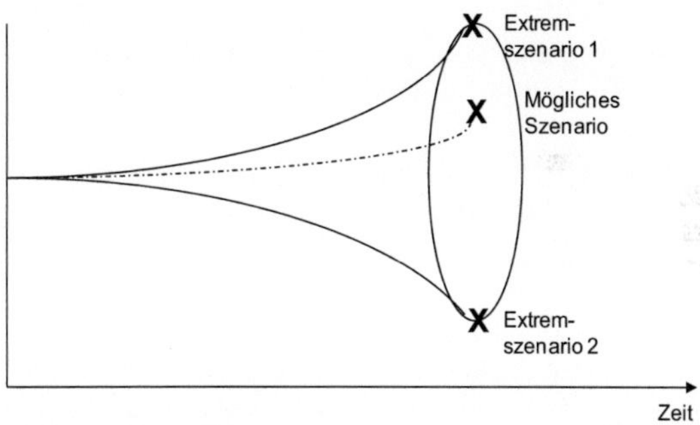

Quelle: Geschka/Reibnitz (1997), S. 468

Eine Darstellung sämtlicher möglicher Zukunftsszenarien durch Kombination aller Einflussgrößen mit den unterschiedlich möglichen Ausprägungen würde zu einer nicht mehr handhabbaren Vielfalt von Szenarien führen und nicht zur Transparenz der möglichen Entwicklungen beitragen. Deshalb erfolgt im Rahmen der Szenario-Technik eine Konzentration auf wenige ausgewählte Szenarien, mit denen das

[357] Vgl. Reibnitz (1981), S. 37.
[358] Vgl. Geschka/Reibnitz (1983), S. 128; Hansmann (1983), S. 18.
[359] Vgl. Geschka/Hammer (1997), S. 466.

Spektrum der Entwicklungen aufgezeigt werden soll.[360] Hierzu werden, wie in der obigen Grafik veranschaulicht, zwei generelle, sogenannte Extremszenarien formuliert, die idealtypisch den Rand des Trichters darstellen.[361] Diese Extremszenarien markieren die äußeren Grenzen des Möglichkeitsspektrums, innerhalb derer andere mögliche potenzielle Entwicklungen liegen. Bei einer relativ hohen Anzahl von Einflussfaktoren mit jeweils wiederum hoher Anzahl von möglichen Ausprägungen muss daher eine Reduktion auf einige wenige, aber hochrelevante Schlüsselfaktoren vorgenommen werden. Ein Schwerpunkt bei der Szenarioerstellung liegt daher bei der Auswahl dieser Schlüsselfaktoren.

Zur Erstellung von Szenarien bedarf es der Auswahl der relevantesten und wirksamsten Einflussfaktoren. Die Auswahl der wesentlichen Einflussfaktoren erfolgt über eine Wirkungs- und Interdependenzanalyse. Die Ermittlung der Einflussfaktoren muss den gegenwärtigen Zustand und die zukünftige Entwicklung sowie die gegenwärtigen und prospektiven Wechselwirkungen erfassen.[362]

Bei der Wirkungsanalyse wird die Beziehung zwischen den Einflussfaktoren und dem Untersuchungsgegenstand analysiert, um die Relevanz der einzelnen Faktoren zu bestimmen. Eine Einflussgröße kann eliminiert werden, wenn diese eine geringe Eintrittswahrscheinlichkeit und eine geringe Wirkung auf die zu prognostizierende Variable hat. Die Interdependenzanalyse dient dazu, die Abhängigkeiten zwischen den Einflussgrößen zu bestimmen.[363] Ergebnis dieser Analyse ist die Ermittlung der unabhängigen Variablen, da diese die Entwicklung der anderen abhängigen Einflussgrößen mitbestimmen. Die gesamte Auswahl der Schlüsselfaktoren und ihre Bewertung der Relevanz erfolgt weitgehend durch eine intuitive Vorgehensweise.

Systemimmanent ist, dass der Großteil auf subjektiven Einschätzungen beruht und die dahinterliegende Theorie schwach ausgebildet ist.[364] Die Güte der in dieser Phase gewonnenen Erkenntnisse wird somit maßgeblich von der Fähigkeit der involvierten Personen determiniert.

Nach der Ermittlung der Faktoren erfolgt durch Variation derselben der eigentliche Blick in die Zukunft.[365] Ausgangspunkt bilden die Istzustände der einzelnen Schlüsselfaktoren.

Die durch Variation der Schlüsselfaktoren ermittelten Einzelszenarien zeigen idealtypisch das Möglichkeitsspektrum der prospektiven Umweltentwicklungen.

Sind die einzelnen Annahmenbündel als Szenarien ausgewählt, müssen diese, bevor sie zur Prognose von Cash Flows bei Biotechnologieunternehmen herangezogen werden, noch weiter ausgestaltet werden. Denn die dynamische Entwicklung des Unternehmens sowie der Unternehmensumwelt und die Festlegung einzelner Szenarien werden Reaktionen bei den Wettbewerbern oder Abnehmern hervorrufen. Dementsprechend müssen im Hinblick auf Reaktionen der Wettbewerber oder Abnehmer die einzelnen Szenarien noch verfeinert werden.

Die daraus erhaltenen Szenarien dienen als Grundlage für die Ermittlung von zukünftigen Strategien. Zur Herleitung der Strategien sind neben der reinen

---

360 Vgl. Geschka/Reibnitz (1983), S. 130.
361 Vgl. Reibnitz (1989), Sp. 1985.
362 Vgl. Gausemeier et al. (1995), S. 173f.
363 Vgl. Götze (1991), S. 107.
364 Vgl. Hansmann (1983), S. 271.
365 Vgl. Gausemeier et al. (1995), S. 221.

Beschreibung der zukünftigen Entwicklungen der Unternehmensumwelt auch die daraus resultierenden Maßnahmen zu bestimmen, mit denen den Risiken entgegnet bzw. die Chancen genutzt werden können.

Kritische Würdigung

Die Szenario-Technik stellt grundsätzlich einen Ansatz dar, mit dem potenzielle Cash Flow Entwicklungen junger Biotechnologieunternehmen hergeleitet werden können. Obwohl die Unsicherheit der zukünftigen Entwicklung sowohl auf Unternehmensebene als auch auf Umweltebene nicht eliminiert werden kann, wird eine gewisse Transparenz über die Zukunft erzielt. Der Erfolg der Szenario-Technik hängt im Wesentlichen von der Fähigkeit der am Bewertungsprozess beteiligten Personen ab, denn die Bestimmung der externen Einflussfaktoren und ihre Beziehungen zueinander und zu den gewählten Schlüsselfaktoren sowie die Bestimmung der Ausprägungen und die Auswahl der Annahmenbündel basiert überwiegend auf Expertenurteilen. Die Technik ist jedoch so weit formalisiert und strukturiert, dass sich ein nachvollziehbarer, logisch-stringenter Ablauf ergibt, der jederzeit einer Überprüfbarkeit standhält. Um die Technik geeignet für langfristige Cash Flow Prognosen für junge Biotechnologieunternehmen zu machen, müssen die Änderung der Unternehmensumwelt und die Auswirkungen auf das Unternehmen explizit berücksichtigt werden. Dies bedarf der Einbeziehung von Expertenurteilen und eines erheblichen Maßes an Intuition. Deshalb muss auf jeder Stufe eine Plausibilitätsprüfung der einzelnen ermittelten Ergebnisse vorgenommen werden.

Als größter Vorteil dieser Methode ist zu erwähnen, dass hierbei eine explizite Auseinandersetzung mit der Zukunft erfolgt. Wie oben besprochen wird bei den mathematisch-statistischen Verfahren nur eine Fortschreibung durchgeführt, wenn auch nach bestimmten ermittelten Regeln und Gesetzmäßigkeiten der Vergangenheit bzw. der Gegenwart. Der dargelegte, auf der Szenario-Technik basierende Ansatz kann dementsprechend als ein grundsätzlich geeignetes Verfahren klassifiziert werden, mit dem Cash Flow Prognosen auch für einen längeren Zeitraum durchgeführt werden können.

Zusammenfassung

Der Einsatz von intuitiven Prognoseverfahren zur Vorhersage des Cash Flows bei einem Biotechnologieunternehmen bzw. dessen Komponenten scheint sinnvoll zu sein. Die intuitiven Methoden sind zwar nicht im gleichen Maße operational, jedoch sind sie den mechanistischen mathematisch-statistischen Verfahren insofern überlegen, als sie eine größere Menge von Informationen mit einbeziehen. Aufgrund der Flexibilität der Modelle können Strukturänderungen explizit mit einbezogen werden. Intuitive Verfahren stellen daher wertvolle ergänzende Methoden zur Lösung der Prognose von Cash Flows bzw. dessen Komponenten zur Verfügung.

Sofern historische quantitative Daten vorhanden sind, sollte der Prognoseersteller versuchen, mittels den diskutierten Zeitreihenanalysen und Regressionsverfahren Regelmäßigkeiten im Verhalten der prognoserelevanten Größen und Beziehungen der Größen untereinander festzustellen. Durch die ergänzende Anwendung von intuitiven Verfahren sollte der Prognoseersteller durch die Variation der Einflussfaktoren auf Basis intuitiv gewonnener Hypothesen und Annahmen alternativ mögliche strukturelle Entwicklungen und deren Auswirkungen auf den Cash Flow darstellen.

3.2.3 Diffusionstheoretische Prognoseverfahren

3.2.3.1 Einführung

Allgemein kann die Diffusionsforschung als Wissenschaftsgebiet angesehen werden, das sich mit der Beschreibung und der Ausbreitung von Innovationen sowie mit der Ermittlung von Wirkungszusammenhängen und Determinanten dieses Ausbreitungsprozesses befasst.[366] Die Diffusionsforschung hat ihren Ursprung in der Analyse demografischer Gesetzmäßigkeiten und der Vermehrung niederer Lebewesen, wobei eine bestimmte Automatik des Ablaufs eine zentrale Annahme darstellt.[367] Neben Anwendungen in Soziologie, Anthropologie, Biologie, Volkswirtschaft etc. ist die Diffusionsforschung bis dato von betriebswirtschaftlichen Anwendungen dominiert.[368] Innerhalb der betriebswirtschaftlichen Diffusionsforschung liegt der Schwerpunkt auf Anwendungen im Marketing mit dem Fokus auf die Bestimmung und Analyse der Einflussgrößen auf den Diffusionsprozess sowie der Vorhersage des Absatzverlaufes von neuen Produkten bzw. Innovationen.[369]

Zentral in der Diffusionsforschung sind die Begriffe Invention, Innovation, Adoption und Diffusion, die gleichzeitig den Entstehungsprozess von Innovationen in Form eines idealtypischen Schemas als sequenzielle Teilprozesse darstellen. Die Invention ist jener Prozess, welcher der Innovation im engeren Sinne zeitlich vorgelagert ist und bei dem Neuerungen entdeckt, erfunden und/oder entwickelt werden.[370] Die Invention als Generierung von Neuerungen durch Forschungsaktivitäten kann hinsichtlich der Arzneimittelentwicklung als Summe der präklinischen Phase und der klinischen Phase I bis III betrachtet werden. Die Inventionsphase beginnt somit mit der Entdeckung einer viel versprechenden Substanz und endet mit der Zulassung zum Markt.[371]

Der Begriff „Innovation" wird in der Literatur unterschiedlich definiert und dient im weitesten Sinne als Bezeichnung für die Generierung von etwas Neuem oder im engeren Sinne als Aktivität im Zusammenhang mit der Markteinführung von Neuerungen oder letztendlich sogar für die Neuerung selbst.[372] In der Biotechnologieindustrie ist der Grad der Innovation eines Arzneimittels entscheidend für seinen Erfolg am Markt. Die Innovation kann sich dabei auf die Wirksamkeit, die Sicherheit oder die Art der Anwendung des Medikaments beziehen. Als Innovation wird ein Medikament in dieser Arbeit bezeichnet, wenn es aus Sicht der potenziellen Abnehmer eine Neuerung darstellt.[373] Diese Definition von Innovation ist besonders hilfreich bei der Analyse der Ausbreitung von Innovationen, da diese so lange von einer Innovation spricht, bis alle potenziellen Abnehmer das Produkt nicht mehr als

---

366 Vgl. Kortmann (1995), S. 30; Rogers (1995), S. 5/10; Hauschildt (2007), S. 3ff.

367 Vgl. Böcker/Gierl (1988), S. 32.

368 Vgl. Rogers (2003), S. 11ff.

369 Vgl. Kortmann (1995), S. 36; Schmalen/Xander (2000), S. 417.

370 Vgl. Kortmann (1995), S. 19.

371 Zu den einzelnen Phasen der Arzneimittelentwicklung vgl. Kapitel 2.2.1

372 Vgl. Rogers (1995), S. 135 bzw. 138; Kortmann (1995), S. 30; Milling/Maier (1996), S. 21.

373 Vgl. Rogers (1995), S. 11, der die Problematik, was neu ist, demjenigen überlässt, für den die Idee, die Anwendung oder das Objekt neu ist.

neu ansehen. An die Inventionsphase schließt sich die Diffusionsphase an, bei der in diesem Fall das entwickelte Medikament erstmals auf dem Markt und damit an den Letztverbraucher gebracht wird und das Produkt erstmals wirtschaftliche Anwendung erlangt. Der gesamte Prozess der Invention, der Markteinführung und der anschließenden Diffusion des Produkts in den Markt wird als Innovationsprozess im weitesten Sinne bezeichnet und kann grafisch wie untenstehend abgebildet werden:

Abbildung 8: Systematik Prognoseverfahren

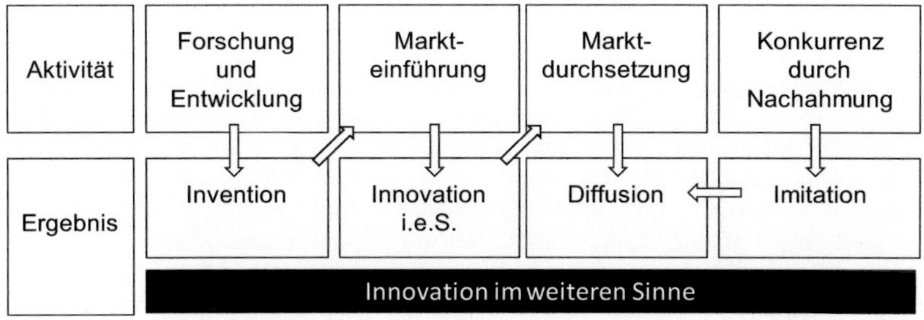

Quelle: Hensel/Wirsam (2008), S. 11

Im Zuge des Diffusionsprozesses entscheidet der Letztverbraucher oder Übernehmer (Adoptor) sich aufgrund unterschiedlicher individueller Kriterien in einem mentalen Prozess für das Produkt.[374] Dieser mentale Prozess wird von der ersten Wahrnehmung der Innovation bis zur Adoptionsentscheidung (Kauf) als Adoptionsprozess bezeichnet.[375] Die Aggregation aller individuellen Adoptionsentscheidungen im Zeitablauf ergibt den Diffusionsprozess. Während die Adoptionstheorie die intrapersonellen Faktoren auf der Ebene des Individuums betrachtet, verfolgt die Diffusionstheorie das Ziel, die interpersonellen Gründe der Verbreitung von Produkten zu eruieren und untersucht den Ausbreitungsprozess auf aggregierter Ebene. Beide Prozesse sind über Kommunikationsprozesse zwischen den Mitgliedern des sozialen Systems eng miteinander verbunden, womit die einzelnen Adoptionen der disaggregierten Ebene mit der aggregierten Ebene der Diffusion verbunden sind. Aufgrund des engen Zusammenhangs beider Bereiche findet man in der Literatur die beiden Theoriebereiche in ihrer Gesamtheit als Diffusionstheorie zusammengefasst.[376]

Seitdem die Diffusionstheorie in die Marketingliteratur Einzug gehalten hat, wurde eine Vielzahl von Einflussfaktoren auf die Verbreitung von Produkten empirisch untersucht.[377] Die Forschung konzentriert sich dabei primär auf jene Einflussgrößen, die dem Abnehmersystem zuzuordnen sind und die seitens des Anbieters

---

374 Vgl. Rogers (1995), S. 161ff.

375 Zu den unterschiedlichen Phasen des Adoptionsprozesses vgl. Bähr-Seppelfricke (1999), S. 11f; Schmidt (2009), S. 21ff, mit jeweils zahlreichen weiteren Nachweisen.

376 Vgl. Weiber (1992), S. 3, Böcker/Gierl (1988), S. 32.

377 Vgl. Hensel/Wirsam (2008), S. 11ff; Schmidt (2009), S. 21ff; Hintemann (2001), S. 39ff; Bähr-Seppelfricke (1999), S. 11f; Milling/Maier (1996), S. 21 mit jeweils zahlreichen weiteren Nachweisen.

beeinflussbar sind.[378] Häufig findet sich in der Literatur folgende Unterteilung der diffusionsrelevanten Einflussgrößen[379].

- Umweltspezifische Faktoren (Einflüsse soziokultureller, politisch-rechtlicher, makroökonomischer und technologischer Natur),
- Adoptorspezifische Faktoren (Alter, Einkommen, Bildungsniveau, Kommunikation zwischen den Mitgliedern eines sozialen Systems etc.),
- Marketingbezogene Faktoren (sämtliche Instrumente des Marketing-Mixes),
- Produktspezifische Faktoren (relativer Vorteil, Kompatibilität, Komplexität, Erprobbarkeit, Kommunizierbarkeit).[380]

Die produktspezifischen Faktoren spielen in der Erklärung des Diffusionsprozesses eine besondere Rolle, da diese seitens des Adoptors wahrgenommen werden und insbesondere in der Adoptionsforschung als wichtige Einflusskriterien, die zur Kaufentscheidung führen, dargestellt werden. Der Einfluss der Produkteigenschaften auf den Diffusionsprozess konnte in zahlreichen empirischen Untersuchungen nachgewiesen werden, und die wahrgenommenen Produkteigenschaften können einen Großteil (49 bis 87 %) der Varianz in der Adoptionsrate erklären.[381]

Der größte Teil der Untersuchungen in der Literatur bezieht sich im Zusammenhang mit den produktspezifischen Faktoren auf die individuelle Ebene der Adoption, dennoch ist es auch möglich, den Einfluss der Produktmerkmale auf die Diffusion auf aggregierter Ebene sinnvoll zu operationalisieren.[382] Da, wie noch gezeigt wird, die Produkteigenschaften eines neuen innovativen Medikaments eine zentrale Rolle im Rahmen des Diffusionsprozesses spielen, werden die wesentlichsten Arbeiten in der Literatur zum Einfluss der Produkteigenschaften auf die Diffusion von Innovationen (und damit auf aggregierter Ebene) nachfolgend kurz dargestellt, wobei lediglich die Ergebnisse der Studien zusammengefasst werden und hinsichtlich Datenset und Methode auf die einzelnen Studien verwiesen wird.

Tornatzky/Klein (1982) untersuchten in einer Meta-Analyse von 75 Studien den Zusammenhang zwischen zehn Produkteigenschaften und deren Einfluss auf die Adoption. Die Autoren finden einen positiven Zusammenhang zwischen dem relativen Vorteil und der Kompatibilität sowie einen negativen Zusammenhang zwischen Komplexität und der Adoptionsentscheidung.

Srivastava et al. (1985) untersuchen 14 Finanzanlagen und finden eine geringe Korrelation der Produkteigenschaften mit dem Innovationskoeffizienten. Die als negativ wahrgenommenen Produkteigenschaften (Kosten der Informationssuche und Risiko des Verlusts) haben einen negativen Einfluss auf die Diffusion.[383]

Robinson analysiert in einer Querschnittsregressionsanalyse den Zusammenhang zwischen Produkteigenschaften und Marktanteil neuer Produkte und zeigt, dass ein großer relativer Vorteil eine Erhöhung des Marktanteils bewirkt.[384]

---

[378] Vgl. FN 377.

[379] Einen guten Überblick über die Studien zu den einzelnen Faktoren liefern Schmidt (2009), S. 21ff; Bähr-Seppelfricke (1999), S.11f; Weiber (1992), S. 5ff.

[380] Vgl. Rogers (1995), S. 229ff.

[381] Vgl. Rogers (2003), S. 221.

[382] Vgl. Tornatzky/Klein (1982), S. 29; Bähr-Seppelfricke (1999), S. 21ff.

[383] Vgl. Srivastava et al. (1985), S. 331.

[384] Vgl. Robinson (1990), S. 1280f.

Bähr-Seppelfricke untersucht für 20 Produktgruppen und Dienste (Haushalt, Unterhaltungselektronik, Kommunikationselektronik und Telekomdienste) in Deutschland die Wirkung der Produkteigenschaften wie Preisverlauf, laufende Ausgaben, Kostenersparnis, Zeitersparnis, Eignung als Geschenk und technisches Risiko auf den Diffusionsprozess und weist über Regressionsanalysen einen signifikanten Einfluss der Produkteigenschaften nach.[385]

3.2.3.2 Diffusionsmodelle

Zur Vorhersage der Beurteilung der Erfolgschancen von neuen Produkten wurden zahlreiche Prognoseverfahren entwickelt, die in den vorangegangenen Kapiteln auch besprochen wurden. Eine weitere Methode zur Analyse der Ausbreitung von Innovationen bzw. zur Vorhersage des Absatzverlaufs neuer Produkte sind Diffusionsmodelle. Sie ermöglichen eine mathematische Abbildung des Diffusionsprozesses bzw. der Verbreitung einer Produktgruppe innerhalb eines sozialen Systems über die Zeit. Grundsätzlich sind die Modelle in ihrer Mehrzahl als Differenzialgleichungen bei stetiger Zeitbetrachtung konzipiert, die sich auf eine Grundstruktur zurückführen lassen. Die hohe Anzahl der hierzu in der Marketingliteratur publizierten Artikel im Zusammenhang mit der Diffusion von Produkten hat zu entsprechend vielen unterschiedlichen Modellen mit zahlreichen Erweiterungen geführt, die nach verschiedenen Kriterien systematisiert werden können.[386] Die große Bedeutung und die starke Verbreitung der Diffusionsmodelle werden durch die beachtliche Anzahl der mittlerweile existierenden Modelle und deren empirische Anwendung deutlich.[387] Die Vielzahl von Diffusionsmodellen mit unterschiedlichen Zielsetzungen und Erweiterungen lässt sich auch damit begründen, dass sich durch die vielen Größen, die die Diffusion beeinflussen, sich je nach Einbeziehung ihrer Art und Anzahl immer neue Modelle generieren lassen.

Mit dem Ziel der absatzwirtschaftlichen Diffusionsmodelle, einen mathematischen Zusammenhang zwischen dem Verhalten der Individuen auf aggregierter Ebene und den Absatzzahlen eines Produkts zu finden, ergeben sich auch unterschiedliche Anwendungen, die je nach Aussage, prognostischen, deskriptiven oder normativen Charakter haben.[388] Deskriptive Ansätze stellen eine Ex-post-Betrachtung von Diffusionsverläufen dar und versuchen den Verlauf über mikro- bzw. makroökonomische Erklärungsansätze zu beschreiben. Modelle mit normativem Charakter münden in Optimierungsmodelle und sollen helfen, den Einfluss von verschiedenen Faktoren (Marketing-Mix) darzustellen und zu optimieren. Prognostische Ansätze versuchen unter Anwendung von Vergangenheitsdaten den zukünftigen Diffusionsverlauf vorherzusagen.

Der Schwerpunkt dieser Arbeit liegt in der Prognose, sodass die prognostischen Ansätze eine besondere Wertung erfahren und nach Darstellung des in der Literatur am häufigsten zitierten Bass-Modells, die Modelle mit Prognosecharakter detaillierter diskutiert werden, um daraus das für die Prognose des Absatzverlaufes eines innovativen Medikaments am besten geeignete Modell auszuwählen.

---

385 Vgl. Bähr-Seppelfricke (1999), S. 230.

386 Vgl. Schmidt (2009), S. 39ff; Bähr-Seppelfricke (1999), S. 14 mit jeweils zahlreichen weiteren Nachweisen und weiteren Systematisierungskriterien; Böcker/Gierl (1988), S. 32 systematisieren nach diffusionsendogenen und diffusionsexogenen Größen.

387 Vgl. Hensel/Wirsam (2008); Schmidt (2009), S. 21ff; Hintemann (2001), S. 39ff; Bähr-Seppelfricke (1999), S.11f; Milling/Maier (1996), S. 21; mit jeweils zahlreichen weiteren Nachweisen.

388 Vgl. Schmalen/Xander (2000), S. 417.

Nach der Darstellung der Grundlagen der Diffusionstheorie wird der elementare Aufbau eines Diffusionsmodells erläutert, bevor die verschiedenen Modelle mit deren Extensionen charakterisiert werden. Hierbei wird insbesondere auf jene Modelle besonderes Augenmerk gelegt, die zur Prognose herangezogen werden können oder in der pharmazeutischen Industrie bereits empirisch getestet wurden.

3.2.3.2.1 Mathematische Fundierung

Ausgangspunkt der Herleitung eines Diffusionsmodells ist das Marktpotenzial M_t. Das Marktpotenzial entspricht der maximal möglichen Anzahl von Käufern und ist gleichzeitig das vorgegebene Sättigungsniveau des sozialen Systems, innerhalb dessen Grenzen die Diffusion abläuft. Das bedeutet, dass das Marktpotenzial die Obergrenze für das Diffusionspotenzial der Innovation ist. Die bis zur Periode t erreichte kumulierte Anzahl von Käufern (= Adoptor), die die Innovation übernommen (= gekauft) haben, wird mit X_t bezeichnet. Die Differenz aus M_t - X_t stellt in jeder betrachteten Periode das noch unausgeschöpfte Marktpotenzial dar, das im Zeitablauf kontinuierlich (linear) abnimmt. Die Erstnachfrage x_t in einer konkreten Periode ergibt sich aus dem Anteil h_t des noch nicht ausgeschöpften Marktpotenzials (M_t - X_t) und lässt sich in folgender Differenzialgleichung zusammenfassen:[389]

Formel 1 $$x_t = \frac{dx}{dt} = h_t * (M - X_t)$$

Wird in

Formel 1 h_t als Kauf- bzw. Adoptionswahrscheinlichkeit zum Zeitpunkt t interpretiert, so spiegelt x_t die Adoptionsrate bzw. die erwartete Käuferzahl zum Zeitpunkt t wider. Die Gleichung nach h_t aufgelöst, ergibt den Ausdruck der Diffusionsgeschwindigkeit.

Formel 2 $$h_t = \frac{x_t}{(M - X_t)}$$

Die Kaufwahrscheinlichkeit h_t kann als lineare Funktion der Anzahl der bisherigen Adoptoren gemäß Formel 3 formuliert werden. [390]

Formel 3 $$h_t = a + b * X_t$$

Je nach Formulierung von h_t, abhängig von den Annahmen, ergeben sich unterschiedliche Diffusionsverläufe, was auch ein Grund für die Vielzahl von mathematisch unterschiedlichen Diffusionsmodellen ist.

Die Koeffizienten a und b werden als Innovations- bzw. Imitationskoeffizient definiert, und abhängig von der Formulierung der beiden Koeffizienten lassen sich die drei Grundmodelle der Diffusion, exponentiell, logistisch und semi-logistisch, ableiten.

3.2.3.2.2 Das exponentielle Modell

Das exponentielle Modell geht davon aus, dass sich die Nachfrage nach einer Innovation exponentiell abnehmend entwickelt. Ausgangspunkt ist das mit einer

[389] Mathematisch ist dies die erste Ableitung der Bestandsentwicklung X_t nach der Zeit

[390] Vgl. Schmalen (1989), S. 212; Mahajan/Muller (1979), S. 56.

maximal möglichen Anzahl von Adoptoren vorgegebene Diffusionspotenzial. In jeder Periode wird ein gleichbleibender Prozentsatz a des noch verbleibenden Käuferpotenzials (M - X_t) zu Adoptoren, die das Produkt übernehmen. Der Zuwachs an Erstkäufern in einer Periode entwickelt sich daher entsprechend:

Formel 4 $$x_t = \frac{dx}{dt} = a * (M - X_t) \qquad \text{mit } a > 0$$

Mit einer konstanten Wachstumsrate a (entspricht dem Innovationskoeffizient p) wird erreicht, dass sich der Übernahmebestand im Zeitablauf dem geschätzten Diffusionspotenzial annähert und somit die Anzahl der Adoptoren kontinuierlich abnimmt.

Die kumulierte Diffusionsfunktion ergibt sich durch Integration der Formel 4 als[391]

Formel 5 $$X_t = M * (1 - e^{-at}) \qquad \text{mit } X_{(t=t_0=0)} = X_{0\,(t=t)}$$

Grafisch ergibt sich im exponentiellen Diffusionsmodell ein degressiv steigender Kurvenverlauf, was bedeutet, dass im Zeitablauf das Marktvolumen monoton, aber mit abnehmenden Wachstumsraten ansteigt und sich asymptotisch dem Marktsättigungsniveau annähert:[392]

Abbildung 9: Funktionsverlauf der kumulierten Diffusionsfunktion des exponentiellen Diffusionsmodells

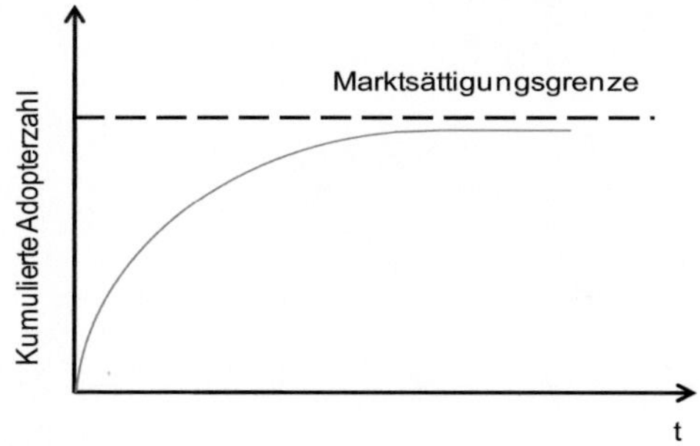

Quelle: Hensel/Wirsam (2008), S. 52

Die verhaltenstheoretische Interpretation des exponentiellen Diffusionsmodells besagt, dass die Käufe ausschließlich durch externe Information (z. B. Marketing) an die Adoptoren vorangetrieben werden und es zu keiner interpersonellen Kommunikation zwischen den Adoptoren kommt. Diese restriktive Annahme wird in der Literatur kritisch betrachtet und mag wohl nur für Innovatoren, die sich nicht durch die Meinung anderer Personen beeinflussen lassen, gültig sein.[393]

391 Vgl. Mahajan/Peterson (1985), S. 15.
392 Vgl. Fantapié Altobelli (1991), S. 38.
393 Vgl. Schmalen (1989), S. 212.

3.2.3.2.3 Das logistische Modell

Das logistische Modell unterstellt, dass der Zuwachs an Adoptoren in einer Periode proportional zu der Zahl der Adoptoren der Vorperiode und zum verbleibenden unausgenützten Marktpotenzial ist. Formelmäßig bildet sich dieser Zusammenhang wie folgt ab:

Formel 6 $$x_t = \frac{dx}{dt} = b * X_t * (M - X_t) \qquad \text{mit } b > 0$$

Die Integration dieser Differenzialgleichung führt zu folgender kumulierter Diffusionsfunktion:

Formel 7 $$X_t = \frac{M}{1+\left(\frac{M-X_0}{X_0}\right)*e^{-bM(t-t_0)}} \qquad \text{mit } X_{(t=t_0)} = X_0 > 0$$

Der Adoptorenbestand entwickelt sich entsprechend folgender Grafik:

Abbildung 10: Funktionsverlauf der kumulierten Diffusionsfunktion des logistischen Diffusionsmodells

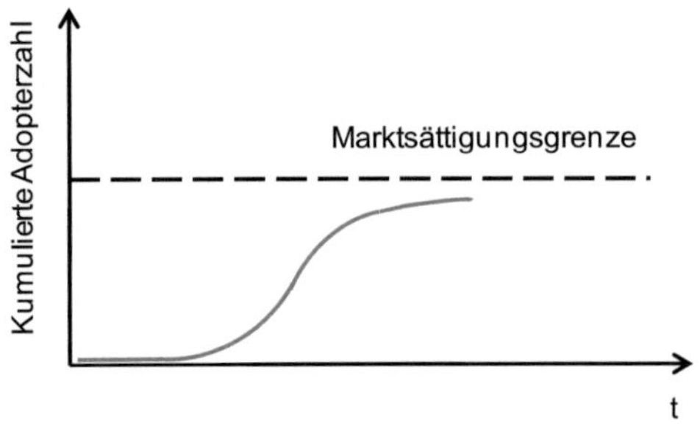

Quelle: Hensel/Wirsam (2008), S. 54

Der Kurvenverlauf ist intuitiv nachvollziehbar, da zu Beginn der Adoption X_t zwar klein ist, aber das nicht ausgeschöpfte Marktpotenzial noch sehr groß bzw. nahe 1 liegt. Mit zunehmender Adoption erfolgt zwar die Multiplikation mit einem immer größer werdenden X_t, jedoch wirkt die Differenz M - X_t „bremsend", sodass die Anzahl der Adoptoren zuerst mit zunehmenden und nach dem Wendepunkt mit abnehmenden Zuwachsraten monoton steigt und sich schließlich asymptotisch dem Sättigungsniveau bzw. dem Marktpotenzial annähert.[394]

Der Koeffizient b wird, da dieser verhaltenstheoretisch als durchschnittliche Anzahl paarweiser Kommunikation interpretiert werden kann und diese Kommunikation zu einer Adoption führt, als Imitationskoeffizient bezeichnet.[395] Die Literatur sieht die reine Form des logistischen Diffusionsmodells kritisch, da nicht davon ausgegangen werden kann, dass die bloße Kommunikation und das damit verbundene imitative

[394] Vgl. Hensel/Wirsam (2008), S. 53.

[395] Eine zweite verhaltenstheoretische Interpretation ist, dass der Koeffizient b als durchschnittliche Anzahl der effizienten Treffen interpretiert werden kann; vgl. Hensel/Wirsam (2008), S. 54.

Verhalten zu einem Kauf führt. Diffusionsexogene Einflüsse kommen nicht vor, da die Adoption lediglich von den in der Vorperiode kumulierten Adoptoren abhängig ist.

3.2.3.2.4 Das semi-logistische Modell oder Bass-Modell

Das semi-logistische Modell kann als eine additive Zusammenführung des exponentiellen und des logistischen Modells betrachtet werden und bildet sich gemäß nachstehender Formel ab:

Formel 8 $$x_t = \frac{dx}{dt} = (a + b * X_t) * (M - X_t) = a * (M - X_t) + b * X_t * (M - X_t)$$

Mit der kumulierten Diffusionsfunktion nach Integration:

Formel 9 $$X_t = \frac{M - \frac{a(M - X_0)}{a + bX_0} * e^{-(a+bM)*(t-t_0)}}{1 + \frac{b(M - X_0)}{(a + b\,X_0)} * e^{-(a+bM)*(t-t_0)}} \qquad \text{mit } X_{t=t_0} = X_0$$

Es gelten grundsätzlich dieselben Annahmen wie bei den beiden vorher beschriebenen Modellen und zu den jeweiligen Adoptionen der Periode t führen innovatives und imitatives Verhalten. Die Koeffizienten a und b werden daher auch als Innovations- bzw. Imitationskoeffizient bezeichnet.[396]

Im Bass-Modell werden noch zusätzliche, teilweise restriktive Annahmen zugrunde gelegt.[397]

- Es wird ein Markt für ein neues langlebiges Gebrauchsgut unterstellt.
- Die Adoption ist binär, d. h. dass über die Zeit nur das Ereignis Kauf oder Nichtkauf existiert.
- Es werden nur Erstkäufe in einem abgeschlossenen sozialen System berücksichtigt, sodass Übernehmerpotenzial und Zahl der möglichen Verkäufe ident sind. Wiederholungskäufe sind damit ausgeschlossen.
- Das Marktpotenzial ist konstant und homogen.[398]
- Es gibt keine Konkurrenz, da die Diffusion auf Produktkategorieebene stattfindet.
- Marketingaktivitäten, umwelt- und produktbedingte Einflussgrößen werden nicht explizit berücksichtigt.
- Grenzen des sozialen Systems, innerhalb dessen die Diffusion stattfindet, bleiben unverändert.

Bass nimmt eine Modifikation des semi-logistischen Modells in der Weise vor, dass neben den Innovatorenkäufern zu einem bestimmten Zeitpunkt t ($x_t = a * (M - X_t)$, was einem bestimmten Prozentsatz des noch jeweils unbelieferten Käuferreservoirs entspricht, die Imitatorenkäufer zusätzlich vom zunehmenden Marktsättigungsgrad X_t/M abhängen. Dies impliziert die Annahme, dass durch die zunehmende

[396] In der Literatur findet man als Abkürzung für Innovations- und Imitationskoeffizient auch p und q oder α und β.

[397] Vgl. Bass (1969), S. 216f.

[398] Die Annahme der Homogenität der Käuferstruktur bedeutet, dass es durch den Einsatz von z. B. Werbeinstrumenten zu keiner Typenumschichtung kommen darf, d. h. aus Imitatoren werden Innovatoren; in der Literatur ist dieser Effekt als Bass-Falle beschrieben; vgl. Schmalen/Xander (2000), S. 421.

Produktverbreitung der soziale Druck zur Übernahme der Innovation immer stärker wird und dies die Kaufbereitschaft der Imitatoren erhöht. Die Imitatorenkäufer machen einen zunehmenden Prozentsatz der jeweiligen Bedarfslücke ($M - X_t$) aus.[399]

Formelmäßig ergibt sich daher folgender Zusammenhang für die Nachfrage zum Zeitpunkt t:

Formel 10 $$x_t = a * (M - X_t) + b * \frac{X_t}{M} * X_t * (M - X_t)$$

Abhängig von den jeweiligen Parameterkonstellationen a und b ergeben sich unterschiedliche Kurventypen, wobei bei a = 0 das Modell sich in das logistische und bei b = 0 das Modell sich in das exponentielle Diffusionsmodelll überführen lässt.[400] Für a > 0 und b > 0 kommt es zu einer Überlagerung des exponentiellen und logistischen Kurvenverlau,f was zu den produktlebenszyklusähnlichen Kurven führt. Mit zunehmendem Koeffizienten a wird die Adoptionsfunktion nach links verschoben, verläuft steiler und verliert ihren s-förmigen Verlauf.[401] Mit zunehmendem Imitationskoeffizienten b verschiebt sich der Kurvenverlauf ebenfalls nach links und wird steiler.[402]

Abbildung 11: Funktionsverlauf der kumulierten Diffusionsfunktion des semi-logistischen Diffusionsmodells

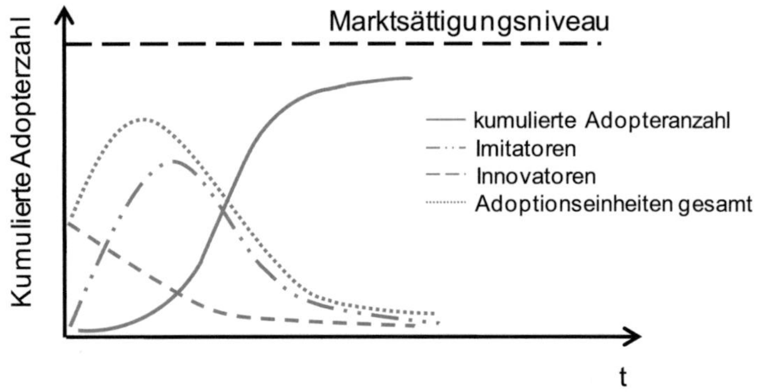

Quelle: Milling/Maier (1996), S. 78

Trotz der guten empirischen Validität des Bass-Modells wird kritisiert, dass die verhaltenswissenschaftlichen Grundlagen nur ungenügend berücksichtigt werden. Das Modell stellt mit seinen beiden über die Zeit konstanten Koeffizienten a und b lediglich eine reine Entwicklungsprognose dar und berücksichtigt nicht die diffusionsendogenen und diffusionsexogenen Einflüsse auf die beiden Koeffizienten.[403]

[399] Vgl. Bass (1969), S. 216f.
[400] Vorläufer des Bass-Modells sind das exponentielle und das logistische Modell; vgl. Fourt/Woodlock (1960), S. 33f; Mansfield (1961), S. 744f; Schmalen (1989), S. 212.
[401] Vgl. Röck (2000), S. 81.
[402] Vgl. Röck (2000), S. 81.
[403] Vgl. Fantapié Altobelli (1991), S. 38.

Empirisch konnten folgende generalisierende Aussagen zu a und b festgestellt werden:[404]

- Summe aus a und b liegt zwischen 0,3 und 0,7.
- Durchschnittswert von a liegt bei 0,03 und Durchschnittswert von b beträgt 0,38.
- a ist grundsätzlich immer sehr klein (0,01 und geringer).
- b ist selten größer als 0,5 und selten kleiner als 0,3.

In der Studie von Bähr-Seppelfricke konnten folgende eindeutige Zusammenhänge für die Diffusionsparameter a und b und das Marktpotenzial M festgestellt werden:[405]

- Ein fallender Preisverlauf hat einen positiven Einfluss auf den Imitationskoeffizienten.
- Laufende Ausgaben, Zeit- und Arbeitsersparnis haben keine signifikante Erklärung.
- Die Kostenersparnis hat auf alle Diffusionsparameter einen positiven Einfluss.
- Die Variable Geschenk hat eine eindeutig positive Wirkung auf die Imitatoren und das Marktpotenzial.
- Ein hohes technisches Risiko wirkt negativ auf den Innovationskoeffizienten und das Marktpotenzial.

Die Schätzwerte von Bähr-Seppelfricke für die Diffusionskoeffizienten a und b bei exogen vorgegebenem Marktpotenzial sind im Vergleich zur Meta-Analyse von Sultan et al. mit 0,0173 (adoption domain) bzw. 0,0122 (time domain) für den Innovationskoeffizienten und mit 0,1783 (adoption domain) bzw. 0,1790 (time domain) jedoch wesentlich niedriger.

Van den Bulte/Lilien (1997) schlagen vor, das Marktpotenzial auf Basis von Managementschätzungen oder Umfragen exogen vorzugeben, da mit der Länge der Zeitreihe und der zunehmenden Zahl der Adoptoren in der letzten Periode das Marktpotenzial überschätzt wird. Zusätzlich wurde festgestellt, dass b sinkt, je mehr Datenpunkte vorliegen und je höher das Marktpotenzial ist. Die Wirkung auf den Innovationskoeffizienten a ist umgekehrt.[406]

Zur raschen Verbreitung des Bass-Modells hat seine einfache Handhabung beigetragen, denn die Parameter a, b und M können bei Vorliegen von Absatzzahlen über die Methode der Kleinst-Quadrate Schätzung (OLS = ordinary least squares; NLS = non-linear least squares) einfach ermittelt werden.[407] Der Versuch, die teilweise restriktiven Annahmen abzuschwächen bzw. zu vermeiden, hat zu zahlreichen Modifikationen des Bass-Modells geführt.

---

[404] Vgl. Mahajan et al. (1995), S. G82 und die dort zitierten Studien; diese Generalisierungen können auch als erste Anhaltspunkte für die Schätzung der Koeffizienten bei der Verbreitung von neuen innovativen Medikamenten herangezogen werden.

[405] Vgl. Bähr-Seppelfricke (1999), S. 158 und S. 230; zu den Schätzgleichungen S. 126.

[406] Vgl. van den Bulte/Lilien (1997), S. 349.

[407] Zur Darstellung der beiden Schätzmethoden und den jeweiligen Vor- und Nachteilen vgl. Bähr-Seppelfricke (1999), S. 124ff bzw. Meade/Islam (2006), S. 527.

3.2.3.2.5 Modifikationen des Bass-Modells

Im ursprünglichen Bass-Modell wird unterstellt, dass der Einfluss der Marketinginstrumente bereits in den Parametern implizit erfasst und über die Zeit konstant ist. Um diese Einschränkung aufzuheben, wurde versucht, die Koeffizienten des Bass-Modells explizit mit Marketingvariablen zu verknüpfen, um daraus absatzpolitische Handlungsempfehlungen abzuleiten. Weiters wurde das Bass-Modell, um es flexibler zu gestalten, um Variablen wie Preis, Kapazitäten, Wettbewerb, Berücksichtigung von Ersatzkäufen, Netzwerkeffekten etc. erweitert. Daraus wurden zahlreiche spezifische Modelle entwickelt.[408] Meade/Islam geben einen systematischen Überblick über die unterschiedlichen Modellerweiterungen der letzten 25 Jahre. Unter Prognosegesichtspunkten ist eine Erweiterung des Bass-Modells um externe Variablen, die durch das Management beeinflusst werden können, wünschenswert, um die Wirkungsrichtung und die Stärke des Einflusses von externen Variablen zu kennen und entsprechend steuern zu können. An dieser Stelle sei kein Überblick über die zahlreichen Modellextensionen gegeben, sondern lediglich auf die Literatur verwiesen.

Bass et al. äußern sich zwar kritisch gegenüber den Modifikationen des Grundmodells, formulieren jedoch gleichzeitig ein Generalized Bass-Model (GBM), das die Integration von exogenen Variablen ermöglicht.[409] Das Modell ist einfach und flexibel hinsichtlich der Erweiterung weiterer Faktoren. Unter der Prämisse, die Komplexität eines erweiterten Modells nicht zu stark zu erhöhen, erscheint das GBM als Grundlage für diese Arbeit geeignet. Dieses GBM soll an dieser Stelle kurz dargestellt werden, da es im weiteren Verlauf der Arbeit noch eine Rolle spielen wird. Bass et al. formulieren bestimmte wünschenswerte Eigenschaften eines um exogene Variablen erweiterten Modells. Neben den grundsätzlichen Eigenschaften des Bass-Modells formulieren die Autoren zehn wünschenswerte Eigenschaften eines erweiterten Modells, wobei die wesentlichste die analytische Lösbarkeit der Differenzialgleichung ist, da dadurch der Absatz als eine explizite Funktion der unabhängigen Variablen darstellbar ist und die Parameter einer einfachen OLS/NLS-Schätzung zugänglich werden.[410]

In dieser Arbeit wird das GBM benutzt, da es neben der analytischen Lösbarkeit in der time-domain Variante und durch die Einfachheit in der Anwendung für den praktischen Einsatz durch das Management geeignet ist. Die Darstellung in der time-domain Variante wird gewählt, da dieses unabhängig vom Marktpotenzial darstellbar ist.[411] Wie in Kapitel 4.1.3.1.1.1 gezeigt wird, kann das Marktpotenzial über statistische Datenbanken bzw. Expertenschätzungen ohnehin mit hinreichender Genauigkeit für die Zwecke der Langfristprognose geschätzt werden. Zusätzlich besteht, wie gezeigt werden kann, die Möglichkeit, die im Management gebräuchlichen Elastizitäten zu integrieren, sodass daraus nochmals ein Vorteil in der Einfachheit der praktischen Anwendung liegt. Die Herleitung des GBM basiert auf der Multiplikation des herkömmlichen Bass-Modells (siehe Formel 10) mit einem Faktor x (t). Die Diffusionskoeffizienten sind damit als Funktion von exogenen Variablen definiert.

---

408 Für eine Übersicht über verschiedene Modelle und deren Erweiterungen vgl. Meade/Islam (2006), S. 519ff; Schmidt (2009), S. 52f; Hensel/Wirsam (2008), S. 61ff; Chatterjee et al. (2000), S. 171ff; Bass et al. (1994), S. 210f; Böcker/Gierl (1988), S. 32.

409 Bass et al. (1994), S. 204.

410 Bass et al. (1994), S. 204.

411 Für eine mathematische Herleitung der adoption-domain und der time-domain Variante und deren Unterschiede vgl. Bähr-Seppelfricke (1999), S. 16.

Formel 11 $$x_t = \left[a * (M - X_t) + b * \frac{X_t}{M_t} * X_t * (M - X_t)\right] * x(t)$$

x(t) umfasst die exogenen Variablen Preis und Marketing.

Formel 12 $$x(t)=1+ \beta_1 \frac{\acute{P}(t)}{P(t)} + \beta_2 \frac{\acute{A}(t)}{A(t)}$$

Dabei sind P(t) und A(t) der Preis und das Marketing zum Zeitpunkt t und P'(t) und A'(t) die Preis- bzw. Marketingänderung zum Zeitpunkt t_{+1}. Die Koeffizienten β_1 und β_2 werden über eine Regressionsanalyse geschätzt. Zusätzlich besteht die Möglichkeit, die obige Gleichung um weitere Faktoren, wie z. B. bestimmte Produkteigenschaften, zu ergänzen.

Ein Nachteil des GBM ist, dass die externen Variablen nur durch ihre Veränderungsrate auf a und b einwirken und nicht über die absolute Höhe. Das bedeutet, dass der Absatzpfad unabhängig von der Höhe des Preises bzw. des Marketingaufwandes ist. Diese Restriktion spielt jedoch primär bei der Ableitung optimaler Strategien eine Rolle und weniger im Zuge von Prognosen, da in diesen Fällen zumindest eine Preisspanne für ein neues Produkt existiert. Im Falle von Medikamenten ist diese Randbedingung sogar vernachlässigbar, da der Preis eine geringe kaufentscheidende Rolle spielt, sobald das Arzneimittel von den staatlichen Institutionen refundiert wird. Auch die Preiselastizität bei Medikamenten von nahe null ist ein Hinweis, dass der Preis bei der Kaufentscheidung eine untergeordnete Rolle spielt. Das Marktpotenzial wird lediglich durch die Anzahl der Neuerkrankungen bestimmt und daher auch nicht vom Preis beeinflusst.

Ein generelles Problem des GBM und des Bass-Modells ist, dass zur Schätzung von a und b und M bereits historische Absatzdaten vorliegen müssen. Absatzzahlen liegen bei Produkten in der Entwicklungsphase per Definition noch nicht vor, sodass weitere Methoden herangezogen werden müssen, um die Koeffizienten und das Marktpotenzial zu schätzen. Bass et al. betonen in ihrem Artikel die Vorzüge des GBM für Prognosezwecke.

Im nachfolgenden Kapitel wird daher ein Überblick über die bestehende Literatur gegeben, in der Diffussionsmodelle für das sogenannte Pre-Launch-Forecasting herangezogen werden.

3.2.3.3 Diffusionsmodelle als Prognosemodelle

Die Prognose der Absatzzahlen neuer Produkte, wie innovative Medikamente es sind, ist eine wesentliche Grundlage von Entscheidungen und Investitionsplanungen. Auch die Kenntnis der Faktoren, die zum Erfolg eines Produkts führen, ist für das Management von wesentlicher Bedeutung.

Seit Einführung der Diffusionstheorie in die Marketingwissenschaft wird versucht, mit unterschiedlichen Modellen die Diffusion einer Innovation für Prognosezwecke nutzbar zu machen. Hierzu wurde eine Vielzahl unterschiedlicher Modelle entwickelt, welche die Prognosegenauigkeit erhöhen sollen oder weitere Einsichten in das Prognoseproblem herstellen. Die Forschungsrichtungen zielen primär darauf ab, zusätzliche Steuerungsvariablen in das Modell einfließen zu lassen, die Modelle zu parametrisieren, Möglichkeiten der Generalisierungen der Modelle zu prüfen oder bestimmte Annahmen des Bass-Modells (z. B. langlebige Konsumgüter) aufzuheben.[412] Ziele der Modellextensionen sind eine Schätzung der lang- und kurzfristigen Absatzzahlen, die Diagnose des Einflusses der Marketingvariablen oder die Messung des Einflusses der Neuprodukteinführung auf die Profitabilität des Unternehmens.[413]

Das Bass-Modell und seine Erweiterungen wurden genutzt, um die Diffusion unterschiedlichster Güter vorherzusagen, wobei mit einem R^2 von rund 0,9 gute Ergebnisse erzielt wurden.[414] Eine besonders hohe Anpassungsgüte mit einem R^2 von 0,96 bis 0,99 wurde in der langfristigen Vorhersage des Diffusionsverlaufs erzielt. Die Aussagefähigkeit solcher Studien ist eingeschränkt durch die ex-post-Betrachtung des Diffusionsverlaufs auf Basis historischer Daten und der Tatsache, dass das Bass-Modell für die Schätzung der Parameter zu einem Polynom zweiten Grades umgeformt wird, das in der Regel sehr anpassungsfähig ist. Die hohe Prognosegüte liegt damit nicht notwendigerweise an der verhaltenswissenschaftlichen Fundierung, sondern in den mathematischen Eigenschaften des Modells.[415] Als problematisch in diesem Zusammenhang ist einzustufen, dass Untersuchungen gezeigt haben, dass robuste Schätzer erst dann erreicht werden, wenn der Höhepunkt der Umsätze bzw. der Wendepunkt in der Adoptionskurve in den historischen Zeitreihen enthalten ist.[416] Zu dem Zeitpunkt, an dem der Höhepunkt der Adoptionen überschritten ist, wird eine Prognose aus langfristiger Perspektive wohl überflüssig. Zusätzlich sind die Schätzungen der Parameter a, b und M über Regressionen aus historischen Daten mit unterschiedlichen Schätzproblemen verbunden.[417]

Trotz der hohen Prognosegüte sind Diffusionsmodelle interessanterweise als Methode zur Vorhersage von Absatzverläufen in der täglichen Managementpraxis nur wenig verbreitet.[418] Ein Erklärungsansatz für die geringe Anwendung in der Praxis könnte der Einsatz von höherer Statistik in derartigen Modellen sein. Die Prognose mittels Diffusionsmodellen erfordert ein tiefgehendes Verständnis des Diffusionsprozesses und der Marktsituation, um die für das Diffusionsmodell notwendigen Parameter korrekt schätzen zu können. Daraus kann die praktische Bedingung, dass ein Prognosemodell möglichst einfach zu verstehen und anzuwenden ist, abgeleitet werden. Auch die Tatsache, dass sich Diffusionsmodelle in unterschiedlichen Studien hinsichtlich Prognosegüte einmal als besser und dann wieder als schlechter gegenüber anderen Prognosemodellen herausgestellt haben, könnte ein Grund für die geringe Verbreitung sein.[419] Auch die Vielzahl der unterschiedlichen Modellextensionen, die mittlerweile kaum noch überschaubar sind, könnte bei Praktikern eher abschreckend wirken. In Kapitel 3.1.2 wurde jedoch die Prognosegüte als Vergleich zwischen realisiertem und prognostiziertem Wert in Form des z. B. MAPE (mean absolute percentage error) nicht alleine für die Beurteilung der Tauglichkeit eines Prognoseverfahrens herangezogen. Das Ziel ist vielmehr die Nachvollziehbarkeit der Herleitung des Prognosergebnisses und damit verbunden die Möglichkeit der Überprüfbarkeit der Annahmen.

---

412 Für einen Überblick über die einzelnen Modelle siehe Meade/Islam (2006), S. 519ff; Hensel/Wirsam (2008), S. 61 m. w. N.
413 Vgl. Mahajan/Wind (1988), S. 341.
414 Vgl. Wright/Charlett (1995), S. 36 und die dort zitierte Literatur.
415 Vgl. Schmalen/Xander (2000), S. 422.
416 Vgl. Srinivasan/Mason (1986), S. 176.
417 Für eine Übersicht der Schätzverfahren und der damit einhergehenden Probleme vgl. Bähr-Seppelfricke (1999), S. 124ff.
418 Vgl. Kahn (2002), S. 137.
419 Vgl. Parker (1994), S. 362.

Ein Biotechnologieunternehmen, das weitere F&E-Kosten in die Entwicklung eines Arzneimittels investieren möchte, ist genötigt, Modelle der Vorhersage anzuwenden, bei denen noch keine Absatzzahlen in Form von Zeitreihen vorliegen. Daher werden im nachfolgenden Abschnitt, vor dem Hintergrund der Diffusionsmodelle, primär jene Modelle diskutiert, die dem sogenannten pre-launch forecasting zuzuordnen sind. Eine zusätzliche Nebenbedingung ist, dass die Vorhersage der Absatzzahlen über den gesamten Lebenzyklus, zumindest bis zum Ende des Patentschutzes, erfolgen muss. Dies erfordert eine Schätzung der Absatzzahlen über einen Zeitraum von 8 bis 12 Jahre, denn nur durch die Prognose des Gesamtabsatzes kann abgeschätzt werden, ob das Medikament eine Rendite auf die eingesetzten F&E- und Herstellungskosten erzielen wird. Mit diesen Randbedingungen wird deutlich, dass es weniger um die exakte Vorhersage des Absatzes für die jeweiligen Perioden geht, sondern um den maximal möglichen Absatz bei gegebenen exogenen Einflussfaktoren wie z. B. Preis, Wettbewerb, Produktqualität und Marketingaufwendungen. Damit können auch nur solche Modelle zur Anwendung gelangen, die es erlauben, die oben genannten Parameter als exogene Variablen zu berücksichtigen.

Die erste Prüfung, die der Prognoseersteller durchführen muss, ist, ob die Annahmen derartiger Diffusionsmodelle erfüllt werden können. Im zweiten Schritt ist zu klären, welche Einflussfaktoren auf den Diffusionsprozess von Arzneimitteln wirken und welche Wechselwirkungen zwischen den Faktoren existieren, bzw. wie diese exogenen Faktoren in das Diffusionsmodell integriert werden können. Als letzte Bedingung kann die Zugänglichkeit der Schätzung der Variablen genannt werden, da die resultierende Diffusionsgleichung operationalisierbar und aus Gründen der Einfachheit in der Anwendung analytisch lösbar bleiben sollte.

Ausgehend von den eher restriktiven Annahmen des Bass-Modells können hinsichtlich innovativer Arzneimittel folgende Annahmen als erfüllt betrachtet werden bzw. müssen bestimmte Annahmen durch die entsprechenden Erweiterungen des Bass-Modells aufgelöst werden:

1. Das Marktpotenzial, innerhalb dessen das innovative Arzneimittel abgesetzt wird, kann als weitgehend homogen und konstant betrachtet werden. In der Regel sind die Inzidenzraten der jeweiligen Erkrankungen innerhalb einer Bevölkerung bekannt. Lediglich bei Epidemien kommt es zu Fluktuationen bei der Anzahl der erkrankten Personen und damit zu Schwankungen im Marktpotenzial. Als Spezifikum kommt hinzu, dass die potenziellen Adoptoren die Gesamtzahl der Ärzte sind, die im Sinne Bass als homogen bezeichnet werden können. Beide Argumente sind daher geeignet, diese Annahme als erfüllt zu betrachten.
2. Das Arzneimittel ist kein langlebiges Konsumgut. Diese Bedingung wurde von Bass deswegen eingeführt, um Wiederholungskäufe auszuschließen. Unter der Annahme, dass ein Patient das Arzneimittel einnimmt und danach geheilt ist, ist auch ein Wiederholungskauf im Sinne von Bass auszuschließen. Der geheilte Patient wird nämlich, wie noch zu zeigen sein wird, als potenzieller Patient und damit wieder als Erstkäufer im Falle einer neuerlichen Erkrankung gehandelt. Gleichzeitig erhält, als Spezifikum der Arzneimittelindustrie, der Marktsättigungsgrad eine etwas andere Bedeutung, denn dieser kann nicht als maximales Potenzial an „Erstkäufern", die das Produkt einmalig erwerben, verstanden werden, sondern stellt jene Menge an Arzneimitteln dar, die in der betrachteten Periode aufgrund der Anzahl der Erkrankungen abgesetzt werden können. Trotz dieser Spezifika bei den Wiederholungskäufen und des Marktsättigungsgrades kann davon ausgegangen werden, dass die Annahme nicht aufgehoben ist.

3. Die Annahme der Abwesenheit von Konkurrenz kann als nicht erfüllt betrachtet werden, sodass in einem modifizierten Modell diese Variable berücksichtigt werden muss.
4. Exogene Größen (produktbedingte Größen, Marketingmix, Preis etc.) finden im Grundmodell von Bass keine Berücksichtigung und müssen deshalb in einem für die Prognose zu erstellenden Diffusionsmodell berücksichtigt werden. Damit verbunden ist auch die Einführung von variablen Diffusionskoeffizienten.

Die Anwendung von Diffusionsmodellen in der Pharmaindustrie ist möglich, wie die in der Literatur vorhandenen Modelle beweisen, wenn sie auch unter jeweils spezifischen Bedingungen angewandt werden.

Nach Prüfung der Annahmen eines Diffusionsmodells muss in einem zweiten Schritt geprüft werden, welche Einflussfaktoren geeignet sind, die Diffusion zu beeinflussen, wie diese zueinander in Beziehung stehen und ob diese Faktoren einen positiven oder negativen Einfluss ausüben. Da die Diffusion eines Arzneimittels nicht ausschließlich auf einer außenstehenden Kommunikationsquelle (external influence bzw. exponentielles Modell) bzw. rein auf Basis der Kommunikationsbeziehungen (internal influence bzw. logistisches Modell) basiert, muss auf das mixed-influence Modell und die entsprechenden Extensionen zurückgegriffen werden. Um die Risiken der Einführung eines neuen Produkts im Allgemeinen zu reduzieren, ist eine möglichst gute Einschätzung der Produktattraktivität, der Absatzmengen, der einzusetzenden Marketinginstrumente und der Stärke der Wettbewerber vorzunehmen. Bei einem innovativen Medikament werden auch diese Faktoren eine wesentliche Rolle spielen und ihr Einfluss wird im Diffusionsmodell in einer noch zu bestimmenden Form abgebildet werden müssen.

In einem dritten Schritt müssen nach der Festlegung der Größen dieselben operationalisiert werden. Die Festlegung der Größen und deren Operationalisierung wird in Kapitel 4.2.2 erörtert und stellt den zentralen Teil dieser Arbeit dar. Das Modell muss die Einbeziehung der exogenen Größen Preis, Marketing, Produktqualität und Wettbewerb und deren Quantifizierung ermöglichen.

Zuletzt muss auch noch eine Schätzung der Startparameter a, b und M vorgenommen werden. Die Schätzung der Diffusionsparameter im Bass-Modell erfolgt, wie oben angesprochen, aus den historischen Zeitreihen. Bei einem innovativen Arzneimittel, das noch nicht auf den Markt gebracht worden ist, liegen in der Regel keine Zeitreihen vor, sodass alternative Methoden herangezogen werden müssen.

Die Nichtverfügbarkeit historischer Daten führt dazu, dass andere Methoden zur Schätzung dieser Parameter herangezogen werden müssen. Hierzu existieren in der Literatur nur vereinzelt Hinweise, die nachfolgend dargestellt werden, wobei die Schätzung des Managements (managerial judgement) am häufigsten zu finden ist.[420]

Mahajan/Sharma schlagen vor, das Marktpotenzial vom Management schätzen zu lassen. Zusätzlich müssen vom Management der Zeitpunkt der höchsten Adoptionsrate und die höchste Adoptionsrate selbst geschätzt werden. Aus diesen Werten können a und b errechnet werden, wobei berechtigterweise kritisiert wird, dass in dem Fall, wo diese Werte geschätzt werden müssen, es gar nicht mehr notwendig ist, die Diffusionskurve zu errechnen, da sie weitgehend vorliegt.

---

420 Vgl. Lawrence/Hawton (1981), S. 529ff; Mahajan/Sharma (1986), S. 331ff.

Lawrence/Lawton schlagen vor, die Parameter Marktpotenzial, die Anzahl der Adoptionen in der ersten Periode und die Summe aus a und b zu schätzen. Die Erfahrung zeigt, dass die Summe aus a und b zwischen 0,3 und 0,7 liegt. Unter Zuhilfenahme der Adoptionen in der ersten Periode kann der Quotient aus b/a errechnet werden. Die Autoren empfehlen jedoch auch hier, auf die Analogiemethode zurückzugreifen. In diesem Sinne ist auch die Arbeit von Lilien/Rao/Kalisch einzuordnen, die diese Vorgehensweise erfolgreich auf zwei Medikamente anwenden konnten.[421]

Ein möglicher Zugang, den Absatzverlauf bzw. die Parameter a und b für ein neues innovatives Produkt zu schätzen, ohne dass historische Daten aus bereits erzielten Umsätzen vorliegen, ist, ein möglichst vergleichbares Produkt zu suchen, für das historische Daten vorhanden sind, und daraus den Innovations- und Imitationskoeffizienten über eine Regression zu ermitteln (Analogiemethode vgl. Kapitel 3.2.2.4). Alternativ können auch mehrere eventuell weniger gut vergleichbare Produkte herangezogen werden, um daraus Mittelwerte für a und b zu berechnen.

Da die wahrgenommenen Produkteigenschaften für den Großteil der Adoptionsrate verantwortlich sind, sollte es auch möglich sein, durch die Herstellung einer Relation der wahrgenommenen Produkteigenschaften zu den Modellparametern den Diffusionsverlauf zu prognostizieren.[422]

Prognosen für ein neues Produkt, ohne Verwendung von bereits vorhandenen Absatzzahlen, sind nur unter Verwendung von anderen, die Diffusion bestimmenden Faktoren möglich. Bähr-Seppelfricke findet in ihrer Analyse der unterschiedlichen Produktgruppen, dass die Berücksichtigung der Produkteigenschaften zu keiner Verbesserung der Prognosegüte führt, da eine naive Prognose auf Basis der Durchschnittswerte einen niedrigeren Prognosefehler aufweist als Modelle, die die Produkteigenschaften einbezogen.[423] Die Ursachen hierfür sind allerdings noch unbekannt.

Das Management muss während der Entwicklungsphase eines Medikaments periodisch den Absatzverlauf des Medikaments bestimmen, um Produktion, Personal- und Finanzressourcen zu planen, und die Frage beantworten, welcher Gesamtabsatz unter unterschiedlichen Bedingungen möglich ist.

3.2.3.4 Diffusionsmodelle mit Bezug zur Pharmaindustrie

Obgleich eine Vielzahl unterschiedlicher Diffusionsmodelle mit einer beinahe nicht mehr überschaubaren Anzahl von Modellextensionen für unterschiedliche Anwendungen existieren, beschränken sich die Modelle, die auf die Diffusion von Medikamenten eingehen, auf einige wenige Artikel, die nachfolgend dargestellt werden. Der überwiegende Teil der Diffusionsliteratur untersucht Konsumgüter und Dienstleistungen. Die einzelnen Modelle werden dahingehend geprüft, ob die Erkenntnisse der einzelnen Arbeiten als Input für den Zweck dieser Arbeit dienen können.

Die erste Untersuchung des Diffusionsverlaufs von Pharmazeutika wurde 1966 von Coleman/Katz/Menzel durchgeführt, und die Autoren dokumentieren den Einfluss

---

421 Siehe Kapitel 3.2.3.4.

422 Vgl. Rao/Yamada (1988), S. 735.

423 Vgl. Bähr-Seppelfricke (1999), S. 273 und 284.

derjenigen Ärzte, die zum ersten Mal das Medikament verschreiben (Innovatoren), auf die Ärzte, die als Imitatoren im Sinne des Bass-Modells fungieren.[424]

Sultan et al. finden in einer Meta-Analyse von 15 Studien (primär Konsum- und Investitionsgüter) und insgesamt 213 Anwendungen einen durchschnittlichen Innovationskoeffizienten von 0,03 und einen Imitationskoeffizienten von 0,38, wobei die einzelnen Werte stark streuen.[425] Auf dieser Meta-Analyse basieren zahlreiche weitere Studien, die zusätzliche Variablen integrierten, verbesserte Schätzverfahren anwenden, Veränderungen an der Modellstruktur vornahmen oder neue Produkte untersuchten.[426] Für 21 verschreibungspflichtige Medikamente wurde ein Innovationskoeffizient von 0,01 und ein Imitationskoeffizient von 0,43 ermittelt, was für eine weitgehend von Konsumgütern unterschiedliche Produktgruppe eine überraschend geringe Abweichung bedeutet.[427]

Homer stellt für Herzschrittmacher und ein Antibiotikum (Clindamycin) ein Diffusionsmodell in Verbindung mit der Simulation in Form eines systemdynamischen Modells vor.[428] Das Modell inkludiert diffusionsendogene und -exogene Größen, wie z. B. die wahrgenommenen Produkteigenschaften, die Marketingaufwendungen, den Preis etc. Nach Setzen der jeweiligen Parameter und Kalibrierung des Modells konnte eine gute Anpassung des Modells an die Istzahlen der letzen fünfzehn Jahre (1970–1985) erreicht werden. Die schnelle Diffusion des Antibiotikums ist gemäß den Autoren auf die Marketingaktivitäten und den word-of-mouth Effekt zurückzuführen. Nach negativen Berichten betreffend die Leistungsfähigkeit des Produkts kam es zu einem starken Absatzrückgang. Diese Studie, welche tatsächlich realisierte Absatzzahlen zur Modellvalidierung heranzieht, kann auch als Beweis für den überragenden Einfluss des Marketings und der Produktqualität herangezogen werden.

Lilien/Rao/Kalisch (LRK) postulieren ein repeat-purchase Modell mittels Bayes'scher Statistik für zwei verschreibungspflichtige Medikamente.[429] Nach Spezifikation des Modells und Einführung des word-of-mouth Effektes und des Marketings, sowie Schätzung der Parameter auf Basis erster historischer Daten wird dieses gegen die tatsächlichen Absatzverläufe getestet. Für die Schätzung der statistischen Parameter empfehlen die Autoren, diese über einen Bayes'schen Prozess mit Hilfe von Expertenschätzung und der historischen Erfahrung mit ähnlichen Produkten zu schätzen. Konkret wird ein dreistufiges Verfahren vorgeschlagen. In der ersten Stufe wird der Produkterfolg als Funktion der Marketinganstrengungen modelliert. Die zweite Stufe ist die Schätzung der Absatzzahlen des neuen Medikaments anhand der Absatzreihen analoger bzw. möglichst ähnlicher Produkte. Mittels Bayes'scher Statistik wird anhand der ersten historisch verfügbaren Absatzzahlen das Vorhersagemodell des neuen Medikaments laufend angepasst.[430] Es zeigt sich im Vergleich zu einfachen Trendextrapolationen eine wesentlich bessere Anpassungsgüte des Modells an die Ist-Daten.

Hinsichtlich Prognosegüte konnte dieses Modell für eine große Anzahl von Medikamenten gegenüber ähnlichen Modellen wesentliche Verbesserungen darstellen.

---

424 Vgl. Coleman et al. (1966), S. 227ff.
425 Vgl. Sultan et al. (1990), S. 75.
426 Vgl. Sultan et al. (1996), S. 247.
427 Vgl. Sultan et al. (1996), S. 247.
428 Vgl. Homer (1987), S. 201ff.
429 Vgl. Lilien et al. (1981), S. 493ff.
430 Vgl. Lilien et al. (1981), S. 493ff; Putsis/Srinivasan (2000), S. 281.

Rao/Yamada erweiterten das Modell von Lilien/Rao/Kalish um die wahrgenommenen Eigenschaften und zeigten, dass damit die Prognose verbessert werden kann.[431]

Hahn et al. (HPKZ) haben das klassische Bass-Modell um Wiederholungskäufe erweitert. Die Autoren unterscheiden vier Käufersegmente (Nichtkäufer, Erstkäufer, Wiederholungskäufer und Nicht-Wiederholungskäufer) und inkludieren Marketingaktivitäten und den word-of-mouth Effekt sowie die Produktqualität. Die Produktqualität wird über die Parameter Dosierung, Nebenwirkungen und Wirksamkeit abgebildet.[432] Die Wettbewerbsstärke wird mittels Expertenschätzung über einer 5-Punkte-Skala abgebildet und je höher der Punktewert, desto niedriger die Wettbewerbsstärke. Das Modell wird auf Basis von 21 Pharmazeutika geschätzt und mit den Modellen von LRK und MWS verglichen. Es zeigen sich die in der Tabelle 5 dargestellten Zusammenhänge:[433]

Die Querschnittsregression des HPKZ-Modells über alle 21 Arzneimittel ermöglicht die Quantifizierung der Parameter und deren Wirkungen auf die abhängigen Variablen. Sultan et al. ermitteln aus der HPKZ-Studie einen Innovationskoeffizienten von 0,01 und einen Imitationskoeffizienten von 0,43, die im Vergleich zum Imitationskoeffizienten über alle Produktgruppen mit 0,38 nicht allzu stark abweicht.

Tabelle 5: Zusammenhänge des HPKZ-Modells

		Abhängige Variable			
		Repeat Rate	Promotion Effectiveness	Word-of-mouth	Other Source of Information
Unabhängige Variable	Produktqualität	+	+	n.s.	(+)
	Dosierung	+	+	-	+
	Nebenwirkungen	+	n.s.	+	n.s.
	Wirksamkeit	n.s.	+	n.s.	n.s.
	Marktwachstum	+	+	n/a	n/a
	Akute Krankheiten	n/a	n/a	+	+
	Fehlender Wettbewerb	(-)	n.s.	+	(-)

+ oder –... signifikanter Einfluss auf die abhängige Variable
n.s. .... kein signifikanter Einfluss auf die abhängige Variable
( ) .... manche Werte sind signifikant und manche nicht signifikant
n/a .... Zusammenhang im Modell wurde nicht untersucht

431 Vgl. Rao/Yamada (1988), S. 740; Putsis/Srinivasan (2000), S. 281.

432 Diese Produktqualitätsparameter zeigen niedrige und nicht signifikante Abhängigkeiten untereinander und sind daher als unabhängig zu betrachten. Im Modell werden alle drei Eigenschaften gleich gewichtet.

433 Vgl. Hahn et al. (1994), S. 238.

Vakratsas/Kosarici erarbeiten ein duales Diffusionsmodell, welches zwischen einen frühen und einem nachfolgenden (späten) Adoptormarkt unterscheidet.[434] Dem frühen Adoptormarkt liegt die Annahme zugrunde, dass nach dem Markteintritt des Medikaments sämtliche Patienten, bei denen dieses Medikament zur Heilung beiträgt, sofort dieses Medikament verschrieben bekommen. Das Modell unterstellt bereits vor dem Produktstart eine sogenannte „akkumulierte“ Nachfrage, die bisher noch nicht befriedigt wurde, da es bis zum Markteintritt keine Möglichkeit der Behandlung gab. Dies ist gleichzeitig ein wesentlicher Unterschied zum Markt für Konsumgüter, deren Markteinführung in gewisser Weise erst die Nachfrage erzeugt. Die Diffusion im ersten Teilmarkt hängt ausschließlich von der Wirksamkeit des Produkts ab und wird wenig bis gar nicht von den Marketingaktionen beeinflusst. Der späte Adoptorenmarkt besteht aus jenen Patienten, die keine akuten Symptome zeigen und bei denen der Arzt das Medikament erst nach einer bestimmten Wartefrist verschreibt bzw. der Arzt erst nach dem Produktstart auf die Symptome aufmerksam wird und daher das Medikament verschreibt. Der Diffusionsverlauf in diesem zweiten Teilmarkt hängt auch wesentlich vom Einsatz der Marketinginstrumente ab. Die Autoren überprüfen ihr Modell mit monatlichen Zahlen für Umsatz und Werbekosten bestehend aus Inseraten und Kosten für Pharmareferenten und DTCA Kosten für den Zeitraum April 1999 und Mai 2006. Die Daten sind aggregiert auf Ebene der Kategorie der Medikamente („category level“), sodass die Daten insgesamt drei Medikamente umfassen, wobei das erste Medikament (Pionier) 1999 und die beiden Wettbewerbsprodukte 2003 und 2004 auf den Markt kamen. Der Preis der Medikamentenklasse ist im Modell unkritisch, da dieser sich in der Beobachtungsperiode kaum verändert hat. Die Daten werden zur Verifizierung unterschiedlicher Modelle (mit Imitationskoeffizient, mit und ohne Marketingmix etc.) herangezogen und um verschiedenen Hypothesen zu testen. Die Ergebnisse nach Auswertung der Daten zeigen, dass ein dualer Marktverlauf existiert, welcher in einer ersten Phase einen starken Anstieg zeigt, um anschließend wieder zu fallen und sich erst danach ein klassischer Bass Diffusionsverlauf ergibt. Die Autoren vergleichen ihr duales Marktmodell mit der Studie von HPKZ und MWS und ermitteln für ihr Modell signifikante Parameter. Auch zeigt sich eine gute Prognosegüte des Modells für die kurze Frist, sodass das Modell wertvoll für die kurzfristige Planung der Produktionskapazitäten und des Vorratsmanagements ist. Zusätzlich zeigt das duale Diffusionsmodell bessere Schätzer für die Marketinginstrumente.

Trotz der guten Prognosegüte und der Bestätigung der Annahme eines dualen Diffusionsverlaufs bei Medikamenten weist das Modell für die Anwendung der langfristigen Vorhersage eines Medikaments einige Nachteile auf. Die Analyse bezieht sich auf „category level“, sodass nicht das einzelne Medikament, sondern der Diffusionsverlauf der gesamten Kategorie vorhergesagt wird. Für die Zwecke der Prognose des voraussichtlichen Gesamtabsatzes ist die Unterscheidung der beiden Kurven weniger wichtig, da es nicht um die exakte Vorhersage von kurzfristigen Absatzzahlen geht, sondern der maximal mögliche Gesamtabsatz im Vordergrund steht.

Ding/Eliashberg entwickeln ein Diffusionsmodell, welches den sequenziellen Eintritt weiterer Medikamente in der gleichen Kategorie und die Einflussnahme des Patienten auf die Auswahl des Medikaments berücksichtigt.[435] Das Modell

---

[434] Hierbei handelt es sich um eine Erweiterung des Generalized Bass Modell, welches um den frühen Adoptorenmarkt erweitert wurde; vgl. Vakratsas/Kolsarici (2008), S. 282ff.

[435] Sog. Dyadic decision making: Patient und Arzt entscheiden gemeinsam über das Medikament; vgl. Ding/Eliashberg (2008), S. 821ff.

berücksichtigt Wiederholungskäufe, die z. B. bei chronischen Erkrankungen wichtig sind, die Einflussnahme des Patienten auf das Verschreibungsverhalten des Arztes und die Einführung von Wettbewerbsprodukten. Nach Verschreibung des Medikaments erfolgt die Abbildung des Umstandes, ob der Patient sich beim nächsten Mal für dasselbe Medikament, ein Alternativmedikament oder kein Medikament entscheidet über einen Markov-Prozess erster Ordnung. Die Übergangswahrscheinlichkeiten werden auf Basis von Nutzwerten und eines Multinomial logit Modells berechnet. Das Modell angewandt auf zwei Medikamente von jeweils drei Klassen zeigt, dass es gegenüber dem HPKZ-Modell hinsichtlich Prognosegüte auf Basis einer Sechsmonatsperiode bessere Ergebnisse zeigt. Um das Modell auch für die Frühprognose einsetzen zu können, schlagen die Autoren vor, umfangreiche empirische Daten zu analysieren und daraus die Parameter über ihr Modell zu schätzen.

Desiraju/Nair/Chintagunta analysieren das Diffusionspotenzial und die Diffusionsgeschwindigkeit von Arzneimitteln in Industrie- und Entwicklungsländern im Hinblick auf die Attraktivität der unterschiedlichen Märkte mittels eines diskreten logistischen Modells.[436] Zur Parameterschätzung wird das hierarchische Bays'sche Verfahren verwendet. Anhand von fünfzehn Länder kommen die Autoren zu dem Ergebnis, dass die Diffusionsgeschwindigkeit in Entwicklungsländern langsamer ist. Weiters haben die Ausgaben für die Gesundheit eines Staates einen positiven Einfluss auf die Diffusionsgeschwindigkeit, während hohe Preise die Diffusionsgeschwindigkeit verringern. Die Diffusionsgeschwindigkeit ist in den entwickelten Ländern höher, wenn es sich um Länder handelt, bei denen das Produkt später eingeführt wurde.

Berndt/Danzon/Kruse untersuchen in 2004 die Diffusion von Medikamenten in drei therapeutische Klassen in Verbindung mit Werbung und Preis in 15 verschiedenen Ländern.[437] Die Autoren stellen fest, dass die Preise und der Einsatz von Marketingausgaben in den Ländern stark divergiert. Über ein ökonometrisches multivariates Regressionsmodell ergeben sich Zusammenhänge zwischen den Gesundheitsausgaben, Preisen, Dosierungen etc. und der Diffusion der Produktklasse. Die Preiselastizität der Nachfrage beträgt in einer therapeutischen Klasse minus 0,12 und in einer anderen Klasse minus 0,45 und die Werte sind statistisch signifikant von Null verschieden. Diese Analyse zeigt deutlich, dass im Rahmen der Prognose ein länder- und produktklassenspezifisches Vorgehen notwendig ist.

Für die Produktklasse der Antidepressiva im Zeitraum 1999–1997 finden Berndt et al über eine multivariate Regressionsanalyse einen positiven Zusammenhang zwischen Preisreduktionen, erhöhten Marketingaufwendungen, der Produktqualität und den Umsätzen.[438]

Tornatzky/Klein weisen nach, dass die Kompatibilität, relativer Produktvorteil und Komplexität signifikant auf die Adoption einer Innovation wirken.[439] Srivastava et al. (1985) und Rao/Yamada (1988) zeigen, dass die Diffusionsparameter verbunden mit den wahrgenommenen Produkteigenschaften zur Frühprognose herangezogen werden können. Untenstehende Tabelle fasst die wesentlichsten Arbeiten und deren Ergebnisse sowie deren Vor- bzw. Nachteile nochmals zusammen:

---

436 Vgl. Desiraju et al. (2004), S. 341ff.

437 Vgl. Berndt (2007), S. 231ff.

438 Vgl. Berndt et al. (2002), S. 3.

439 Vgl. Tornatzky/Klein (1982), S. 28.

Autor	Modell-beschreibung	Ergebnis	Vor- bzw. Nachteile
Vakratsas/ Kolsarici, 2008	Duales Markt-diffusionsmodell auf Kategorieebene inkl. Marketingmix-variablen	Bessere kurzfristige Vorhersage	Kurzfristig; berücksichtigt nicht Wettbewerber, Preis
Ding/Eliashberg, 2008	Markov-Prozess und multinomial logit Statistik	Bessere Prognose-güte als das HPKZ-Standardmodell auf Basis 6-Monats-prognose	Komplexe Statistikmethoden, umfangreiches Modellierungs-Know-how notwendig
Lilien/Rao/ Kalisch, 1981	Repeat-purchase-Modell Schätzung der Parameter mittels Bayes'scher Statistik	Verbesserte Prog-nosegüte gegenüber einfachen Trend-prognosen	Partialmodell; inkludiert Marketing, aber keine Produkt-qualität, Wett-bewerb und Preis
Hahn et al.; 1994	Marktmodell mit vier Segmenten, berücksichtigt Wiederholungs-käufe, Marketing, Produktqualität und Wettbewerb	Modell zeigt signifi-kante Zusammen-hänge zwischen einzelnen Variablen	geeignet für die Frühprognose; hoher Komplexi-tätsgrad des Modells
Desiraju/Nair/ Chintagunta, 2004	Modelliert explizit die Diffusions-geschwindigkeit als eine vom Preis abhängige Größe	Diffusionsgeschwin-digkeit ist in Entwick-lungsländern langsa-mer; hohe Preise verlangsamen die Diffusionsgeschwin-digkeit	Enthält keine Marketingmix-variablen; keine Wiederholungs-käufe
Berndt/Kruse/ Danzon, 2007	Multivariates Regressionsmodell	Zusammenhang zw. Gesundheitsaus-gaben, Preis, Dosierung und Diffusion	

Fazit

Die oben beschriebenen Modelle beleuchten unterschiedliche Größen und deren Einfluss auf die Diffusionsgeschwindigkeit bzw. das Marktpotenzial. Teilweise können mit den Modellen, die jedoch das Wissen um die Anwendung komplexer Statistik erfordern, bessere Prognosen auf kurze Sicht (bis zu sechs Monate) erzielt werden. Übereinstimmung herrscht auch hinsichtlich des positiven Einflusses des Marketings, des Preises und der Produktqualität auf die Diffusionsgeschwindigkeit und den Marktanteil. In der Regel handelt es sich um Partialmodelle, die die Wirkung einiger weniger Größen untersuchen. Die Modelle erfordern teilweise die Integration von Absatzzahlen nach der Markteinführung, um die Parameter und damit den weiteren Diffusionsverlauf zu verbessern. Kein Modell existiert hinsichtlich der Abschätzung der langfristigen Absatzzahlen zum Zwecke der Berechnung der Verzinsung des Entwicklungsprojektes. Aus den aus der Literatur gewonnenen Erkenntnissen müssen für ein langfristiges Prognosemodell folgende Größen enthalten sein, da diese einen signifikanten Einfluss auf die Diffusionsgeschwindigkeit bzw. Diffusionspotenzial haben.

- Produktqualität
- Marketing
- Preis
- Wettbewerb

Damit erfolgt im nächsten Kapitel die Darstellung der im Rahmen der Cash Flow Progose zu prognostizierenden Komponenten und die Empfehlung, welches Verfahren für welche Komponente in besonderer Weise geeignet ist.

4. Systemdynamische Modellierung der Cash Flow Entwicklung bei Biotechnologieunternehmen

4.1 Determinanten der Cash Flow Entwicklung

4.1.1 Der Cash Flow

Es können zwei Ermittlungsarten des Cash Flows unterschieden werden. Einerseits kann der Cash Flow direkt als Differenz von Einzahlungen und Auszahlungen, die die Unternehmenssphäre betreffen, ermittelt werden oder indirekt als eine derivative Größe aus der Gewinn- und Verlustrechnung und der Bilanz. Damit verbunden ist, dass nicht der Cash Flow selbst, sondern die einzelnen Komponenten der Cash Flow Rechnung für Prognosezwecke nutzbar gemacht werden müssen. In diesem Zusammenhang ist der Begriff Cash Flow in zweifacher Hinsicht zu definieren. Einerseits existieren in der Literatur eine Vielzahl von Definitionen (Brutto Cash Flow, Free Cash Flow, operativer Cash Flow), sodass in dieser Arbeit zuerst eine einheitliche Definition festgelegt werden muss, und andererseits sind die Komponenten, aus denen sich der Cash Flow ableitet, vor dem Hintergrund der Spezifika von Biotechnologieunternehmen zu prüfen. Im Folgenden soll daher, nach einer terminologischen Definition des Cash Flows, ein Vorschlag zur Definition der einzelnen Komponenten des Cash Flows, vor dem Hintergrund des Geschäftsmodells eines pharmazeutischen Biotechnologieunternehmens, entwickelt werden.

4.1.1.1 Definition

Der Begriff des Cash Flows stammt aus dem anglo-amerikanischen Sprachraum, wo dieser für Zwecke der Finanz- und Wertpapieranalyse eingeführt wurde.[440] Mittlerweile hat es in der Literatur viele Versuche gegeben, den Begriff Cash Flow mit Geldstrom, Kassenstrom, Einzahlungsüberschuss, Umsatzüberschuss usw. zu übersetzen, jedoch hat sich auch im deutschen Sprachraum der Begriff Cash Flow nicht zuletzt wegen der raschen Verbreitung durchgesetzt.[441] Das Fehlen einer einheitlichen Terminologie und einheitlichen Definitionen hat seine Ursache in der pragmatischen Handhabung der Cash Flow Berechnung, da die Ableitung des Begriffs nicht aus einer geschlossenen, theoretischen Konzeption im Hinblick auf bestimmte Ziele systematisch entwickelt wurde.[442]

Vorzugsweise wird der Cash Flow als Kennziffer im Rahmen der Jahresabschlussanalyse verwendet, mit deren Hilfe die bilanzpolitischen Spielräume bei der Erfolgsermittlung neutralisiert werden.[443] In diesem Zusammenhang hat der Cash Flow seine größte Bedeutung erlangt, denn gem. § 264 Abs. 2 HGB, hat der Jahresabschluss der Kapitalgesellschaft ein den tatsächlichen Verhältnissen entsprechendes Bild der Vermögens-, Finanz- und Ertragslage zu vermitteln. Zusätzlich zur Aufstellung von Bilanz und Gewinn- und Verlustrechnung, kann die Informationsfunktion des Jahresabschlusses durch die Darstellung einer Cash Flow Rechnung erhöht werden. Grundsätzlich wird dem Cash Flow daher auch in den meisten Veröffentlichungen eine Aussage über die Finanzkraft eines Unternehmens zugesprochen, und er wird dem Finanzbereich eines Unternehmens zugeordnet.[444] In

---

[440] Vgl. Lachnit (1973), S. 59; Siener (1991), S. 33; Juesten/Villiez (1989), S. 38.
[441] Vgl. Siener (1991), S. 34 - 38; Leffson (1984), S. 34ff; Hauschildt et al. (1984), S. 354.
[442] Vgl. Wagner (1985), S. 1602; zur Terminologie und weiteren Definitionen des Begriffs „Cash Flow" siehe die Ausführungen bei Juesten (1975), S. 40ff.
[443] Vgl. Coenenberg (1992), S. 603.
[444] Vgl. Juesten/Villiez (1989), S. 78f.

empirischen Untersuchungen zur Bilanzanalyse haben sich Cash Flow Kennzahlen, Aussagen über die finanzielle Stabilität von Unternehmen zu treffen, bewährt.[445] Auch im Rahmen der Insolvenzforschung werden Cash Flow Kennzahlen eine bestimmte Signifikanz zur Trennung von „guten“ und „schlechten“ Unternehmen zuerkannt. In empirischen Untersuchungen konnte festgestellt werden, dass die Aussagekraft von Cash Flow Prognosemodellen erhöht werden kann, je stärker der Disaggregationsgrad der den Cash Flow bestimmenden Größen ist.[446] Das heißt, je detaillierter der Cash Flow in seine bestimmenden bzw. verursachenden Größen aufgespalten wird, desto bessere Vorhersagen sind möglich. Vor dem Hintergrund der damit verbundenen höheren Transparenz und der Offenlegung der Annahmen, die zum Prognoseergebnis führen ist die Erhöhung der Prognosegüte verständlich, da in einem strukturierten Prozess die einzelnen Einflussfaktoren und deren Zusammenhänge genau überlegt werden. Diese Tatsache ist für die Ableitung des Cash Flows aus den für Biotechnologieunternehmen wichtigsten Komponenten von wesentlicher Bedeutung. Anwendung findet der Cash Flow auch als Indikator für die Innenfinanzierungskraft und/oder die Ertragskraft eines Unternehmens.[447]

Bei der Betrachtung des Cash Flows als Maßstab der Ertragskraft wird versucht, den durch die Ausnutzung von bilanzpolitischen Spielräumen eventuell „manipulierten“ Gewinn durch den Cash Flow als „wahre“ Erfolgsgröße darzustellen.[448] Den Cash Flow als Ertragsindikator zu verwenden, basiert auf der Tatsache, dass der Gewinn ein Bestandteil des Cash Flows ist und mit der Rückrechnung der Abschreibungen und Rückstellungen die wesentlichen Manipulationen des Erfolgsausweises eliminiert werden. Das Motiv, die Beseitigung der Manipulationen im Jahresabschluss, trug sicherlich auch zur Verbreitung des Cash Flows bei.[449] Beeinträchtigt wird die Qualität als Erfolgsindikator dadurch, dass nicht alle bewertungsabhängigen Erfolgskomponenten, wie z. B. Bewertungsmanipulationen bei den Vorräten, aufgedeckt werden.[450] Bei der Verwendung des Cash Flows als prospektiven Erfolgsmaßstab müssen eine Vielzahl anderer Faktoren, wie allgemeine Konjunkturlage, branchenspezifisches Wachstum, Produktentwicklung, Qualität des Managements etc., berücksichtigt werden.

Der Cash Flow als Maßstab für die Innenfinanzierungskraft eines Unternehmens drückt die Fähigkeit des Unternehmens aus, aus eigenen erwirtschafteten Mitteln Investitionen zu tätigen, Schulden zu tilgen und die Dividende an die Eigenkapitalgeber auszuschütten, ohne sich dabei aus Fremdmittel zu bedienen.[451] Bei der Innenfinanzierung wird auf die Zuführung von liquiden Mittel von außen verzichtet, stattdessen wird bisher gebundenes Kapital in frei verfügbare Zahlungsmittel durch betriebliche Desinvestition umgewandelt.[452] Dies ist nur möglich wenn zwei Bedingungen erfüllt sind. Erstens müssen dem Unternehmen aus dem betrieblichen Leistungsprozess liquide Mittel zufließen und zweitens dürfen diesem Zufluss keine auszahlungswirksamen Aufwendungen in gleicher Höhe gegenüberstehen.[453] Der Cash Flow ist somit als Saldo der Ein- und Auszahlungen

---

[445] Vgl. Baetge (1998), S. 315.
[446] Vgl. Hauschildt et al. (1984), S. 353; Homburg/Wrede (2007), S. 876–910 m. w. N. zur Aussagekraft von Cash Flow Prognosen.
[447] Vgl. Köhler (1970), S. 386.
[448] Vgl. Lachnit (1973), S. 75.
[449] Vgl. Siener (1991), S. 39.
[450] Vgl. Perridon/Steiner (1999), S. 543.
[451] Vgl. Lachnit (1973), S. 73.
[452] Vgl. Perridon/Steiner (1999), S. 450ff.
[453] Vgl. Perridon/Steiner (1999), S. 451.

eines Unternehmens mit seiner Umwelt auf Absatz- und Beschaffungsmärkten während einer Periode definiert.[454]

In der Investitionsrechnung wird der Cash Flow als Zahlungsgröße herangezogen, um die Vorteilhaftigkeit von Investitionen zu beurteilen. In der Regel erfolgen nach einer Auszahlung (Investition) Einzahlungen über mehrere Perioden hinweg. Anhand dieser Zahlungsreihe wird mittels der Barwertmethode im Discounted Cash Flow Verfahren (DCF-Verfahren) die Vorteilhaftigkeit einer Investition beurteilt. Im Rahmen von Entwicklungsprojekten bei Biotechnologieunternehmen ist der aus der Anwendung des DCF-Verfahrens resultierende Barwert, ein wesentliches Entscheidungskriterium für den Abbruch oder die Fortführung eines Entwicklungsprojektes. Die Popularität und praktische Anwendung der Discounted Cash Flow Methode bei Unternehmensbewertungen wurde auch durch Untersuchungen bestätigt und ist mit ein Grund der raschen Verbreitung des Begriffs.[455] In dieser Arbeit wird der prognostizierte Cash Flow auch zur Bestimmung des Barwertes (net present value) von Entwicklungsprojekten herangezogen, um dadurch über den Abbruch oder die Fortführung von Entwicklungsprojekten zu entscheiden.

4.1.1.2 Berechnung

Die Berechnung des Cash Flow kann entweder direkt auf Basis der Ein- und Auszahlungen oder auf indirektem Weg aus den Erträgen und Aufwendungen und den Veränderungen in den Bilanzpositionen des Unternehmens erfolgen.[456] Beide Methoden führen zum gleichen Ergebnis, jedoch wird die indirekte Berechnungsmethode sowohl in der Literatur als auch in der Praxis bevorzugt.[457] Die Vorteilhaftigkeit der indirekten Methode wird damit begründet, dass Gewinne und bestimmte Posten der Bilanz wie Forderungen und Verbindlichkeiten ohnehin bei jeder Unternehmensplanung ermittelt werden müssen.

Vor dem Hintergrund des Prognosezweckes – Ermittlung der Rendite auf das eingesetzte F&E-Kapital – und der Tatsache, dass über einen sehr langen Zeitraum prognostiziert werden soll, ist eine direkte Berechnung vorzuziehen. Im konkreten Prognosefall ist es nicht notwendig, sämtliche Posten der Bilanz und der Gewinn-und-Verlust-Rechnung des Biotechnologieunternehmens zu prognostizieren, sondern es sind die wesentlichsten, den Cash Flow des Projektes beeinflussenden Komponenten zu berücksichtigen. Damit sind in einer ersten Phase die Komponenten des Cash Flows zu identifizieren und auf ihre Wesentlichkeit zu prüfen.

Im Folgenden soll daher ein Vorschlag entwickelt werden, welche Komponenten für die Cash Flow Prognose bei Biotechnologieunternehmen relevant sind. Zu berücksichtigen dabei ist, dass diese Positionen sich aus weiteren Einzelkomponenten, wie z. B. einem Mengen- und Preisgerüst zusammensetzen, sodass sich das Prognoseproblem auf eine weiter tiefer liegende Ebene verschiebt. Je differenzierter die Komponenten des Cash Flows in eine Preis- und Mengenkomponente aufgespalten werden, desto höher ist die Möglichkeit, die Prognose einer Plausibilitätskontrolle zu unterziehen.[458] Gleichzeitig wären hierbei Interdependenzen zwischen diesen

[454] Vgl. Hachmeister (1994), S. 61.
[455] Vgl. Peemöller/Kunowski (2001), S. 202.
[456] Vgl. Coenenberg (2000), S. 934ff; Siener (1991), S. 60; Baetge (1998), S. 320ff; Küting/Weber (2000), S. 126.
[457] Vgl. Lachnit (1987), S. 46.
[458] Vgl. Bretzke (1975), S. 122; Homburg/Wrede (2007), S. 876–910 m. w. N. bzgl. des Zusammenhangs Disaggregationsgrad und Aussagekraft von Cash Flow Prognosen.

Detailkomponenten aufzudecken. Welcher Detaillierungsgrad letztendlich für eine Cash Flow Prognose sinnvoll ist, kann nur insofern beantwortet werden, als die Aufspaltung der Detailkomponenten die Plausibilität des Prognoseergebnisses verbessert und zu einer höheren Transparenz des Prognoseprozesses und der Offenlegung der Prämissen beiträgt. Eine Grenze in der Differenzierung der Einzelkomponenten ist unter pragmatischen Gesichtspunkten im Kosten- und Zeitaufwand der Informationsgewinnung und in der Stärke des Einflusses auf den Cash Flow zu sehen, sodass die Komplexitätsreduktion eine Aufgabe des Prognoseerstellers bleibt. Ein weiteres Argument hinsichtlich der Aufspaltung in Detailkomponenten ist der Zeitpunkt der Prognoseerstellung. Befindet sich z. B. bei einem Biotech das vielversprechende Molekül noch in der präklinischen Phase, liegen noch kaum Daten über die Produktqualität vor und es wird ausreichend sein, das Marktpotenzial des potenziellen Medikaments im jeweiligen Therapiegebiet zu kennen, um über eine Fortführung des Entwicklungsprojektes zu entscheiden, d. h. primär muss das mögliche absetzbare Marktvolumen bekannt sein und sämtliche andere Faktoren können über einfache Expertenschätzungen und Erfahrungswerte abgebildet werden. Mit zunehmender Entwicklung des Medikaments stehen immer mehr und bessere Daten zur Verfügung, die entsprechend in ein Prognosemodell einfließen müssen. Damit verbunden ist die Anforderung an ein Prognosemodell, dass dieses flexibel gestaltbar und erweiterbar sein muss, verbunden.

In dieser Arbeit soll versucht werden, den Differenzierungsgrad der Komponenten unter dem Gesichtspunkt der Komplexität und des Kosten- und Zeitaufwandes der Datenbeschaffung zu bestimmen. Die Stärke des Einflusses auf den Cash Flow sowie die Zusammenhänge und Wirkungsbeziehungen der Komponenten untereinander aufzuzeigen, ist ebenfalls ein Ziel dieser Arbeit. Die Auswahl der Komponenten und die Festlegung der Systemgrenze kann letztendlich nicht theoriegeleitet, sondern wird aus pragmatischen Überlegungen erfolgen. Die Stärke der wechselseitigen Beeinflussung der Komponenten untereinander wird einerseits anhand der in der Literatur vorhandenen Auswertungen und andererseits anhand des Prognosemodells verifiziert, sodass zuletzt eine Aussage getroffen werden kann, welche Komponenten in einem Prognosemodell auf welche Art und Weise zu berücksichtigen sind und wie diese Komponenten sich beeinflussen.

4.1.1.3 Komponenten

Um die den Cash Flow eines Biotechnologieunternehmens beeinflussenden Komponenten zu bestimmen, ist es sinnvoll, von einer Gewinn- und Verlustrechnung auszugehen, und die Posten der Gewinn- und Verlustrechnung auf ihre Zahlungswirksamkeit zu untersuchen. Dies erfolgt anhand des für Unternehmen verbindlichen HGB bzw. für börsennotierte Unternehmen nach dem Schema der internationalen Rechnungslegungsstandards IFRS bzw. US-GAAP. Eine Untersuchung der Rechnungslegungspraxis des NEMAX-All-Share in 2001 zeigte, dass zwei Drittel der Biotechnologieunternehmen nach US-GAAP und ein Drittel nach IFRS bilanziert.[459]
Die Gliederung der Gewinn- und Verlustrechnung nach IFRS 1.92 zeigt nachstehende Tabelle. Die Spalten daneben zeigen die in den einzelnen Positionen der Gewinn- und Verlustrechnung enthaltenen Besonderheiten bei Biotechnologieunternehmen.

459 Vgl. ebenda, S. 339.

IFRS 1.92 (Standardschema)	Anmerkung	Cash Flow wirksam in der
Umsatzerlöse (Revenue)	Nach Entwicklung und Zulassung des Medikaments, Einzahlungen aus dem Verkauf von Medikamenten als Funktion von Menge und Preis; Im Falle der Auslizenzierung des Medikaments lediglich Lizenzeinzahlungen als Funktion der Umsatzerlöse.	Marktphase
Kosten der umgesetzten Leistung	Kosten für die Herstellung des Medikaments; i.d.R. von Drittfirmen durchgeführt.	Marktphase
Bruttoergebnis vom Umsatz	**Umsatz minus Kosten der umgesetzten Leistung**	
Sonstige betriebliche Erträge	Primär Einzahlungen aus Förderungen, Zuschüssen etc. während der Entwicklungsphase wichtig; in der Umsatzphase vernachlässigbar.	F&E-Phase, Marktphase
Vertriebskosten	Wesentliche Kostenposition im Falle des Eigenvertriebs; in der Regel Vertrieb über etablierte Pharmafirmen durch Auslizenzierung des Produkts.	Marktphase (Prä-Marketingkosten am Ende der F&E-Phase)
Kosten für Forschung und Entwicklung	Wesentlichste Kostenposition über einen Zeitraum von fünf bis acht Jahre; beinhaltet die Entwicklungsphase und die klinischen Prüfphasen bis zur Marktzulassung.	F&E-Phase
Sonstige Verwaltungskosten	Position pauschal planbar	F&E-Phase, Marktphase
Sonstige betriebliche Aufwendungen	Position pauschal planbar	F&E-Phase, Marktphase
Finanzaufwendungen ohne Equity-Gesellschaften	Position wenig Bedeutung und vernachlässigbar	F&E-Phase, Marktphase
Finanzerträge ohne Equity-Gesellschaften	Position wenig Bedeutung und vernachlässigbar	F&E-Phase, Marktphase
Ergebnisbeiträge aus der nach Equity-Methode bilanzierten Beteiligungen	Position wenig Bedeutung und vernachlässigbar	F&E-Phase, Marktphase
Ergebnis vor Steuern		
Ertragsteuern	Einfach planbar über Steuersatz	Marktphase
Ergebnis nach Steuern		

Aus der obigen Tabelle ist zu entnehmen, dass die Umsatzerlöse bzw. Lizenzzahlungen sowie die F&E-Kosten, die Marketing- und Vertriebskosten und die Herstellkosten die wesentlichsten Komponenten darstellen, die den Cash Flow über die gesamte Patentlaufzeit determinieren. Damit sind diese vier Komponenten jedenfalls bei der direkten Ermittlung des Cash Flows einzubeziehen.

Diese vier Komponenten können jede für sich in weitere Teilkomponenten aufgespalten werden, sodass in den nachfolgenden Kapiteln drei Fragen gestellt werden.

1. Aus welchen Teilkomponenten setzen sich die vier Hauptkomponenten zusammen und ist eine weitere Aufspaltung praktikabel und sinnvoll?
2. Welche Wechselwirkungen und Zusammenhänge qualitativer und quantitativer Natur bestehen zwischen den Teilkomponenten?
3. Welche Methoden sind für die Prognose dieser Teilkomponenten geeignet?

Bei einem jungen innovativen Biotechnologieunternehmen können eine Entwicklungsphase, in der die vielversprechende Substanz erforscht und entwickelt wird, und eine Marktphase, in der das Produkt am Markt verkauft wird, unterschieden werden. Die Verteilung der Kosten und Erlöse und damit des Cash Flows über den gesamten Produktlebenszyklus lässt sich grafisch anschaulich in der unten stehenden Abbildung verdeutlichen.

Abbildung 12: Idealtypischer Ertrags- und Cash Flow Verlauf eines Produkts

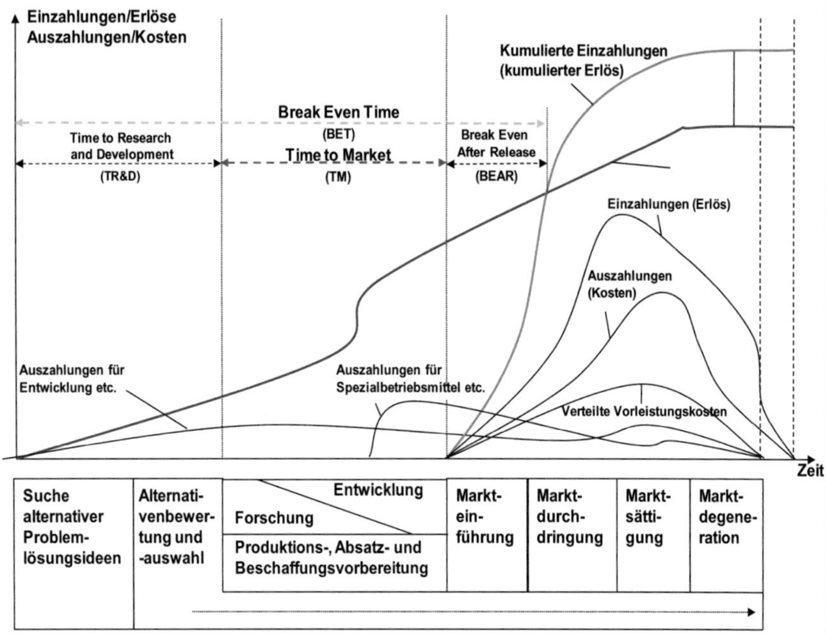

Quelle: Hahn (1996), S. 283

Die obige idealtypische Darstellung ist bei jedem jungen Unternehmen bzw. bei jedem Projekt/Produkt zu finden. Bei den jungen innovativen Biotechnologieunternehmen kommt als besonderes Kennzeichen hinzu, dass die Entwicklungsphase sehr lange (bis zu 8 bis 12 Jahre; vgl. hierzu Kapitel 2.2.1) in Anspruch nimmt.

In den nachstehenden Kapiteln erfolgen die Beschreibung der Entwicklungsphase und der Marktphase und die in den jeweiligen Phasen auftretenden Cash Flows und die den Cash Flow beeinflussenden Größen.

4.1.2 Cash Flows der Entwicklungsphase

Ziel der Arzneimittelentwicklung ist die Innovation von Substanzen, die eine bessere Behandlung einer bestimmten Krankheit ermöglichen und letztlich einen positiven Einfluss auf den Cash Flow und damit auf den Shareholder Value des Unternehmens haben. Unter einer besseren Behandlung einer Krankheit kann die bessere „Wirksamkeit“, „Verträglichkeit“ oder „Anwendung“ (z. B. in Form einer Tablette, statt einer Injektion) verstanden werden. Der gesamte F&E-Prozess ist von erheblicher Komplexität und hoher Dynamik gekennzeichnet, die eine Integration einer Vielzahl von unterschiedlichen Funktionen und Bereichen des Unternehmens erfordert und zusätzlich noch von hoher Unsicherheit geprägt ist.[460] Aus medizinischen, technischen und regulatorischen Gründen ist die Entwicklung eines neuen Medikaments ein von hintereinander ablaufenden Phasen geprägter Prozess. Grundsätzlich ist zwischen der Forschung und der Entwicklung des Medikaments zu unterscheiden. Im Rahmen der Grundlagenforschung wird Wissen über neue Technologien (z. B. Herstellung komplexer Proteine) und über Krankheitsmechanismen generiert. Im Rahmen der Grundlagenforschung wird versucht, einen Wirkstoff und dessen Interaktion und Wirkungsmechanismus mit der Krankheitsursache zu verstehen. Ist dieser Abschnitt vollzogen, besteht das Ziel der Entwicklung, die vielversprechende Substanz (den Wirkstoff) zu einer chemisch stabilen Substanz zu entwickeln, die zur erfolgreichen Behandlung einer Krankheit verabreicht werden kann. In dieser Entwicklungsphase lassen sich die präklinische Phase, die klinischen Phasen I bis III und die Zulassungsphase unterscheiden.[461] Zu bestimmten Zeitpunkten bzw. Entwicklungsphasen wird die neue Substanz getestet, um zu entscheiden, ob es sich lohnt, die Entwicklung fortzuführen.

[460] Vgl. Kaitin (1995), S. 730ff.
[461] Die einzelnen Phasen werden in den nachfolgenden Kapiteln näher erläutert.

Abbildung 13: Systemdynamische Darstellung der Entwicklungsphasen

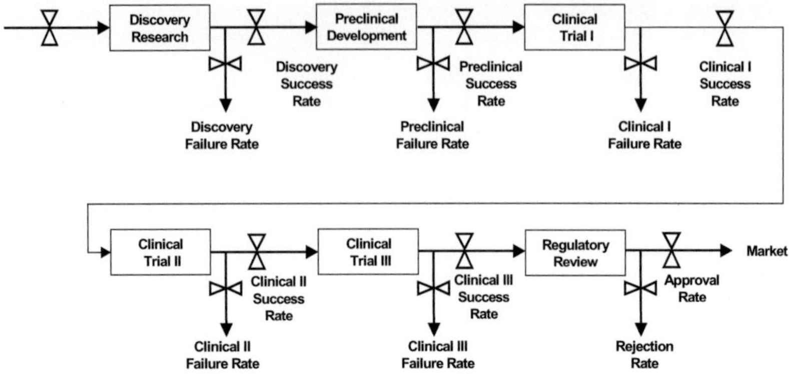

Quelle: in Anlehnung an Grossmann (1999), S. 3

Die Zeit zwischen der Synthese einer chemischen Verbindung und ihrer Zulassung ist ein äußerst langwieriger, kostenintensiver und risikoreicher Prozess. In den nachfolgenden Kapiteln wird auf die einzelnen Faktoren näher eingegangen.

4.1.2.1 Kosten

Es existieren zahlreiche Studien zur Schätzung der Kosten der Arzneimittelentwicklung, die aufgrund ihrer unterschiedlichen zugrundeliegenden Daten, ihres Untersuchungsdesigns und ihrer Berechnungsmethoden zwangsläufig zu unterschiedlichen Ergebnissen führen.[462] Sämtliche Studien sind daher nur eingeschränkt vergleichbar. Zusätzlich wurde festgestellt, dass die Kosten zwischen den einzelnen klinischen Phasen sowie zwischen einzelnen therapeutischen Kategorien variieren, wobei die Kosten von der klinischen Phase I zur klinischen Phase III aufgrund der aufwendigeren Studien und höheren Anzahl an Probanden steigen.[463]

Führend bei der Publikation von Artikeln über Kosten, Länge und Risiko der einzelnen Entwicklungsphasen eines Medikaments ist das Tufts Center for the Study of Drug Development (TCSDD), das seit den 1960er-Jahren eine Datenbank unterhält, in der sämtliche Informationen bezüglich Medikamentenentwicklung durch die meisten US-Pharmaunternehmen gesammelt und zur Verfügung gestellt werden.

Die in der Literatur am häufigsten zitierten Kostenschätzungen sind in der nachfolgenden Tabelle dargestellt. Die Entwicklung der F&E-Kosten in den letzten 40 Jahren zeigt die nachfolgende Grafik.

[462] Vgl. DiMasi et al. (1995), S. 152ff; DiMasi et al. (1991), S. 107ff, Woltmann (1989), S. 49ff; OTA (1993); DiMasi (1995), S. 375ff. Besonders die Gruppe um DiMasi am Tufts Center for the Study of Drug Development (TCSDD), Boston, Massachusetts publizierte einige Studien bezüglich Kosten und Renditen von Pharmaprojekten.

[463] Vgl. DiMasi et al. (1995), S. 157.

Tabelle 6: Schätzungen der Totalkosten bis zur Marktzulassung eines Medikaments (in Mio. USD – Basis 1990)

	Erstmaliger klinischer Test	
	1963-75	1970-82
Hansen, 1979	114,8	-
DiMasi et al., 1991	-	259
Wiggins, 1987	131,5	-
Grabowski/Vernon, 1990	142,0	-

Quelle: OTA (1993), S. 54

Abbildung 14: Anstieg der Entwicklungskosten (Entdeckung bis Zulassung) eines Medikaments (in Mio. USD – Basis 2000)

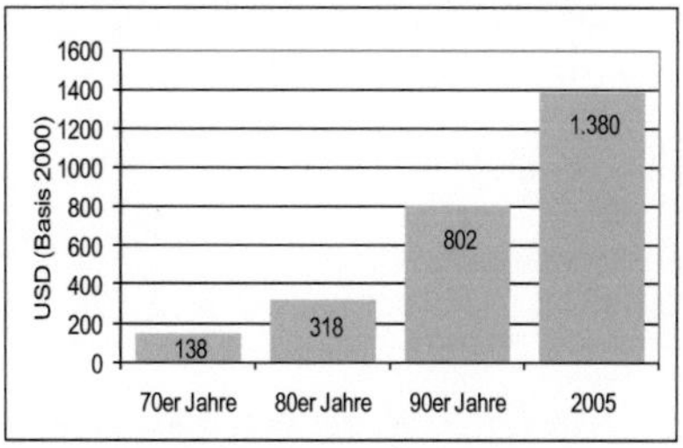

Quelle: TCSDD (2002), S. 2; PhRMA (2010), S. 29

Bei der Berechnung der Kosten für die Entwicklung eines Medikaments müssen neben den tatsächlich zahlungswirksamen Forschungsaufwendungen auch die Kapitalkosten eingerechnet werden. Dabei gibt es zwei unterschiedliche Ansätze, die Kosten zu berechnen.[464] Das erste Verfahren basiert auf der Berechnung der Kosten auf Projektebene und somit auf das einzelne Medikament, die zweite Methode analysiert die F&E-Aufwendungen und die neu auf dem Markt zugelassenen Medikamente mittels einer Regressionsanalyse.

Die Studie von Hansen verwendete 67 NCEs, die von 14 US-Pharmaunternehmen entwickelt und erstmals zwischen 1963 und 1975 der klinischen Prüfung unterzogen wurden.[465] DiMasi et al. analysiert 93 zufällig gewählte NCEs von 12 Unternehmen, die erstmalig in der Periode von 1970 bis 1982 am Menschen getestet wurden.[466] Der Anstieg der Kosten zwischen der Studie von Hansen und DiMasi et al. ist bedingt durch eine Zunahme an wissenschaftlichem Personal, höhere Kosten für Tierversuche und stark steigende Kosten für die klinischen Versuche.[467] Die Studie von Wiggins verfolgte die zweite Methode der Regression der zwischen 1970 und 1980 zugelassenen Medikamente gegen die F&E-Aufwendungen, unterschied aber nicht zwischen selbstentwickelten und einlizenzierten Produkten.[468] Grabowski und Vernon verwendeten ebenfalls F&E-Aufwendungen aus den Jahren 1962 bis 1978 und setzten diese in Beziehung zu den Produkteinführungen der Jahre 1970 bis 1979.[469]

Aus den unterschiedlichen Untersuchungsmethoden und den betrachteten Zeitabschnitten sowie den unterschiedlichen Diskontraten bei der Berechnung der Kapitalkosten können die angeführten Studien lediglich als Indikator für die Gesamtkosten der Entwicklung eines Medikaments herangezogen werden. Aufgrund der langen Entwicklungszeiten, die zwischen 10 bis 15 Jahren betragen, müssen die Ausgaben an die Inflation angepasst werden, sodass die Angaben sich in der obigen Tabelle auf Basis des Dollars im Jahre 1990 bzw. in der Grafik auf Basis 2000 beziehen. Bei

[464] Vgl. OTA (1993), S. 48.
[465] Vgl. OTA (1993), S. 49.
[466] Vgl. DiMasi et al. (1991), S. 107.
[467] Vgl. OTA (1993), S. 62ff.
[468] Vgl. OTA (1993), S.49.
[469] Vgl. Grabowski/Vernon (1990), S. 804ff.

Anpassung der Kosten in Höhe von 231 Mio. USD (Basis 1987) der Studie von DiMasi (1991) an die Inflation würde dies Entwicklungskosten im Jahr 2000 in Höhe von 318 Mio. USD ergeben.

Berechnungen für aktuelle Zeiträume ergeben Kosten in Höhe von 880 Mio. USD[470] bzw. 1.318 Mio. USD.[471] Diese Berechnungen beinhalten neben den tatsächlich aufgewendeten F&E-Kosten, die die Wirkstoffforschung, die präklinische Phase und die klinischen Phasen I bis III umfassen, auch die geschätzten Kapitalkosten und die Kosten der abgebrochenen Projekte.[472] Ursache für die in die Höhe schnellenden Entwicklungskosten sind primär höhere Aufwendungen für die klinischen Versuche. Da es sich um die aktuellste Studie handelt, werden das Untersuchungsdesign und die Berechnungsmethode genauer dargestellt.[473]

Die Stichprobe wurde aus den am Tufts Center for the Study of Drug Development gesammelten Daten per Zufallsverfahren gezogen. Es wurden dabei nur die von den Firmen selbstentwickelten und keine einlizenzierten Substanzen berücksichtigt, da bei den Lizenzprodukten die Kosten teilweise bei den nicht in der Untersuchung enthaltenen Firmen anfallen. Aus den Daten wurden die durchschnittlichen Kosten für die einzelnen klinischen Phasen ermittelt. Noch nicht berücksichtigt sind jedoch die Kosten für die Wirkstoffforschung und die präklinische Phase. Diese Kosten können den zugelassenen Substanzen nicht direkt zugeordnet werden. Daher wurde aus den Daten der untersuchten Firmen und unter Berücksichtigung eines entsprechenden time lags (die Kosten der präklinischen Phase fallen einige Jahre vor den klinischen Phasen an) ein Verhältnis aus den Kosten der vorklinischen Phase und den Kosten der klinischen Phasen errechnet, das 3 zu 10 beträgt. Dieses Verhältnis wurde auf die Kosten der klinischen Phasen pro Substanz angewandt, um daraus die Kosten der präklinischen Phase pro Substanz zu erhalten. Um von den Kosten der untersuchten Stichprobe auf die Kosten pro zugelassenem Medikament zu schließen, müssen die Abbruchwahrscheinlichkeiten in den einzelnen klinischen Phasen und die Erfolgswahrscheinlichkeit einer Marktzulassung berücksichtigt werden. Wären z. B. die Kosten einer untersuchten Substanz 100 Mio. USD und beträgt die Erfolgswahrscheinlichkeit 20 %, dann beliefen sich die Kosten pro zugelassenem Medikament auf 500 Mio. USD. Zuletzt müssen noch aufgrund der langjährigen Entwicklungsphase die Kapitalkosten berücksichtigt werden, die auf den Zeitpunkt der Marktzulassung bezogen werden, um auf die Gesamtkosten pro zugelassener Substanz zu kommen.

Über die Ursachen des signifikanten Kostenanstiegs gibt es nur Mutmaßungen. Verantwortlich dürfte unter anderem auch der zunehmende Forschungsschwerpunkt der Industrie auf chronische und degenerative Krankheiten sein[474], deren Tests länger dauern, komplexeres Studiendesign erfordern und höhere Kosten bei den Tests verursachen. Zusätzlich gestaltet sich die Suche nach Testpersonen in solchen Fällen schwieriger und kostenintensiver. Schlussendlich werden viele Medikamente direkt gegen Wettbewerbsprodukte getestet und nicht wie früher gegen Placebos, sodass die Tests wesentlich komplexer gestaltet werden müssen, um eine statistische Differenz zum Konkurrenzprodukt zu erreichen.[475] Als weitere Ursachen

[470] Vgl. BCG (2001a), S. 4.
[471] Vgl. DiMasi/Grabowski (2007), S. 469.
[472] Vgl. DiMasi et al. (2003), S. 151ff.
[473] Vgl. DiMasi et al. (2003), S. 151ff.
[474] Dies dürfte mit der demografischen Entwicklung zusammenhängen, da dies vor allem altersbedingte Krankheiten sind; vgl. Reiss (1997).
[475] Vgl. DiMasi et al. (2003), S. 181.

gelten die zunehmende Regulierung der Testbedingungen und die Integration der wesentlich komplexeren DNA-Forschung im Zusammenhang mit der Entwicklung.[476]

Ziel der Unternehmen muss daher in Zukunft sein, Fehlschläge bereits in der präklinischen oder frühen klinischen Phase zu identifizieren, ein effizientes Controlling der Kosten in den klinischen Phasen einzuführen und eventuell die gesamte Geschäftsstrategie auf spezielle therapeutische Segmente bzw. auf Nischenmärkte auszurichten.[477]

4.1.2.2 Dauer

Die Länge der Entwicklungszeit hat einen entscheidenden Einfluss auf die Profitabilität eines Biotechnologieunternehmens, denn nach Identifizierung einer viel versprechenden Substanz wird diese zum Patent angemeldet. Der Patentschutz garantiert den Erfindern pharmazeutischer Produkte eine ausschließliche Nutzungsdauer von 20 Jahren, die in bestimmten Fällen um weitere fünf Jahre verlängert werden kann.[478] Nach Patentanmeldung erfolgen sämtliche klinische Phasen. Je schneller nun die Substanz die klinischen Phasen passiert, desto früher ist das Produkt am Markt und generiert die entsprechenden Erträge. Aufgrund der langen Entwicklungszeit hat sich die durchschnittliche Patentrestlaufzeit auf 7,7 Jahre verkürzt.[479] Gründe dafür sind primär die erhöhten Anforderungen der Behörden sowie Probleme innerhalb des Unternehmens bei der Zuteilung der Ressourcen und der Projektkoordination.[480]

Die Dauer zwischen Synthese und Zulassung ist in den USA von 8 Jahren in den 1960er-Jahren auf 15 Jahren in den 1990er-Jahren gestiegen.[481]

Eine Übersicht über die Veränderung der Entwicklungszeit im Zeitablauf gibt nachstehende Tabelle.[482]

Tabelle 7: Entwicklungszeiten für Arzneimittel für einzelne Dekaden

	60er	**70er**	**80er**	**90er**
Selbsterstellte Produkte	7,9	11,1	13,8	12,8
inkl. lizenzierte Produkte	8,1	11,6	14,2	15,0

Quelle: DiMasi (1995), S. 382

Mögliche Erklärungen für die Zunahme der Länge der Entwicklungszeit sind neben den strengeren regulatorischen Anforderungen auch die zunehmende Forschung für chronische Krankheiten, einhergehend mit längeren Versuchsperioden, die höhere Anzahl von Versuchspersonen, die, wenn es sich um die Anwendung bei älteren Menschen handelt, schwieriger zu rekrutieren sind.

476 Vgl. Mortanges de et al. (1997), S. 565.
477 Vgl. TCSDD (2002), S. 2.
478 Vgl. Langenbucher (2001), S. 20.
479 Vgl. Langenbucher (2001), S. 21.
480 Vgl. Jaeger et al. (1991), S. 540.
481 Vgl. DiMasi (1997), S. 5.
482 Vgl. DiMasi (1995), S. 382.

Die Mehrzahl der Studien über die Dauer der Entwicklungszeiten wurden für den amerikanischen Arzneimittelmarkt vom Tufts Center for the Study of Drug Development durchgeführt. Die nachfolgenden Angaben beziehen sich daher auch größtenteils auf amerikanische Quellen.

Eine Übersicht über die Länge der klinischen Phasen und die Dauer der Zulassungsphase (Review der FDA) für den Zeitraum von 1963 bis 1999 vermittelt nachfolgende Grafik:[483]

Abbildung 15: Überblick über die Dauer der Entwicklung eines Medikaments von 1963 bis 1999

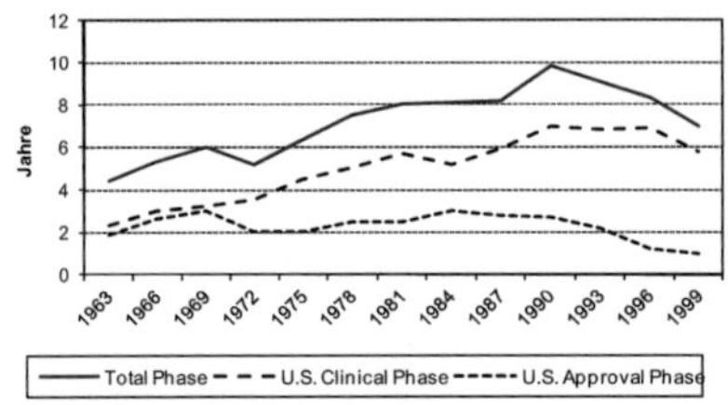

U.S. Clinical Phase: Vom IND-Antrag bis zum NDA-Antrag
U.S. Approval Phase: Vom NDA Antrag bis zur Zulassung am Markt

Quelle: in Anlehnung an DiMasi (2001a), S. 291

Abbildung 16: Überblick über die Dauer der Entwicklung eines Medikaments von 1963 bis 1999

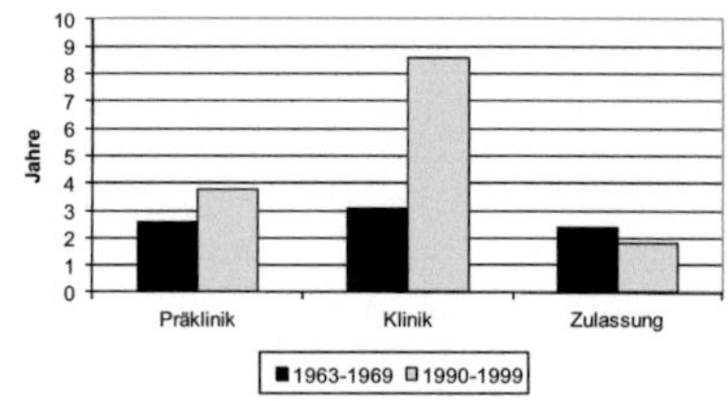

Präklinik: Synthese bis IND-Antrag
Klinik: IND-Antrag bis NDA-Antrag
Zulassung: NDA-Antrag bis Marktzulassung

Quelle: in Anlehnung an DiMasi (2001a), S. 291

Die Verkürzung der Zulassungszeit ist primär auf den „Prescription Drug User Fee Act“ zurückzuführen, der die Originalhersteller Beiträge in einen Fonds zahlen ließ, wodurch die FDA 600 weitere Prüfer für Medikamente einstellen konnte, was den Genehmigungsprozess effizienter und schneller werden ließ.

Unterteilt man den Entwicklungsprozess in einzelne Phasen, so ergeben sich folgende durchschnittliche Zeiten je Phase:

483 Vgl. DiMasi (2001a), S. 291.

Tabelle 8: Durchschnittliche Entwicklungszeiten in der F&E-Phase

Entwicklungsphase	Ø in Jahren[484]	Ø in Monate[485]
Wirkstoffforschung	4,1 Jahre	20–40 Monate
Präklinische Phase	2,5 Jahre	10–12 Monate
Klinische Phase I	1,7 Jahre	18–22 Monate
Klinische Phase II	2,1 Jahre	24–28 Monate
Klinische Phase III	2,9 Jahre	28–32 Monate
Zulassung/Review FDA	1,6 Jahre	16–20 Monate

Quelle: siehe FN 484

In Summe ergibt dies eine Dauer von insgesamt 13,1 Jahren. Die angegebenen Werte sind aufgrund des unterschiedlichen Untersuchungsdesigns sowie unterschiedlicher Betrachtungsperioden und Stichproben lediglich Indikatoren für die jeweilige Dauer. Während bei den klinischen Phasen I bis III relativ gute Übereinstimmung zwischen den einzelnen Studien herrschten, wurden in den Bereichen Wirkstoffforschung und Präklinische Phase teilweise erhebliche Unterschiede festgestellt, denn in dieser Phase reichen die Untersuchungsergebnisse von 2 bis 6 Jahren. Die gute Übereinstimmung der Länge der klinischen Phasen kann durch die Ergebnisse der in 2000 durchgeführten Studie bestätigt werden.[486]

Abbildung 17: Dauer der klinischen Phasen I bis III in Monaten

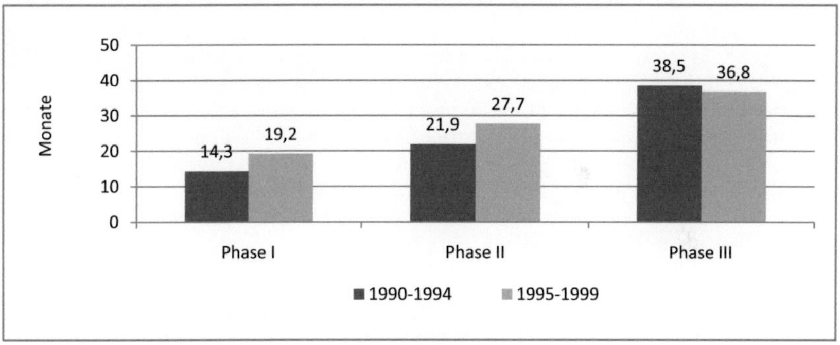

Quelle: Kaitin/DiMasi (2000), S. 678

Auch die Review Periode der FDA war 1990 ungefähr 10 Monate kürzer als für herkömmliche Arzneimittel, sodass die Gesamtentwicklungszeit zusätzlich um knapp

484 Vgl. BCG (2001a), S. 3; Bank Leu (2001), S. 20; DiMasi et al. (2003), S. 165, Reichert (2000), S. 367 (berücksichtigte ausschließlich biopharmazeutische Produkte); Struck (1994), S. 676; diese Länge der einzelnen Phasen wurden als Durchschnitt aus den einzelnen angegebenen Quellen selbst errechnet.

485 Vgl. Bogdan/Villiger (2008), S. 18; aktuellere Studie, welche zu ähnlichen Ergebnissen wie die Durchschnittsbildung der Quellen in FN 484 ergibt.

486 Vgl. Kaitin/DiMasi (2000), S. 678.

ein Jahr verkürzt wird.[487] Auch bei diesen Studien muss erwähnt werden, dass die Stichproben und das Untersuchungsdesign starken Einfluss auf die Ergebnisse haben. Ein Vergleich der Zulassungszeiten zwischen Europa und den USA für biopharmazeutische Produkte ergab, dass die EU eine um 13 % (10,6 vs. 12,2 Monate) schnellere Abwicklung der Zulassungsanträge ermöglicht.[488]

Durch den verstärkten Einsatz von biotechnologischen Instrumenten, wie kombinatorische Chemie, Gentechnologie, High Throughput Screening etc., wurde um die Jahrtausendwende eine weitere Verkürzung der Entwicklungszeit erwartet, sodass die Phase der Vermarktung erweitert und damit die Erträge über einen längeren Zeitraum erwirtschaftet werden können. Die aktuelle Studie, durchgeführt am TCSDD, bestätigt diese Erwartungen für Biopharmazeutika allerdings nicht, da aufgrund einer längeren Phase I die gesamte Entwicklungszeit rund 8 % länger dauert.[489]

4.1.2.3 Klinische Erfolgsraten

Der Entwicklungsprozess von Medikamenten ist äußerst risikoreich, weil viele Substanzen, die in die klinischen Phasen eintreten, aufgrund unzureichender Testergebnisse bezüglich Sicherheit, Wirksamkeit, unerwünschten Nebenwirkungen etc. keine Marktzulassung erhalten. Schätzungen gehen davon aus, dass von 5000 Substanzen fünf in die klinischen Phasen eintreten und davon wiederum nur eine Substanz als Medikament zugelassen wird.[490]

Die Berechnung der Kosten (siehe Kapitel 4.1.2.1) hängt auch entscheidend vom Anteil der erfolglosen Substanzen ab. Bei der Berechnung dieser Erfolgswahrscheinlichkeiten hat das Tufts Center for the Study of Drug Development besonderes Know-how erworben. Das TCSDD unterhält dazu seit 1963 eine Datenbank, die fortlaufend aktualisiert wird, und publiziert regelmäßig daraus Artikel bezüglich Länge, Kosten und Erfolgsraten der Medikamentenentwicklung. Die Datenbank enthält sämtliche Informationen zur Medikamentenentwicklung von allen Pharma- und Biotechnologieunternehmen, die in den USA eine operative Tätigkeit ausüben.[491] Die Datenbank enthält Informationen über die Anzahl der INDs und deren Datum, Zeitpunkt des Abbruchs der klinischen Phasen und dessen Gründe, Datum der Zulassung und weitere detaillierte Informationen zu jeder Produktklasse, sodass Länge der Entwicklung und Erfolgsraten sehr genau abgeschätzt werden können.[492]

Bevor die einzelnen Studien mit den teilweise unterschiedlichen Ergebnissen näher erläutert werden, sollen zuerst die einzelnen Begriffe definiert werden:[493]

Klinische Gesamterfolgsrate: Ist die Wahrscheinlichkeit, dass ein Medikament, das in die erste klinische Phase eintritt, letztendlich auch am Markt zugelassen wird.

---

[487] Vgl. Struck (1994), S. 676.
[488] Vgl. Reichert/Healy (2001), S. 6.
[489] Vgl. DiMasi/Grabowski (2007), S. 473
[490] Vgl. VFA (1998), S. 5; PhRMA (2003), S. 2; Langenbucher (2001), S. 23.
[491] Vgl. DiMasi et al. (1994), S. 610.
[492] Vgl. ebenda, S. 610ff.
[493] Vgl. DiMasi et al. (2003), S. 159.

Abbruchrate (attrition rate): Gibt die Rate der aufgrund unzureichender Testergebnisse in einer der klinischen Phase aus der Entwicklung genommenen Produkte an.

Erfolgsrate je Phase: Gibt die Wahrscheinlichkeit an, dass die Substanz, wenn sie eine klinische Phase erfolgreich abgeschlossen hat, auch am Markt zugelassen wird.

In dieser Arbeit soll primär die aktuellste Studie[494] näher besprochen werden, wobei auf die Ergebnisse aus den Jahrzehnten davor Bezug genommen wird und auch weitere ähnliche Publikationen Berücksichtigung finden.

Die in der aktuellsten Studie verwendeten Daten stammen von 24 Unternehmen, die sämtliche Daten vom Zeitpunkt des IND bis zum Abbruch oder zur Marktzulassung zur Verfügung gestellt haben. Insgesamt umfasst die Datenbank 671 NCEs, für die zwischen 1981 und 1992 ein IND eingereicht wurde. Ende 1999 waren 20,9 % auf dem US-amerikanischen Markt zugelassen, wobei die Erfolgsrate für einlizenzierte Produkte bei 33,1 %, für selbsterstellte Produkte bei 16,9 % und für selbsterstellte Produkte und erstmalig in den USA getestete bei 8,6 % liegt.[495] Dies bedeutet, dass einlizenzierte Substanzen und Substanzen, die bereits im Ausland getestet wurden, eine höhere Erfolgsrate aufweisen.

Abbildung 18: Erfolgsraten per Ende 1999 für selbsterstellte und einlizenzierte Substanzen

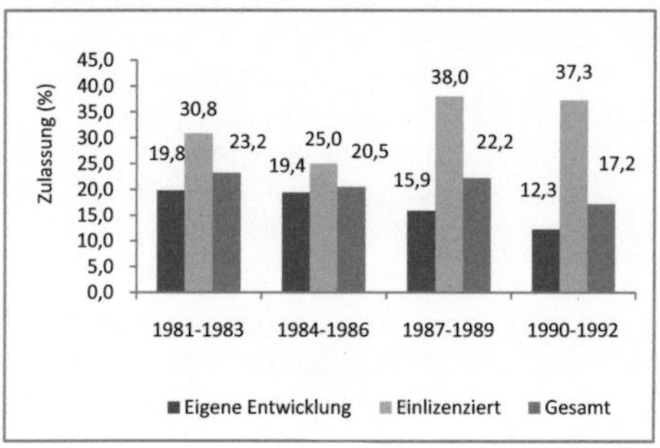

Quelle: DiMasi (2001b), S. 300

Tabelle 9: Erfolgsraten pro therapeutischer Klasse

Therapeutische Klasse	Erfolgsrate
Analgesic/anesthetic	20,4%
Anti-infective	28,1%
Antineoplastic	15,8%
Cardiovascular	17,5%
Zentralnervensystem	14,5%
Endocrine	18,2%
Gastrointestinal	20,0%
Immunologie	15,4%
Respiratory	12,0%
Sonstiges	7,0%

Quelle: DiMasi (2001b), S. 301

Eine Studie aus einer zufällig gewählten Stichprobe von 68 selbsterstellten Substanzen von zehn pharmazeutischen Unternehmen, die erstmalig im Zeitraum zwischen 1983 und 1994 getestet wurden, ergab eine Gesamterfolgsrate von 21,5 %, was mit der Abbildung 18 bei Betrachtung eines Durchschnittswertes nicht ganz übereinstimmt.[496] Eine noch früher durchgeführte und damit etwas ältere Studie (Zeitraum 1970 bis 1982) ergab eine Erfolgsrate von 23 %.[497]

Die großen Differenzen der Erfolgsraten zwischen einzelnen therapeutischen Klassen können generell damit erklärt werden, dass die Vorschriften z. B. bezüglich

494 Vgl. DiMasi (2001b), S. 297ff.
495 Vgl. DiMasi (2001b), S. 298.
496 Vgl. DiMasi et al. (2003), S. 165.
497 Vgl. DiMasi et al. (1991), S. 124.

Wirksamkeit bei anti-infektiven Substanzen klar definiert sind und damit leichter erreicht werden können.[498] Bei anderen therapeutischen Klassen wie z. B. Psychopharmaka ist dies schwieriger festzustellen.

Abbildung 19: Abbruchraten pro klinischer Phase

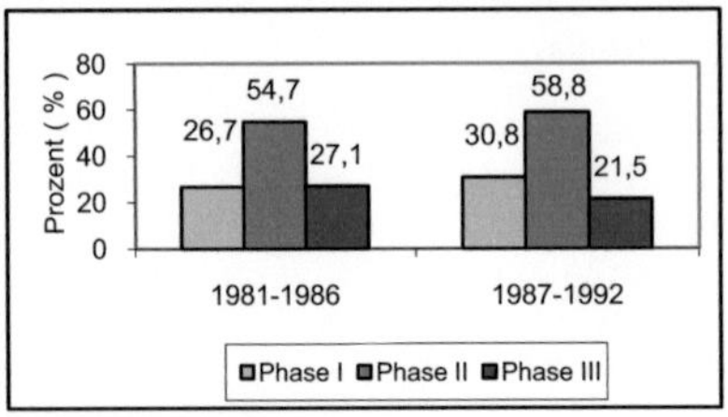

Quelle: DiMasi (2001), S. 303

Abbildung 20: Wahrscheinlichkeit der Marktzulassung nach Eintritt klinische Phase I–III

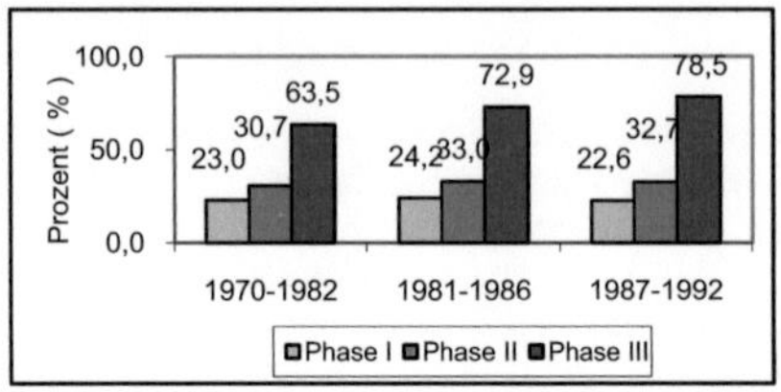

Quelle: DiMasi (2001), S. 30; DiMasi et al. (1995), S. 160

Die beiden obenstehenden Grafiken zeigen deutlich, dass die Wahrscheinlichkeit der Marktzulassung in den letzten Dekaden gestiegen ist, was vermutlich auf bessere präklinische Tests zurückgeführt werden kann.[499]

Ein Vergleich zwischen konventionellen NCEs und biopharmazeutischen Medikamenten (monoklonale Antikörper - MABs, rDNA-Produkte etc.) ermittelte für die NCEs eine 25 %-ige Erfolgsrate und für rDNAs und MABs eine Erfolgsrate zwischen 56 und 64 %.[500] Der große Unterschied wird primär dadurch erklärt, dass zu Beginn der Entwicklung der biotechnologisch hergestellten Medikamente die Forschung vorwiegend die vielversprechendsten Substanzen fokussierte.[501] Die aktuellste Studie vom TCSDD zeigt für biopharmazeutische Produkte in Phase I–III eine höhere Erfolgswahrscheinlichkeit.[502]

Untersuchungen über die Gründe des Abbruchs von Entwicklungsprojekten demonstrieren deutlich, dass Projekte vorwiegend aus Gründen der Wirksamkeit und Nebenwirkungen sowie in letzter Zeit auch aus Gründen der Wirtschaftlichkeit beendet werden.[503]

[498] Vgl. ebenda, S. 305.
[499] Vgl. DiMasi (2001b), S. 305.
[500] Vgl. Bienz-Tadmor et al. (1992), S. 522.
[501] Vgl. ebenda, S. 522.
[502] Vgl. DiMasi/Grabowski (2007), S. 473
[503] Vgl. Zloch, S. (2007), S. 23; Kola/Landis (2004), S. 711ff.

Abbildung 21: Abbruchsgründe bei der Arzneimittelentwicklung

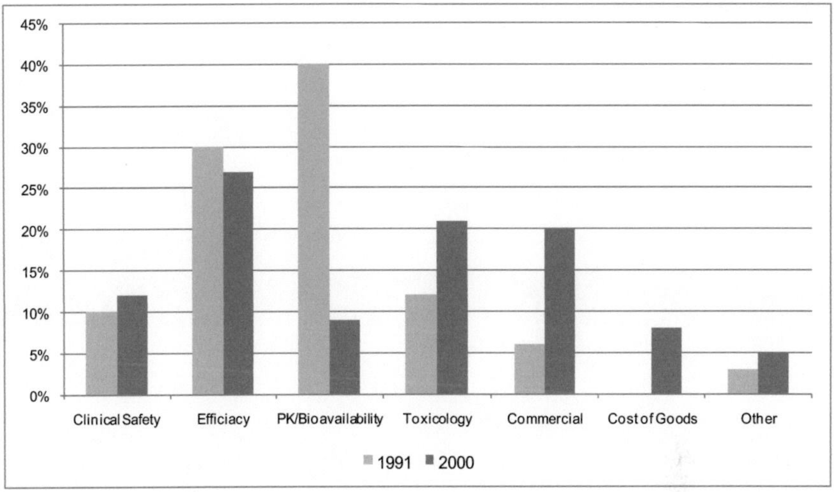

Quelle: Kola/Landis (2004), S. 712

Ein Spezifikum bei Biotechnologieunternehmen in diesem Zusammenhang ist, dass sich oft nur ein einziges Produkt in der Pipeline befindet und damit der gesamte Erfolg des Unternehmens von diesem Produkt abhängt. Neben dem hohen Risiko, dass das Produkt nicht zugelassen wird, hat dies auch manche nicht zu vernachlässigende Vorteile. Erstens führt die Entwicklung eines einzigen Produkts zu einer hohen Spezialisierung, die im Zuge der Produktion zu Produktivitätsvorteilen führen kann. Zweitens ist das operative Management aufgrund des Fokus auf ein einzelnes Produkt einfacher und damit effizienter, und drittens führt die Spezialisierung zu einem außerordentlich hohen Produkt-Know-how, das im Wettbewerb einen großen Vorteil darstellen kann. [504]

4.1.3 Cash Flow der Marktphase

4.1.3.1 Umsatzerlöse

Es scheint plausibel und nachvollziehbar, dass die Prognose der Umsatzerlöse die bedeutungsvollste Komponente in der gesamten Planung des Unternehmens ist und je nach Erwartungen an das Umsatzpotenzial des neu entwickelten Medikaments Ausgangspunkt für viele weitere Überlegungen hinsichtlich F&E-Budget, Personalpolitik, Investitionsplan etc. ist. Auch Kapitalgeber interessiert die zu erwartenden Umsätzen des Arzneimittels, da diese am Ende der Entwicklung, letztendlich als einzige Einzahlungsquelle aus der operativen Geschäftstätigkeit, den zu erwartenden Auszahlungen gegenüberstehen. Die daraus resultierende Zahlungsreihe wird diskontiert und ist in Form des Barwertes die Basis für die Rendite auf das

[504] Vgl. Perkins (2002), S. 104f.

eingesetzte Kapital. Deshalb wird der Prognose der Umsatzerlöse in dieser Arbeit auch breitem Raum gewidmet.

Die Grundlage der Umsatzerwartungen ist oft äußerst fragwürdig und es gibt zahlreiche Beispiele für verfehlte Umsatzprognosen im Bereich der pharmazeutischen Industrie. Bei 512 NMEs (new molecule entity), die zwischen 1979 und 1988 auf dem Markt kamen, haben 80 % die F&E-Kosten nicht eingespielt, da man von zu hohen Umsatzerwartungen ausging.[505] Einige Extrembeispiele für verfehlte Prognosen von bestehenden Produkten für das Jahr 1990, welche von der Firma Kidder Peabody & Co. Inc. erstellt wurden, zeigt nachstehende Tabelle:[506]

Tabelle 10: Vergleich prognostizierter und realisierter Umsatz einiger ausgewählter Arzneimittel

Markenname (Wirkstoff)	Prognostizierter Umsatz	Realisierter Umsatz	Abweichung
Tagamet (Cimetidin)	700–800 Mio. USD	1,1 Mrd. USD	rd. 30 %
Zantac (Ranitidin)	450–550 Mio. USD	2,8 Mrd. USD	rd. 80 %
Ultradol (Etodolac)	350–400 Mio. USD	40 Mio. USD	rd. 90 %
Rogaine (Minoxidil)	600–750 Mio. USD	140 Mio. USD	rd. 80 %

Quelle: siehe FN 484

Zwar stellen die obigen beispielhaft dargestellten Zahlen Extremwerte dar, zeigen aber deutlich die Schwierigkeit und Fehleranfälligkeit der Umsatzprognosen, selbst bei bereits bestehenden Produkten. Derartige Fehlprognosen können starke Auswirkungen auf das gesamte Unternehmen ausüben, insbesondere dann, wenn es sich, wie es bei vielen Biotechnologieunternehmen der Fall ist, um das einzige Produkt handelt und somit den Hoffnungsträger für den Erfolg des Gesamtunternehmens darstellt. Die Schwierigkeit der Umsatzprognose wird nochmals erschwert, wenn neuartige Wirkstoffe auf dem Markt eingeführt werden sollen. Auch hierfür gibt es einige Beispiele für verfehlte Umsatzprognosen, denn den früheren oder gegenwärtigen Markt als Grundlage für Prognosen heranzuziehen versagt immer dann, wenn neue Märkte geschaffen werden bzw. das Produkt eine echte Innovation darstellt.[507] In diesen Fällen ist es notwendig, sorgfältig sämtliche Einflussfaktoren auf den Umsatz zu analysieren und zu einer Gesamtprognose zu aggregieren.

Die Umsatzerlöse eines Arzneimittels sind eine Funktion der Absatzmenge und des Preises. Sowohl die Preis- als auch die Mengenkomponente hängen von weiteren Einflussfaktoren ab, sodass in den nachfolgenden Abschnitten diese beiden Größen im Hinblick auf die pharmazeutische Industrie genauer untersucht werden.

505 Vgl. Herzog (1995), S. 284; allein diese Zahlen verlangen nach einem Prognosemodell, welches in der Lage ist, verbesserte Umsatzprognosen zu erzielen.

506 Vgl. Herzog (1995), S. 284.

507 Für Fluconazol wurden 1986 im 5. Jahr nach der Markteinführung 35 Mio. USD erwartet. Das Produkt hatte nach der Markteinführung in Europa und USA im Jahr 1992 über 500 Mio. USD, bzw. weitere Beispiele. vgl. Herzog (1995), S. 284.

4.1.3.1.1 Absatzmenge

4.1.3.1.1.1 Marktpotenzial

Ausgangspunkt für die Absatzmenge eines Medikaments ist das theoretisch erzielbare Marktvolumen unter den derzeit bzw. künftig herrschenden Markt- und Wettbewerbsbedingungen. Die Herleitung des Marktvolumens erfolgt in einem ersten Schritt über das Marktpotenzial.

Die Bestimmung des Marktpotenzials kann in folgende Einzelschritte zerlegt werden:[508]

1. Definition der Therapiefelder, für die die Wirksubstanz angewandt werden kann
2. Definition der Länder, in denen das Produkt zugelassen und vertrieben werden soll
3. Bestimmung der therapierbaren Personen innerhalb der Bevölkerung

Die Schritte 1 bis 3 sind verhältnismäßig leicht durchzuführen. Die Anwendung des innovativen Arzneimittels bei bestimmten Therapien kennt man aus der Forschungs- und Entwicklungsphase des Medikaments und aus der Durchführung der klinischen Tests, obgleich es vorkommt, dass Wirksubstanzen auch in völlig fremden Therapiegebieten zum Einsatz kommen können, da sich im Rahmen der Forschungsergebnisse weitere Anwendungsfelder erschließen.

Der relevante Markt ist derjenige Teilmarkt, auf dem sich das Biotechnologieunternehmen aufgrund seines Therapiefeldes bewegt. Im Arzneimittelbereich hat sich zur Klassifikation der therapeutischen Teilmärkte, die sogenannte ATC-(Anatomisch-Therapeutisch-Chemische) Klassifikation der European Pharmaceutical Marketing Research Association (EphMRA) durchgesetzt.[509]

Die Klassifikation enthält 5 Ebenen. Auf der ersten Ebene gibt es 14 Hauptgruppen, die sich nach dem Organ (zum Beispiel Herz) oder System (zum Beispiel Blutkreislauf) richten, auf die der Arzneistoff seine Hauptwirkung entfaltet. Diese erste Ebene wird mit jeweils einem Großbuchstaben gekennzeichnet. Die zweite und dritte Ebene sind Therapiegruppen beziehungsweise -untergruppen und werden mit zwei Ziffern (von 1 bis n) nummeriert. Die vierte und fünfte Ebene sind nach der chemischen Struktur geordnet und werden wieder mit Buchstaben und zwei Ziffern gekennzeichnet.

Der gleiche Wirkstoff in unterschiedlicher Anwendung, besitzt einen unterschiedlichen ATC Code. Als Beispiel hierfür ist das bekannte Aspirin (Acetylsalicylsäure) zu erwähnen, welches als Thrombozytenaggregationshemmer (ATC Code: B01AC06) oder als Schmerzmittel (ATC Code: N02AB01) verwendet werden kann.

Eine ähnliche Klassifikation existiert auch für die derzeit anerkannten Krankheiten. Es handelt sich hierbei um den International Classification of Diseases (ICD) Code, welcher von der WHO herausgegeben wird. Die deutsche Fassung (ICD10 SGBV) wird als Schlüssel zur Angabe von Diagnosen, vor allem zur Abrechnung mit den Krankenkassen, verwendet.[510]

---

[508] Vgl. Dreger (2000), S. 111.

[509] www.ephrma.org; aktuell ist die Version 13

[510] Der ICD Code wird nicht weiter erläutert, siehe hierzu Website der WHO, www.who.int

Mit der Festlegung des ATC und des ICD Code ist das Therapiefeld eindeutig abgegrenzt.

Im zweiten Schritt wird der Einsatz des innovativen Medikaments nach Ländern unterteilt. Die Definition der Länder, in denen das Arzneimittel vertrieben werden soll, hängt von der Gesamtunternehmensstrategie ab und wird im Rahmen der strategischen Diskussion des Managements festgelegt. In der Regel werden kleine Biotechnologieunternehmen den Vertrieb kaum selbst organisieren, sondern das Produkt auslizenzieren und den Vertrieb gegen Royalities an große Pharmafirmen mit entsprechendem Vertriebsnetz auslagern. Dies entbindet das Biotechnologieunternehmen jedoch nicht von der Prognose der potenziellen Umsatzerlöse, wenn es wissen will, ob sich der Einsatz der F&E-Mittel lohnt. Im Falle der Auslizenzierung erscheint dies sogar noch wesentlicher, da die Entwicklungskosten lediglich über die Royalities verdient werden müssen und eine realistische Prognose des Marktpotenzials die Position bei der Verhandlung über die Höhe der Lizenzgebühren stärkt. Die Hauptpharmamärkte sind USA, Europa und Japan, da hier in der Regel eine genügend große Patientenpopulation vorhanden ist, sodass in der Regel das Medikament, um den Großteil des Marktes auszunutzen, auch in all diesen Ländern abgesetzt werden sollte.[511] Damit verbunden sind jedoch je nach Region unterschiedliche kosten- und zeitintensive Zulassungsverfahren, die im Rahmen der Entwicklung berücksichtigt werden müssen.

Nach der Ermittlung der Therapiefelder (Eingrenzung über ATC-Code) und der Absatzmärkte auf Basis der einzelnen Länder ist die Anzahl der erkrankten bzw. therapierbaren Personen zu ermitteln. Auskunft darüber geben die Prävalenzrate und die Inzidenzrate. Die Prävalenzrate gibt die Anzahl der zum gegenwärtigen Zeitpunkt erkrankten Personen innerhalb einer Population, dividiert durch die Gesamtanzahl der Population, an. Die Inzidenzrate ist definiert als die Anzahl der Neuerkrankungen, dividiert durch die Gesamtzahl der Individuen. In der Regel werden altersstandardisierte bzw. geschlechterspezifische Inzidenzraten ermittelt. Zu berücksichtigen ist auch eine etwaige unterschiedliche Altersstruktur in den einzelnen Ländern bzw. die Änderung der Alterspyramide über den Zeitraum, in dem das Medikament abgesetzt werden sollte. Die Informationen hinsichtlich Prävalenz und Inzidenz können relativ einfach aus statistischen Materialien der Gesundheitsämter und pharmazeutischen Verbänden entnommen werden bzw. bieten zahlreiche Agenturen, Datenbanken und Marktforschungsinstitute solche Informationen an. Hervorzuheben sind an dieser Stelle das Institut für Medizinische Statistik (IMS), die Gesellschaft für Pharmainformationssysteme (GPI), der pharmazeutische Markt (DPM®), der Verschreibungsindex für Pharmazeutika (VIP®) sowie eine Reihe weiterer spezialisierter Datenbanken, Marktforschungsberichte und sonstiger Dienstleister.[512] Sollten aufgrund der Anwendung des Medikaments in einem spezifischen Therapiefeld keine externen Daten zur Verfügung stehen, wäre in den jeweiligen Ländern eine Prävalenz- bzw. Inzidenzstudie durch Befragung von Ärzten zu initiieren. Die in Deutschland verfügbaren Statistiken werden ebenfalls durch sogenannte Patientenkonsultationsstudien aus Computern von deutschen Ärzten entnommen. Es kann davon ausgegangen werden, dass diese Daten ausreichend

[511] USA, Japan und Europa machen rund 80 % des gesamten Pharmaumsatzes aus, vgl. Dreger (2000), S. 61; USA, Deutschland, UK, Frankreich, Italien, Spanien und Kanada sind die größten pharmazeutischen Absatzmärkte, vgl. Kanavos et al. (2008), S. 503.

[512] Vgl. Burkhard (2002), S. 25ff; vgl. Schiel et al. (2008), S. 177ff.

verlässlich sind, um Prävalenz und Inzidenz hinreichend genau zu bestimmen.[513] Eine gewisse Unsicherheit ist den Daten immanent, da unter Umständen die für das Medikament relevante Krankheit vom Arzt nicht als solche erkannt bzw. als relevante Krankheit diagnostiziert wurde, obwohl der Patient an dieser Krankheit leidet.

Mit der Bestimmung der Prävalenz und Inzidenz pro Land und Therapiegebiet erhält der Prognoseersteller durch Summierung die absolute Zahl des Marktpotenzials. Unabhängig von der Anzahl der Mitbewerber, vom Preis, von der Behandlungsdauer, der Dosierung und anderen absatzrelevanten Faktoren, die in diesem Stadium der Absatzprognose noch unberücksichtigt bleiben, stellt das Marktpotenzial die maximale Anzahl der mit dem Medikament zu behandelnden Personen dar. Es ist dabei sinnvoll, die Datenstruktur pro Land aufrechtzuerhalten, da Preis, Wettbewerb, Marketing etc. in den einzelnen Ländern unterschiedlich sein können. In dieser Phase ist der Einfluss der Produktqualität und der Marketingmaßnahmen noch nicht berücksichtigt, diese müssen jedoch in einem zu erstellenden Gesamtmodell Eingang finden. Da das Marktpotenzial über einen langen Zeitraum zu ermitteln ist, wären Entwicklungen in der Altersstruktur der Bevölkerung oder sonstige langfristige Effekte jedenfalls dann zu berücksichtigen, wenn es sich um ein Medikament handelt, das vorzugsweise bei älteren Menschen Anwendung findet (z. B. Parkinson, Altersdemenz).

Zwischenfazit: Bei der Bestimmung des Marktpotenzials kann auf die Daten der Gesundheitsämter und statistisches Material externer Anbieter zurückgegriffen werden, die ausreichende Genauigkeit besitzen und eine gute Basis für die Prognose der Absatzzahlen darstellen. Offenzulegen wären jedenfalls die statistische Basis und die Quellen, um die Güte des Marktpotenzials einschätzbar zu machen.

4.1.3.1.1.2 Marktvolumen

Aus dem Marktpotenzial, das die theoretisch maximale Anzahl an therapierbaren Personen angibt, ist das Marktvolumen, definiert als die realisierte effektive Absatzmenge des Arzneimittels, zu prognostizieren. Das Marktvolumen ist ausgehend vom Marktpotenzial über folgende Zwischenschritte zu ermitteln. Diese sind:[514]

1. Ermittlung des Anteils der erkrankten bzw. therapierbaren Personen, die sich in ärztliche Behandlung begeben
2. Ermittlung der Dauer der medikamentösen Behandlung
3. Ermittlung der Dosis des Medikaments
4. Compliance des Patienten
5. Persistenz des Patienten

Der erste Schritt, die Ermittlung der Patienten, die sich in ärztliche Behandlung begeben, wird im Falle der Durchführung von sogenannten Patientenkonsultationsstudien gleich bzw. nahe eins sein, da derartige Studien nur auf die von den Ärzten behandelten Patienten basieren. Denkbar ist jedoch, dass die Anzahl der Erkrankten wesentlich höher ist, sodass es ein Ziel des Marketings sein muss, auch diese Patienten zum Arztbesuch zu bewegen. Abhängig vom Therapiegebiet kann die richtige Diagnose durchaus starke Abweichungen aufweisen, denn in vielen Fällen

---

[513] Ein Beispiel für derartige Analysen wäre der IMS Disease Analyser®, der die Daten aus 2.500 in Deutschland niedergelassenen Ärzten eruiert.

[514] Vgl. Dreger (2000), S. 115.

wird die Krankheit nicht als solche erkannt und dadurch falsch oder gar nicht behandelt.

Die Dauer der medikamentösen Behandlung und die zu verabreichende Dosis sind bis zum Zeitpunkt der Markteinführung aus den klinischen Studien bekannt, sodass die Umrechnung der tatsächlich therapierbaren Patienten in den abgesetzten Dosen keine weiteren Probleme bereiten sollte. Erste Einschätzungen der wirksamen Dosis liegen in der klinischen Phase I vor. In dieser Phase wird den Probanden zuerst eine Dosis verabreicht, bei der man ausgehen kann, dass keine Wirkung erzielt wird. Im Laufe der klinischen Studie wird die Dosis permanent erhöht und gemessen, welche relevanten Sicherheitsparameter sich in welcher Form ändern. Die Dosiserhöhung endet, wenn die von den Probanden erhaltene Dosis gerade noch toleriert wird.[515] Somit werden in der klinischen Phase I die Extrempunkte der zu verabreichenden Dosis festgestellt. Gleichzeitig werden dadurch auch die Herstellkosten einer ersten Schätzung zugänglich. Die Umrechnung in abgesetzte Dosiseinheiten könnte auch schon bei der Bestimmung des Marktpotenzials erfolgen, hat an dieser Stelle jedoch den Vorteil, dass das Marktpotenzial, dargestellt in der Anzahl der therapierbaren Personen, für den Prognoseersteller eine leichter vorstellbare und handhabbare Größe darstellt.

Unter Compliance in der Medizin[516] wird die Mitarbeit des Patienten bzw. die Therapiedisziplin bei einer medizinischen Behandlung verstanden. Konkret bedeutet dies, dass der Patient den Anweisungen des Arztes hinsichtlich der Medikamenteneinnahme folgt. Verschreibt der Arzt ein Medikament, das zweimal täglich eingenommen werden sollte, kann es sein, dass der Patient aus verschiedenen Gründen das Medikament nur einmal täglich einnimmt, womit die Compliance 50 % beträgt. Gründe für die mangelnde Compliance können vielfältig sein, wobei ein Drittel aller Unregelmäßigkeiten aus Vergesslichkeit geschehen und in den anderen Fällen der Patient bewusst die Therapie unterbricht oder gänzlich abbricht, da er nicht den Nutzen erkennt.[517] Besondere Bedeutung erlangt die Compliance bei länger dauernden Behandlungen bzw. bei chronischen Krankheiten und älteren multimorbiden Patienten. Compliancebestimmende Faktoren hängen weiters von demografischen Strukturen, der Art der Erkrankung und der Therapie, der Arzt-Patienten-Beziehung und sozio-psychologische Faktoren ab.[518] Verschiedene Untersuchungen über die Compliance oder Therapiedisziplin von Patienten haben gezeigt, dass zwischen 20 und 50 % der Patienten vor allem in der Langzeittherapie die ärztlichen Verordnungen nicht oder nur ungenügend befolgen.[519] Verschiedene Studien zeigen, dass mit zunehmender Dauer der Behandlung Compliance und Persistenz abnehmen.[520]

Die Non-Compliance ist insbesondere in der Behandlung der essenziellen Hypertonie oder bei Fettstoffwechselstörungen zu einem der therapielimitierenden Faktoren geworden. Die Einnahmedisziplin verschlechtert sich im Laufe der Behandlung zusehends. In den ersten vier Monaten ist mit einem Abfall der Compliance-Rate um 30 % zu rechnen, nach fünf Jahren ist nur noch ein Fünftel bis ein Viertel der Patienten therapiekonform. Die Zuverlässigkeit der Patienten lässt sich mit indirekten Bestimmungsmethoden wie Patientenbefragung, Pillenzählen, Einhaltung der Kon-

515 Vgl. Haye/Gebauer (2008), S. 111.
516 Im angelsächsischen Raum ist der Begriff Compliance durch Adherence ersetzt worden.
517 Vgl. Düsing (2007); Roselund et al. (2004), S. 213.
518 Vgl. Lüscher et al. (1982), S. 166.
519 Vgl. Lüscher et al. (1982), S. 161ff; Roselund et al. (2004), S. 213ff.
520 Vgl. Lüscher et al. (1982), S. 161 m. w. N.

trollvisitentermine oder aufgrund der Therapiewirkungen abschätzen. Eine genaue Ermittlung der Compliance-Rate erfordert die Bestimmung der Medikamente oder Markersubstanzen im Serum, im Urin oder in den Haaren.[521]

Die Persistenz ist definiert als Therapietreue und gibt Auskunft darüber, inwiefern Patienten eine einmal begonnene Therapie beibehalten. Ähnlich wie bei der Compliance ist die Persistenzrate eine wesentliche Größe bei Langzeitbehandlungen und bei älteren Patienten. Eine Studie zur Persistenz der Patienten mit diagnostiziertem Bluthochdruck hat festgestellt, dass nach einem Jahr aus der Gesamtstichprobe lediglich 46,8 % bei der verschriebenen Einzeltherapie verblieben sind, 23,8 % haben eine zusätzliche Therapie verschrieben bekommen, 12,9 % haben zu einer anderen Therapie gewechselt und 16,5 % haben die Therapie vollständig abgebrochen.[522]

Um die Überleitung des Marktpotenzials in das Marktvolumen durchzuführen, ist die Compliance- und Persistenzrate auf Basis vorhandener Studien von vergleichbaren Produkten oder auf Basis von Studien, die das Verhalten von Patienten in der jeweiligen Alterskohorte untersuchen, jedenfalls zu berücksichtigen und darf nicht vernachlässigt werden. Die oben angeführten Zahlen geben erste Kennwerte für die Compliance- und Persistenzrate, wobei deutlich wird, dass die beiden Größen keinesfalls vernachlässigt werden dürfen.

Zwischenfazit: Bestimmung Marktvolumen

Ausgehend vom Marktpotenzial, das aus der Analyse des therapeutischen Gebietes, den Absatzländern und der Anzahl der im jeweiligen Indikationsgebiet erkrankten Personen anhand von zuverlässigem statistischem Material externer Anbieter ermittelt werden kann, wird das Marktvolumen in einem ersten Schritt durch einfache Multiplikation mit der Compliance- und Persistenzrate ermittelt. Im zweiten Schritt erfolgt die Umrechnung der behandelten Patienten in abgesetzten Mengen (Dosis in mg) durch Multiplikation mit der vermutlich wirksamen Dosis, betrachtet über die Länge des Behandlungszeitraums. Mit dem Marktvolumen steht auch die maximal zu produzierende Menge fest.

4.1.3.1.1.3 Produktattraktivität bzw. -qualität

Bisher wurde nur das theoretisch maximal erzielbare Marktpotenzial bzw. -volumen bestimmt. Ob dieses auch erreicht wird und in welchem Zeitraum dies geschieht, hängt von weiteren Produkt- und unternehmensbedingten Faktoren ab.[523] Der Zeitraum ist insofern wichtig, da die neue Wirksubstanz nach der Marktzulassung nur noch über eine begrenzte Patentrestlaufzeit verfügt. Innerhalb dieses Zeitraums, der in der Praxis zwischen acht und zwölf Jahre währt, sollten aus den Einzahlungen die F&E-Kosten verdient werden. Danach kommen in der Regel Generika auf den Markt, die den Absatz stark einbrechen lassen. Ein Ansatz, die produktbedingten Einflussgrößen für neue Produkte nach bestimmten Kriterien zu sortieren, stammt von E. M. Rogers, der im Zuge der Diffusionsforschung den Absatz durch die

---

[521] Vgl. Schüssel et al. (2007), S. 14.

[522] Vgl. Hasford et al. (2002), S. 571.

[523] Insb. im Rahmen der Diffusionsforschung wurden zahlreiche Untersuchungen zu den produktbedingten Einflussfaktoren auf die Diffusion und damit auf den Absatz eines Produkts durchgeführt; vgl. Bähr-Seppelfricke (1999), S. 11f.

wahrgenommenen Innovationseigenschaften „relativer Vorteil“, „Kompatibilität“, „Komplexität“, „Erprobbarkeit“ und „Beobachtbarkeit“ bestimmt. Die Bedeutung dieser Eigenschaften wurde durch empirische Untersuchungen grundsätzlich bewiesen, sodass diese fünf Eigenschaften vor dem Hintergrund eines Arzneimittels im Folgenden kurz diskutiert werden.[524]

Unter Kompatibilität wird die Übereinstimmung des Produkts mit den derzeitigen Werten, Bedürfnissen und der historischen Erfahrung verstanden. Die Inkompatibilität einer Neuerung mit den kulturellen Werten und Überzeugungen wird dazu führen, dass diese Neuerung nicht oder nur zögernd übernommen wird. Beispielhaft hierfür kann die Einführung der Antibabypille angeführt werden, die in katholischen Gesellschaften nur zögernd angenommen wurde. Eine Inkompatibilität des Medikaments mit einer vorhandenen Technik wird sich ebenso hemmend auf die Verbreitung auswirken. Beispielsweise würde eine spezielle Applikationstechnik für ein Arzneimittel dazu führen, dass diese Technik erst erlernt werden muss und daher zu einer Verlangsamung der Verbreitung führt.

Unter Komplexität des Produkts versteht E. M. Rogers das Ausmaß der Schwierigkeit, die Innovation zu verstehen und anzuwenden. Da es sich bei Arzneimitteln um hoch erklärungsbedürftige Produkte handelt, kommt diesem Faktor große Bedeutung zu, denn im Gegensatz zu Konsumgütern weisen innovative Arzneimittel ein hohes Komplexitätsniveau auf. Gemildert wird dies dadurch, dass auf der einen Seite die Ärzte als sachverständige Ansprechpartner zur Verfügung stehen und dass durch massive Aufklärung seitens des Biotechnologieunternehmens das Medikament und dessen Wirkungsweise gut erklärt werden kann. Dieser Umstand wird durch die Erprobbarkeit und die Beobachtbarkeit noch unterstützt, denn den Ärzten können Probepackungen zur Verfügung gestellt werden, die direkt bei den Patienten angewandt werden können, wodurch der Erfolg der Behandlung gemessen werden kann, sodass diese beiden Faktoren kaum eine Rolle spielen. Die Möglichkeit der Erprobbarkeit und Beobachtbarkeit erklärt auch einen Teil (rund 31 %) der hohen Marketingaufwendungen.[525] Die Eigenschaften Beobachtbarkeit und Erprobbarkeit sind auch alleine durch die klinischen Studien bereits erfüllt.

Der wesentlichste produktbedingte Faktor ist der relative Vorteil des Arzneimittels gegenüber den bereits am Markt vorhandenen Medikamenten bzw. anders ausgedrückt die Produktattraktivität.[526] Es scheint plausibel, dass ein Medikament mit einem hohen relativen Vorteil bzw. einer hohen Produktattraktivität gegenüber den Wettbewerbsprodukten bevorzugt von Ärzten verschrieben wird und dieses Verschreibungsverhalten sich positiv auf die Absatzmengen auswirkt. Zusätzlich kann für hochinnovative Produkte auch ein höherer Preis verlangt werden. Eine Messung des relativen Vorteils kann nicht pauschal vorgenommen werden, sondern es muss auf einzelne operationalisierbare Faktoren zurückgegriffen werden. Festzulegen sind daher die zentralen Leistungsattribute eines Medikaments, die anschließend als Grundlage zur Einschätzung des relativen Produktvorteils herangezogen werden. Bei der Bestimmung des Wettbewerbsvorteils kommt es darauf an, die Wichtigkeit eines Parameters aus der Sicht des Arztes und die relative Produktleistung aufeinander abzustimmen. Vorteile sollen vor allem bei jenen Parametern geschaffen werden, die den Ärzten wichtig sind.[527] Hierzu wurden einige

---

[524] Vgl. Rogers (1995), S. 208; Ryan/Murray (1997), S. 5.
[525] Vgl. Getzen (2004), S. 31ff.
[526] In weiterer Folge werden die Begriffe Produktattraktivität und Produktqualität synonym verwendet.
[527] Vgl. Simon et al. (1989), S. 11.

Studien durchgeführt, die als Umfragen unter Patienten und Ärzte gestaltet waren, wobei primär folgende Kriterien ermittelt wurden: Effektivität, Verlässlichkeit, Sicherheit, geringe Nebenwirkungen, einfache Einnahme/Anwendung, Schnelligkeit der Wirkung und Preis.[528]

Generell werden die zentralen Leistungsattribute, die die Nachfrage beeinflussen, durch folgende Hauptkriterien gemessen, die auch in dieser Arbeit zur Anwendung kommen:[529]

- Effizienz der Wirkung
- Anzahl und Stärke der Nebenwirkungen

Vorstellbar sind auch weitere Leistungsparameter wie die Applikationsform, die Eignung zur Langzeitbehandlung, die Sicherheit in der Anwendung, die Verabreichungshäufigkeit, die Flexibilität in der Anwendung,[530] die Dosierung etc. Die Messung der einzelnen Leistungsparameter erweist sich in der Praxis jedoch als schwierig, denn die Operationalisierung von z. B. der Anzahl und der Stärke der Nebenwirkungen kann auf verschiedenen Wegen erfolgen. Es könnte die gesamte Anzahl an Nebenwirkungen, die Anzahl der ernsthaften Nebenwirkungen, die Anzahl der Nebenwirkungen in klinischen Studien, die bei mehr als x Prozent der Patienten aufgetreten ist etc. als Messgrößen herangezogen werden. Eine theoriegeleitete Bestimmung ist in diesem Fall nicht möglich, sodass in der Praxis für jedes Medikament immer wieder neu entschieden werden muss, welche Messgröße geeignet ist. Die Bestimmung der Produktattraktivität erfolgt auf Basis der Wirksubstanz entsprechend des Therapiegebietes und des Absatzmarktes (Land), wobei ein Vergleich zu den Konkurrenzprodukten hergestellt wird.

Die obigen Kriterien zur Beurteilung der Produktattraktivität lassen sich gut begründen, denn eine Innovation des Medikaments kann in einem oder mehreren Kriterien erfolgen. Die Wirkungsstärke bzw. -effizienz beschreibt die Qualität der Wirkung und kann in unterschiedlichen Dimensionen je nach Therapiegebiet gemessen werden. Beispiele hierfür wären die Verkürzung der Krankenhausaufenthaltsdauer, die Verbesserung bestimmter Blutwerte, die Schmerzlinderung etc. In der Regel werden die Parameter, die die Wirkungsweise dokumentieren, im Rahmen der klinischen Studien I–III festgelegt und statistisch belegt. Es scheint plausibel, dass sich das Arzneimittel nur dann am Markt durchsetzen wird, wenn es einen klaren therapeutischen Vorteil aufweist.[531] Ein weiterer Faktor, der die Produktleistung wesentlich beeinflusst, ist die Anzahl und Stärke der Nebenwirkungen. Nur wenn das Produkt neben der Wirksamkeit entsprechend niedrigere bzw. gegenüber Konkurrenzprodukten vergleichbare Nebenwirkungen aufweist, wird es einen Vorteil gegenüber anderen Arzneimitteln generieren können und einen Beitrag zur relativen Produktattraktivität leisten. Die Verabreichungsmethode kann einen wesentlichen Produktvorteil darstellen, wenn z. B. das Medikament bisher von einem Arzt injiziert werden musste und nun aufgrund einer Modifikation vom Patienten selbst in Form einer Tablette eingenommen werden kann. Dies erspart dem Patienten den Weg zum Arzt. Außerdem ist

---

528 Vgl. Suslow (1996), S. 53, m. w. N.

529 Vgl. Gassmann et al. (2008), S. 15; Caplow/Raymond (1954), S. 22; Wellmann et al. (2003), S. 51; Dreger (2000), S. 119; Paich et al. (2004), S. 177; PhRMA (2003), S. 30.

530 Darunter wäre zu verstehen, dass das Produkt nicht eine Stunde vor jeder Mahlzeit, sondern einfach z. B. drei Mal am Tag eingenommen werden kann,

531 Vgl. Drews (1992), S. 636.

die orale Einnahme von Tabletten in der Regel auch kostengünstiger, sodass eine neue Applikationsform eine Innovation darstellt.

Für die oben genannten durchaus plausiblen Zusammenhänge gibt es darüber hinaus noch eine Wechselbeziehung zwischen der Produktattraktivität und dem Preis, wenngleich die empirische Evidenz unter den Restriktionen ökonometrischer Modelle[532] zu interpretieren ist. Eine Studie mit einer therapeutischen Klasse konnte für den Zeitraum 1977 bis 1989 empirisch bestimmte Zusammenhänge nachweisen.[533] So sind eine Erhöhung der Nebenwirkungen, eine steigende Anzahl der Arzneimittelwechselwirkungen und eine steigende Einnahmehäufigkeit mit einem niedrigeren Preis verbunden. Intuitiv würde man diesen Zusammenhang auch vermuten, da Preis und Leistung bei Konsumgütern eine deutlich positive Korrelation aufweisen.

Um auf eine Kennzahl zu kommen, die sämtliche Leistungsparameter der Produktattraktivität beinhaltet, wird in dieser Arbeit auf ein sogenanntes Scoringverfahren bzw. Punktegewichtungsverfahren zurückgegriffen. Als Methoden zur Messung der Wichtigkeit von Parametern aus Kundensicht stehen z. B. die Conjoint-Measurement-Methode oder der Analytic Hierarchy Process zur Verfügung.

Die Bestimmung der relativen Produktattraktivität mittels eines Scoringverfahrens auf Basis von Expertenschätzungen findet sich in Kapitel 4.2.2.2.1, wobei die zu realisierende Absatzmenge, wie in dem vorangegangenen Kapitel gezeigt, vom Marktpotenzial, dem daraus abgeleiteten Marktvolumen und von der Produktattraktivität determiniert wird.

Zusammenfassung

Die Analyse hat gezeigt, dass über die Festlegung des ATC- und ICD-Codes sowie der Bestimmung der Patientenzahlen das Marktpotenzial auf Länderebene geschätzt werden kann. Durch Berücksichtigung weiterer pharmaspezifischer Kennzahlen (Compliance, Dosis etc.) wird aus dem Marktpotenzial das Marktvolumen abgeleitet. Im Falle eines neuen innovativen Medikaments, das das einzige wirksame Mittel auf dem Markt ist, wäre dies gleichzeitig die maximal mögliche Absatzmenge. Die tatsächlich verkauften Mengen hängen von der Anzahl der Wettbewerbsprodukte, von der Produktattraktivität, dem Preis, dem Marketingaufwand und weiteren Faktoren ab. Für den in dieser Arbeit betrachteten Fall eines neuen innovativen Medikaments spielt der Wettbewerb erst nach dem Produktlaunch eine Rolle, da davon ausgegangen wird, dass das neue Medikament der First Mover ist und erst zu einem späteren Zeitpunkt Wettbewerbsprodukte auf dem Markt kommen, die Anteile vom maximal möglichen Marktvolumen übernehmen.

4.1.3.1.2 Absatzpreis

Bereits während der Entwicklung eines Arzneimittels und lange vor der Markteinführung muss sich das Biotechnologieunternehmen, neben der Schätzung der Absatzmengen, Gedanken über einen möglichen Verkaufspreis machen, da dieser Faktor neben den Absatzmengen die Umsatzerlöse determiniert. Die Höhe

[532] Z. B. Heteroskedastizität, Multikollinearität, Wahl der Konfidenzintervalle, Annahmen über die Verteilungsform etc.
[533] Vgl. Suslow (1996), S. 65.

der Umsatzerlöse über den gesamten Produktlebenszyklus entscheidet, ob die investierten Kosten für die Entwicklung aus den Verkäufen des Medikaments wieder erwirtschaftet werden können und sich die Investition für einen Investor lohnt. Da diese Arbeit auf pharmazeutische Biotechnologieunternehmen fokussiert, die ein Arzneimittel entwickeln, können die allgemeinen Marktbedingungen der Pharmaindustrie angewandt werden. Hierzu gibt es eine Vielzahl von Forschungsergebnissen, die, nicht zuletzt aufgrund der hohen Markttransparenz, auch die Preisfindung von neu einzuführenden Produkten berücksichtigen und daher in diesem Fall herangezogen werden können. Im Folgenden soll daher ein Überblick über die Bedingungen der Preisfindung in dieser Industrie gegeben werden, wobei nationale Unterschiede nicht berücksichtigt werden, da dies aufgrund der unterschiedlichen nationalen Regelungen den Umfang der Arbeit zu stark ausweiten würde und keine zusätzliche Einsicht gewonnen wird. Bereits bei der Prognose der Absatzmengen wurde eine länderspezifische Vorgehensweise vorgeschlagen, da nationale Unterschiede Auswirkungen z. B. auf die Prävalenzrate haben können. Bei der Preisfindung ist es unabdingbar, die nationalen Regelungen zu beachten, da, wie noch überblicksartig gezeigt werden wird, die Märkte unterschiedlich stark reguliert sind. Diese Regulierung hat wesentlichen Einfluss auf den Preis. An dieser Stelle sei nochmals erwähnt, dass sich die Betrachtung auf ein neues innovatives Medikament konzentriert, das einen wesentlichen therapeutischen Vorteil aufweist und durch ein Patent geschützt ist, sodass nur die Preisbedingungen dieser Arzneimittel in Betracht gezogen werden. Die Preisfindung im Falle eines neuen innovativen Medikaments stellt den Preisfindungsprozess vor zusätzliche Schwierigkeiten, da es in der Regel noch kaum vergleichbare Wettbewerbspreise gibt.

Bis vor Kurzem wurde in der Pharmaindustrie die Preisfestsetzung für Arzneimittel noch intuitiv über eine kostenorientierte Preisgestaltung durchgeführt.[534] Ausgangsbasis sind bei dieser Methode die bekannten Stückkosten, die durch einen Aufschlag auf den gerade noch vom Markt akzeptierten Preis erhöht wurden.[535] Die Preisfindung war geprägt von Erfahrung und Intuition der in die Preisfindung involvierten Teammitglieder, primär bestehend aus Produktmanager, Marketing- und Vertriebsleiter und der Geschäftsführung. Geeignet ist dieser Ansatz lediglich für die langfristige Preisgestaltung, da die Vollkosten (fixe und variable Kosten) des Produkts die Preisuntergrenze darstellen sollten. Diese kostenorientierte Vorgehensweise ist aufgrund der zunehmenden Konzentration des Arzneimittelmarktes und der zunehmenden Regulierung der Gesundheitsmärkte sowie der gestiegenen Internationalisierung einem rationalen Verfahren gewichen.[536] Das Risiko bei diesem Ansatz ist, dass das Medikament am Markt „vorbeigepreist" wird und dass bei einem möglichen Absatzrückgang die Fixkosten steigen und die damit notwendige Preiserhöhung den Absatzrückgang weiter fördern würde.[537] Die Preisbestimmung in der heutigen Praxis ist ein komplexes Zusammenspiel zwischen Hersteller, Großhändler, Apotheker, Patient, Arzt, Krankenkassen und Gesetzgeber.[538] Zum Teil gibt es zwischen den Akteuren gleichlaufende, zum Teil aber auch widersprüchliche Interessen.

---

[534] Der kostenorientierten Preisgestaltung steht die marktorientierte Preisgestaltung gegenüber, die Konkurrenz- und Nachfrageaspekte berücksichtigt; keines der beiden Verfahren wird in der Praxis in reiner Form angewandt, sondern es werden beide Ansätze berücksichtigt, wobei im kostenorientierten Ansatz die Vollkosten als Preisuntergrenze herangezogen werden können.

[535] Vgl. Pirk (2008), S. 155.

[536] Vgl. Pirk (2008), S. 155.

[537] Vgl. Pirk (2008), S. 164.

[538] Vgl. Drabinski et al. (2008), S. 147.

Bei der Preisgestaltung sind daher folgende Überlegungen anzustellen bzw. müssen folgende Fragen beantwortet werden:[539]

- Existieren Konkurrenzprodukte, und zu welchen Preisen werden diese am Markt angeboten?
- Welche Produkteigenschaften unterscheiden die Konkurrenzprodukte vom eigenen Produkt oder alternativer Behandlungsmethoden?
- Welche Regularien gelten für die einzelnen Absatzländer?
- Welche Preisuntergrenze ist auf Basis der Herstell- und Vertriebskosten notwendig?
- Welche Marketingmaßnahmen werden zu welchen Zeitpunkten gesetzt?

Die Beantwortung dieser Fragen erfolgt in den nachfolgenden Kapiteln, im Zuge der Darstellung der besonderen Charakteristika des Pharmamarktes und des Pharmamarketings. Diese Spezifika sind für das Verständnis der Preisfestsetzung in diesem Markt wesentlich, wobei in dieser Arbeit auf eine ausführliche Diskussion der Pharmaindustrie verzichtet wird.[540] Besonders hervorzuheben im Zusammenhang mit dem Preis eines Arzneimittels sind hierbei die starke staatliche Regulierung des Marktes und die Distributionsstruktur von Medikamenten.

4.1.3.1.2.1 Einfluss der staatlichen Regulierung

Medikamentenpreise sind in allen Ländern mehr oder weniger stark administriert. Dadurch gestalten die Gesundheitsbehörden aktiv das Umfeld und die Marktbedingungen für Pharmazeutika. Hintergrund der staatlichen Regulierung ist die große Bedeutung der Gesundheit für eine Gesellschaft. Im Mittelpunkt der Regulierung stand bis Ende der Sechzigerjahre des 20. Jahrhunderts primär die Sicherheit, in den Siebzigerjahren kam die Wirksamkeit und seit Ende der Achtzigerjahre kommen auch pharmaökonomische Betrachtungen verstärkt hinzu.[541] Die Regulierung der Arzneimittelpreise ist für den Gesetzgeber interessant, da der Preis einen wesentlichen Einfluss auf die Gesundheitsbudgets ausübt.[542] Wenn allgemein von Medikamentenpreisen gesprochen wird, sind der Herstellerabgabepreis, der Großhandelspreis (Herstellerabgabepreis plus Vertriebsmarge) und der Apothekenpreis zu unterscheiden. Im Zuge der Prognose des Umsatzes eines Arzneimittelherstellers ist nur der Herstellerabgabepreis relevant. Der Herstellerabgabepreis ist auch die einzige Größe, die der Hersteller steuern kann.

Zwei wesentliche indirekte Preiseingriffe wurden in Deutschland seitens des Gesetzgebers durchgeführt. Dies sind die Festlegung eines Festbetragssystems für Arzneimittel, deren Patent abgelaufen ist, und die Einführung eines Höchstbetrags für neue Arzneimittel, wenn dieses in keine Festbetragsgruppe passt, es jedoch Vergleichstherapien gibt und gegenüber den etablierten Mitteln einen Mehrnutzen aufweist.[543] Durch die Festlegung von Preislimits werden in einem Festbetragssystem die maximal von den Krankenkassen zu erstattenden Kosten festgelegt. Der Festbetrag kann durch nationalen Preisvergleich vergleichbarer Arzneimittel oder

[539] Vgl. Kolassa (2002), S. 189.
[540] Für eine überblicksartige Darstellung der Pharmaindustrie vgl. Gehrig (1992), S. 19ff; Schöffski et al. (2008), S. 23ff; Keller (1995), S. 82ff.
[541] Vgl. Keller (1995), S. 92.
[542] Vgl. Drabinski et al. (2008), S. 43.
[543] Vgl. Pirk (2008), S. 155.

internationalen Preisvergleich vergleichbarer Arzneimittel oder durch Beobachtung des geringsten am Markt zu beobachtenden Preises gebildet werden. In der Regel werden innerhalb definierter Vergleichsgruppen einfache oder gewichtete Durchschnittspreise ermittelt.[544] Für Preise, die über dem Festbetrag liegen, muss der Patient durch Zahlung des Differenzbetrages aufkommen.[545] Die Höhe der Festbeträge wird durch die Spitzenverbände der Krankenkassen festgelegt und hat nach der Einführung zu einem gewissen Preiswettbewerb geführt, wodurch die Preise gegen die Festbeträge konvergieren.[546] 2006 unterlagen rund 69 % aller abgegebenen Arzneimittel (ca. 48 % des Umsatzes) dem Festbetragssystem und rund 93 % aller Festbetragsarzneien sind ohne Zuzahlung des Patienten erhältlich.[547] Im Falle von Zuzahlungen nimmt die Preiselastizität oberhalb des Festbetragssystems zu.

Für Arzneimittel, die sich nicht in eine Festbetragsgruppe einbeziehen lassen, wird in Deutschland durch die Krankenkassen ein Höchstbetrag festgelegt, bis zu dem die Krankenkassen die Kosten tragen. Der Höchstbetrag wird durch eine Kosten-Nutzen-Bewertung ermittelt, die vom Institut für Qualität und Wirtschaftlichkeit im Gesundheitswesen (IQWiG) durchgeführt wird. Diese Nutzenbewertung setzt voraus, dass es alternative Therapien gibt, da die Nutzenbewertung im Vergleich zu anderen Behandlungsformen durchgeführt werden soll. Unter therapeutischem Zusatznutzen versteht der Gesetzgeber eine Verbesserung des Gesundheitszustandes, eine Verkürzung der Krankheitsdauer, eine Verlängerung der Lebensdauer, eine Verringerung der Nebenwirkungen sowie eine Verbesserung der Lebensqualität.[548] Von den Höchstbeträgen ausgenommen sind Arzneimittel mit Alleinstellungscharakter und/oder erwiesener Kosteneffektivität.[549]

Neben dem Festbetrags- und Höchstbetragssystem existieren noch weitere zahlreiche Preisgestaltungsmechanismen, wie z. B. eine Bonus-Malus-Regelung für Ärzte, Herstellerabschläge für Arzneimittel, für die keine Festbeträge gelten, Rabatte zwischen Krankenkassen und Herstellern sowie die Festlegung der Apotheken- und Großhandelsmargen. Auf diese einzelnen Regelungen wird nicht näher eingegangen, jedoch sei auf die Spezialliteratur verwiesen.[550]

4.1.3.1.2.2 Einfluss der Distributionsstruktur

Ein zweites besonderes Charakteristikum des Arzneimittelmarktes ist die Distributionsstruktur der Medikamente, wobei auf diesem Markt sich teilweise diametrale Interessen der Akteure gegenüberstehen. In Deutschland verläuft die Distribution eines verschreibungspflichtigen Medikaments vom Hersteller über Großhändler zu den Apotheken und letztendlich auf Anordnung eines Arztes zum Patienten. Zwischen dem Herstellerabgabepreis und Patientenpreis liegen die Großhändler- und Apothekermarge, die unterschiedlich gesetzlich geregelt sind, sodass diese Margen auch den Herstellerabgabepreis beeinflussen. An dieser Stelle sollen keine weiteren Ausführungen betreffend der Ausgestaltung der Margen

---

544 Vgl. Drabinski et al. (2008), S. 13.
545 Im Falle der Zuzahlung durch den Patienten gelten geregelte Sätze, sodass bei Kosten des Medikaments von mehr als EUR 100 maximal EUR 10 zugezahlt werden müssen, weitere Ausnahmeregelungen bzgl. Alter und Einkommen gelten in Deutschland.
546 Vgl. Drabinski et al. (2008), S. 50.
547 Vgl. Drabinski et al. (2008), S. 50.
548 Vgl. Pirk (2008), S. 158.
549 Vgl. Drabinski et al. (2008), S. 51.
550 Vgl. Drabinski et al. (2008), S. 52.

erfolgen, da diese länderspezifisch geregelt sind.[551] Generell kann davon ausgegangen werden, dass in Staaten mit weniger liberalisierten und damit stärker regulierten Distributionsstrukturen, mit vielen Distributionsstufen und mit hohen Margen der Herstellerabgabepreis tendenziell niedriger angesetzt wird als in Ländern mit vergleichsweise liberalisierten Strukturen.[552]

4.1.3.1.2.3 Einfluss der Wettbewerbspreise

Der vorangehende Überblick über die Komplexität des Pharmamarktes mit den entsprechenden Preiswirkungen zeigt deutlich, dass das „Pricing" eines Medikaments eine schwierige Aufgabe sein kann, da jeder Preis vor dem Hintergrund der staatlichen Regularien, dem Nutzen des Patienten und des Gesundheitssystems, der Wettbewerbsprodukte und der Akzeptanz der Ärzte getestet werden muss. Der Preis muss niedrig genug sein, damit dieser im Zusammenhang mit dem Nutzen akzeptiert wird und sich das Produkt gegenüber den Wettbewerbsprodukten durchsetzt, und er muss hoch genug sein, damit die gesamten Entwicklungskosten und die Vollkosten der Herstellung mit einer entsprechenden Rendite verdient werden. In diesem Zusammenhang wird die Schwierigkeit der Preisfindung deutlich, sodass im nachfolgenden Abschnitt die Literatur im Zusammenhang mit der Preisfindung von neu einzuführenden Arzneimitteln analysiert wird, um aus den daraus gewonnenen empirischen Ergebnissen, Schlussfolgerungen für die Preisfindung und die Preisgestaltung über den gesamten Lebenszyklus abzuleiten. Die Preisgestaltung über den gesamten Produktlebenszyklus ist deshalb in Betracht zu ziehen, da der Preis zumindest bis zum Ende der Patentrestlaufzeit und für einige Jahre darüber hinaus zu prognostizieren ist.

Der kostenorientierte Ansatz und seine Nachteile wurden bereits oben kurz diskutiert. Der sich daraus ergebende Preis kann höchstens als langfristige Preisuntergrenze gesetzt werden. Der marktorientierte Ansatz zieht zur Preisfindung die Preise von bestehenden Anbietern als Vergleichsgröße heran und setzt, unter der Annahme eines preissensitiven Marktes, den Preis des eigenen Produkts unter jenen des Wettbewerbsprodukts. Die Analyse einiger vergangener Neuprodukteinführungen, die gegenüber dem bestehenden Wettbewerbsprodukt einen niedrigeren Preis zum Zeitpunkt der Markteinführung gesetzt haben, zeigt, dass diese Art der Preisfindung nicht zu einem schnellen Marktwachstum und damit verbunden zu einem höheren Marktanteil führt. Nachfolgende Tabelle verdeutlicht dies:[553]

[551] Einen detaillierten Überblick über die Preisbildung im internationalen Vergleich geben: Drabinski et al. (2008), S. 30.
[552] Vgl. Drabinski et al. (2008), S. 22.
[553] Vgl. Kolassa (2002), S. 213.

Tabelle 11: Marktanteil und Einführungspreis von Medikamenten

Datum der Einführung	Produkt	Marktanteil	Einführungspreis (USD)	Differenz	Wettbewerbsindex
4/94	Lescol	15,6%	1,02		
	Mevacor	29,7%	1,98	-48,5%	0,53
6/95	Univasc	0,4%	0,50		
	Vasotec	27,0%	1,00	-50,0%	0,01
6/95	Prevacid	3,4%	3,25		
	Prilosec	22,0%	3,63	-10,5%	0,15
2/94	Effexor	4,9%	2,00		
	Prozac	27,8%	2,09	-4,3%	0,18
1/95	Serzone	3,2%	1,66		
	Prozac	27,8%	2,16	-23,1%	0,12
1/95	Flonase	15,6%	38,88		
	Vancenase	28,8%	32,40	20,0%	0,54
6/94	Rhinocort	8,1%	27,00		
	Vancenase	28,8%	31,01	-12,9%	0,28

Quelle: Kolassa (2002), S. 213

Auf Basis dieser Stichprobe ist ersichtlich, dass niedrige Preise nicht automatisch zu einem höheren Erfolg, ausgedrückt im Marktanteil, führen. Umgekehrt ist es sogar so, dass die nur knapp unter den Wettbewerbsprodukten „gepreisten" Medikamente keinen Misserfolg erzielten und als Nachfolgerprodukt einen beachtlichen Marktanteil erreicht haben.[554] Daraus lässt sich schließen, dass die Art der Preisfindung, definiert als Abschlag von 10 bis 20 % unter dem Preis des Wettbewerbsprodukts, kein Garant für den Erfolg des Produkts ist.[555] Ein derartiger Preis kann, wie beim kostenorientierten Verfahren, lediglich als Richtwert betrachtet werden. Nützlich mag diese Methode sein, wenn sich beim therapeutischen Nutzenvergleich herausstellt, dass das eigene Produkt weniger oder gleich gut wie das Wettbewerbsprodukt ist, sodass dieses Verfahren, solange sich das Produkt noch im Stadium der Entwicklung befindet, einen guten Schätzwert für die frühe Prognose eines Preises gibt.

Ein weiteres Instrument der Preisfindung besteht in der Bestimmung der Preis-Absatz-Funktion von Wettbewerbsprodukten, die Rückschlüsse auf den eigenen Preis erlauben. Um diese Funktion zu ermitteln, müssen Preise und zugehörige Absatzmengen sowie weitere Größen, die Preis und Absatz beeinflussen, bestimmt werden. Aufgrund der in der Pharmaindustrie vorhandenen statistischen Datenbanken mit hoher Qualität lassen sich mit Hilfe ökonometrischer Regressionsverfahren Preis-Absatz-Funktionen ermitteln.[556] Die Bestimmung der Preis-Absatz-Funktion stößt bei der Preisfindung von neuen innovativen Medikamenten an ihre Grenzen, da zwei Randbedingungen berücksichtigt werden müssen. Erstens müssen die vorhandenen Daten Änderungen in den Preisen zeigen, da sich sonst keine

[554] Dies kann auch als empirischer Beweis für die untergeordnete Rolle des Preises bei der Verschreibungsentscheidung des Arztes und der niedrigen Preiselastizität der Nachfrage herangezogen werden.

[555] Der Preis ist nicht die alleinige Erklärungsvariable für den Marktanteil; die Stichprobe berücksichtigt nicht die therapeutische Effizienz bzw. die Markteintrittsfolge.

[556] Vgl. Pirk (2008), S. 167.

Preis-Absatz-Funktion ermitteln lässt, und zweitens können nur Daten von ähnlichen bzw. vergleichbaren Produkten herangezogen werden, da vom eigenen Medikament noch keine Daten vorliegen.[557] Damit eignet sich die Methode der Preisfindung über Preis-Absatz-Funktionen nur für Produkte, die bereits einige Jahre auf dem Markt sind, sowie für Nachahmerprodukte oder relativ identische Arzneimittel. Aufgrund der niedrigen Preiselastizität der Nachfrage bei Medikamenten, verläuft die Preis-Absatz-Funktion relativ steil und ist damit nur eingeschränkt anwendbar. Die Preis-Absatz-Funktion bei echten Innovationen liegt sogar nahe null.[558] Eine Untersuchung von Preis-Absatz-Funktionen in der pharmazeutischen Industrie kam zu folgenden generalisierenden Ergebnissen:[559]

- Mit zunehmendem Grad der Innovation eines Medikaments fällt die Preiselastizität.
- Etablierte Produkte besitzen ein quasikonstantes Preis-Absatz-Verhältnis in einer bestimmten Bandbreite.
- In pharmazeutischen Festbetragssystemen reagiert der Absatz eines Produkts in Nähe des Festbetrages auf Preisveränderungen gleichbleibend.
- Die Preiselastizität steigt aufgrund der zunehmenden Konkurrenzsituation durch Generika im Verlauf des pharmazeutischen Lebenszyklus.

Für den Markterfolg eines neuen Arzneimittels sind Neuigkeitsgrad, therapeutische Vorteile und effektive Verkaufsförderung für den Absatz und damit für den Markterfolg wesentlich entscheidender als der Preis. Da Preis-Absatz-Funktionen nur eingeschränkt verwendbar sind, werden Experten- oder Kundenbefragungen, die eine Schätzung des Preises innerhalb des durch regulatorische Rahmenbedingungen vorgegebenen Preiskorridors vornehmen, bevorzugt angewandt. In der Regel wird ein interdisziplinäres Team aus Marketing-, Vertriebs- und Finanzfachleuten in einem diskursiven Prozess den Preis so festlegen, dass unter den sonstigen gegebenen Rahmenbedingungen die Umsatzerlöse maximiert werden.

Da in dieser Arbeit die Preisfindung für ein innovatives Produkt hergeleitet werden soll, bleiben zwei Verfahren, die geeignet scheinen, einen Preis trotz der fehlenden historischen Daten zu ermitteln. Der Zusammenhang zwischen Wettbewerb, Produktattraktivität und Preisbildung kann dabei nicht hoch genug bewertet werden. Bei Neuprodukteinführungen sind die Wettbewerber und der therapeutische Nutzen die wesentlichsten preisbestimmenden Faktoren, wobei dieser sich immer innerhalb des regulatorisch vorgegebenen Preiskorridors bewegen muss.[560] Eine Methode wäre die Bestimmung des Preises über analoge Produkte (Analogiemethode) und eine weitere Methode wäre das Conjoint Measurement. Im ersten Fall wird der Preis anhand von den am Markt ähnlichen Produkten und im zweiten Fall durch eine strukturierte Expertenbefragung abgeleitet.

Bei der Analogiemethode liegt die Herausforderung einerseits im Auffinden möglichst vergleichbarer Produkte und andererseits in der Entwicklung eines theoretischen Konzepts, das es erlaubt, die ähnlichen Eigenschaften auf das neue Produkt zu übertragen. Der Vorteil bei diesem Ansatz ist, dass die Preisdaten der vergleichbaren Produkte als Schätzwert für das innovative neue Produkt herangezogen werden können. Als schwierig erweist sich dabei die Herstellung von Vergleichbarkeit, denn

---

557 Vgl. Schöffski et al. (2008), S. 167.
558 Vgl. Kucher (1995), S. 322.
559 Vgl. Hilleke (1995), S. 651ff.
560 Vgl. Reekie (1978), S. 223.

die Eigenschaften eines Medikaments müssen real vergleichbar sein, sodass eine möglichst strukturierte Vorgehensweise in der Bestimmung der Analogie notwendig ist. Eine strukturierte Vorgehensweise ist auch deshalb notwendig, um nicht den Eindruck zu erwecken, die Ermittlung der Vergleichbarkeit alleine auf die Intuition der einzelnen Personen zurückzuführen. Sie muss auch von Dritten nachvollziehbar sein.[561] Hintergrund der Analogiemethode ist, dass Konsumenten (in diesem Fall Ärzte bzw. Patienten) die einzelnen Produktattribute bewerten und diesen einen Nutzen zuordnen. Zur Ermittlung der Vergleichbarkeit kann die in Kapitel 4.1.3.1.1.3 diskutierte Produktattraktivität herangezogen werden. Denkbar ist aber auch, dass umwelt-, markt- und marketingspezifische Faktoren angewandt werden.[562] Aus den am besten vergleichbaren Produkten können die entsprechenden Preise bzw. eventuell auch Preis-Absatz-Funktionen ermittelt werden.

Die Methode des Conjoint Measurement bezieht Preis, Eigenschaften und den daraus wahrgenommenen Nutzen in eine strukturierte Befragung ein. Der Befragte wird nicht direkt zum Preis befragt, sondern mit verschiedenen Produktprofilen (vgl. Produktattraktivität), wovon der Preis eine Eigenschaft ist, konfrontiert. Diese Produktprofile werden vom Befragten nach seinen Präferenzen bewertet. Aus der in der Regel computergestützten Befragung lassen sich Präferenzen für verschiedene Eigenschaften ermitteln und daraus eine Präferenzfunktion ableiten. Damit lassen sich Aussagen über den Preis und die gewünschten Eigenschaften ableiten.[563]

Im Zusammenhang mit dem Preis existieren in der Literatur einige Artikel, die die Interaktion zwischen Preis, Wettbewerb, Produktqualität, Marketingmaßnahmen, Marktregulierung etc. analysieren. Im nachfolgenden Abschnitt werden die relevanten Ergebnisse der bestehenden Literatur zusammengefasst, um daraus Schlussfolgerungen für ein Prognosemodell abzuleiten. Die Interaktion der oben genannten Größen mit dem Preis wird über den gesamten Produktlebenszyklus betrachtet, wobei davon ausgegangen wird, dass bei der Markteinführung das neu entwickelte Medikament eine echte Innovation darstellt, danach sukzessive vergleichbare Medikamente auf den Markt kommen und am Ende der Patentlaufzeit Generika auf dem Markt angeboten werden. Damit ergeben sich hinsichtlich des Preiswettbewerbs drei zu unterscheidende Fälle: Wettbewerb zwischen dem Markenmedikament und anderen vergleichbaren Markenmedikamenten, Wettbewerb zwischen Markenmedikament und dem Generika und der Wettbewerb zwischen den Generikaprodukten. Ein möglicher Wettbewerb zwischen der Einnahme des Medikaments und einer alternativen Therapie (z. B. Physiotherapie) bleibt hier außer Betracht.

Für den Fall, dass ein hoch innovatives Medikament eingeführt wird, besteht für den Hersteller die Möglichkeit, den Preis relativ selbstständig festzusetzen, wodurch dieser durch die Monopolsituation die gesamte Monopolrente abschöpfen und einen Teil seiner Entwicklungskosten relativ rasch zurückverdienen kann. Bei innovativen Produkten wird der Hersteller in der Regel eine Skimming-Preis-Strategie verfolgen und versuchen, den Preis so hoch wie möglich anzusetzen.[564] In der Regel dauert die exklusive Vermarktungsphase ein bis sechs Jahre, danach kommt ein vergleichbares sogenanntes Me-too-Produkt auf den Markt.[565] Empirische Studien

561 Für eine Diskussion der Analogiemethode siehe Kapitel 3.2.2.4.

562 Vgl. Thomas (1985), S. 48.

563 Vgl. Kotler et al. (2008), S. 459; Backhaus (2006), S. 558.

564 Für Arzneimittel konnte diese Preisstrategie weitgehend bestätigt werden; vgl. Dean (1969), S. 178; Lu/Comanor (1998), S. 113ff.

565 Vgl. Congressional Budget Office (1998), S. 18.

zeigen, dass mit dem Eintritt von Me-too-Produkten sich die Wachstumsrate des Preises verlangsamt, wobei deren Aussagekraft lediglich tendenziellen Charakter besitzt.[566] Grenzen der Preisfestsetzung des innovativen Markenmedikaments sind etwaige staatliche Regularien oder pharmaökonomische Aspekte.

Im Falle der Einführung eines innovativen Medikaments, zu dem keine vergleichbaren Behandlungsmethoden existieren, und mit weitgehend selbstständiger Preisfestsetzung gilt, abgeleitet aus der allgemeinen ökonomischen Theorie, dass die Preiselastizität der Nachfrage bei nahe null liegt (unelastische Nachfrage). Anders ausgedrückt, existiert bei derartigen Medikamenten eine steile Preis-Absatz-Funktion.[567] Mit dem Eintritt der Me-too-Produkte steigt die Preissensitivität der Ärzte, da plötzlich vergleichbare Produkte existieren. Der Preis des innovativen Medikaments sollte sinken, sofern die Wettbewerber den Preis der eigenen Produkte unter dem des zuerst eingeführten Markenmedikaments setzen. In vielen Ländern wird dieser Effekt durch staatliche Eingriffe (Pflicht der Verschreibung des billigeren, aber vergleichbaren Medikaments) sogar noch verstärkt. In diesem Kontext wird der Zusammenhang zwischen der Produktqualität und dem Preis deutlich, der auch empirisch bestätigt wurde und deshalb noch detaillierter betrachtet wird.

So wurden für Arzneimittel, die zwischen 1978 und 1987 eingeführt wurden und von hoher therapeutischer Relevanz waren, auch relativ höhere Preise bei der Markteinführung festgestellt. Konkret wurden 130 Medikamente untersucht und in drei Kategorien (A: hohes therapeutisches Rating; B: mittleres therapeutisches Rating; C: niedrigeres therapeutisches Rating) eingeteilt. Dabei wurde ermittelt, dass die Kategorie A dreimal so hohe, die Kategorie B zweimal so hohe und die Kategorie C gleich hohe Markteinführungspreise im Vergleich zu den bestehenden Markenmedikamenten (nicht Generika) hatte.[568] Interessant hierbei ist, dass die Anzahl der bestehenden Substitutionsprodukte einen signifikanten und negativen Einfluss auf den Einführungspreis ausübt. Je höher die Anzahl der Substitutionsprodukte, desto niedriger der relative Einführungspreis.[569] Eine weitere generalisierende Aussage der Studie ist, dass Medikamente der Kategorie A weniger Wettbewerbsprodukten im Laufe ihres Produktlebenszyklus ausgesetzt sind als Medikamente der Kategorie B und C. So wurden innerhalb der Stichprobe in der Kategorie A jeweils ein Substitut, in der Kategorie B 2,63 und in der Kategorie C rund vier Substitutionsprodukte eingeführt. Die durchschnittliche Anzahl der Substitutionsprodukte nach acht Jahren betrug 0,67 bei A-Produkten, 2,05 bei B-Produkten und 1,8 bei C-Produkten.[570] Eine Betrachtung der Studie hinsichtlich der Preisänderungen vier, sechs und acht Jahre nach der Markteinführung des Medikaments zeigt nachfolgende Tabelle:

566 Vgl. Congressional Budget Office (1998), S. 13.
567 Vgl. Congressional Budget Office (1998), S. 20.
568 Vgl. Lu/Comanor (1998), S. 113; einschränkend muss erwähnt werden, dass die Standardabweichung relativ groß ist und die Aussage auf üblichem Signifikanzniveau statistisch nicht signifikant ist.
569 Vgl. Lu/Comanor (1998), S. 115.
570 Vgl. Lu/Comanor (1998), S. 113; vgl. auch FN 575.

Tabelle 12: Preisänderung nach Produktkategorie und Jahren für Medikamente

FDA Rating	4 Jahre Median	4 Jahre Mittelwert	4 Jahre Bandbreite	6 Jahre Median	6 Jahre Mittelwert	6 Jahre Bandbreite	8 Jahre Median	8 Jahre Mittelwert	8 Jahre Bandbreite
A	1,11	1,06	0,81 - 1,26	1,05	1,00	0,60 - 1,37	1,21	1,21	1,10 - 1,33
B	0,95	1,00	0,79 - 1,59	0,98	1,08	0,75 - 1,91	1,30	1,25	0,69 - 2,10
C	1,04	1,11	0,81 - 1,71	1,16	1,14	0,74 - 1,92	1,40	1,24	0,68 - 1,77

Quelle: Lu/Comanor (1998), S. 114; Preis bei Markteinführung ist 1,00

Unabhängig von einer Betrachtung auf Median- oder Mittelwertebene zeigt sich, dass inflationsbereinigt ein realer Preisanstieg der Arzneimittel über die Jahre erfolgt, obgleich innerhalb des Beobachtungszeitraums Me-too-Produkte eingeführt worden sind. Die hohe Bandbreite in den einzelnen Kategorien und Zeiträumen hängt mit der Anzahl der bis dato in den Markt eingeführten Produkte zusammen.[571] Der Preisanstieg ist umso geringer, je höher die Anzahl der über den Produktlebenszykus eingeführten Wettbewerbsprodukte ist.[572] Eine Erklärung, warum der Preisanstieg bei C-Produkten am höchsten ist, könnte sein, dass diese Produkte zu einem niedrigeren Preis eingeführt werden und, sobald diese weitgehend akzeptiert sind, die Preise schneller angehoben werden.[573] Die auf Basis der oben zitierten Studien gezeigten Preiseffekte während der Patentlaufzeit können zur Prognose der Preistendenzen herangezogen werden.

4.1.3.1.2.4 Einfluss von Generika

Es bleibt nun noch das Preisverhalten in der dritten Phase des Produktlebenszyklus zu klären und eine Antwort auf die Preisänderungen nach Ablauf der Patentlaufzeit zu geben. Gemäß der ökonomischen Oligopoltheorie würde der Eintritt des ersten Generikas den größten Effekt ausüben und der Preis würde sich den Grenzkosten nähern. Zum Preisverhalten bei Eintritt von Generika existieren einige empirische Studien, die nachfolgend diskutiert werden. Vorab kann festgehalten werden, dass interessanterweise mit dem Eintritt von Generika nur ein geringer Preiseffekt auf das Markenmedikament verbunden ist, was durchaus als Besonderheit dieser Industrie zu verstehen ist.

Eine Studie von Caves, Whinston und Hurwitz mit 30 Medikamenten für den Zeitraum zwischen 1976 und 1987 untersuchte die Preisänderungen des Originalpräparates nach Eintritt von Generika und stellte fest, dass mit Eintritt des ersten Generikas der Preis des innovativen Markenmedikaments um ca. 2 % fiel. Mit Eintritt des fünften Generikawettbewerbers betrug der Preisrückgang 8,5 % und mit dem zehnten Generikaanbieter betrug der Preisrückgang 15 % bzw. 22 % beim zwanzigsten Anbieter.[574] Festzuhalten ist in diesem Zusammenhang, dass es vor Patentablauf tendenziell zu Preiserhöhungen bei den Originalpräparaten kommt.

[571] Bei Medikamenten für chronische Erkrankungen ergibt sich ein Preisrückgang für A-Produkte, ein moderater Preisanstieg für B-Produkte und ein starker Preisanstieg (rund 60 % nach acht Jahren) für C-Produkte.

[572] Vgl. Lu/Comanor (1998), S. 116.

[573] Vgl. Congressional Budget Office (1998), S. 21.

[574] Vgl. Caves et al. (1991), S. 28.

Durchschnittlich wurden zwischen 3,8 und 5,8 Generikaprodukte nach zwei bis sieben Jahren nach Patentablauf auf dem Markt gebracht.[575]

Für 18 innovative Markenmedikamente, die zwischen 1983 und 1987 mit dem Eintritt von Generika konfrontiert waren, haben Grabowski und Vernon festgestellt, dass der Preisanstieg des Originalpräparates im ersten Jahr rund 7 % und im zweiten Jahr weitere rund 4 % betrug.[576] Zur gleichen Zeit fielen die Generikapreise im ersten Jahr auf 78 % des Markteinführungspreises und im zweiten Jahr auf 65 %. Das durchschnittliche Preisverhältnis zwischen Generikapreis und Originalpreis betrug bei Markteinführung 0,61, ein Jahr nach Markteinführung 0,46 und zwei Jahre nach Markteinführung 0,37. Der Marktanteil der Generika betrug bei durchschnittlich 17 Generikapräparaten im ersten Jahr 35 %, im zweiten Jahr bei durchschnittlich 25 Generikapräparaten 49 %. Weiters existiert eine signifikante negative Beziehung zwischen der Anzahl der Generikaanbieter und dem Durchschnittspreis über alle Generikapräparate. Der Effekt der Generika auf die Preise des Originalpräparates ist nicht signifikant. Es gibt keine Hinweise, dass die Originalanbieter eine nominelle Preisreduktion vorgenommen hätten.

Die Studie von Wiggins und Maness kommt bei der Untersuchung von 98 entzündungshemmenden Arzneimitteln im Zeitraum 1984–1990 zum Ergebnis, dass bei Eintritt von Generika die Preise der Originalpräparate sinken, wobei die Aussage statistisch signifikant bei einem Konfidenzintervall von 10 % ist.[577] Als Begründung für dieses abweichende Ergebnis gegenüber früheren Studien geben die Autoren die Stichprobengröße und andere den Preis beeinflussende Effekte dieser besonderen therapeutischen Klasse an.

Zwischen 1984 und 1987 wurden 32 Arzneimittel von Frank und Salkever hinsichtlich der Preisänderungen der Originialpräparate bei Eintritt von Generikaprodukten untersucht.[578] Es zeigt sich, dass der Preis des Originalprodukts in den Jahren nach Eintritt des Generikas kontinuierlich steigt und fünf Jahre später um rund 50 % höher ist,[579] während der Preis der Generika stark fällt und nach drei Jahren nur mehr 50 % des Preises vom Originalpräparat beträgt. Mit der Anzahl der Generikaanbieter sinkt das Preisverhältnis Generika zu Originalprodukt ebenfalls, wenn auch nicht stetig monoton. In dem von den Autoren gewählten Modell zeigt sich, dass der Eintritt von Generika in den Markt den Preis des Originalprodukts tendenziell erhöht und nicht zu einer Preissenkung führt.[580] Auch wenn die Autoren darauf hinweisen, dass die Ergebnisse mit Vorsicht zu interpretieren sind, quantifizieren sie den Effekt der Preiserhöhung mit rund einem Prozentpunkt pro zusätzlichem Generikaprodukt. Gleichzeitig zeigt die Analyse, dass der Marktanteil der Generika zwischen 40 und 50 % beträgt.

Eine Untersuchung von 21 innovativen Markenmedikamenten, die zwischen 1991 und 1993 dem Wettbewerb aufgrund von Generika ausgesetzt waren, zeigt, dass die Generika bereits im ersten Jahr durchschnittlich rund 44 % des gesamten

575 Vgl. Caves et al. (1991), S. 19; im Vergleich zur oben zitierten Studie (FN 570) erklärt sich die höhere Anzahl von Generikaanbietern aufgrund der Einführung des Hatch-Waxman Acts in den USA 1984, wodurch der Generikawettbewerb gefördert wurde. Details zum Hatch-Waxman Act siehe Grabowski (2007), S. 153ff.

576 Vgl. Grabowski/Vernon (1992), S. 335.

577 Vgl. Wiggins/Maness (1994), S. 242ff.

578 Vgl. Frank/Salkever (1997), S. 80ff.

579 Dieses Ergebnis unterstützt die Studie von Grabowski und Vernon, siehe FN 575.

580 Vgl. Frank/Salkever (1997), S. 89.

Verschreibungsumsatzes erzielten und um rund 25 % billiger waren.[581] Nur bei zwei Medikamenten erfolgte der Eintritt der Generika mehr als ein Jahr nach Ablauf der Patentlaufzeit. Die meisten Generika kamen innerhalb von weniger als drei Monaten nach Ablauf der Patentlaufzeit auf den Markt. Zwei weitere Studien mit 11 bzw. 35 Medikamenten zeigen, dass mit dem Ablauf der Patentlaufzeit und dem Eintritt von Generika eine Reduktion des Marktanteils des innovativen Markenmedikaments zwischen 38 und 50 % bzw. 43 % verbunden ist.[582] Hinsichtlich der Preisänderung des Originalpräparates bei Eintritt von Generika zeigt die CBO-Studie, dass bei den untersuchten 34 Medikamenten, die 1991 erstmalig einem Wettbewerb mit Generika ausgesetzt waren, der durchschnittliche Preis zwischen 1991 und 1994 um rund 22 % stieg.[583]

Auch die jüngste Untersuchung für den Zeitraum 1995 – 2005 zeigt den signifikanten negativen Einfluss der Generika auf die Umsätze bestehender innovativer Medikamente und bestätigt weitgehend die Aussagen in den oben zitierten Studien.[584]

Zusammenfassend kann trotz methodologischen und sonstigen modellimmanenten Restriktionen der oben diskutierten Literatur generalisierend festgehalten werden:

1. Kommerziell interessante Produkte sehen sich einer höheren Anzahl von Generikawettbewerbern ausgesetzt.
2. Es existiert ein starker positiver Zusammenhang zwischen der Höhe der Umsatzerlöse eines patentgeschützten Arzneimittels, der Anzahl der Generikawettbewerber und der Intensität des Preiswettbewerbs zwischen den Generikaherstellern.
3. Je höher die Anzahl der eintretenden Generikaanbieter und der damit verbundene Preiswettbewerb ist, desto schneller verliert das Markenmedikament an Marktanteil.

Quantifiziert stellen sich die oben dargestellten Ergebnisse in einer Studie von Saha et al. auf Basis einer repräsentativen Stichprobe von 40 verschreibungspflichtigen Arzneimitteln in den Neunzigerjahren wie folgt dar:

Im Durchschnitt existieren zwölf Monate nach Ablauf der Patentlaufzeit acht Generikaanbieter, der Durchschnittspreis nach diesem Zeitraum beträgt rund 50 % des Markenprodukts. Die Anzahl der Generikamitbewerber und die Marktanteile der Mitbewerber steigen kontinuierlich über die Zeit. Eine Schlüsselgröße zur Beurteilung der Geschwindigkeit, mit der die Mitbewerber auf den Markt drängen und die Preise fallen, ist die absolute Höhe des Umsatzes des Markenmedikaments vor Ablauf des Patents.[585]

---

581 Vgl. CBO (1998), S. 28.
582 Vgl. Office of Technology Assessment (February 1993), S. 297.
583 Vgl. CBO Studie (1998), S. 31.
584 Vgl. Grabowski/Kyle (2007), S. 491
585 Vgl. Saha et al. (2006), S. 15ff.

Abbildung 22: Durchschnittliche Anzahl der Generikaanbieter

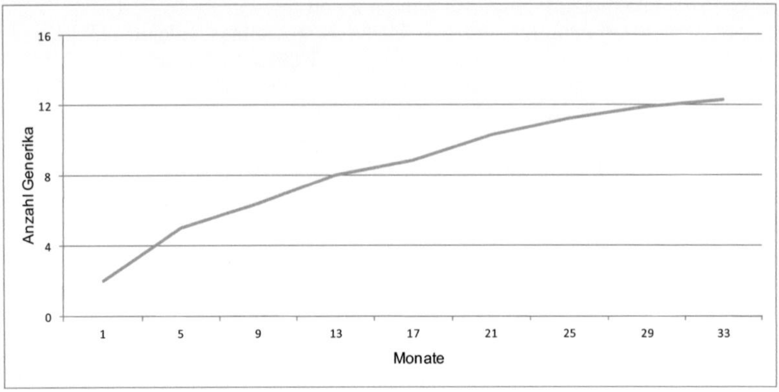

Quelle: Grabowski (2007), S. 153ff

Abbildung 23: Durchschnittliches Preisverhältnis von Markenmedikament zu Generika

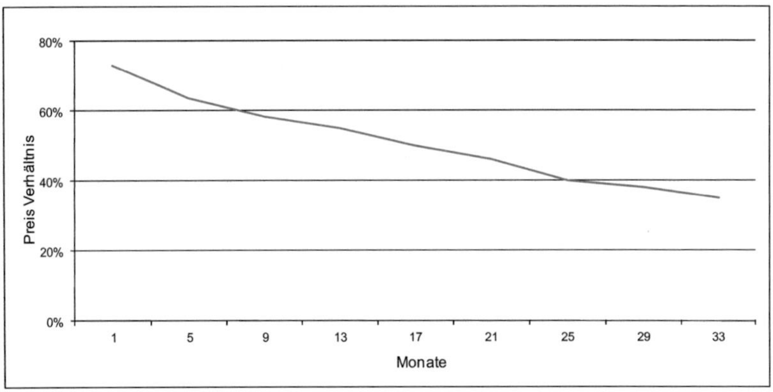

Quelle: Grabowski (2007), S. 153ff

Grabowski untersuchte hierzu die Geschwindigkeit des Markteintrittes und die Veränderung des Marktanteils von drei Medikamenten. Es zeigte sich, dass innerhalb von wenigen Monaten nach Markteintritt, die Generika zwischen 60 und 80 % des Marktanteils erobert hatten.[586]

[586] Vgl. Grabowski (2007), S. 153ff.

Abbildung 24: Marktanteil der Generikaanbieter

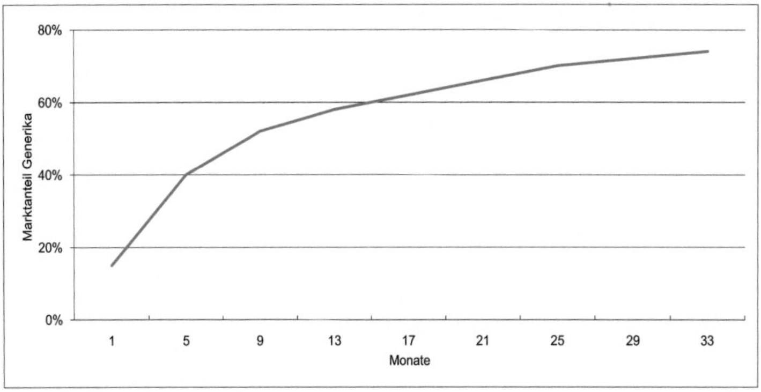

Quelle: Grabowski (2007), S. 153ff

Beim Auftritt eines Generikaanbieters auf dem Markt kommt es, wie gezeigt, zu einem starken Rückgang des Marktanteils, aber die Preise der Originalpräparate steigen kontinuierlich weiter. Stärke und Richtung des Einflusses des Generikawettbewerbs auf die Preisänderung sind empirisch nicht eindeutig belegt, sodass hier noch Forschungsbedarf besteht.[587] Auch wenn die Ergebnisse uneinheitlich sind und die Studien nur geringe empirische Evidenz zeigen, können die qualitativen Aussagen oder Tendenzen in tabellarischer Form wie folgt zusammengefasst werden.

Größe	Effekt
Preis Originalpräparat	↗
Preis Generika	↘
Marktanteil Originalpräparat	↘
Marktanteil Generika	↗
Anzahl Generika	↗

Steigende Preise des Originalpräparates können auch unter Heranziehung der ökonomischen Theorie erklärt werden. Für den Originalanbieter ist es sinnvoller, den Preis zumindest so lange gleich zu lassen, solange der Rückgang des Umsatzes aus dem höheren Preis und der niedrigeren Menge geringer ist als der Umsatzentgang aus einem niedriger gesetzten Preis und der niedrigeren Menge, auch wenn gemäß der Preis-Absatz-Funktion der Mengenrückgang geringer ausfällt. Anders gesagt, es ist für den Originalhersteller besser, den Preis hoch zu halten, da aufgrund von Markenloyalität und möglichen Kosten eines Wechsels des Medikaments bei bestehenden Patienten der rückläufige Marktanteil noch immer den Gewinn maximiert.

[587] Vgl. Grabowski (2007), S. 160.

In den USA, wo die Preise weitgehend nicht reguliert sind, ist der durchschnittliche Preis eines Generikums, das auf den Markt kommt, rund 25 % niedriger als jener des Markenmedikaments, der Eintrittspreis des Generikums fällt beim Eintritt weiterer Generika auf ein Fünftel des ursprünglichen Markteinführungspreises.[588] Eine Untersuchung von 30 Medikamenten im Zeitraum von 1978 bis 1987 hat sogar nachgewiesen, dass der Preis des ersten Generikums rund 60 % des Originalpräparates beträgt und der Preis mit dem Eintritt weiterer Generika auf bis zu 20 % (bei 20 vergleichbaren Generikaprodukten) sinkt.[589] Ursache dieses Preiswettbewerbs ist primär die größere Vergleichbarkeit der Medikamente, wobei dies als Hinweis auf den fehlenden therapeutischen Vorteil interpretiert werden kann. Der Ablauf der Patentlaufzeit und der Eintritt von Generika auf den Markt verursachen kaum einen Preiswettbewerb zwischen dem Markenmedikament und dem Generika, und empirische Studien haben festgestellt, dass der Preis des Markenmedikaments real sogar steigt.

Zusammenfassung

Die erstmalige Setzung des Absatzpreises bei Medikamenten ist aufgrund der regulatorischen Rahmenbedingungen eingeschränkt, wobei die Flexibilität der Preissetzung sich mit dem Innovationsgrad des Medikaments erhöht. Preissteigerungen während der Marktphase sind in geringem Ausmaß üblich, wobei weniger innovative Medikamente höhere Preissteigerungen zeigen. Der Eintritt von Generika hat primär einen Einfluss auf die Absatzmenge, da die Preise der innovativen Medikamente weitgehend gleich bleiben.

4.1.3.2 Marketing & Vertrieb

Marketing und Vertrieb sind im pharmazeutischen Markt die wesentlichsten Funktionen und gleichzeitig auch die wesentlichsten Kostenpositionen. Im Durchschnitt werden rund 25–30 % der Umsätze für Marketing ausgegeben.[590] In absoluten Zahlen werden jedes Jahr rund 11 Mrd. USD von amerikanischen Unternehmen der pharmazeutischen Industrie für Marketing ausgegeben.[591] Die Zahlen zeigen eindrucksvoll, welche Bedeutung dem Marketing in der Industrie zukommt. Die hohe Bedeutung bedingt eine eingehendere Analyse des Pharmamarketings inkl. der Spezifika, und es müssen vor dem Hintergrund eines jungen Biotechnologieunternehmens und der Produkteinführung eines verschreibungspflichtigen innovativen Medikaments die entsprechenden Marketingmaßnahmen mit den jeweiligen Instrumenten herausgearbeitet werden. Da zur Berechnung der Profitabilität des F&E-Projektes die Cash Flows über die gesamte Lebensdauer abgeschätzt werden müssen, ist es notwendig, die entsprechenden Marketingmaßnahmen in den einzelnen Produktlebenszyklusphasen zu kennen. Die jeweilige Produktlebenszyklusphase bestimmt die Marketingaktivitäten und die damit verbundenen Kosten. In diesem Zusammenhang werden in diesem Abschnitt auch die Wirkungen der einzelnen Maßnahmen auf den Produktabsatz dargestellt. Die in den nachfolgenden Kapiteln analysierte Literatur und die daraus resultierenden

---

588 Vgl. Kanavos et al. (2008), S. 505.
589 Vgl. Caves et al. (1991), S. 35.
590 Vgl. Spiller/Wymer (2002), S. 15.
591 Vgl. Wazana (2000), S. 373.

Schlussfolgerungen sollen zur Operationalisierung der Zusammenhänge zwischen dem Umsatz und den einzelnen Marketinginstrumenten im Prognosemodell herangezogen werden.

Wie bereits in den einzelnen Kapiteln (vgl. Kapitel 2.2.1) erwähnt, können über den gesamten Lebenszyklus eines Medikaments folgende Phasen unterschieden werden. Die Forschungs- und Entwicklungsphase mit den Teilphasen (Präklinik, Klinische Phase, I, II, und III) und die Vermarktungsphase mit dem aus den Konsumgütern bekannten Teilphasen Einführung, Wachstum, Reife und Degenertion. Von der Entdeckung des Moleküls bis hin zur Degenerationsphase des Arzneimittels können zwischen 20 und 25 Jahre vergehen. Um die Profitabilität des Entwicklungsprojektes anhand der zukünftigen Cash Flow Rückflüsse zu beurteilen, bedarf es der Betrachtung des gesamten Lebenszyklus des Projektes. Über den gesamten Lebenszyklus müssen bereits in der Entwicklungsphase neben den zu erwartenden Umsätzen und Entwicklungskosten auch die Kosten der Herstellung und Vermarktung prognostiziert werden. Diese Langfristigkeit ist die große Herausforderung für den Prognoseersteller. Die Profitabilitätsfrage ist auch nach Abschluss jeder einzelnen klinischen Phase vor dem Hintergrund der erreichten Studienergebnisse und der daraus abgeleiteten Produktattraktivität aufs Neue zu beantworten, um eine Entscheidungsgrundlage für die Projektfortführung bzw. den Projektabbruch zu haben. Es bedarf einer engen Abstimmung zwischen der F&E-Abteilung und der Marketingabteilung, um die diagnostischen, therapeutischen und medizinisch-technischen Eigenschaften aus der Entwicklung mit Trends und Prognosen bezüglich Epidemiologie und Markt zu verbinden.[592] In Verbindung zwischen F&E-Kosten und den auf Basis der Marktdaten geschätzten Umsätzen kann auch die Frage beantwortet werden, ob eine Verlängerung der Vermarktungsphase des Arzneimittels (Zeitraum zwischen Marktzulassung und Ende Patentlaufzeit) bzw. eine Verkürzung der F&E-Phase das gesamte Projekt profitabel werden lässt. Damit erfolgt die Einführung der Zeit als Erfolgsfaktor, der auf die Höhe der Profitabilität entscheidenden Einfluss nehmen kann. Zusätzlich sollte das Modell in der Lage sein, Auskunft geben zu können, ob eine Erhöhung der Marketingmaßnahmen eine schnellere Diffusion und damit eine längere Vermarktungsphase auf hohem Niveau bringt.

Der wesentlichste Unterschied zwischen Arzneimittel- und Konsumgütermarketing ist der stark regulierende Eingriff staatlicher Institutionen auf die Instrumente des Marketingmixes und der Entwicklung.[593] Die Behörden haben Einfluss auf die Einführung von Neuprodukten (Zulassungsverfahren und Testergebnisse), die Bestimmung des Preises des Medikaments (Kostenerstattung, Höchstpreise, Großhändlermarge), die Vertriebsstruktur und die möglichen Werbemaßnahmen.[594] Dieser Umstand bedingt, dass auch die Behörden in die Marketingüberlegungen einzubeziehen sind.

592 Vgl. Schöffski et al. (2008), S. 236.

593 Vgl. Solbach (2000), S. 29ff; Bhall et al. (2004), S. 370.

594 Vgl. Solbach (2000), S. 29ff; Douglas (2002), S. 79; Mortanges de et al. (1997), S. 566; Hintergrund der staatlichen Regulierung ist einerseits die Tatsache, dass der Staat zum größten Teil die Kosten für die Behandlung übernimmt und andererseits Arzneimittel in der Anwendung beim Patienten ein Sicherheitsrisiko darstellen.

Als weitere Besonderheiten im Arzneimittelmarketing, insbesondere im Hinblick auf die Werbestrategien, sind zu nennen:[595]

- Die „Käufer“ des Arzneimittels sind von den „Konsumenten“ des Arzneimittels zu unterscheiden, da der Arzt das verschreibungspflichtige Medikament verordnet („kauft“) und der Patient das Medikament „konsumiert“.
- Die Zielgruppe (Arzt und Apotheker) für die Marketingmaßnahmen ist genau abgrenzbar. Damit kann eine klare Differenzierung zwischen einzelnen Zielgruppen vorgenommen werden und das Relationship-Marketing gewinnt an Bedeutung.
- Der Arzt ist ein langfristiger Kunde, sodass das Marketing auch Aspekte wie Vertrauensaufbau mit einbeziehen muss. Somit ist institutionelles Marketing, welches das Image der Firma hervorhebt, von größerer Bedeutung als im Konsum-, Investitions- oder Dienstleistungsmarketing.
- Mit Ausnahme der USA und Neuseeland darf für verschreibungspflichtige Medikamente keine Werbung an den Endkonsumenten (= Patient) gerichtet sein.
- Das Produkt ist äußerst komplex und bedarf einer umfangreichen Erklärung, Zwischen Werbung und wissenschaftlicher Kommunikation sind die Grenzen fließend. Die Werbung hat informativen und persuasiven Charakter, wobei die Informationsorientierung im Vordergrund steht.[596]
- Bei den Ärzten und Apothekern handelt es sich um weitgehend rationale Entscheider, sodass Werbebotschaften, die mit Emotionen arbeiten, eher in den Hintergrund rücken.
- Die Anwendung der Marketinginstrumente (Muster, Inserate in Fachzeitschriften, E-Mail, Kongresse etc.) und deren Wirksamkeit sind abhängig von der jeweiligen Produktlebensphase.
- Arzneimittelmarketing kommuniziert gute und schlechte Eigenschaften (Nebenwirkungen) des Medikaments.

Das aus dem Konsumgütermarketing bekannte 4-P-Konzept kann auch auf das Arzneimittelmarketing angewendet werden, wird jedoch in der Literatur um drei zusätzliche Ps, Patient, Prescriber (der das Medikament verschreibende Arzt) und Positioning (Positionierung gegenüber den Wettbewerbsprodukten) erweitert.[597]

Diese drei zusätzlichen Ps sind zwar keine eigenen Instrumente, stellen jedoch ebenfalls zentrale Elemente des Pharmamarketings dar.[598] In den nachfolgenden Kapiteln erfolgt, nach einer kurzen Beschreibung der sieben Ps, eine ausführliche Diskussion der Maßnahmen innerhalb der Kommunikationspolitik (Promotion), da dieses Instrument einen wesentlichen Einfluss auf den Absatz des Arzneimittels hat. Darüber hinaus stellt die „Promotion“ einen wesentlichen Kostentreiber dar und bedarf im Rahmen der Prognose einer gesonderten Betrachtung.

---

595 Vgl. Smith (2002b), S. 272f; Solbach (2000), S. 42ff; für eine zusammenfassende Übersicht siehe auch S. 55; Mortanges de et al. (1997), S. 563.

596 Vgl. Gehrig (1992), S. 187f; Solbach (2000), S. 54; gemäß der Untersuchung von Creyer/Hrsistodoulakis (1998), ist vielen Ärzten die Informationsorientierung noch zu gering.

597 Vgl. Meffert (1998), S. 37f; Schöffski et al. (2008), S. 234; zur Umsetzung von Marketingstrategien kommen die vier klassischen Instrumente des Marketing-Mixes, die Produktpolitik (product), die Preispolitik (price), die Distributionspolitik (place) und die Kommunikationspolitik (promotion) zur Anwendung.

598 Vgl. Solbach (2000), S. 59.

4.1.3.2.1 Produktpolitik

Die durch das Produkt bedingten Einflussgrößen wurden bereits in Kapitel 4.1.3.1.1.3 diskutiert. Hinzugefügt sei jedoch, dass die Produkteigenschaften durch die Ergebnisse der Forschung und Entwicklung in der Regel vorgegeben sind, sodass bezüglich der Produktgestaltung der Einfluss seitens des Marketings beschränkt ist.[599] Während im Konsumgütermarketing die Marke und die Verpackung oftmals mit dem Produkt eng verbunden sind und dadurch ein zusätzlicher Produktnutzen generiert wird, ist dieser Aspekt im Arzneimittelmarketing wenig bedeutend, da das Produkt primär mit der Wirksamkeit bzw. den Nebenwirkungen in Verbindung gebracht wird. Ansatzpunkte zur Erhöhung der Produktleistung stellen Indikationserweiterungen, die Entwicklung verschiedener Wirkstärken und innovative Darreichungsformen dar.[600] Eine klare Marketingaufgabe wäre, dass Produkt nach der Markteinführung stark im Markt zu positionieren, wodurch auch nach Ende der Patentablaufzeit der Arzt das teure Arzneimittel (das Markenprodukt) statt mögliche Generika verschreibt. Damit könnte die Lebensdauer des Arzneimittels verlängert und die Profitabilität erhöht werden.

4.1.3.2.2 Preispolitik

Die Preispolitik als Marketinginstrument bei Arzneimitteln einzusetzen, ist aufgrund der Tatsache, dass der Preis in den Industriestaaten mehr oder wenig stark durch die Gesundheitsbehörden administriert wird, nur sehr eingeschränkt möglich. Pharmapreise sind primär von den gesetzlichen Rahmenbedingungen, dem Innovationsgrad und der Patentsituation sowie der internationalen Transparenz beeinflusst.[601] Die kosten-, nachfrage- und wettbewerbsorientierten Preisbildungsmethoden kommen aufgrund der staatlichen Regulierung nur insofern zur Anwendung, als dies durch regulatorische Einflüsse nicht reglementiert ist. Vielmehr muss der Preis im Verhältnis zur Produktleistung so gestaltet sein, dass daraus für Patient und Kostenträger ein positiver Nutzen resultiert. Tatsächlich ist es so, dass ein höherer Preis für ein neues innovatives Medikament in der Regel auch einen höheren Produktnutzen impliziert.[602]

In Kapitel 4.1.3.1.2 wurde dargelegt, dass entsprechend den regulatorischen Rahmenbedingungen, pro Land ein maximal möglicher Preis für das innovative Arzneimittel festgesetzt (Skimming-Preis-Strategie) wird. Diese Skimming-Preis-Strategie weist einige Vorteile auf:[603]

- Hohe Gewinne zu Beginn des Produktlebenszyklus und damit schnellere Amortisation der hohen F&E-Kosten.
- Keine späteren Preiserhöhungen nötig, die aufgrund der einzelnen nationalen Regelungen oftmals nur schwer durchsetzbar sind.
- Preissenkungen möglich, wenn ein besseres Konkurrenzprodukt auf dem Markt platziert wird.
- Höherer preispolitischer Spielraum nach Ablauf der Patentlaufzeit.

---

599 Vgl. Keller (1995), S. 118.
600 Vgl. Gehrig (1992), S. 101.
601 Vgl. Gehrig (1992), S. 100.
602 Vgl. Comanor/Schweitzer (2007), S. 361
603 Vgl. Keller (1995), S. 124.

- Aufgrund der Referenzpreissysteme in manchen Ländern wird automatisch auch in diesen Ländern ein hoher Preis eingeführt.

4.1.3.2.3 Distributionspolitik

Um die Patienten rasch mit dem benötigten Medikament versorgen zu können, bedarf es einer entsprechenden Distributionsstruktur. Damit kommt der Distributionspolitik eine wichtige Rolle zu, denn der Nutzen für den Patienten besteht darin, dass ihm das richtige Arzneimittel zur richtigen Zeit und in der richtigen Dosierung und Menge zur Verfügung steht.[604] Unter Distributionspolitik werden die Entscheidungen und Handlungen im Zusammenhang mit der Verteilung des Arzneimittels vom Hersteller über Zwischenhändler an die Patienten verstanden. Den Absatzwegen sind aufgrund der starken Regulierung des Marktes für verschreibungspflichtige Medikamente enge Grenzen gesetzt, da die Gesundheitsbehörden die Distributionskanäle festlegen.[605] Einen Überblick über die in der Regel gebräuchlichsten Distributionskanäle liefert die Abbildung 25.

Rund drei Viertel der Arzneimittel werden über die Großhändler in den Markt gebracht.[606] In der Regel liefert der Hersteller oder Importeur seine Arzneimittel an den Großhandel, der die Sortiments-, Lager- und Lieferungsfunktion übernimmt. Teilweise werden die Krankenhäuser auch direkt vom Hersteller beliefert. Der Großhändler liefert dann an die Ärzte, die das Medikament dem Patienten gleich mitgeben, oder an die Apotheken, von denen der Patient das Medikament mit dem Nachweis der Verschreibung seitens des Arztes abholt. In manchen europäischen Ländern werden teilweise auch die Apotheken direkt beliefert, in Großbritannien und Irland beziehen die Ärzte auch direkt von den Herstellern die Medikamente.[607]

Abbildung 25: Distributionskanäle verschreibungspflichtiger Arzneimittel

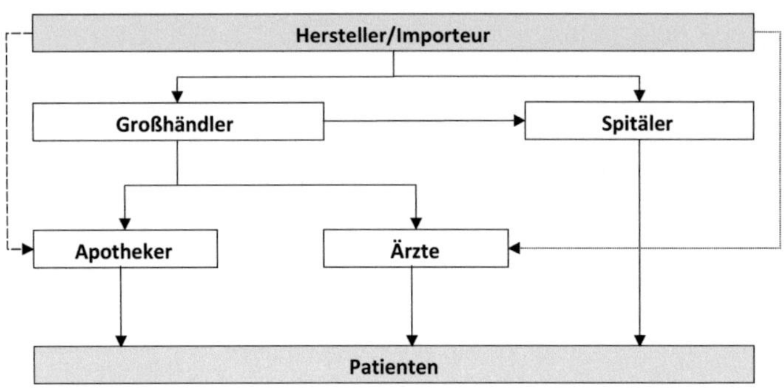

Quelle: Solbach (2000), S. 28

Grundsätzlich unterscheidet sich die Absatzlogistik, abgesehen von den strengen gesetzlichen Bestimmungen, wenig von jener bei Konsumgütern, sodass auf die

[604] Vgl. Siecker (2002), S. 219.
[605] Vgl. Solbach (2000), S. 29ff.
[606] Vgl. Lobb/Shah (2002), S. 92.
[607] Vgl. Schneider (1993), S. 60.

Thematik der Distribution nicht weiter eingegangen wird. Überdies ist das Distributionssystem vorgegeben und kann vom Unternehmen nicht beeinflusst werden. Auf die Prognose der Cash Flows übt die Distributionslogistik nur insofern Einfluss aus, als die Händlermargen und Rabatte den Preis beeinflussen. Wesentlich ist jedoch der Herstellerabgabepreis, denn alle anderen Bestandteile leiten sich zwangläufig davon ab.

4.1.3.2.4 Patient, Arzt und Positionierung

Der Patient ist jene Person, dem das Arzneimittel zugutekommt und „konsumiert", jedoch kaum einen Einfluss auf die Auswahl des Präparates hat, da dieses vom Arzt verordnet wird. Eine Einflussmöglichkeit des Patienten auf den therapeutischen und ökonomischen Erfolg des Präparates ergibt sich über die Compliance. Durch geeignete Maßnahmen, die jedoch wieder primär auf den Arzt abzielen, kann versucht werden, den Patienten zu einer höheren Compliance zu bewegen. Mit Ausnahme der USA und Neuseeland ist es den Herstellern verschreibungspflichtiger Medikamente verboten, mit den Patienten in Form von Werbung zu kommunizieren.[608] Einflussmöglichkeiten auf den Patienten ergeben sich in diesen Staaten in Form des sogenannten DTCA (direct-to-consumer advertising), jedoch sind hinsichtlich der Werbebotschaften nach wie vor genaue Regelungen einzuhalten. Ziel des DTCA ist es, bei den Patienten ein Problembewusstsein für bestimmte Krankheiten zu schaffen, sodass der Arzt aufgesucht wird.

Hauptziel der Promotionaktivitäten ist der „Prescriber" bzw. der Arzt. Sämtliche kommunikationspolitischen Aktivitäten konzentrieren sich auf die zu verschreibende Ärzteschaft bzw. die Apotheker, da diese vom innovativen Arzneimittel überzeugt werden müssen. Aufgrund der Komplexität des Produkts bedarf es auch der sachlichen Aufklärung hinsichtlich Anwendung, Wirkung und Nebenwirkungen des Produkts. Patient und Prescriber (Arzt) werden neben den anderen am Gesundheitssystem teilnehmenden Personen und Institutionen (Krankenkassen, Apotheker, Großhändler etc.) auch als Player bezeichnet.[609]

Mit Positioning ist die Positionierung des Produkts im Wettbewerb gegen Konkurrenzprodukte zu verstehen. Hierunter sind sämtliche Aktivitäten im Zusammenhang mit der Darstellung der Produktattraktivität subsumiert.

4.1.3.2.5 Kommunikationspolitik

4.1.3.2.5.1 Allgemeines

Unter dem Begriff der Kommunikationspolitik oder Promotion werden in dieser Arbeit sämtliche kommunikationspolitischen Maßnahmen an den verschreibenden Arzt verstanden, die Informationen über das Unternehmen und das Produkt betreffen und die den Kauf bzw. die Verschreibung des Medikaments fördern sollen.[610] Die Produktkomplexität bedingt den Einsatz sämtlicher Kommunikationsmittel und -kanäle[611]. Promotion, als Kommunikation über das Produkt und dessen Eigenschaften definiert, soll in der Einführungsphase Aufmerksamkeit auf das neue

---

[608] Vgl. Stremersch/Van Dyck (2009), S. 4ff.; in Europa ist entsprechend der Direktive 92/98/EEC vom 31. März 1992 die Werbung an Patienten und Konsumenten verboten.
[609] Vgl. Lobb/Shah (2002), S. 89.
[610] Die Begriffe Promotion, Kommunikationspolitik bzw. Werbung werden synonym verwendet.
[611] Vgl. Douglas (2002), S. 76ff.

Produkt lenken, in der Wachstums- und Reifephase das Produktbewusstsein stärken, um so eine positive Meinung zu generieren und eine Marke aufzubauen. Sämtliche Promotionaktivitäten verfolgen das Ziel, den Absatz hinsichtlich Menge und Geschwindigkeit zu fördern.

Primäre Zielgruppe sämtlicher Kommunikationsmaßnahmen von verschreibungspflichtigen Medikamenten sind die Ärzte und die Apotheker, weil diese Berufsgruppen unmittelbare Produktinformationen benötigen und den direktesten Einfluss auf den Absatz der verschreibungspflichtigen Präparate haben. Großhändler, Regierungsstellen, Krankenkassen etc. beeinflussen den Absatz kaum und bedürfen nur spezifischer Basisinformationen, sodass sich in diesem Abschnitt die Diskussion der kommunikationspolitischen Maßnahmen auf Ärzte und Apotheker konzentriert.

4.1.3.2.5.2 Instrumente

Als Promotionaktivitäten bzw. kommunikationspolitische Maßnahmen kommen im Rahmen des Arzneimittelmarketings primär folgende Instrumente in Frage:[612]

- Pharmareferenten/Außendienst (detailing) inklusive Abgabe von Gratismustern;
- Medical education in Form von wissenschaftlichen Fortbildungen (Konferenzen, Symposien, Kongresse, Messen, Ausstellungen, Schulungen, Dinnerdiskussionen etc.);
- Inserate in Fachzeitschriften;
- Sonstige Maßnahmen wie Websites, Aussendungen, Filme, Anwendungsbeobachtungen etc.

Arzneimittel, insbesondere innovative verschreibungspflichtige Medikamente, die neu auf den Markt kommen, sind hoch erklärungsbedürftige Produkte, und die Kommunikation mit den oben genannten Instrumenten stellt den wichtigsten Teil des pharmazeutischen Marketings dar.[613] Die Komplexität der Produkte und der dadurch bedingte Vertriebsweg mittels Pharmareferenten ist auch für die hohen Marketingkosten in dieser Industrie verantwortlich. Zahlen für den amerikanischen Markt belegen, dass die führenden pharmazeutischen Unternehmen in den USA 2001 für die fünfzig am meisten verschriebenen Arzneimittel rund 7 Mrd. USD p.a. für Pharmareferenten und rund 2,8 Mrd. USD für Marketingmaßnahmen im Zusammenhang mit Medien (Fernsehen, Zeitschriften etc.) ausgegeben haben. Die führenden neun Pharmafirmen haben durchschnittlich 32 % der Umsätze für Marketing aufgewandt, das ist das 2,5-fache der F&E-Ausgaben.[614] 70 bis 80 % aller Werbeausgaben fallen im Rahmen des Vertriebs durch den Außendienst an.[615] Für Deutschland werden sogar 90 % der Kosten sämtlicher Marketingaktivitäten für den Außendienst ausgegeben, wobei hier auch die indirekten Kosten wie die Abgabe von Gratismustern, Schulungen für die Pharmareferenten etc. eingerechnet sind.[616] Gemäß IMS Health betrug der Handelswert der freien Proben (samples), die während eines Besuchs durch einen Pharmavertreter abgegeben werden, im Jahr 2003 rund 11,5 Mrd. USD.[617] IMS Health zeigt für die USA, dass der Anteil der

[612] Vgl. Keller (1995) S. 74.
[613] Vgl. Keller (1995), S. 127.
[614] Vgl. Families USA (2001), S. 1
[615] Vgl. Murphy (1995), S. 33f; Stremersch/Venkataraman (2007), S. 1688.
[616] Vgl. Schöffski et al. (2008), S. 327.
[617] Vgl. Mizik/Jacobson (2004), S. 1704.

Kosten für das detailing ab 2004 in absoluten Zahlen zurückgegangen ist, jedoch nach wie vor rund drei Viertel der gesamten Marketingkosten ausmacht.[618]

Die oben genannten Instrumente der Kommunikationspolitik werden entsprechend der Lebenszyklusphase des Produkts mit unterschiedlicher Priorität eingesetzt. Die nachfolgende Tabelle gibt einen Überblick über die Priorität der Kommunikationskanäle abhängig von der Lebenszyklusphase.

Tabelle 13: Einsatz von Marketinginstrumenten in Abhängigkeit der Produktlebenszyklusphase

	Lebenszyklusphase				
	Pre-Launch	Introduction	Growth	Maturity	Decline
Pharmareferenten	2	1	1	2	-
Werbung in Zeitungen und Zeitschriften	4	3	2	3	-
Mailings	3	4	3	1	1
Konferenzen/Symposien	1	2	4	4	-

Quelle: Solbach (2000), S. 73 (1 = höchste Priorität ; - keine Priorität)

Die Priorisierung der in der oben stehenden Tabelle angeführten Kommunikationsmittel nach Lebenszyklusphase ist vor dem Hintergrund des Produktlebenszyklus verständlich. In jeder einzelnen Phase erfolgt eine Fokussierung auf bestimmte Eigenschaften des Produkts, die jeweils mit unterschiedlichen Mitteln am effizientesten durchgeführt wird.[619] In der Zeit vor der Einführungsphase muss primär auf die Verfügbarkeit des Arzneimittels (Schaffung von Aufmerksamkeit und Produktinteresse) hingewiesen werden und es sollte eine klare Fokussierung der Kommunikation auf den therapeutischen Vorteil erfolgen, um das Produkt positiv vom Konkurrenzumfeld zu differenzieren. Deshalb sind Mailings und Inserate sowie Konferenzen besonders wichtig, da dadurch die Aufmerksamkeit auf das Produkt gelenkt werden kann. In der Einführungsphase kommen primär Pharmareferenten, die das neue Produkt bei den Ärzten besprechen, zum Einsatz, wobei die Meinungsführer unter den Ärzten als besondere Zielgruppe wesentlich intensiver informiert werden. Das Arzneimittel muss hinsichtlich Wirkung, Anwendung, Dosierung etc. erklärt werden.[620] Der Erfolg in dieser Phase hängt stark von dem zur Verfügung gestellten Marketingbudget ab und kann über die Entwicklung des Absatzes unmittelbar verfolgt werden. Ziel ist es, eine möglichst rasche Marktdurchdringung zu erreichen, die heute aufgrund der Erkenntnis, dass diese Phase besonders bedeutsam ist, bereits innerhalb weniger Monate erreicht ist.[621]

In der Wachstumsphase erfolgt im Rahmen der Kommunikationsstrategie eine Erweiterung der Kommunikation der Vorteile hinsichtlich des Preises, der Anwendung, der Sicherheit und anderer Faktoren. Meistens liegen auch bereits erste Anwendungsbeobachtungen vor, bei denen weitere Forschungsergebnisse hinsichtlich Verträglichkeit, Effektivität, Auswirkungen auf die Lebensqualität des Patienten etc. vorliegen. Im Idealfall ist das Produkt aufgrund seines Innovationscharakters in

[618] Vgl. Kremer et al. (2008), S. 235.
[619] Vgl. Smith (2002a), S. 318.
[620] Vgl. Smith (2002b), S. 286.
[621] Vgl. Schöffski et al. (2008), S. 204.

einem konkurrenzlosen Umfeld, und die weitere Marktdurchdringung hängt alleine von der Initiative des eigenen Unternehmens ab. Durch Veranstaltungen, bei denen die Produktvorteile auf Basis von Anwendungsbeobachtungen bestätigt werden, gelingt es, dass Medikament fest im Bewusstsein der Ärzte zu verankern. Mit dem Auftreten von Wettbewerbsprodukten, die erfahrungsgemäß relativ bald nach der Markteinführung des eigenen Produkts folgen, hängt es von der Positionierung des eigenen Medikaments ab, ob noch weitere Mittel in die Promotionaktivitäten eingesetzt werden. Solange das eigene Produkt noch einen therapeutischen Vorteil aufweist, wird es Sinn machen, weitere Mittel zur Verfügung zu stellen, um den Marktanteil zu halten und das eigene Produkt von den Wettbewerbsprodukten zu differenzieren, bis die Sättigungsphase erreicht ist.[622]

In der Schrumpfungs- bzw. Degenerationsphase wird das Unternehmen die Kommunikationsaufwendungen gleichlaufend mit der Abnahme des Absatzes zurücknehmen. In einer Studie mit 87 Arzneimitteln, die zwischen 1983 und 1988 von Murphy durchgeführt worden ist, ist der Zusammenhang zwischen Werbeaktivitäten und der Kategorie des Produkts innerhalb der BCG-Matrix (Star, Cash Cow, Question Mark, Poor Dog) untersucht worden.[623] Die Arzneimittel wurden gemäß den beiden Kriterien „relativer Marktanteil" und „Wachstumsrate" in die vier Felder der Matrix eingeteilt und deren Zusammenhang mit den Werbeaktivitäten in Form unterschiedlicher Variablen bezüglich Marktstruktur, Wettbewerb und firmenspezifischer Variablen untersucht. Folgende Zusammenhänge wurden dabei statistisch signifikant festgestellt:[624]

1. Für Produkte mit hohem Marktanteil wurde mehr Geld für Werbung ausgegeben, um die Marktdominanz zu halten. Umgekehrt führt eine intensive Werbekampagne auch zu einem höheren Marktanteil.
2. Inserate in Zeitschriften korrespondieren mit den einzelnen Feldern der Matrix. Die Höhe der Ausgaben für Inserate steigt mit dem Marktanteil.
3. Der Eintritt von Generika führt zu einem Rückgang der Marketingaktivitäten des innovativen Produkts.

Die wesentlichste Frage im Zusammenhang mit dem Einsatz der Marketinginstrumente ist, in welcher Stärke diese Instrumente das Verschreibungsverhalten der Ärzte beeinflussen. Vorweg kann gesagt werden, dass eine positive Korrelation zwischen dem Marketingaufwand und dem Absatz existiert.[625] In den hierzu in der Literatur vorhandenen Studien werden hauptsächlich die Effekte zwischen Absatz und Pharmareferenten sowie Absatz und direct-to-consumer advertising untersucht.[626] Diese Instrumente und ihr Einfluss auf das Verschreibungsverhalten werden nun einzeln in den nachfolgenden Abschnitten diskutiert.

Pharmareferenten

Die komplexen Eigenschaften innovativer Arzneimittel benötigen ein besonders hohes Maß an Information, Aufklärung und Schulung, sodass die persönliche Kommunikation zwischen Ärzten, die das Medikament verschreiben, und dem

622 Vgl. Smith (2002b), S. 286.
623 Vgl. Murphy (1995), S. 25.
624 Vgl. Murphy (1995), S. 31ff.
625 Vgl. Gallan (2004), S. 7ff.
626 Vgl. Gallan (2004), S. 8.

Pharmaunternehmen als kritischer Erfolgsfaktor in der Pharmaindustrie betrachtet wird.[627] Besonders bei neuen Produkten steht der Pharmareferent an erster Stelle als Informationsquelle für den Arzt, der hinsichtlich Dosierung, Indikationsgebiete, Wirksamkeit, Wirkungsmechanismus, Sicherheit und Nebenwirkungen am ausführlichsten Auskunft geben kann. Mittels Pharmareferenten wird ein höheres Bewusstsein für das neue Produkt geschaffen, und es gelingt eine schnelle Marktdurchdringung in der Einführungsphase.[628] Damit kommt der Beziehung zwischen Arzt und Pharmaunternehmen besondere Bedeutung zu. Aufgrund der Entscheidungsautonomie bei der Verordnung des Arzneimittels ist der Arzt der bedeutendste Stakeholder des Pharmaunternehmens im Rahmen des Vertriebs.[629] Das Pharmaunternehmen hat dabei eine langfristige Perspektive im Hintergrund, denn ein niedergelassener Arzt wird in der Regel über viele Jahre hinweg einen kontinuierlichen Bedarf an Arzneimitteln haben. Gleichzeitig ist das Pharmaunternehmen interessiert daran, das gesamte Potenzial der Geschäftsbeziehung auszuschöpfen, sodass der Arzt langfristig betrachtet ein ökonomisch attraktiver Kunde ist.

Der Pharmareferent ist der effektivste Kommunikationsweg zum Arzt.[630] Im persönlichen Gespräch können Rückfragen unmittelbar beantwortet werden, außerdem kommt dem Pharmareferenten als Person höhere Glaubwürdigkeit zu.[631] Insbesondere bei innovativen bzw. neu auf dem Markt gekommenen Arzneimitteln herrscht eine hohe Unsicherheit hinsichtlich Wirkung, Nebenwirkungen und Anwendungen, die am besten durch die persönliche Erklärung durch den Pharmareferenten abgebaut werden kann. In einer Umfrage wurde festgestellt, dass 15 % der Ärzte die Informationen über Krankheiten und Behandlungsmethoden in Zusammenhang mit einem Medikament, die diese von den Pharmareferenten erhielten, als sehr nützlich und 59 % als einigermaßen nützlich einschätzten. Weiters gaben 9 % der Ärzte an, dass die Informationen sehr genau waren und 72 %, dass die Informationen einigermaßen genau waren.[632] Zusätzliche Informationsquellen, die geeignet sind, die Unsicherheit beim Arzt im Zuge von Neuprodukteinführungen abzubauen und damit einen Verschreibungsvorgang für das neue Medikament auszulösen, sind Artikel in Fachzeitschriften, Symposien und Fortbildungsveranstaltungen sowie Fachgespräche mit Kollegen.[633] Da die Fachgespräche mit Ärztekollegen eine Rolle spielen, werden zu Beginn primär die Opinion Leader unter den Fachärzten beworben, da diese einen Multiplikatoreffekt aufgrund der höheren Glaubwürdigkeit und des Vorbildeffektes bewirken und die Verbreitung (Diffusion) beschleunigen.[634]

Im Rahmen der Kommunikation kommt dem persönlichen Verhältnis Pharmareferent und Arzt ein besonderer Stellenwert zu, denn die Adoption des innovativen Arzneimittels geschieht über die persönliche Einflussnahme. Die Beziehung bedarf daher eines besonderen Vertrauensverhältnisses, das nach einer jüngst durch-

---

627 Vgl. Mortanges de et al. (1997), S. 579; Solbach (2000), S. 64.
628 Vgl. Wazana (2000), S. 378.
629 Vgl. Witzel (2006), S. 6; der Autor untersucht für den deutschen Markt die Entstehung von Vertrauen und Relationship-Commitment in der Beziehung zwischen Arzt und Pharmaunternehmung und deren Wirkungen auf die Innovations- und Weiterempfehlungsbereitschaft von Arzneimitteln.
630 Vgl. Davidson/Sivadas (2004), S. 22; Creyer/Hrsistodoulakis (1998), S. 35.
631 Vgl. Gelb/Johnson (1995), S. 56.
632 Vgl. Rubin (2004), S. 76; ähnliche Zahlen liefert Gallan (2004), S. 9.
633 Vgl. Creyer/Hrsistodoulakis (1998), S. 36; Gehrig (1992), S. 187f.
634 Vgl. Bhall et al. (2004), S. 375.

geführten Studie auch größtenteils vorhanden ist.[635] Dieses Vertrauensverhältnis kann auch über die geringe Möglichkeit der Prüfung der Wirkung des Arzneimittels, mit Ausnahme der Ergebnisse aus den klinischen Studien, erklärt werden, sodass der Arzt den Aussagen des Pharmareferenten hohes Vertrauen, um nicht zu sagen „Glauben", schenken muss. Die Beziehung und das Vertrauensverhältnis zwischen Pharmareferent und Arzt sind umso besser, je höher die Qualität der Besuche, das ethische Verhalten und die fachliche Information sind.[636]

Die oben genannten Argumente liefern eine Begründung für den Verkauf von Arzneimitteln über Pharmareferenten und erklären auch die Bedeutung dieser Vertriebsschiene, die nach wie vor der wichtigste Vertriebsweg ist.[637] Die Nutzung dieser teuren Vertriebsschiene ist über den Nachweis des positiven Einflusses des Pharmareferenten auf das Verschreibungsverhalten des Arztes in zahlreichen empirischen Studien gerechtfertigt, und der festgestellte positive Zusammenhang hat vermutlich auch dazu beigetragen, dass die Anzahl der Pharmareferenten stark zugenommen hat[638.] So hat sich die Anzahl der Pharmareferenten in den 1990er-Jahren in den USA beinahe verdoppelt; dieser Aufbau in die Vertriebskapazitäten hat wesentlich zu den zweistelligen Wachstumsraten der Pharmaindustrie beigetragen.[639] Betrachtet man die letzten 20 Jahre, hat sich die Anzahl der Pharmareferenten in den USA sogar versechsfacht; rund 77 % der Pharmaunternehmen gaben in 2005 an, den Außendienst weiter auszubauen.[640] Durch die ständig verbesserten Möglichkeiten, eng und präzise genau abgrenzbare Zielgruppen zu selektieren, und die verstärkte Nutzung von e-detailing könnte der Effekt hervorgerufen werden, dass der Außendienst an Bedeutung verliert.[641] In Deutschland wird die Zahl der Pharmareferenten auf ca. 15.000 bis 20.000 geschätzt, was einem Verhältnis von Pharmareferenten zu Ärzten von 1 zu 15 bis 20 entspricht.[642]

Im Zuge der Markteinführung muss die Größe des Außendienstes festgelegt werden. Dazu erfolgt eine stufenweise Vorgehensweise. In einem ersten Schritt wird die relevante Zielgruppe der Indikation festgelegt, denn davon hängt in erster Linie die Größe des Außendienstes ab. Dies geschieht anhand der medizinischen Indikation (vgl. Kapitel 4.1.3.1.1.1) und der auf Basis der statistischen Datenbanken vorhandenen Struktur des Marktes.[643] Auf Basis dieser Statistiken kennt man die Anzahl der diagnostizierten Patienten, ihre Altersstruktur, die Anzahl der Verordnungen der bisherigen am Markt befindlichen Medikamente und die Anzahl

---

635 Vgl. Mackintosh (2004), S. 15; Creyer/Hrsistodoulakis (1998), S. 38.

636 Vgl. Andaleeb/Tallman (1995), S. 70ff; Lagace et al. (1991), S. 45f; bestätigt wird dies auch durch die jüngst durchgeführte Studie von Mackintosh (2004), S. 16; Witzel (2006) m. w. N.

637 Den empirischen Nachweis, dass Pharmareferenten einen positiven Einfluss auf die Verschreibungswahrscheinlichkeit haben, liefert Wazana (2000), S. 378ff; Gönul et al. (2001), S. 88; Mizik/Jacobson (2004), S. 1710 mit jeweils weiteren Nachweisen.

638 Vgl. Wazana (2000), S. 378, der 29 Studien hierzu auswertet; in einer 1988 durchgeführten Studie lag die Bedeutung der Pharmareferenten im Mittelfeld und die persönliche Erfahrung des Arztes mit dem Produkt sowie Fachgespräche mit Kollegen wurden als wichtiger eingestuft, vgl. hierzu Pitt (1988), S. 10.

639 Vgl. Bhall et al. (2004), S. 370; Schätzungen für Deutschland geben bis zu 40.000 Pharmareferenten an, vgl. hierzu: Witzel (2006), S. 35; in den USA stieg die Anzahl der Pharmareferenten von 1994 bis 2002 von 30.000 auf über 80.000, vgl. hierzu Wall Street Journal Online, June 13, 2003.

640 Vgl. Stremersch/Venkataraman (2007), S. 1688.

641 Vgl. Müller (2005), S. 211.

642 Vgl. Schöffski et al. (2008), S. 317.

643 Der Verschreibungsindex IMS VIP® gibt hierzu die relevanten Daten.

der Verordnungen nach Ärztegruppen (Praktischer Arzt, Facharzt etc.), womit eine gute Ausgangsbasis für weitere Rechenschritte vorhanden ist.[644] Anhand der Anzahl der zu besuchenden Ärzte, der Besuchsfrequenz und der Lebenszyklusphase des Produkts kann die Größe des Außendienstes abgeleitet werden, womit gleichzeitig auch die Kosten bestimmt werden können. Die notwendige Größe errechnet sich aus der Multiplikation der Anzahl der Kunden mit der Besuchsfrequenz, das Produkt wird durch die möglichen Besuche eines Pharmareferenten dividiert. Dieses Ergebnis kann anhand der Anzahl der Mitarbeiter bei anderen Firmen verglichen werden, um eine erste Plausibilitätsprüfung durchzuführen. Die Kosten des Außendienstes setzen sich im Wesentlichen aus Gehalt, Sozialversicherung, Reisekosten und sonstigen Kosten (Auto, Boni etc.) ab. Grobe Schätzungen geben Kosten je Außendienstmitarbeiter von rund 80 bis 100 TEUR pro Jahr an. Bei einer durchschnittlichen Besuchsfrequenz von acht Arztbesuchen pro Tag an 220 Arbeitstagen pro Jahr ergibt dies Kosten von rund 60 EUR pro Person.[645] Berücksichtigt man, dass pro Arztbesuch zwei bis vier Produkte (US-Studie eins bis drei Produkte) [646] besprochen werden, ergibt dies Vollkosten von rund 15 EUR pro Produkt.

Interessant in diesem Zusammenhang ist, dass bereits zwei Jahre nach dem Produktstart die Außendienstkapazität auf ca. die Hälfte reduziert und mit Fortschreiten im Lebenszyklus weiter nach unten angepasst wird.[647]

Werbung

Die Werbung für ein Medikament, verstanden als jede bezahlte Form der nicht persönlichen Präsentation, die über Anzeigen in Zeitungen und Zeitschriften, Kataloge, Folders etc. durchgeführt werden kann, darf beim pharmazeutischen Marketingmix nicht außer Acht gelassen werden. Nach dem pharmazeutischen Außendienst ist dieser Kommunikationskanal eine der wichtigsten Bestandteile des Marketingmixes.[648] In einer von 1998 bis 2001 durchgeführten Studie der 14 größten Pharmaunternehmen wiesen die Unternehmen ein Kostenverhältnis von Außendienst zu Werbung von 2,0 zu 0,5 auf, d. h. die 14 größten Unternehmen gaben in diesem Zeitraum viermal so viel für den Außendienst als für andere Werbemaßnahmen aus. In einer jüngeren Analyse der 15 größten Pharmaunternehmen wurde sogar ein Verhältnis von 1 : 1 festgestellt.[649] Gemäß einer Studie lesen ungefähr 7 % der Ärzte fünf bis sechs Fachjournale, während 42 % zwei oder weniger Fachzeitschriften lesen.[650]

Derzeit ist noch wenig über die Wirkung der Inserate in Fachzeitschriften und Journalen auf das Verschreibungsverhalten eines Arztes bekannt, jedoch wird ein positiver Zusammenhang vermutet. Der medizinische Fachzeitschriftenmarkt ist mit ungefähr 7.000 unterschiedlichen Fachzeitschriften extrem groß.[651] Eine auf fünf medizinischen US-Journalen basierende Analyse von Inseraten ergab, dass in der

---

644 Vgl. Schiel et al. (2008), S. 173.

645 Gemäß einer Studie von Cap Gemini Ernst & Young belaufen sich die durchschnittlichen Kosten eines Arztbesuches durch einen Pharmareferenten auf USD 150 bis 200.

646 Vgl. Mizik/Jacobson (2004), S. 1704.

647 Vgl. Müller (2005), S. 213.

648 Vgl. Murphy (1995), S. 33f.

649 Vgl. Müller (2005), S. 211.

650 Vgl. Rubin (2004), S. 69.

651 Gemäß dem bibliografischen Informationssystem Medline.

Zeit zwischen 1985 und 2000 der Anteil an pharmazeutischen Inseraten leicht zurückgegangen ist und ab 2000 relativ konstant geblieben ist.[652] Die Abnahme ist bedingt durch die zunehmende Nutzung von zusätzlichen Kommunikationskanälen, wie z. B. DTC-Marketing, Internet etc.[653]

Der Einsatz der unterschiedlichen Formen von Werbung hängt dabei stark vom Lebenszyklus des Produkts ab, die Wirkung ist umso größer, je höher die Reputation des Journals (siehe Tabelle 13) ist.

Sonstige Werbemaßnahmen

Die sonstigen Werbeaktivitäten umfassen eine Vielzahl von Maßnahmen, die den Arzt über das Produkt laufend informieren und eine positive Haltung des Arztes zum Produkt erzeugen sollen. Zusammenfassend wird dies in der englischsprachigen Literatur als continuing medical education bezeichnet und inkludiert Fachartikel, Konferenzen, Symposien, Dinnerdiskussionen, Anwendungsbeobachtungen, Mailings etc. Diese werden im Einzelnen in diesem Abschnitt kurz behandelt.

e-detailing und Direct Mailing

Ein Problem des pharmazeutischen Außendienstes ist neben den hohen Kosten dieser Vertriebsschiene, dass der Arzt immer weniger Zeit für ausführliche Gespräche hat, sodass alternative Formen der direkten Kommunikation zum Arzt gefunden werden müssen. Eine in 2002 von McKinsey durchgeführte Studie fand heraus, dass Pharmareferenten ein Drittel ihrer Zeit lediglich zur Abgabe von Proben verwenden, ohne das Medikament dem Arzt zu erläutern.[654] Typischerweise dauert der Besuch eines Pharmareferenten nur wenige Minuten, in dieser Zeit präsentiert er ein bis drei Arzneimittel. Eine Möglichkeit, dem Arzt trotzdem qualitativ hochwertige Informationen über das Produkt zu bieten, besteht in der elektronischen Information in Form von e-detailing. Mittels e-detailing erhält der Arzt einen exklusiven Zugang zu Informationen betreffend das Arzneimittel und den dazugehörigen unabhängig erstellten Studien. 55 % der Ärzte sind der Meinung, dass e-detailing eine nützliche Ergänzung zum Pharmareferenten darstellt, während 45 % sogar meinen, dass manche Besuche von Pharmareferenten gänzlich ersetzt werden können.[655] Es ist anzunehmen, dass dieser Kommunikationskanal noch stärker an Bedeutung gewinnen wird.

Direct-Mailing hat gegenüber der Schaltung von Anzeigen in Fachzeitschriften den Vorteil, dass diese Methode wesentlich selektiver und gezielter auf die angesprochene Zielgruppe eingehen kann.[656]

---

652 Vgl. Weeks et al. (2001), S. 28; Kremer et al. (2008). S. 235.
653 Vgl. Weeks et al. (2001), S. 30.
654 Vgl. Bhall et al. (2004), S. 371.
655 Vgl. Davidson/Sivadas (2004), S. 24; in der Studie waren Mehrfachnennungen möglich.
656 Vgl. Murphy (1995), S. 33ff.

Wissenschaftliche Fortbildungen

Pharmaunternehmen treten oft als Sponsoren von großen Konferenzen zu einem bestimmten Thema auf und präsentieren dort die Behandlungsmöglichkeiten mit den jeweiligen Produkten und die entsprechenden Ergebnisse.

Etwas kleiner, aber den gleichen Zweck wie Konferenzen verfolgen Vorträge, Podiumsdiskussionen und sonstige fachliche Wochenendveranstaltungen. Ihr Hauptzweck liegt darin, Fachärzte über ein ganz bestimmtes produkt- oder indikationsbezogenes Thema und deren Behandlungsmöglichkeiten zu informieren. Derartige wissenschaftliche Fortbildungen werden vor allem für neue, wachstumsstarke Präparate durchgeführt, denn mit zunehmender Verbreitung und Bekanntheitsgrad des Produkts nimmt der Schulungsbedarf ab. In der Regel übernimmt das Pharmaunternehmen sämtliche Kosten (inklusive Anreise, Freizeitprogramm etc.), sodass derartige Veranstaltungen sehr teuer sind und vorwiegend in der Wachstums- und frühen Reifephase des Produkts eingesetzt werden.

Veranstaltungen mit regionalerem Charakter und der Gelegenheit des Pharmareferenten, mit einigen wenigen seiner Kunden einen ausführlicheren produktbezogenen Dialog in angenehmer Atmosphäre zu führen, sind Dinnerdiskussionen. Bei diesen Veranstaltungen ergibt sich auch die Gelegenheit, die von den Ärzten wahrgenommenen Eigenschaften zu erfahren und ein Feedback über die praktische Anwendung zu erhalten.

Anwendungsbeobachtungen sind Untersuchungen von zugelassenen Präparaten außerhalb der kontrollierten Bedingungen von klinischen Studien, die vom behandelnden Arzt durchgeführt werden. Der Arzt beobachtet während der Behandlung mit dem Medikament vorgegebene medizinische Parameter und erhält dafür eine Aufwandsentschädigung. Relevanter Kostentreiber sind die Zahl der zu beobachtenden Patienten sowie das Arzthonorar pro Patient.

Direct-to-consumer advertising (DTCA)

Hierbei handelt es sich um einen relativ neuen Kommunikationskanal, der sich direkt an den Patienten richtet, jedoch nur in den USA und Neuseeland erlaubt ist. In den europäischen Ländern ist diese Art von Werbung aufgrund entsprechender Gesetze mit Ausnahme bestimmter Indikationsgebiete verboten.[657] Gegner des DTCA meinen, dass der Arzt seine Verschreibung rechtfertigen muss und dass damit tendenziell teurere Medikamente verschrieben werden, da der Patient diese aufgrund der Werbung fordert. Befürworter des DTCA halten dagegen, dass durch diese Art von Werbung ein Bewusstsein für bestimmte Krankheiten geschaffen wird und daher die Behandlung in einem früheren Stadium beginnen kann, sodass die Heilungsrate höher ist und damit insgesamt auch ein Wohlfahrtsaspekt erzielt wird.[658] In den USA hat seit der 1997 erfolgten Lockerung der Gesetze hinsichtlich Werbung von Arzneimittel an den Patienten durch die FDA diese Art von Werbung hohe Bedeutung erlangt, sodass die damit zusammenhängenden Effekte kurz näher erläutert werden.

Die Ausgaben für die gezielt gerichtete Werbung an den Endverbraucher über Massenmedien (Fernsehen, Anzeigen etc.) sind in den USA zwischen 1995 und

---

[657] Vgl. Brekke/Kuhn (2003), S. 2.
[658] Vgl. Brekke/Kuhn (2003), S. 2.

2002 um rund 13 bis 20 % jährlich gestiegen.[659] In den USA gaben pharmazeutische Unternehmen im Jahr 2000 15,7 Mrd. USD für die Werbung von Arzneimittel aus, wovon 16 %, das sind rund 2,5 Mrd. USD auf Direktwerbung an den Konsumenten entfallen. In 2006 wurden für DTCA bereits rund 4,5 Mrd. USD ausgegeben.[660]

Zahlreiche Studien belegen auch, dass DTC-Marketing einen signifikanten Einfluss auf das Verhalten der Konsumenten hat.[661] Die Ergebnisse sind nachstehend zusammengefasst, wobei die jeweiligen Restriktionen (insbesondere Beobachtungszeitraum, Modellannahmen, Auswahl der Messparameter etc.) der Studien berücksichtigt werden müssen:

- Es existiert ein Zusammenhang zwischen DTCA-Ausgaben und der Anzahl der Arztbesuche.[662]
- Für eine pharmazeutische Produktklasse (Cholesterinsenker) wurde für den Zeitraum 1995 bis 2000 festgestellt, dass DTCA nicht die Gesamtnachfrage oder die Marktanteile der Firmen erhöht, wohl aber stieg die Compliance der Patienten, sodass langfristig der Gesamtabsatz höher ist.[663]
- Für vier Produktkategorien konnte für den Zeitraum 1996 bis 1998 kein direkter Zusammenhang zwischen DTCA und dem Anstieg der Absatzzahlen festgestellt werden, wohl aber wurde ein generell höheres Bewusstsein für die Behandlungsoptionen geschaffen.[664]
- Für fünf therapeutische Klassen wurde zwischen August 1996 und Dezember 1999 ein positiver Effekt auf die Gesamtumsätze, nicht jedoch auf den Marktanteil festgestellt.[665]

In einem theoretischen Modell mit zahlreichen Annahmen leiten Brekke/Kuhn her, dass DTCA-Ausgaben gleichzeitig die Ausgaben für detailing verringert und dass DTCA den Preiswettbewerb bzw. die Preiselastizität der Nachfrage erhöht.[666]

Insgesamt sind die Ergebnisse abhängig von der betrachteten Produktklasse bzw. vom betrachteten Zeitraum, und es sind noch eine Menge unbeantworteter Fragen offen. Ein direkter Zusammenhang ist auch schwer nachweisbar, da das Verschreibungsverhalten auch von einer Vielzahl anderer Faktoren abhängig ist. Ein positiver Effekt von DTCA wird jedoch allgemein angenommen, da die hierfür notwendigen Werbeausgaben bereits einen beträchtlichen Teil des Marketingbudgets ausmachen. Bei einer Telefonumfrage unter 1.222 Personen antworteten 8,3 %, dass sie nach einer wahrgenommenen Werbung nach der beworbenen Medizin beim nächsten Arztbesuch fragten und 71 % dann auch dieses Medikament erhielten.[667]

---

[659] Vgl. Findlay (2002), S. 21.
[660] Vgl. Kremer et al. (2008), S. 235.
[661] Vgl. Findlay (2002), S. 22; Lizuka/Jin (2005), S. 702.
[662] Vgl. Lizuka/Jin (2005), S. 702.
[663] Vgl. Calfee et al. (2002), S. 688.
[664] Vgl. Eichner/Maronick (2001), S. 39.
[665] Vgl. Rosenthal et al. (2003), S. 24.
[666] Vgl. Brekke/Kuhn (2003), S. 19f.
[667] Vgl. Findlay (2002), S. 22.

4.1.3.2.5.3 Wirksamkeit

Den Ärzten steht dabei neben den Pharmareferenten eine Vielzahl von weiteren Informationsquellen wie Fachzeitschriften, Konferenzen, Gespräche mit Kollegen, Mailings etc. zur Verfügung. Jedes dieser Kommunikationsmittel hat unterschiedlich hohe Bedeutung hinsichtlich des Einflusses auf das Verschreibungsverhalten eines Arztes, wobei folgende Generalisierungen gemacht werden können:

- Der Einsatz von Pharmareferenten reduziert die Preiselastizität der Nachfrage.[668]
- Detailing hat einen positiven Effekt auf den Absatz von Medikamente.
- Die Rolle des Marketings ändert sich über die Produktlebenszyklusphase.

Die Messung der Stärke und der Richtung des Einflusses von Marketinginstrumenten auf den Absatz von Gütern und Produkten ist Gegenstand zahlreicher Studien, wobei generelle Aussagen dieser Märkte nicht auf den Arzneimittelmarkt übertragen werden können, da dieser die zu Beginn dieses Abschnitts erwähnten Spezifika aufweist.

Die innerhalb der pharmazeutischen Industrie bisher zu diesem Thema publizierten Studien können in vier Klassen, je nach Untersuchungsziel, unterteilt werden. Die Fragestellungen und die dazugehörigen Ergebnisse sind in der nachfolgenden Tabelle dargestellt:[669]

Fragestellung	**Ergebnis**
Wirksamkeit der Promotioninstrumente	Detailing und freie Musterproben haben einen positiven und signifikanten, wenn auch nicht allzu großen Effekt auf die Anzahl der Verschreibungen bei den Ärzten.
Funktion der Promotioninstrumente	Unterschiedliche Ergebnisse; sowohl informative als auch überzeugende Wirkung
Effekt der Promotioninstrumente bei Neuprodukteinführungen	Die Diffusionsrate wird positiv von den Marketingaktivitäten beeinflusst. Werbung kann den Nachteil des Eintritts in den Markt als „late mover“ verringern.
Rolle des Preises	Marketing senkt die Preissensitivität von Ärzten. Kein Konsens hinsichtlich Preissensitivität der Nachfrage. Verantwortlich dafür dürfte die starke Preisregulierung der Märkte sein.

668 Vgl. Brekke/Kuhn (2003), S. 3.

669 Vgl. Kremer et al. (2008), S. 235; mit zahlreichen weiteren Nachweisen, da es sich hier um eine Metaanalyse von vorhandenen Studien bezüglich der Wirksamkeit von Marketinginstrumenten in der pharmazeutischen Industrie handelt.

Da die Studie von Kremer et al. eine Metastudie von 58 Studien hinsichtlich der Wirksamkeit von Marketinginstrumenten (detailing, direct-to-consumer advertising, sonstige Werbemaßnahmen etc.) darstellt, werden im Folgenden die Ergebnisse vertiefend dargestellt, die als Generalisierungen für die Wirksamkeit des Arzneimittelmarketings herangezogen werden können. Zusätzlich werden die Daten aus den einzelnen Studien in Werbeelastizitäten transformiert, womit ein numerischer Wert vorhanden ist, der in das zu erstellende Prognosemodell integriert werden kann.

Eine ganz zentrale Aussage der Studie ist, dass Werbeausgaben einen signifikanten und positiven Effekt auf die Umsätze des Arzneimittels haben, obgleich die Elastizität der Werbeausgaben deutlich unter 1,0 liegt. Die Wirksamkeit der Werbung differiert auch zwischen den einzelnen Instrumenten und der Art der Erkrankung stark. Nachfolgende Tabelle fasst die Ergebnisse der Meta-Studie von Kremer et al., ergänzt um einzelne Studien, die ähnliche Ergebnisse aufweisen, zusammen.

Tabelle 14: Werbeelastizitäten in Abhängigkeit des Marketinginstruments

Instrument	**Werbeelastizität (Durchschnitt)**
Detailing (Pharmareferentenbesuche)	0,326
Direct-to-physician advertising (Direktwerbung an Ärzte)	0,123
Direct-to-physician instruments (Sonstige Werbung für Ärzte)	0,062
Direct-to-consumer advertising	0,073

Quelle: Kremer et al. (2008), S. 235

Die in obiger Tabelle dargestellten Durchschnittswerte zeigen bei Betrachtung auf Ebene der Erkrankungen starke Abweichungen pro Marketinginstrument.

Tabelle 15: Werbeelastizitäten nach Marketinginstrument und Therapiegebiet

Erkrankung	**Marketinginstrument**			
	DTC	**Detailing**	**DTP**	**Other DTP**
Entzündungen	0,209	0,549	0,65	0,121
Herz- und Gefäßerkrankungen	0,256	0,392	0,295	0,424
Allergien	0,077	0,244	0,305	0,192
Hautkrankheiten	-0,297	1,069	0,457	0,731
Neurologie	-0,206	0,317	-	0,22
Sonstige	0,312	0,331	0,328	0,256

Quelle: Kremer et al. (2008), S. 235

Damit stehen quantitative Daten als Input für ein Prognosemodell zur Verfügung.

4.2 Das systemdynamische Cash Flow Prognosemodell

Die Aufgabe eines Prognoseerstellers ist, sämtliche Faktoren, die die zu prognostizierende Größe beeinflussen, in ein quantitatives Rahmenwerk einzubringen und auch qualitative Faktoren so weit zu operationalisieren, dass diese in ein quantitatives Modell integriert werden können. Die Analyse der Prognoseverfahren (vgl. Kapitel 3.2) und die Spezifika von Biotechnologieunternehmen (vgl. Kapitel 2.2) sowie die den Cash Flow beeinflussenden Größen (vgl. Kapitel 4.1.1.3) haben gezeigt, dass nur die Kombination mehrerer Verfahren und die Integration von sämtlichen wesentlichen Faktoren eine nachvollziehbare Cash Flow Prognose ermöglichen. Da der Cash Flow von einer Vielzahl von Größen beeinflusst wird, welche mit unterschiedlichen Methoden prognostiziert werden müssen, bedarf es eines Prognosemodells, das geeignet ist, sämtliche Komponenten und Verfahren zu integrieren. Zusätzlich sollte das Modell, vor dem Hintergrund der in dieser Arbeit verwendeten Definition des Prognosebegriffs, in der Lage sein, die wirksamen Interdependenzen zwischen den einzelnen den Cash Flow beeinflussenden Komponenten abzubilden und Szenarien darstellen können. Ein Ansatz, der die obigen Problemcharakteristika darstellbar macht, ist der systemdynamische Ansatz. Diese Methode ermöglicht eine ganzheitliche Betrachtungsweise und stellt die Zusammenhänge aller Komponenten und deren Interdependenzen übersichtlich dar. Zusätzlich erlaubt der systemdynamische Ansatz durch Variation der Parameter Simulationen durchzuführen, die eine Einsicht in das Systemverhalten und Wirkungen der einzelnen Komponenten ermöglichen. Damit ergibt sich die Möglichkeit, verschiedene Simulationen zu vergleichen und aus den daraus abgeleiteten Ergebnissen Entscheidungen über Handlungsalternativen zu treffen. Zusammenfassend erfüllt der systemdynamische Ansatz die folgenden notwendigen Voraussetzungen:

1. Integration von sämtlichen den Cash Flow beeinflussenden Komponenten.
2. Aufdeckung der Zusammenhänge zwischen den einzelnen Komponenten und damit Möglichkeit der Abbildung der Komplexität und der Dynamik.
3. Möglichkeit der einfachen Operationalisierung von qualitativen Faktoren.
4. Anwendung und Integration unterschiedlicher Prognoseverfahren für einzelne Cash Flow Komponenten.
5. Möglichkeit der Darstellung von Szenarien und Nutzung der Ergebnisse als Handlungsempfehlungen für operative und strategische Entscheidungen des Managements.
6. Identifizierung von Schlüsselgrößen auf Basis der durchgeführten Simulationen.

Mit Punkt 2 und 3 verbunden ist die Offenlegung der Prämissen der Prognose, die als wesentliches Kriterium in dieser Arbeit definiert wurde. Hinsichtlich Komplexitätsrad ist die Methode als hoch einzustufen, da einerseits Verständnis der hierfür eigens vorhandenen Software notwendig ist, und andererseits die Denkweise in Bestands- und Flussgrößen nicht alltägliche Managementpraxis ist. Die Methode trägt jedoch in einzigartiger Weise durch die Offenlegung der Wirkungszusammenhänge (Causal-Loop-Diagramme bzw. Kausalschleifendiagramme) zur Transparenz und Nachvollziehbarkeit des Prognoseergebnisses bei. Die oben genannten Vorteile lassen es vor dem Hintergrund der Problemstellung als erachtenswert erscheinen, die höhere Komplexität der Methode in Kauf zu nehmen. Die systemdynamische Methode für Prognosezwecke zu verwenden, ist vor dem Hintergrund des verbesserten Problemverständnisses und dem Aufzeigen des Zusammenhangs der Größen untereinander sinnvoll.[670]

In diesem Kapitel erfolgt die Prognose des Cash Flow mittels eines systemdynamischen Modells. Zur Erstellung eines solchen Modells wird eine mehrstufige Vorgehensweise empfohlen:[671]

1. Festlegung der Systemgrenzen
2. Festlegung der Größen und Identifizierung der systemdynamischen Zusammenhänge (Modellierung im eigentlichen Sinne)
   a) Darstellung der Zusammenhänge in einem Wirkungsdiagramm
   b) Formulierung der Wirkungszusammenhänge in einem Flussdiagramm (stock and flow diagram)
   c) Überführung des Flussdiagramms in ein mathematisches Gleichungssystem
3. Durchführung von Simulationen und Tests (Robustheit, Sensitivitäten etc.)
4. Evaluierung und Ableitung von Handlungsempfehlungen

Um eine Cash Flow Prognose bei Biotechnologieunternehmen zu erstellen, sind in Anlehnung der oben dargestellten allgemeingültigen Vorgehensweise folgende konkrete Schritte durchzuführen:

1. Identifizierung der zu prognostizierenden Komponenten, die in die Cash Flow Berechnung einfließen müssen. Dies basiert primär auf den Erkenntnissen der vorangegangenen Kapitel.
2. Auswahl der Prognosemethode für die jeweilige Komponente. Die Erkenntnisse der Anforderungen der Prognosemethoden und der Spezifika von Biotechnologieunternehmen finden hier Eingang.
3. Transparente Darstellung der Zusammenhänge zwischen den einzelnen Komponenten auf Basis der bisherigen empirischen Literatur bzw. durch entsprechende Annahmen, die hinreichend plausibel erscheinen.
4. Operationalisieren der einzelnen Komponenten auf Basis theoriegeleiteter Annahmen.
5. Zusammenführung zu einem Gesamtmodell und Durchführung von Simulationen
6. Zusammenfassung der Simulationsergebnisse

Vor dem Hintergrund der Definition von Prognose in Kapitel 3.1.1 ist ein wesentliches Ziel dieser Arbeit, dass die einzelnen Komponenten, die den Cash Flow beeinflussen, offengelegt und deren jeweilige Werte intersubjektiv nachprüfbar abgeleitet werden.

4.2.1 Allgemeines

4.2.1.1 Kritik bestehender Modelle

Der systemdynamische Ansatz wurde in den Fünfzigerjahren des 20. Jahrhunderts am MIT von Jay W. Forrester entwickelt und unter dem Begriff Industrial Dynamics

---

[670] Vgl. Lyneis (1999), S. 5.

[671] Vgl. Schwarz/Ewaldt (2002), S. 169f; Sterman (2000), S. 86; Strohhecker (2008), S. 38ff.

bekanntgemacht.[672] Durch die Ausweitung auf andere Bereiche wie soziale, makroökonomische oder militärische Forschungsgebiete wandelte sich der Begriff aufgrund der größeren Allgemeingültigkeit in System Dynamics.[673] Grundprinzip bei System Dynamics bzw. der systemdynamischen Modellierung ist die Aufstellung eines Modells, das sich aus Bestands- und Flussgrößen sowie ergänzenden Hilfsgrößen und Parametern zusammensetzt, die typischerweise so miteinander verbunden sind, dass sich Rückkopplungen und Vernetzungen ergeben.[674] Auf Basis von Differenzialgleichungen, die die Zusammenhänge zwischen den Zustands- und Flussgrößen beschreiben, erfolgt die Darstellung des dynamischen Systems, deren numerisches Verhalten durch Simulation mittels einer Software ermittelt wird. Für die Untersuchung der wechselseitigen Abhängigkeiten zwischen den Größen wird nach der Problemdefinition und der Sammlung problemrelevanter Größen im ersten Schritt ein Wirkungsdiagramm (Kausalschleifendiagramm) erstellt.[675] Im zweiten Schritt wird das Wirkungsdiagramm in ein Flussdiagramm (stock and flow diagram) transformiert. Zum Zweck der Simulation werden das Flussdiagramm und die einzelnen Größen mit Funktionen belegt, sodass mit diesem Modell Simulationsrechnungen möglich sind.[676] Im Mittelpunkt des systemdynamischen Ansatzes steht die Entwicklung und Interaktion der miteinander verbundenen Größen über die Zeit, wodurch die wechselseitigen Abhängigkeiten der Größen aufgezeigt werden, die signifikante Auswirkungen auf die Erfolgsgrößen des Unternehmens zeitigen.[677]

Wirkungs- bzw. Kausalschleifendiagramme fassen die Größen in einer organisierenden Struktur zusammen, dienen zur konzeptionellen Diskussion und veranschaulichen gleichzeitig die Systemgrenzen.[678] Hilfreich sind hierbei vorab eine verbale Zusammenfassung der zu modellierenden Problemstellung und die Abgrenzung des Systems. Im Rahmen der Modellierung bzw. der Erstellung des Kausalschleifendiagramms ergibt sich die Frage, wo die Grenze für das zu betrachtende System zu ziehen ist. Bei einem sozialen System, wie es bei einem Unternehmen der Fall ist, könnte die Systemgrenze das Unternehmen selbst sein, oder es können die Kunden, Lieferanten und Wettbewerber mit einbezogen werden, die wiederum Kunden, Lieferanten und Wettbewerber haben. Mit der Bildung der Systemgrenze ist die Entscheidung über die Relevanz von Einflussfaktoren verbunden. Soziale Systeme zeichnen sich durch eine hohe Anzahl von Einflussfaktoren aus, womit die Trennung von relevanten und irrelevanten Faktoren von besonderer Bedeutung ist. Welche Faktoren als relevant angesehen werden, hängt neben den verfügbaren Informationen auch von der Zielsetzung des Modells ab. Bei der Abgrenzung relevanter Einflussfaktoren wird in der Regel ein iteratives Vorgehen notwendig sein, sodass nach der Darstellung, wie die Faktoren und die Simulation zusammenhängen, die Interpretation der Simulationsergebnisse zu Änderungen in der Modellstruktur führt. Eine zusätzliche Schwierigkeit bei der Abbildung von sozialen Systemen in einem Wirkungsdiagramm ist die Berücksichtigung von weichen Faktoren wie z. B. Kundenzufriedenheit, Marketing, Vertrauen, Umweltbewusstsein, Mitarbeitermotivation etc. Die quantitative Erfassung

672 Vgl. Forrester (1969), S. 398.

673 Vgl. Schöneborn (2004), S. 34; besondere Aufmerksamkeit erlangten die sogenannte Weltmodelle, mit denen in den 1970er-Jahren Prognosen über die zukünftige globale Entwicklung erstellt wurden, wodurch der System Dynamics Ansatz eine starke Verbreitung fand.

674 Für eine aktuelle Einführung des System Dynamics Ansatzes vgl. Sterman (2000).

675 Vgl. Schwarz (2002), S. 153.

676 Vgl. Schwarz/Ewaldt (2002), S. 170f; Strohhecker (2008), S. 142.

677 Vgl. Schwarz/Ewaldt (2002), S. 169ff.

678 Vgl. Schmidt (2008), S. 125.

und die Operationalisierung der weichen Faktoren im Modell werden üblicherweise über intuitive Annahmen hergestellt. Die mangelhafte Abbildung weicher Faktoren wird zwar oft als Kritikpunkt vorgebracht, jedoch verbietet sich ein Ausschluss von weichen Faktoren, da hiermit der Einfluss dieser Faktoren als nichtexistent postuliert werden würde, was wahrscheinlich zu einem noch größeren Fehler als die quantitativ nicht einwandfreie Formulierung des Faktors führen würde.[679] Vorteil der systemdynamischen Modellierung sind die Möglichkeit der Integration derartiger weicher Faktoren in quantifizierter Form (z. B. über Tabellenfunktionen) sowie die Möglichkeit, unterschiedliche Ausprägungen dieser weichen Faktoren auf ihre Wirkung auf das Gesamtsystem bzw. auf die Zielgröße zu testen.

Mit der systemdynamischen Methode wurden bereits bei der Einführung dieser Methode auch betriebswirtschaftliche Sachverhalte analysiert. Es existieren in der Literatur einige Unternehmensmodelle, die sowohl Teilbereiche eines Unternehmens als auch das Unternehmen in einem Gesamtmodell darstellen.[680] Einen bis heute wichtigen Beitrag zur systemdynamischen Modellierung ganzer Unternehmen hat Zahn geleistet. Zahn teilt das Unternehmensmodell in die entsprechenden leistungs- und finanzwirtschaftlichen Sektoren auf und erstellt somit ein modulares Konzept, das sämtliche Funktionsbereiche eines Unternehmens abdeckt.[681]

Ein weiteres Unternehmensmodell wurde 1980 von Lyneis vorgestellt, das mit Hilfe der systemdynamischen Zusammenhänge versucht, das Verhalten der einzeln modellierten Funktionsbereiche eines Unternehmens zu analysieren, um so zu bestimmten Entscheidungsregeln zu gelangen.[682] Schwarz/Maybaum haben in ihrem Beitrag zum Modell von Lyneis gezeigt, dass es sich hierbei wohl um kein Gesamtunternehmensmodell handelt, da die Simulationsergebnisse nur für einige Teilsektoren reproduzierbar waren und Lyneis keine Simulationsergebnisse für das Gesamtmodell publiziert hat.[683]

Nur vereinzelt findet man in der Literatur systemdynamische Unternehmensmodelle vor, die in spezifischer Weise auf junge bzw. kleinere und mittlere Unternehmen und/oder auf Biotechnologieunternehmen abzielen. Um eine Evaluierung dieser Modelle vorzunehmen, werden die bestehenden Grundmodelle nachfolgend im Einzelnen kurz diskutiert und auf ihre Eignung als Ausgangspunkt für das in dieser Arbeit zu entwickelnde Modell getestet.

Bianchi liefert auf Basis von Modellbeschreibungen eine Erklärung des Wachstumsprozesses von kleineren und mittleren Unternehmen, veröffentlicht in dem jeweiligen Artikel jedoch keine Modellgleichungen. Damit werden zwar system-dynamische Zusammenhänge eines Unternehmenssystems dargestellt, jedoch fehlt die dazugehörige Quantifizierung, sodass das Modell keine Verwendungsmöglichkeit für die Cash Flow Prognose bei Biotechnologieunternehmen hat.[684]

Ein systemdynamisches Unternehmensmodell, das sämtliche Kernfunktionen und Zusammenhänge inklusive der dazugehörigen Modellgleichungen beschreibt, ist das

679 Vgl. Strohhecker/Fischer (2008), S. 125.
680 Vgl. Schöneborn (2003), S. 61; Schöneborn gibt über die einzelnen Unternehmensmodelle einen guten Überblick und analysiert deren Stärken und Schwächen; Sandrock (2005), S. 63ff, entwickelt ein systemdynamisches Modell für einen e-learning Anbieter.
681 Zahn (1971), S. 121ff; zur Kritik des Gesamtmodells von ZAHN vgl. Schöneborn (2003), S. 61f.
682 Vgl. Lyneis (1980), S. 30ff.
683 Vgl. Schwarz/Maybaum (2000), S. 14.
684 Vgl. Bianchi (2002), S. 318ff.

Modell von Schöneborn.[685] Das Unternehmensmodell basiert auf einem Maschinenbauunternehmen, das Investitionsgüter herstellt und bereits auf dem Markt etabliert ist. Das Modell gibt zwar gute Einsichten in die Wirkungsbeziehungen der einzelnen Teilsysteme, ist jedoch vor dem Hintergrund der Spezifika von Biotechnologieunternehmen und des völlig anders gelagerten Geschäftsmodells des betrachteten Unternehmens sowie der Zielsetzung des Modells nicht verwendbar.

Grossmann beschreibt mittels des systemdynamischen Ansatzes Wachstumsstrategien für Biotechnologieunternehmen, beschränkt das Modell jedoch auf die Wertschöpfung in der Forschung und Entwicklung innerhalb der unterschiedlichen Unternehmensphasen.[686] Da das Modell primär das Ziel verfolgt, das dynamische Verhalten einzelner Unternehmensgrößen während der F&E-Phase abzubilden, wird der Datengüte kein großer Wert beigemessen, da das Modell explizit nicht für Prognosezwecke erstellt wurde.[687] Die Marktseite des Unternehmensmodells wird nicht explizit modelliert, sondern es werden konstante Umsatzzahlen unterstellt, die praktisch unrealistisch sind, sodass dieses Modell lediglich Einsichten in die Dynamik des F&E-Prozesses vermittelt. Darüber hinaus werden auch innerhalb des F&E-Modells äußerst restriktive Annahmen getroffen, die sich auf Basis der bisherigen Analyse der Biotechnologieunternehmen nicht bestätigen lassen. Begründet wird die Nichtmodellierung des Marktmodells mit den immanenten Unsicherheiten in der Prognose der Umsätze (langfristiger Prognosehorizont und ungewisse Wettbewerbsstärke).[688] In dieser Arbeit wird daher versucht, die von Grossmann erwähnten Schwierigkeiten (Langfristigkeit der Prognose und Unsicherheit) durch eine transparente Darstellung der Wirkungen der einzelnen Komponenten sowie deren Quantifizierung zu überwinden. Während Grossmann primär die F&E-Komponente modelliert, erfolgt in dieser Arbeit die explizite Modellierung des Marktes, da nur über die Prognose von Einzahlungen (Markt) und Auszahlungen (F&E, Produktion, Marketing) über einen langen Zeitraum die Rentabilität der Investition ermittelt werden kann.

Ein erwähnenswertes Werk, das insbesondere den pharmazeutischen Markt mittels des systemdynamischen Ansatzes modelliert, stellen Paich/Peck/Valant vor.[689] Die Autoren modellieren mittels der systemdynamischen Methode die drei Schlüsselsektoren des pharmazeutischen Marktes. Dies sind die Anzahl der zu behandelnden Patienten, die Übernahme (Adoption) des Arzneimittels durch die Ärzte und die Behandlungsattraktivität. Die vorgestellten Modellsektoren vermitteln erstmals gute Einsichten in die Funktionsweise des pharmazeutischen Marktes und dessen Zusammenhänge, doch geben die Autoren keine Auskunft über die Quellen der verwendeten Daten und die Ableitung der Inputfaktoren für das Modell. Es erfolgen an wichtigen Stellen des Modells starke Vereinfachungen, die die Autoren nicht weiter begründen. Teilweise wird auf intuitiv zu operationalisierende Faktoren wie z. B. Bewusstseinsbildung bei Ärzten zurückgegriffen, die zu realitätsfern sind, um aus Simulationsläufen Handlungsoptionen oder Strategien abzuleiten. Für die Adoption empfehlen Paich et al. ein Diffusionsmodell, da die Ärzte in Innovatoren und Imitatoren unterteilt werden können und die Diffusion vom Marketing und von der Kommunikation mit den Ärzten beeinflusst wird. Als größte Schwäche des Modells sind die Anwendung von Faktoren und die Herstellung von Zusammenhängen zu

[685] Vgl. Schöneborn (2003), S. 69ff.
[686] Vgl. Grossmann (1999), S. 59ff.
[687] Vgl. Grossmann (1999), S. 232.
[688] Vgl. Grossmann (1999), S. 243 und S. 252f.
[689] Vgl. Paich et al. (2004), S. 17.

sehen, die weder theoretisch fundiert sind noch empirisch abgeleitet werden. Im Modell werden monokausale Zusammenhänge hergestellt, die in der Praxis nicht in dieser eindeutigen Form bestehen. Auch wird das systemdynamische Modell stark von exogen vorgegebenen Daten (z. B. exogene Vorgabe der Marktanteile) beeinflusst. Es weist nur wenige Feedbackloops auf, sodass unter den vorgegebenen Bedingungen und des gewählten Datensets die Prognose mittels der systemdynamischen Modellierung nicht unbedingt notwendig wäre.[690] Kritisch anzumerken ist auch, dass nur teilweise die Modellgleichungen angeführt werden, sodass das vorgestellte Modell eher qualitativer Natur ist und primär nur die grundlegendsten Zusammenhänge zwischen den Faktoren aufzeigt, ohne explizit die Modellgleichungen darzustellen. Als grundlegendes Konzept und Ausgangsbasis für die in dieser Arbeit stattfindende Modellierung ist das Modell dennoch geeignet.

Aufbauend auf das grundlegende Modell von Paich/Peck/Valant und Lane/Husmann analysiert Ambroz den Patientenfluss in einer wesentlich höheren Granularität.[691] Im dargestellten Modell werden Diagnoserate, Sterberaten, Bevölkerungsentwicklung und Altersstrukturen der Patienten, Stärke der Krankheitssymptome, Behandlungszeiten etc. berücksichtigt. Ein Vorteil dieses Modells ist, dass die Annahmen und die Modellgleichungen offengelegt werden, sodass das Modell und die daraus abgeleiteten Ergebnisse nachvollzogen werden können. Allerdings handelt es sich hierbei nur um ein Partialmodell, das lediglich den Patientenfluss abbildet. Obgleich das Modell zeigt, mit welch hohem Detaillierungsgrad ein Teilmodell zerlegt werden kann, ist der praktische Mehrwert eines solch aufwendigen Modells zu hinterfragen, da sich mit der Vielzahl der in das Modell einfließenden Faktoren die Anzahl der zu treffenden (qualitativen) Annahmen erhöht. Da es sich um ein Partialmodell handelt, werden wesentliche Marktfaktoren nicht berücksichtigt.

Homer hat relativ früh die Diffusion von medizinischen Geräten und Arzneimitteln mittels der systemdynamischen Methode untersucht.[692] Im Bereich der Arzneimittel wurde die Diffusion von „Clindamycin“ mittels eines systemdynamischen Modells abgebildet, und ein Vergleich mit den realen historischen Daten ergab eine erstaunlich gute Übereinstimmung. Für den Diabetesmarkt erstellten Jones et al. unter Einbeziehung der Bevölkerungsentwicklung und der Risikofaktoren für Diabetes sowie von Diagnoseraten ein Patientenflussdiagramm und evaluierten daraus einige interessante strategische Ansatzpunkte.[693] Beide Modelle geben wertvolle Hinweise über die zu berücksichtigenden Faktoren bei der Modellierung der Diffusion und integrieren die für das spezifische Therapiegebiet gültigen Größen, wobei deren Operationalisierung stark von intuitiven Annahmen geleitet wird. Bei den Modellen handelt es sich um eine Ex-post-Betrachtung der Diffusion, sodass ein Vergleich mit den historischen Daten möglich war, wobei das Modell mit der Realität gut übereinstimmte. Ob die gute Übereinstimmung mit den historischen Daten auf der Auswahl der richtigen Größen beruht oder die Annahmen so gewählt worden sind, dass eine hohe Anpassungsgüte erreicht wurde, kann nicht abschließend beurteilt werden.

Aus den oben diskutierten systemdynamischen Modellen, die einen Bezug zur relevanten Industrie (Pharmazie, Biotechnologie) haben, zeigt sich, dass die vorgestellten Modelle entweder Partialmodelle für den pharmazeutischen Markt sind

[690] Vgl. Paich et al. (2004), S. 203.
[691] Vgl. Ambroz (2009), S. 12ff; Lane/Husemann (2008), S. 213ff.
[692] Vgl. Homer (1987), S. 213.
[693] Vgl. Jones et al. (2006), S. 489.

oder die Modelle auf stark vereinfachenden Annahmen basieren und die Zusammenhänge der Größen theoretisch bzw. empirisch wenig fundiert sind. In vielen Fällen erfolgt lediglich die Beschreibung von qualitativen Zusammenhängen, die zwar teilweise als Basis für das nachfolgend zu erstellende Modell herangezogen werden können, jedoch für die Prognose aufgrund der mangelnden Operationalisierung nicht geeignet sind. Aus diesen Gründen ist es notwendig, ein in der Literatur bisher noch nicht beschriebenes Modell zu generieren, das die bisherige empirische Literatur berücksichtigt und auf deren Basis die Operationalisierung der Größen vorgenommen werden kann. Gleichzeitig soll mit dem Modell eine Langfristprognose über den gesamten Produktlebenszyklus möglich sein.

Als Ausgangspunkt für ein Modell wird das elementare Unternehmensmodell von Schwarz/Schöneborn herangezogen.[694] Dieses Modell berücksichtigt sowohl stoffliche als auch monetäre Größen eines jungen Start-up-Unternehmens, wobei die Wirkungsbeziehungen der wesentlichsten Größen abgebildet werden, die zur Darstellung einer Unternehmensentwicklung mindestens erforderlich sind. Das Modell kann daher als Ausgangsbasis für ein Biotechnologieunternehmen herangezogen werden. Bei dem Grundmodell für ein Start-up-Unternehmen müssen aufgrund der Spezifika von Biotechnologieunternehmen einige Modellerweiterungen bzw. Anpassungen vorgenommen werden. Die einzelnen Modifikationen dieses Grundmodells werden in den nachfolgenden Kapiteln beschrieben.

4.2.1.2 Prämissen des systemdynamischen Prognosemodells

Grundlegender Baustein im Rahmen des Modellierungsprozesses ist die Festlegung der Systemgrenzen. Für die Definition der Systemgrenzen ist die Betrachtung des gesamten Produktlebenszyklus eines Medikaments von der F&E-Phase bis zum Ende der Marktphase (in der Regel mit Ablauf der Patentlaufzeit) hilfreich. Einen idealtypischen Verlauf des Cash Flows der einzelnen Jahre bzw. des kumulierten Cash Flows zeigt Abbildung 12.

Generell können im Produktlebenszyklus eines Medikaments eine Entwicklungsphase und eine Marktphase unterschieden werden. In den ersten acht Jahren erfolgen annahmegemäß die Auszahlungen für die Forschung und Entwicklung.[695] Dies inkludiert Personalkosten, Kosten für die Herstellung und Kosten der bezogenen Leistungen, Investitionen in Laborausstattung, Anlagen, Maschinen etc. sowie sonstige laufende Kosten wie Lizenzgebühren, Mieten, Beratungsgebühren, Kosten des Pre-Marketings etc. Somit entsteht in den ersten acht Jahren ein negativer Cash Flow, der zu einer Investitionssumme addiert werden kann. Die Finanzierung dieser Phase erfolgt im Modell annahmegemäß mittels Eigenkapital, Fremdkapital, Förderungen etc.[696] Mit Markteintritt in Jahr 9 erfolgen erste Einzahlungen aus den Umsatzerlösen. Nach Ablauf der Patentlaufzeit ist die Marktphase im Modell beendet. In der Regel werden ab diesem Zeitpunkt Generikaanbieter am Markt auftreten, die einen signifikanten Rückgang des Umsatzes verursachen.

---

694 Vgl. Schwarz/Schöneborn (2002).

695 Bei einem gesamten Produktlebenszyklus von 20 Jahren (= Patentlaufzeit) wurden im Modell acht Jahre Entwicklungsphase und zehn Jahre Marktphase unterstellt. Markteintritt des Medikaments erfolgt im Jahr 9.

696 Vgl. Kapitel 2.2.3.

Für das nachfolgend zu entwickelnde systemdynamische Prognosemodell eines Biotechnologieunternehmens, das einen konzeptionellen Rahmen darstellt, gelten folgende wesentliche Prämissen für die Entwicklungs- und Marktphase des Medikaments:

- Die in der Entwicklungsphase vielversprechende Substanz schafft sämtliche klinischen Phasen, sodass jedenfalls der Markteintritt des Medikaments erfolgt. Eine Berücksichtigung von Abbruchwahrscheinlichkeiten erfolgt daher nicht.
- Die Entwicklungskosten des Medikaments sind als fixer Investitionsbetrag festgelegt.
- Die mit der Entwicklung der Substanz auflaufenden Kosten werden aufgrund der relativ guten Planbarkeit der klinischen Tests und der damit zusammenhängenden Kosten als bekannt vorausgesetzt; diese Kosten werden als Summe der Auszahlungen zur Berechnung der Rendite herangezogen.
- Es handelt sich um ein verschreibungspflichtiges Medikament, sodass der Kauf nur nach Verordnung durch den Arzt erfolgen kann.
- Das Modell bildet die Marktphase des Unternehmens ab, d. h. es werden primär die zukünftigen Umsatzerlöse und die damit verbundenen Auszahlungen für Material, Personal etc. abgeschätzt.
- Bei dem Medikament handelt es sich um eine neue, innovative Substanz mit herausragender Produktqualität, sodass das Medikament das erste auf dem Markt ist und den „First-Mover-Vorteil" in Anspruch nehmen kann. Konkurrenzprodukte folgen in den Jahren nach der Markteinführung. Der Markteintrittszeitpunkt des Wettbewerbs wird im Modell exogen festgelegt.
- Die Laufzeit des Modells beträgt 120 Monate. Dieser Zeitraum entspricht in der Praxis der durchschnittlichen Marktphase eines Medikaments, das ist die Zeit, in der das Medikament auf dem Markt verkauft werden kann, bevor dieses den Patentschutz verliert.
- Das Marketing des Medikaments beginnt in der Regel bereits vor dem „product launch". Um diese Tatsache modelladäquat abbilden zu können, sind die Kosten des Pre-Marketings in der Gesamtsumme der Entwicklungskosten enthalten.
- Der Materialaufwand bzw. die Kosten der Herstellung werden als fixer Prozentsatz vom Umsatz angenommen, da das Modell davon ausgeht, dass ein externes Unternehmen die Herstellung großtechnisch übernimmt, wodurch eine hohe Planbarkeit der Bezugspreise gegeben ist.
- Der Vertrieb des Medikaments erfolgt nicht durch das Biotechnologieunternehmen selbst, sondern wird durch eine Drittfirma mit entsprechender Vertriebskapazität durchgeführt. Vertriebskosten fallen im Unternehmen daher nicht an, und die Umsatzerlöse können als Nettolizenzerlös verstanden werden.
- Personalaufwand betrifft lediglich das Personal innerhalb des Biotechnologieunternehmens und umfasst Personal für die Weiterentwicklung des Produkts, Administration, Vertriebsbetreuung, Geschäftsführung etc. Er wird als fixer Betrag plus einer umsatzabhängigen Komponente angenommen.
- Die sonstigen Auszahlungen umfassen sämtliche Kosten für Miete, Beratung, Büroorganisation etc. und werden umsatzunabhängig mit einem Fixbetrag angenommen.

Die Annahme von fixen Beträgen plus einer umsatzabhängigen Komponente kann damit gerechtfertigt werden, dass die einzelnen Kostenpositionen nach der Markteinführung insgesamt gut planbar sind. Auch entsprechen die Annahmen dem weitgehend üblichen Geschäftsmodell von Biotechnologieunternehmen, da nur wenige vollintegrierte Biotechnologieunternehmen existieren.[697]

Vorteil des Modells ist, dass es jedenfalls bereits während der klinischen Entwicklung genutzt werden kann, um mögliche Renditen auf die Entwicklungskosten zu berechnen bzw. eventuell Fortführungs- oder Abbruchentscheidungen herbeizuführen. Die Nutzung des Modells während der Entwicklung ist auch deshalb möglich, da einige Inputparameter (Produktqualität, Dosis, Behandlungsdauer etc.) bereits im Rahmen der klinischen Tests ermittelt werden.

4.2.2 Partialmodelle des systemdynamischen Prognosemodells

Auf Basis der bisherigen Literatur und der Festlegung der Systemgrenzen sind folgende Partialmodelle im Rahmen des Cash Flow Prognosemodells zu unterscheiden:

Abbildung 26: Partialmodelle des Cash Flow Prognosemodells

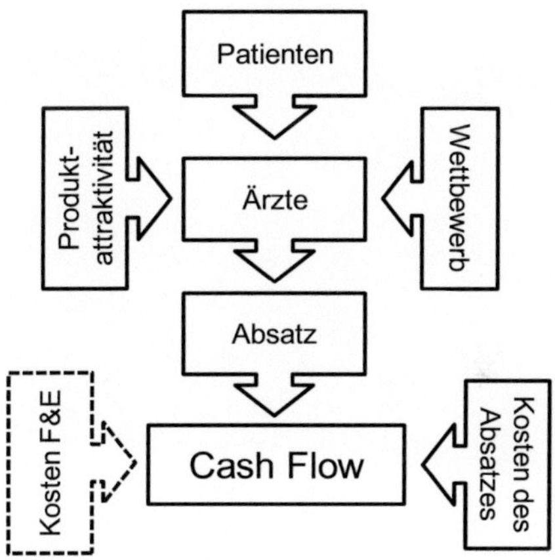

Die in Abbildung 26 dargestellten Partialmodelle bedürfen bei der Prognose des Cash Flows jedenfalls einer Modellierung, da dies jene Komponenten sind, die den Cash Flow am stärksten beeinflussen. Die Auswahl der wesentlichsten Faktoren erfolgt vor dem Hintergrund der Analyse der Spezifika der Biotechs und des Marktes (vgl. hierzu die entsprechenden Kapitel 2.2 und 4.1.3). Die Operationalisierung der Faktoren erfolgt auf Basis von Annahmen, die theoretisch begründbar, empirisch

697 Unter vollintegrierte Biotechnologieunternehmen sind jene Unternehmen zu verstehen, die sämtliche Wertschöpfungsstufen (Entwicklung, Produktion, Marketing & Vertrieb) selbstständig durchführen. Insbesondere der Vertrieb wird meist auf etablierte Pharmaunternehmen, die über ein entsprechendes Vertriebsnetz verfügen, ausgelagert.

überprüfbar oder hinreichend plausibel sind.[698] Darüber hinaus bedarf es zur Erstellung eines Cash Flow Prognosemodells mittels des systemdynamischen Ansatzes, neben der Festlegung der einzelnen Komponenten bzw. Partialmodelle, auch der Abbildung der Wirkungszusammenhänge aller wesentlichen Faktoren sowie der Darstellung der dazugehörigen Modellgleichungen innerhalb der einzelnen Partialmodelle und der Partialmodelle untereinander. Aufgrund der Abgrenzung des Untersuchungsgegenstandes wird die F&E-Phase mit den Kosten für Personal, Laborausstattung, klinische Tests etc. nicht explizit modelliert. Einerseits hängen die Kosten der Entwicklung stark vom Indikationsgebiet und damit vom Umfang der klinischen Tests ab, und andererseits sind diese Kosten relativ genau planbar, sodass die abzuschätzenden Kosten für die Durchführung der F&E-Phase planungsorientierten Charakter haben.[699]

Ausgangspunkt der Herleitung eines Wirkungsdiagramms ist das für ein Start-up-Unternehmen formulierte und oben erwähnte Unternehmensmodell von Schwarz/ Schöneborn.[700]

Das Modell in der publizierten Form ist in nachfolgender Abbildung dargestellt:

[698] Die Grundlagen der Operationalisierung der Faktoren in der Marktphase sind aus den Erkenntnissen der empirischen Literatur (vgl. hierzu Kapitel 4.1.3) abgeleitet.
[699] Zur Abgrenzung von Prognose und Planung vgl. Kapitel 3.1.1.
[700] Vgl. Schwarz/Schöneborn (2002).

Abbildung 27: Elementares Modell für ein Start-up-Unternehmen

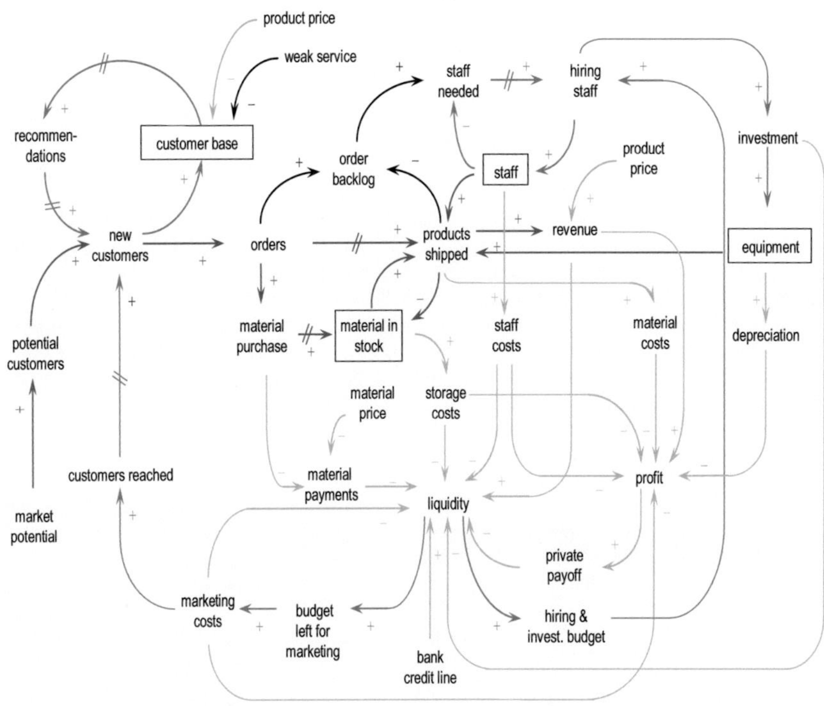

Quelle: Schwarz/Schöneborn (2002)

Das oben abgebildete Modell muss vor dem Hintergrund der Spezifika der Biotechnologieunternehmen und des Absatzmarktes entsprechend angepasst werden. Da das in dieser Arbeit zu erstellende Modell die Vorhersage von Cash Flows abbilden soll, bedarf dieses Modell einiger Änderungen, um einerseits eine Anpassung an die Spezifika von Biotechnologieunternehmen und andererseits eine cash-flow-orientierte Betrachtung zu erreichen.[701] Nicht im oben dargestellten Modell enthalten, für ein Cash Flow Prognosemodell eines Biotechnologieunternehmen aber wichtige Komponenten sind die Abbildung des Wettbewerbs und die Modellierung des Einflusses der Produkteigenschaften. Diese beiden Komponenten sind in dem hier zu entwickelnden Modell zu ergänzen. Für ein cash-flow-orientiertes Modell, das nur Einzahlungen und Auszahlungen berücksichtigt, können sämtliche nicht zahlungswirksame Aufwendungen wie etwa Abschreibungen, Rückstellungen etc.

[701] Anhang I enthält eine Übersicht über sämtliche in den einzelnen Partialmodellen wirksamen Einflussfaktoren und deren Wirkungsbeziehungen untereinander, die in dem in den nachfolgenden Kapiteln zu entwickelnden Modell verwendet werden. Darüber hinaus sind in Anhang I auch sämtliche Gleichungen abgebildet. In den hier dargestellten Kapiteln werden lediglich die wesentlichsten Gleichungen beschrieben und dargestellt.

außer Acht gelassen werden. Der Vergleich zum obigen Modell und die wesentlichen Änderungen und Ergänzungen werden in den nachfolgenden Kapiteln anhand der zu erstellenden Partialmodelle dargestellt.

4.2.2.1 Patienten

Sämtliche an der Krankheit leidende Personen, für die das innovative Medikament entwickelt wurde, stellen das Marktpotenzial dar, das im obigen elementaren Unternehmensmodell im linken unteren Bereich der Abbildung 27 als eine einzige Größe dargestellt ist. Bereits bei der Größe Marktpotenzial (market potenzial) sind aufgrund der Spezifika einige wesentliche Änderungen bzw. Ergänzungen vorzunehmen. Das Marktpotenzial setzt sich im Pharmamarkt aus der Gesamtzahl der erkrankten Personen zusammen und ist um spezifische medizinische Einflussfaktoren zu korrigieren. Zusätzlich ist eine Trennung des Marktpotenzials (= erkrankte Personen bzw. Patienten) von den Kunden (Käufer, Ärzte) vorzunehmen. Die Trennung zwischen Patienten (= Konsument) und Ärzten (= Käufer) ist aufgrund der Spezifika des Pharmamarktes notwendig, da die Patienten das Medikament zwar konsumieren, dieses aber von den Ärzten, die aus Sicht des Biotechnologieunternehmens die Kunden darstellen, „gekauft" wird. Damit sind die Patienten zwar das Marktpotenzial, die Ärzte jedoch die Kunden. Diese Trennung ist auch im Modell entsprechend abzubilden, da sich hierbei wesentliche Konsequenzen für andere im Modell zu integrierende Größen ergeben. Festzuhalten ist in diesem Zusammenhang, dass aufgrund länderspezifischer Unterschiede das Marktpotenzial und die Kunden (= Ärzte) für jedes Land separat modelliert werden müssen. In dieser Arbeit erfolgt lediglich die Betrachtung eines Landes, da damit generell die Vorgehensweise aufgezeigt wird und eine Modellierung sämtlicher Absatzmärkte keine zusätzlichen Einsichten ins Systemverhalten erbringen würde. Das Modell unterstellt damit einen einzigen Markt.

Um das Marktpotenzial (= Anzahl erkrankte Personen) zu bestimmen, ist ausgehend von der Gesamtbevölkerung eines Landes, auf Basis medizinisch-statistischer Datenbanken, die sogenannte Prävalenz zu bestimmen. Die Prävalenz, ausgedrückt in absoluten Zahlen oder in Prozent der Bevölkerung, gibt die Anzahl der an einer bestimmten Krankheit leidenden Personen zu einem bestimmten Zeitpunkt an. Systemdynamisch handelt es sich hierbei um eine Bestandsgröße zu einem bestimmten Zeitpunkt.

In vielen Fällen wird es aufgrund der Art der Erkrankung notwendig sein, die Gesamtbevölkerung in Männer und Frauen bzw. Alterskohorten zu unterteilen, da bestimmte Erkrankungen geschlechterspezifisch auftreten oder nur Personen in einem bestimmten Alter (z. B. Alzheimer, Kinderkrankheiten) betreffen. Da über einen sehr langen Zeitraum prognostiziert werden muss, ist auch eine Erweiterung des Patientenmodells um Geburten- und Sterberaten denkbar, um die Änderung der Bevölkerungszusammensetzung adäquat berücksichtigen zu können. Zwar erfahren beinahe alle Kinder die üblichen Kinderkrankheiten, jedoch wird sich ein Rückgang der Geburtenrate, wie dies in vielen westlichen Staaten derzeit der Fall ist, auf die absolute Höhe des Marktpotenzials auswirken. Somit wäre auf Basis von empirischen Erhebungen die Prävalenz für jede einzelne Gruppe bzw. Alterskohorte zu erheben. Der Prognoseersteller ist hier gefordert, eine Entscheidung hinsichtlich der Integration weiterer Größen zu fällen. Die prävalente Bevölkerung stellt das maximal mögliche Marktpotenzial zu dem jeweils betrachteten Zeitpunkt dar. Da nicht alle erkrankten Personen zum Arzt gehen und nicht jeder Arzt die Erkrankung richtig diagnostiziert, ist das Marktpotenzial weiter einzugrenzen.

Nachfolgende Grafik zeigt die Reduktion der Gesamtbevölkerung auf die diagnostizierten Patienten in anschaulicher Weise als Teilmengen, wobei die Anzahl der nicht diagnostizierten und die Anzahl der diagnostizierten Personen die prävalenten Personen ergeben.

Abbildung 28: Abgrenzung Gesamtbevölkerung – Patienten

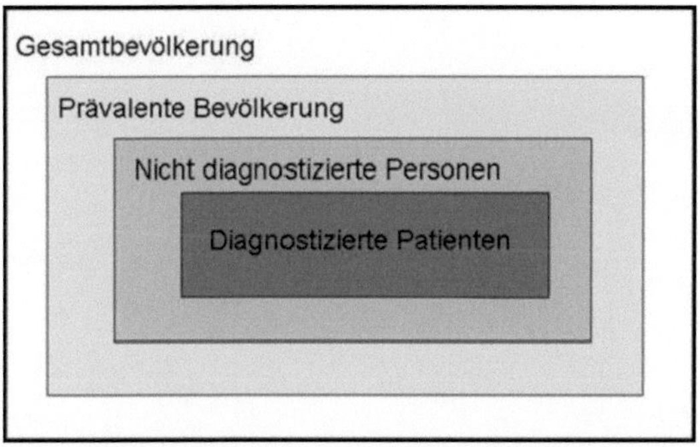

Bei der prävalenten Bevölkerung, die eine Teilmenge der Gesamtbevölkerung darstellt, handelt es sich in der systemdynamischen Sprachregelung um eine Bestandsgröße zu einem bestimmten Zeitpunkt. Die Änderung des Bestands erfolgt durch die sogenannte Inzidenzrate. Die Inzidenzrate gibt die Anzahl der Neuerkrankungen pro Zeiteinheit (üblicherweise pro Jahr und 1.000 Einwohner) an und verursacht der Bestandsgröße „prävalente Bevölkerung" einen stetigen Zufluss. In der systemdynamischen Darstellung ergeben sich folgende Bestands- und Flussgrößen, die in den nachfolgenden Abschnitten näher erläutert und diskutiert werden.

Abbildung 29: Patientenmodell

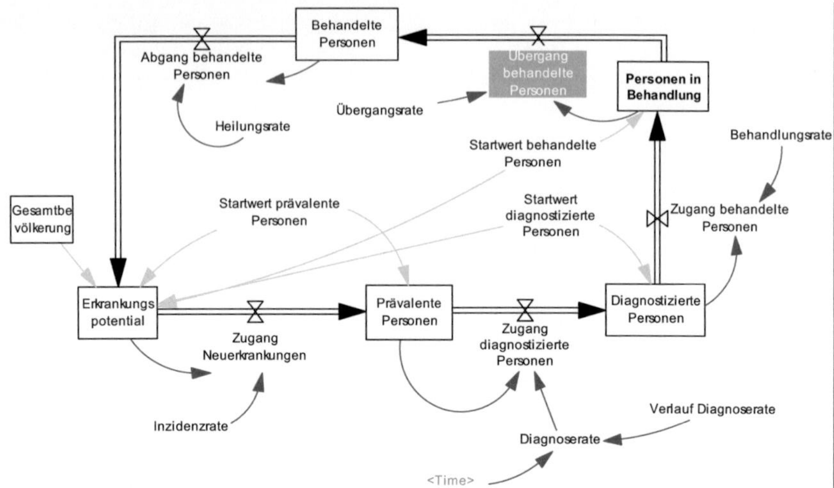

Das grau markierte und in weißer Schrift gehaltene Feld (= Flussgröße „Übergang behandelte Personen") zeigt an, dass diese Größe in einem anderen Teilmodell Berücksichtigung findet

Ausgangspunkt des Modells ist die Gesamtbevölkerung eines Landes. Um eine korrekte Darstellung des Patientenflusses zu ermöglichen, ist nicht die Gesamtbevölkerung als Startgröße für die Ermittlung der Patienten, sondern die Bestandsgröße „Erkrankungspotenzial" als Startgröße heranzuziehen. Die getrennte Darstellung ermöglicht einerseits die Berücksichtigung eines Bevölkerungswachstums in einem eigenen Modell und ist andererseits auch aus modelltechnischen Überlegungen notwendig, denn durch die Erkrankungen innerhalb der Bevölkerung wird die Bevölkerung insgesamt nicht geringer. Mathematisch ist die Bestandsgröße „Erkrankungspotenzial" durch folgende Gleichung abgebildet:

Formel 13 *Erkrankungspotenzial = Abgang behandelte Personen – Zugang Neuerkrankungen [Anzahl Personen]*

Mit dem Startwert:

Formel 14 *Gesamtbevölkerung – Startwert prävalente Personen – Startwert diagnostizierte Personen – Startwert behandelte Personen [Anzahl Personen]*

Die Gesamtbevölkerung wurde mit dem fixen Wert von 80 Mio. Personen angenommen, was der ungefähren Bevölkerungszahl von Deutschland entspricht.

Die zum Zeitpunkt der Markteinführung bereits prävalenten Personen werden mit Hilfe des Startwertes modelliert. Der Zugang der Neuerkrankungen pro Zeiteinheit[702] wird durch Multiplikation der Inzidenzrate in Prozent mit dem Erkrankungspotenzial errechnet. Die Inzidenzrate kann, abhängig von der Art der Erkrankung, wiederum von zahlreichen Faktoren beeinflusst werden. Einige Beispiele hierfür wären der statistisch nachweisbare Zusammenhang zwischen der rauchenden Bevölkerung und der Anzahl der Lungenkrebserkrankungen oder die Ernährungsgewohnheiten und die Anzahl der Neuerkrankungen an Diabetes mellitus. Bei stark ansteckenden Krankheiten wird das Modell um epidemiologische Faktoren zu erweitern sein. Darüber hinaus ist eine Vielzahl weiterer Einflussfaktoren je nach Art der Erkrankung denkbar. Um die Inzidenzrate möglichst exakt zu bestimmen, sollte diese über eine epidemiologische Studie und über die Auswertung der vorhandenen statistischen Datenbanken bestimmt werden. In der Regel liegen die Inzidenzraten in Form von Zeitreihen vor und können über eine Trendexploration fortgeschrieben werden. Denkbar ist auch die Ableitung über eine Regressionsanalyse, die die Abhängigkeiten von exogenen Größen offenlegt, die im Modell auch quantifiziert werden können. Zu Beginn der klinischen Phase I wird es ausreichend sein, wenn aus vorhandenen Datenbanken die aktuellen statistischen Werte der Prävalenz, der Inzidenz-, Diagnose- und Behandlungsrate für die Bestimmung der zu behandelnden Patienten herangezogen werden. In späteren Phasen wird das Modell um alters- oder geschlechtsspezifische bzw. weitere exogene Faktoren zu erweitern sein. So könnten mit zunehmendem Wissen über Wirkung, Nebenwirkungen und Wechselwirkungen mit anderen Medikamenten entweder weitere Indikationsgebiete eröffnet oder gewisse Patientengruppen aus dem gesamten Marktpotenzial ausgeschlossen werden. Damit zeigt sich deutlich die Eignung des systemdynamischen Modells, das laufend um Größen erweitert werden kann bzw. dessen Parameter in einfachster Weise geändert werden können.

Die gemäß obiger Berechnung ermittelten „Prävalenten Personen“ müssen noch in die Anzahl „Behandelte Personen“ übergeleitet werden. Die Überleitung der Anzahl der bereits erkrankten (= prävalenten) Personen zu der Anzahl der behandelten Personen erfolgt über die Diagnose- bzw. Behandlungsrate. Dieser Schritt ist notwendig, da die beiden Bestandsgrößen „Prävalente Personen“ und „Behandelte Personen“ sich durch folgende Einflüsse, die in der Diagnose- bzw. Behandlungsrate abgebildet werden, unterscheiden:

- Nicht alle an der Krankheit leidenden Personen suchen aufgrund des milden Krankheitsverlaufs einen Arzt auf.
- In vielen Ländern ist die Anzahl der Ärzte pro 1.000 Einwohner so gering, dass es vielen Patienten nicht möglich ist, einen Arzt aufzusuchen.
- Die Krankheit selbst ist eventuell erst seit Kurzem bekannt und der Arzt kann die Symptome noch nicht richtig deuten.
- Die Symptome sind zu schwach, sodass der Arzt von einer Behandlung mit einem Medikament noch absieht und nichts verschreibt.
- Die Symptome sind zu unspezifisch, sodass es zu einer Fehldiagnose kommt und ein ungeeignetes Medikament verschrieben wird.

[702] Im Modell wird die Zeiteinheit Monat verwendet, sodass die Flussgrößen im gesamten Modell durchgängig auf Monatsbasis berechnet sind.

- Der Arzt kann den Patienten aufgrund von Wechselwirkungen mit anderen Medikamenten, die zur Behandlung anderer Krankheiten dienen, das in Frage kommende Medikament nicht verschreiben.

Bei den oben genannten Einflüssen wird ersichtlich, dass die beiden Größen stark vom jeweiligen Indikationsgebiet abhängen. Die Ermittlung der Diagnose- und Behandlungsrate wird am einfachsten über Expertenschätzungen oder aufgrund von Erfahrungswerten mit ähnlichen Krankheiten möglich sein. Auch eine Auswertung des Verordnungsverhaltens der Ärzte kann nützliche Erkenntnisse bringen. Für eine möglichst genaue Abschätzung der Diagnoserate ist die Durchführung von eigenen medizinischen Studien, gemeinsam mit Ärzten, zu empfehlen. Zu beachten ist dabei, dass die Durchführung der Diagnose mittels aufwendigen Instrumenten und Verfahren (Ultraschall, CT etc.) die Diagnoserate senkt. Die Aufteilung der prävalenten Personen in diagnostizierte und nicht diagnostizierte Personen ist wichtig, da die noch nicht diagnostizierten Personen einen für das Biotechnologieunternehmen möglichen Ansatzpunkt für Marketingmaßnahmen repräsentieren. Durch Aufklärung beim Arzt hinsichtlich der Erkrankung bzw. Informationen an den Patienten erhöht sich die Diagnoserate bzw. die Anzahl der Personen, die wegen ihrer Symptome den Arzt aufsuchen. In Abhängigkeit vom Therapiegebiet wird die Diagnoserate von unterschiedlichen Faktoren abhängig sein. Nachgewiesen ist die Wirkung von direct-to-consumer advertising, wodurch Patienten vermehrt oder früher zum Arzt gehen, sodass eine positive Wirkung der Werbung unterstellt werden kann.[703] Im Modell erfolgt die Berücksichtigung einer innerhalb eines Intervalls stetig steigenden Diagnoserate mit Hilfe einer Tabellenfunktion. Der stetige Anstieg der Diagnoserate kann auch durch das Marketing beim Arzt erklärt werden. Durch geeignete Marketingmaßnahmen erfolgt einerseits eine bessere Aufklärung der Ärzte hinsichtlich Symptome, Krankheitsverlauf etc. und andererseits erfolgt bei den Patienten ein Bewusstseinsbildungsprozess für die Behandlungsmöglichkeiten. Es erscheint daher angemessen, die Diagnoserate, beginnend bei einem Startwert, relativ rasch ansteigen und mit der Zeit gegen ein Sättigungsniveau streben zu lassen. Der Kurvenverlauf mit abnehmender Steigung ist auch mit dem abnehmenden Grenznutzen des Marketings theoretisch begründbar. Der Startwert der Diagnoserate wird im Modell mit 0,75 angenommen und strebt gegen 0,96.

Die Darstellung der Behandlungsrate im Modell erfolgt analog zur Diagnoserate und wird mit einem fixen Wert von 0,95 angenommen. Dies bedeutet, dass 95 % aller richtig diagnostizierten Personen auch mit einem Medikament behandelt werden. Erst nach Festlegung der Diagnoserate und der Behandlungsrate liegt die Anzahl der möglichen, mit dem neu eingeführten Medikament zu behandelnden Personen vor. Die Bestandsgröße „Personen in Behandlung“ zeigt jene Anzahl an Personen, bei denen der Arzt grundsätzlich entscheidet, eine Therapie durchzuführen, wobei noch keine Aussage getroffen wird, ob der Arzt das vom Biotechnologieunternehmen entwickelte und auf den Markt gebrachte Medikament verordnet. Zur Ermittlung der Absatzmenge bzw. der Umsatzerlöse, die Flussgrößen darstellen, ist es notwendig, die Bestandsgröße „Personen in Behandlung“ über eine Nebenrechnung in eine Flussgröße „Übergang behandelte Personen“ zu überführen. Dies geschieht mittels der Übergangsrate mit dem Wert 1, die die beiden Bestandsgrößen „Personen in

[703] Vgl. Findlay (2002), S. 22; Iizuka/Jin (2005), S. 702.

Behandlung“ und „Behandelte Personen“ verbindet.[704] Die dazugehörige Gleichung in systemdynamischer Schreibweise lautet:

Formel 15 *Übergang behandelte Personen = (Personen in Behandlung * Übergangsrate) / 12,*[705]

woraus sich die Bestandsgröße „Behandelte Personen“ wie folgt ergibt:

Formel 16 Behandelte Personen = Übergang behandelte Personen – *Abgang behandelte Personen*

Nach Durchführung der Behandlung und der Annahme, dass der Patient danach geheilt ist, erfolgt der Rückfluss der Anzahl der „Behandelte Personen“ über die Heilungsrate in das Erkrankungspotenzial. Im Fall von chronischen Erkrankungen würde der Patient im Bestand der behandelten Personen verbleiben, sodass diese Bestandsgröße stetig wächst und nur durch die Sterberate Abgänge erfolgen.

Für das in dieser Arbeit entwickelte Modell werden die Inzidenz-, Diagnose-, Behandlungs-, Übergangs- und Heilungsrate exogen vorgegeben und keine weitere Modellierung dieser Flussgrößen von exogenen Faktoren (z. B. Anzahl Raucher; Anzahl Haushaltsunfälle etc.) unternommen, da dies eine umfangreiche Datenbeschaffung erfordern würde und die exogenen Faktoren stark vom jeweiligen Therapiegebiet abhängig sind. Die Inzidenzrate wird konstant mit 0,0075 angenommen, sodass bei einer Bevölkerungszahl von 80 Mio. Personen jedes Jahr 600.000 Personen neu erkranken. Die prävalenten Personen zu Beginn der Markteinführung (Startwert) belaufen sich annahmegemäß auf 1,2 Mio. Personen.

Zusammenfassend ergeben sich folgende Inputparameter für das Patientenmodell:

[704] Diese Größe wird ausschließlich aus modelltechnischen Gründen eingeführt und stellt nicht wie die anderen Flussgrößen im Patientenmodell eine marktspezifische Größe dar.

[705] Die Division durch 12 ist notwendig, da für das Modell die Zeiteinheit Monate definiert wurde.

Tabelle 16: Ausgangsdaten Patientenmodell

Gesamtbevölkerung:	80 Mio. [Anzahl Personen]
Startwert prävalente Personen:	1,2 Mio. [Anzahl Personen]
Startwert diagnostizierte Personen:	0 [Anzahl Personen]
Startwert behandelte Personen:	0 [Anzahl Personen]
Inzidenzrate:	0,0075 [dimensionslos]
Diagnoserate:	siehe Tabellenfunktion
Behandlungsrate:	0,95 [dimensionslos]
Übergangsrate:	1,00 [dimensionslos]
Heilungsrate:	0,93 [dimensionslos]

Abbildung 30: Verlauf Diagnoserate Monat 1 – 120

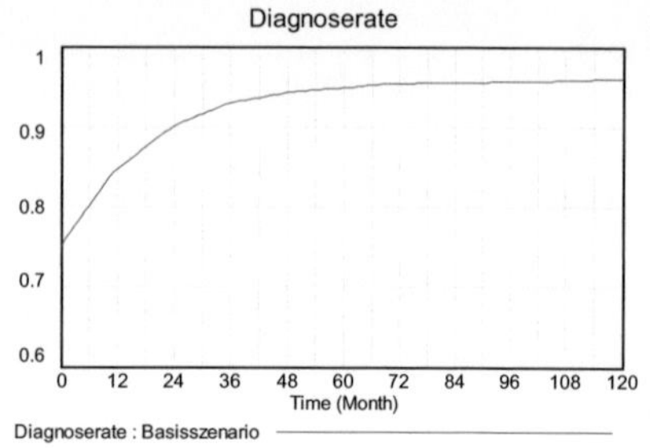

Minimum: 0,75

Maximum: 0,96

Eine Simulation unter den oben angeführten Anfangsbedingungen ergibt folgenden Patientenfluss:

Abbildung 31: Bestandsgrößen des Patientenmodells

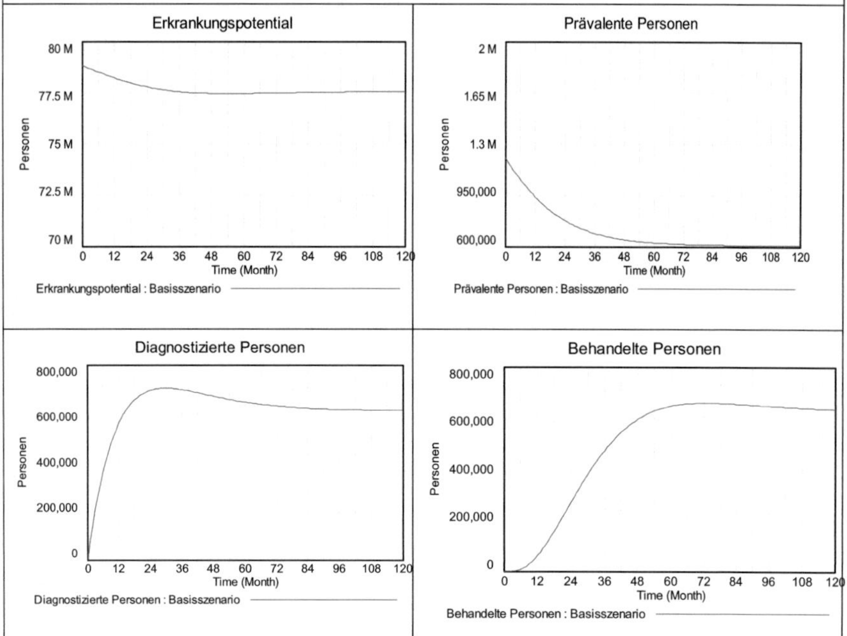

Zum Verlauf der oben stehenden Grafiken gibt es folgende Erklärungen: Das Erkrankungspotenzial, definiert als Gesamtbevölkerung minus den Startwerten der prävalenten, diagnostizierten und behandelten Personen, sinkt anfänglich aufgrund des Abflusses zu den prävalenten Personen und erreicht bei rund 77,5 Mio. Personen ein Gleichgewicht, da die geheilten Personen dem Erkrankungspotenzial wieder zurückfließen.

Die Bestandsgröße „Prävalente Personen" nimmt anfänglich schnell ab, da sich der Startwert aufgrund des Abflusses zu den diagnostizierten Personen über die Diagnoserate ständig verringert und der Zufluss über die Inzidenzrate wesentlich geringer ist. Im Modell dauert es rund 40 Monate, bis sich die behandelten Personen bei einem bestimmten Niveau stabilisieren. Wird der Startwert der prävalenten Personen auf null gesetzt, wird der Gleichgewichtspunkt erst nach rund 78 Monaten erreicht. Erklärbar ist dies durch die Tatsache, dass in diesem Fall nur die Neuerkrankten zum Arzt gehen. Es muss daher das Ziel jedes Biotechnologieunternehmens sein, entsprechende Anreize zu setzen, um die prävalenten Personen möglichst rasch abzubauen, d. h. sie zum Aufsuchen eines Arztes zu bewegen. Im Falle bereits bestehender Behandlungsmöglichkeiten kann dies auch als Übergang zur Behandlung mit dem neuen, innovativen Medikament interpretiert werden.

Die „Behandelten Personen" folgen aufgrund der Annahme, dass nicht sämtliche diagnostizierten Personen einer Behandlung unterzogen werden und der Startwert null ist, mit einer entsprechenden Zeitverzögerung.

Die aus dem Patientenmodell generierte Anzahl von behandelten Personen muss über die Anzahl der Ärzte in diejenigen Personen transformiert werden, die auch mit dem vom Biotechnologieunternehmen entwickelten Medikament behandelt werden. Dies erfordert die Darstellung der Ärzte, die das Medikament verordnen, über ein eigenes Partialmodell.

Mit dem Patientenmodell ist der erste Teil des Unternehmensmodells von Schwarz/Schöneborn – das Marktpotenzial – abgebildet. Es hat sich gezeigt, dass gegenüber dem elementaren Unternehmensmodell bei Biotechnologieunternehmen wesentliche Erweiterungen notwendig sind, die ausschließlich auf die Besonderheiten des pharmazeutischen Marktes zurückzuführen sind.

Im Modell von Schwarz/Schöneborn hat der Preis eine direkte negative Wirkung auf die Kundenbasis, wodurch sich bei höheren Preisen eine niedrigere Nachfrage ergibt. In dem hier entwickelten Modell für den pharmazeutischen Markt hat der Preis eine untergeordnete Rolle auf die Nachfrage, da die Patienten einerseits die Medikamente nicht selbst bezahlen müssen und andererseits die Kaufentscheidung nicht vom Patienten, sondern vom Arzt getroffen wird. Der Arzt trifft die Verschreibungsentscheidung nur bedingt auf Basis von Preisüberlegungen. Die geringe Preiselastizität der Nachfrage bei Arzneimittel kann als Beweis für die untergeordnete Rolle des Preises herangezogen werden. Der Preis wird deshalb an dieser Stelle (Patientenmodell) im Modell nicht berücksichtigt.

Für die Betrachtung des nächsten Modellteils des Umsatzzyklus, beginnend mit den Bestellungen über die Herstellung und den Vertrieb bis hin zur Fakturierung der Umsatzerlöse, sind für Biotechnologieunternehmen weitere Besonderheiten im Modell zu berücksichtigen, die im nachfolgenden Kapitel diskutiert werden.

4.2.2.2 Ärzte – Adoptoren

Nach der Bestimmung des Marktpotenzials (Anzahl erkrankte Personen) und der daraus abgeleiteten modelltechnischen Hilfsgröße „Übergang behandelte Personen" sind in einem nächsten Schritt diejenigen Personen zu ermitteln, die auch tatsächlich mit dem vom Biotechnologieunternehmen entwickelten Medikament behandelt werden. Erst daraus können in einem weiteren Schritt die Absatzmenge und Umsatzerlöse, die auf das Biotechnologieunternehmen entfallen, berechnet werden. Die aus dem Ärzte- bzw. Adoptorenmodell, in Verbindung mit dem Patientenmodell, prognostizierten Absatzmengen multipliziert mit dem Preis ergeben die Umsatzerlöse. Die Umsatzerlöse sind jene Einzahlungen, aus denen die Investoren ihre Rendite generieren, und stellen damit den wesentlichsten Werttreiber des Biotechnologieunternehmens dar. Aufgrund der Wichtigkeit der Prognose der Umsatzerlöse werden in diesem Kapitel die die Umsatzerlöse beeinflussenden Faktoren im Detail analysiert und deren Wirkungszusammenhänge im Modell dargestellt.

Wie in Kapitel 3.2 demonstriert worden ist, stehen für die Modellierung einer Neuprodukteinführung, wie dies hier der Fall ist, nur wenige Methoden zur Verfügung, die in geeigneter Weise Absatzmengen zu prognostizieren vermögen.[706] In dem hier zu entwickelnden Prognosemodell wird ein erweitertes Bass Diffusionsmodell zur Berechnung des Diffusionsverlaufs und damit der Absatzmenge des Medikaments herangezogen. Gewählt wird ein Bass-Modell, da dieses verhaltenstheoretisch fundiert ist und empirisch seine Eignung bewiesen hat.[707] Ein weiterer Vorteil des Bass-Modells liegt darin, dass bei Vorliegen erster Umsatzzahlen aufgrund der besseren Schätzung der Parameter des Modells eine immer genauere Einschätzung des folgenden Kurvenverlaufs vorgenommen werden kann. Das Modell erreicht damit eine immer höhere Schätzgenauigkeit, womit die Prognosegüte kontinuierlich zunimmt.

Die in der Literatur beschriebenen Bass-Modelle bedürfen aufgrund der Besonderheiten des Marktes einiger Anpassungen und der Integration zusätzlicher Größen. Der bereits in Kapitel 4.2.2.1 diskutierte Unterschied zwischen den potenziellen Adoptoren und dem Marktpotenzial (= erkrankte bzw. prävalente Personen) ist auch für das hier verwendete Bass-Modell wesentlich, denn die Adoptoren sind nicht die Patienten, sondern die Ärzte. Die Adoptionsentscheidung (Kauf, Verschreibung) ist daher auf Ebene der Ärzte abzubilden und das Modell dementsprechend zu erweitern. Die wesentlichsten Faktoren, die auf das Verschreibungsverhalten der Ärzte wirken und damit die Absatzmenge bzw. die Umsatzerlöse bestimmen, sind in nachfolgender Grafik dargestellt.[708]

---

[706] Siehe auch Kapitel 3.2, Prognose und die dort diskutierten Methoden

[707] Zu den Vorteilen des Bass Modells vergleiche Kapitel 3.2.3.

[708] Die für die Prognose wesentlichen Faktoren wurden in Kapitel 4.1.2 herausgearbeitet.

Abbildung 32: Einflussfaktoren Diffusionsprozess

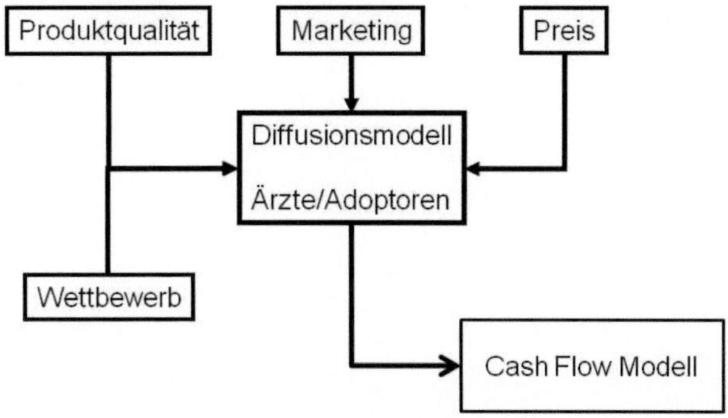

Die oben genannten Faktoren haben sich im Zuge der Literaturanalyse und vor dem Hintergrund der Spezifika des Marktes und des Produkts als die auf die Absatzmenge am stärksten wirksamen Faktoren herauskristallisiert und finden deshalb Eingang in das in dieser Arbeit zu entwickelnde Prognosemodell. Die oben genannten Einflussfaktoren Marketing, Produktqualität und Preis wirken ausschließlich auf die Diffusionsgeschwindigkeit, d. h. wie schnell die Ärzte das neu entwickelte Medikament verordnen. Der Wettbewerb wirkt über die Abwanderung von bestehenden Adoptoren zum Wettbewerbsprodukt primär auf die Anzahl der zu erreichenden Ärzte. Gleichzeitig ändert sich bei Auftreten eines Wettbewerbers die Produktqualität, die sich auf die Adoptionsrate auswirkt.

Der Kern des Diffusionsmodells ist das gewöhnliche Bass-Modell, das in systemdynamischer Schreibweise, angepasst auf ein Biotechnologieunternehmen, in Abbildung 33 dargestellt ist. Das grau markierte Feld mit der weißen Textbezeichnung „Behandelte Patienten" findet Eingang in ein weiteres Partialmodell, das zur Berechnung der Umsatzerlöse dient. Die lediglich hellgrau gekennzeichneten Größen mit kursiver Textbezeichnung sind aus anderen Partialmodellen abgeleitet und dienen im Ärztemodell als Inputfaktoren.

Abbildung 33: Systemdynamische Darstellung Ärzte/Adoptorenmodell

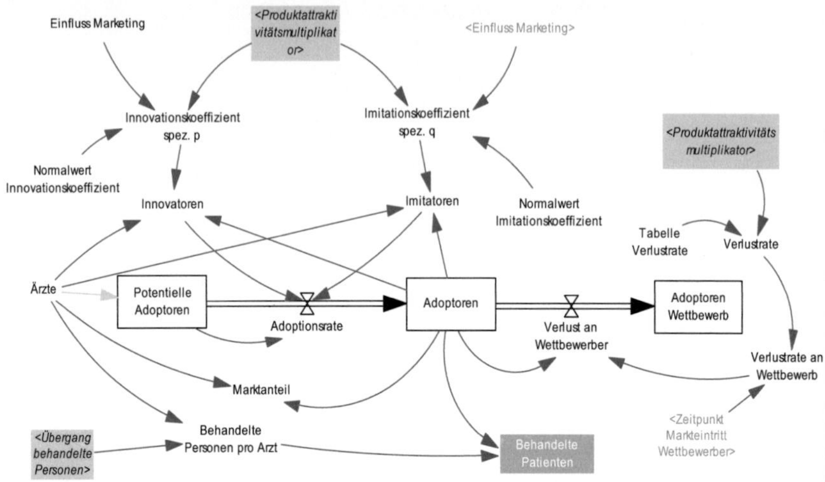

Das oben abgebildete Modell bildet den zweiten wichtigen Teil des gesamten Cash Flow Prognosemodells ab. Dieser zweite Teil wird stark vom Partialmodell „Produktattraktivität" beeinflusst und ermittelt über die Abbildung eines Diffusionsprozesses die Ausgangsbasis für die Bestimmung der Absatzmenge bzw. der Umsatzerlöse. Im Vergleich zum Modell von Schwarz/Schöneborn entspricht dieser Teil des Modells der Größe „customer base". Deutlich wird auch hier der wesentlich höhere Komplexitätsgrad aufgrund der Spezifika des Marktes und es bedarf auch in diesem Fall, wie beim Patientenmodell, der Einführung weiterer Größen, um das Systemverhalten sachgerecht abzubilden.

Im Diffusionsmodell wird die Gesamtanzahl der Ärzte, die in der Lage sind, das Medikament zu verschreiben, als die Summe der potenziellen Adoptoren definiert. In der Regel stellt die Bestimmung der Anzahl der Ärzte in einem Land aufgrund der medizinischen Register kein großes Problem dar. Bei speziellen Therapien ist darauf zu achten, dass auch nur die entsprechenden Fachärzte und nicht die Gesamtzahl der Ärzte als potenzielle Adoptoren definiert werden. Wie im herkömmlichen Bass-Modell, das die Käufer in Innovatoren und Imitatoren unterteilt, kann auch bei den Ärzten diese Unterteilung vorgenommen werden. Die Innovatorennachfrage ergibt sich durch Multiplikation des Innovationskoeffizienten p mit der Anzahl der jeweils verbleibenden Ärzte, die das Arzneimittel noch nicht adoptiert haben. Die Imitatorennachfrage errechnet sich aus der Multiplikation des Imitationskoeffizienten q mit dem Quotienten aus der Anzahl der bestehenden Adoptoren und der Gesamtzahl der potentiellen Adoptoren, multipliziert mit der Differenz aus Gesamtzahl der potenziellen Adoptoren und Anzahl der Ärzte, die das Medikament bereits adoptiert haben. Die entsprechenden Formeln finden sich in Tabelle 17.

Tabelle 17: Ausgangsdaten und Gleichungen des Diffusionsmodells	
Bestands- bzw. Flussgröße	**Startwert bzw. Berechnungsgleichung**
Anzahl Ärzte [Anzahl Ärzte]	5000 (Startwert)
Innovationskoeffizient spez. p [dimensionslos]	Normalwert Innovationskoeffizient (= 0,01) *x* Produktattraktivitätsmultiplikator *x* Faktor Marketingaufwand
Imitationskoeffizient spez. q [dimensionslos]	Normalwert Imitationskoeffizient (= 0,37) *x* Produktattraktivitätsmultiplikator *x* Faktor Marketingaufwand
Innovatoren [Anzahl Ärzte]	Innovationskoeffizient spez. p *x* (Ärzte – Adoptoren)
Imitatoren [Anzahl Ärzte]	Imitationskoeffizient spez. q *x* Adoptoren/Ärzte * (Ärzte – Adoptoren)
Adoptionsrate [Anzahl Ärzte/Monat]	(Innovatoren + Imitatoren) / 12
Adoptoren [Anzahl Ärzte]	Adoptionsrate – Verlust an Wettbewerber
Behandelte Personen [Anzahl Personen]	siehe Patientenmodell Kapitel 4.2.2.1
Behandelte Personen pro Arzt [Anzahl Personen]	Übergang behandelte Personen / Anzahl Ärzte
Behandelte Patienten [Anzahl Personen]	Behandelte Personen pro Arzt *x* Adoptoren
Produktattraktivitätsmultiplikator [dimensionslos]	vgl. Kapitel 4.2.2.2.1
Verlust an Wettbewerber [dimensionslos]	vgl. Kapitel 4.2.2.2.2
Faktor Marketingaufwand [dimensionslos]	vgl. Kapitel 4.2.2.2.3

Zu Beginn der Entwicklungsphase des Medikaments, also in jener Phase, in der noch wenig Informationen über die den Diffusionsprozess beeinflussenden Faktoren vorliegen, können als erste Näherungswerte für die beiden Koeffizienten die aus der Literatur gewonnenen Werte für pharmazeutische Märkte herangezogen werden. Der Innovationskoeffizient p beträgt in diesem Fall 0,01 und der Imitationskoeffizient q 0,37.[709] In der Praxis wird das Biotechnologieunternehmen die beiden Koeffizienten

[709] Vgl. Hahn et al. (1994), S. 238.

aus historischen Diffusionsverläufen von ähnlichen (analogen) Produkten im selben Therapiegebiet schätzen oder die Koeffizienten aus den Absatzmengen von sämtlichen für die Behandlung der Erkrankung am Markt ähnlichen Medikamenten ermitteln. Durch die exogene Vorgabe des Übernehmerpotenzials (Summe Adoptoren = Gesamtzahl Ärzte) ergeben sich Erleichterungen bei der Schätzung der Diffusionskoeffizienten p und q.[710]

Nachstehende Grafiken zeigen den Verlauf der Adoptoren bei Verwendung der obigen Formeln und Basisdaten.

Abbildung 34: Adoptoren, Adoptionsrate und Behandelte Patienten im Basismodell

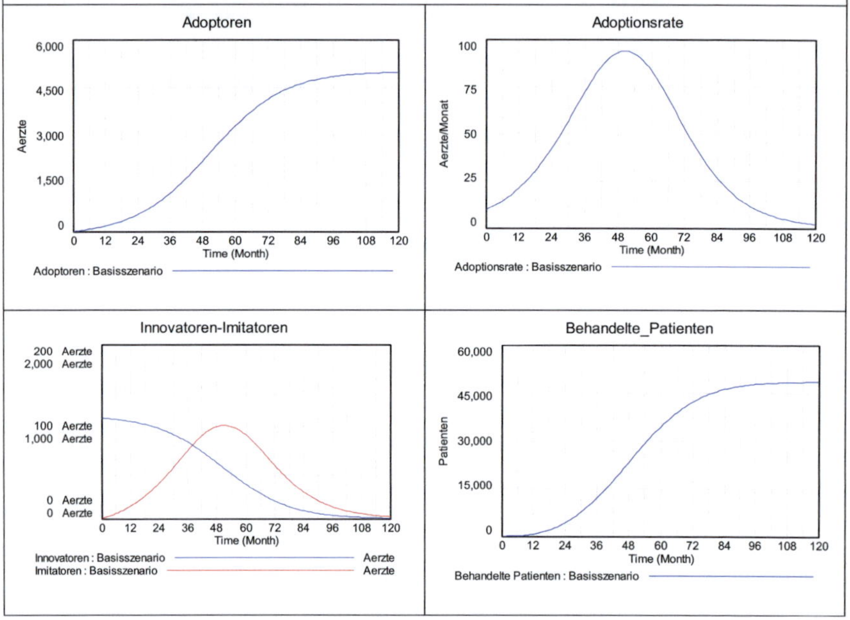

Die oben stehende Grafiken zeigen deutlich den für ein Bass-Modell typischen Kurvenverlauf, wobei in diesem Fall die in Tabelle 17 genannten Ausgangsdaten für die Simulation herangezogen wurden. Abhängig von den gesetzten Anfangsparametern zeigen sich deutliche Unterschiede im Kurvenverlauf. Damit können zahlreiche Simulationen mit unterschiedlichen Ausgangsdaten durchgeführt und deren Einfluss auf die Adoptionsrate bzw. Adoptoren ermittelt werden. Wesentlichen Einfluss auf den Diffusionsverlauf haben die beiden Faktoren Produktattraktivität und Marketing. Die Wirkung der einzelnen Faktoren wird in den nachfolgenden Kapiteln diskutiert.

[710] Vgl. Bähr-Seppelfricke (1999), S. 126.

4.2.2.2.1 Produktattraktivität

Die Adoptionen pro Zeiteinheit bzw. die Diffusionsgeschwindigkeit werden über den absoluten Wert des Innovations- und Imitationskoeffizienten bestimmt. Im Modell wird unterstellt, dass die exogenen Faktoren Produktattraktivität und Marketing die Diffusionsgeschwindigkeit beeinflussen. Die Annahme, dass eine erhöhte Produktattraktivität und eine erhöhte Marketingaktivität positiv auf die Adoptionsentscheidung des Adoptors (Arzt) wirken, erscheint intuitiv nachvollziehbar, da erhöhte Werbeaktivitäten das Bewusstsein für das Produkt erhöhen und positive Produkteigenschaften eher zu einer Adoption führen.

Die Diskussion von Diffusionsmodellen (Kapitel 3.2.3.2) hat gezeigt, dass eine Vielzahl von Erweiterungen des Grundmodells von Bass existiert, um exogene Größen in das Diffusionsmodell einzubeziehen, und die geeignet sind, um die diffusionsexogenen Faktoren zu integrieren. Für das hier zu erstellende Modell wird eine multiplikative Verknüpfung zwischen dem Innovations- und Imitationskoeffizienten und den exogenen Faktoren Produktattraktivität und dem Marketing gewählt. Die Produktattraktivität ist eine Funktion von Preis und Produktqualität. Die Produktqualität setzt sich aus den Faktoren Wirksamkeit und Stärke der Nebenwirkungen zusammen. Die Wirksamkeit und die Stärke der Nebenwirkungen sind in der pharmazeutischen Industrie die wesentlichsten Faktoren, die die wahrgenommene Produktqualität beeinflussen. Im Modell werden der Preis und die Produktqualität zu einem Produktattraktivitätsmultiplikator zusammengefasst, wobei der Preis aufgrund der niedrigen Preiselastizität der Nachfrage eine untergeordnete Rolle einnimmt. Im Modell wird dies durch einen Gewichtungsfaktor berücksichtigt.

Im nachfolgenden Wirkungsdiagramm ist die systemdynamische Modellierung des Produktattraktivitätsmultiplikators, der auf die beiden Diffusionskoeffizienten wirkt, dargestellt.

Abbildung 35: Systemdynamische Darstellung des Produktattraktivitätsmultiplikators

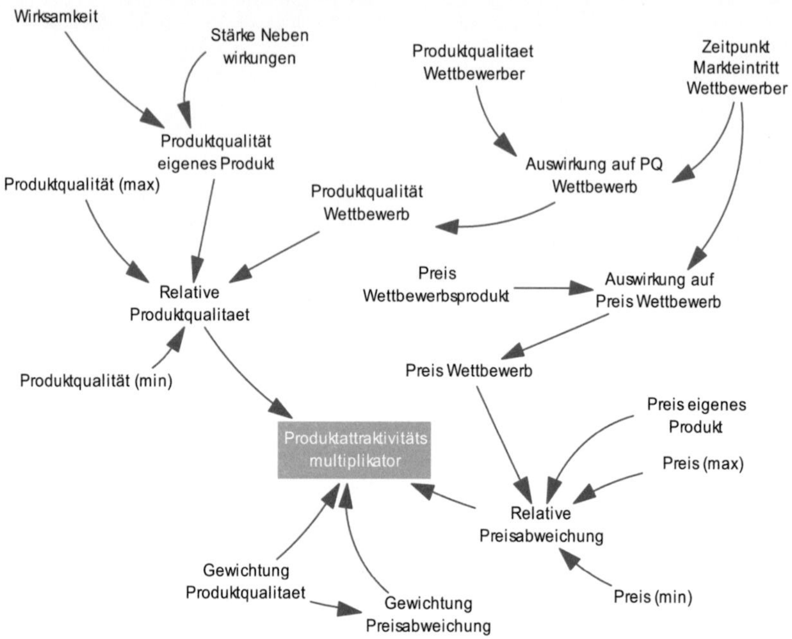

Der Produktattraktivitätsmultiplikator berechnet sich als gewichtete Addition der relativen Produktqualität (rel. PQ) und der relativen Preisabweichung (rel. PA) und ist dimensionslos.

Formel 17 $\textit{Produktattraktivitätsmultiplikator} = 1 + 0{,}75 \times \textit{rel. PQ} + 0{,}25 \times \textit{rel. PA}$

Der Gewichtungsfaktor wird im Modell so gewählt, dass der Produktqualität eine höhere Bedeutung zukommt, da der Preis in der Verschreibungsentscheidung beim Arzt eine nicht so bedeutende Rolle spielt und nur dann als Entscheidungskriterium herangezogen wird, wenn die Medikamente hinsichtlich ihrer Produktqualität ähnlich sind und der Marketingeinsatz aller Konkurrenzunternehmen gleich oder vernachlässigbar wäre. In der Praxis werden die Gewichtungsfaktoren durch eine Expertenschätzung ermittelt werden. Um zum Produktattraktivitätsmultiplikator zu gelangen, müssen die relative Produktqualität und die relative Preisabweichung im Vergleich zu den Konkurrenzprodukten ermittelt werden.

Modellierung der relativen Produktqualität

Die Verschreibung eines Medikaments durch den Arzt erfolgt zu einem großen Teil auf Basis der Einschätzung der Produktqualität im Vergleich zu den anderen am Markt befindlichen Arzneien. Die Produktqualität ist das Ergebnis der Forschung und Entwicklung und kann im Zuge der Durchführung der klinischen Tests immer genauer bestimmt werden, da das Medikament hinsichtlich Wirksamkeit und Nebenwirkungen ein immer klareres Profil aufweist. Im Modell wird die Produktqualität als relative Produktqualität angesetzt, die bestehend aus den beiden Faktoren Wirksamkeit und Nebenwirkungen mittels eines Scoringverfahrens gegenüber den Wettbewerbsprodukten ermittelt wird (vgl. Kapitel 4.1.3.1.1.3). Die Vergabe der Punktewerte beim Scoringverfahren kann über eine einfache Expertenschätzung oder über die Durchführung einer Conjoint-Analyse erfolgen. Beide Methoden sind in der Praxis gut anwendbar, da sowohl die Produktqualität der Konkurrenzprodukte als auch die Produktqualität des eigenen Produkts aufgrund der (vorläufigen) klinischen Ergebnisse bekannt sind und gut eingeschätzt werden können. Darüber hinaus verfügt die pharmazeutische Industrie über gute statistische Datenbanken, woraus die Produktqualität etwaiger Wettbewerbsprodukte abgeleitet werden kann. Solange sich das Medikament in einer frühen klinischen Phase befindet, wird man in der Praxis mit einer einfachen Expertenschätzung das Auslangen finden. Bei zunehmender Entwicklung des Medikaments wird die Conjoint-Analyse eher zur Anwendung kommen. Die Definition der Wirksamkeit und der Nebenwirkungen kann aus den jeweiligen im entsprechenden Therapiegebiet definierten, finalen pharmazeutischen Endpunkten abgeleitet werden. Die Abbildung über diese pharmazeutischen Endpunkte erfolgt in diesem Modell nicht, da diese stark vom Therapiegebiet abhängig sind. In der Regel werden Arzneimittel im direkten Verkaufsgespräch zwischen Arzt und Pharmareferent auf Basis einer allgemeinen Beschreibung von Wirksamkeit und Nebenwirkungen besprochen. Der Arzt als Adoptor trifft die Verschreibungsentscheidung nicht auf Basis der genauen Statistiken betreffend die finalen pharmazeutischen Endpunkte, sondern auf Basis einer subjektiven Verarbeitung der beiden wesentlichsten Faktoren Wirksamkeit und Nebenwirkungen, sodass diese vereinfachende Vorgangsweise gerechtfertigt ist.

Als besonders geeignet für die Abbildung der relativen Produktqualität im Vergleich zu Konkurrenzprodukten haben sich Scoringverfahren erwiesen.[711] Die Einschätzung der Produktqualität kann vom Unternehmen selbst auf Basis detaillierter Analysen und der Wertung der einzelnen finalen pharmazeutischen Endpunkte bei den Faktoren Wirksamkeit und Nebenwirkungen durchgeführt werden. Denkbar wären auch noch weitere Faktoren wie Applikation, Behandlungsdauer, Verträglichkeit mit anderen Medikamenten, Eignung zur Langzeitbehandlung etc. Im hier entwickelten Modell wird lediglich auf die beiden Faktoren Wirksamkeit und Nebenwirkungen abgestellt.

Die Bewertung der Wirkung und der Nebenwirkungen des eigenen Produkts und des Konkurrenzprodukts erfolgt in dem hier erarbeiteten Prognosemodell über ein Scoringverfahren mit den Werten zwischen 0 (keine Wirksamkeit, hohe Nebenwirkungen) bis 10 (höchste Wirksamkeit, keine Nebenwirkungen). Um zu einem normierten Wert der relativen Produktqualität zu gelangen, erfolgt die Berechnung gemäß nachstehender Formel:

[711] Die Beschränkungen bei Anwendung eines Scoringverfahrens sind zu beachten, vgl. Kapitel. 4.1.3.1.1.3.

Formel 18 $$rel.\ PQ = \frac{PQ_e - \overline{PQ}_W}{PQ_{max} - PQ_{min}}$$

PQ_e ... Produktqualität eigenes Produkt

$\overline{PQ}_W$... Durchschnittliche Produktqualität Wettbewerbsprodukte

PQ_{min} ... Produktqualität (min) = 0

PQ_{max} ... Produktqualität (max) = 20

Die auf Basis der Formel 18 sich ergebenden Werte der Produktqualität bewegen sich zwischen -1 und 1 und werden durch folgende Eckpunkte repräsentiert. Im Falle einer gleich guten Produktqualität zwischen eigenem und Wettbewerbsprodukt (gleiche Punkteanzahl) ergibt sich eine relative Produktqualität von Null. Der theoretisch mögliche Fall, dass das eigene Produkt hinsichtlich Wirksamkeit und Nebenwirkungen mit 10 Punkten versehen wird (entspricht der maximal möglichen Wirkung ohne eine einzige Nebenwirkung) und das durchschnittliche Marktprodukt einen Wert von 0 erhält (keine Wirkung und hohe Nebenwirkungen), würde eine relative Produktqualität von 1 bedeuten. Der umgekehrte Fall (eigenes Produkt 0 und Durchschnitt der Marktprodukte 10) bedeutet eine relative Produktqualität von -1, sodass in der obigen Kalkulation des Produktattraktivitätsmultiplikators (Formel 17) die Diffusion nur mehr vom Preis beeinflusst wird, dessen Modellierung im nachfolgenden Abschnitt dargestellt ist. Die Einschätzung der Produktqualität des Wettbewerbers erfolgt im vorliegenden Modell über die Festlegung eines beliebigen Wertes zwischen 0 und 10 für die beiden im Modell verwendeten Faktoren „Wirksamkeit“ und „Stärke Nebenwirkungen“. Aus modelltechnischen Gründen muss gleichzeitig die exogene Schätzung des Zeitpunkts vorgenommen werden, an dem der Wettbewerber den Markt betritt.

Modellierung der relativen Preisabweichung

Die Modellierung des Preiseinflusses erfolgt analog zur Modellierung der relativen Produktqualität. Aus dem Preis des eigenen Medikaments und des Durchschnittspreises der Wettbewerbsprodukte wird eine relative Preisabweichung ermittelt, die durch Division der Differenz zwischen höchstem und niedrigstem möglichen Marktpreis auf einer Skala zwischen -1 und +1 normiert wird. Die dazugehörige Formel lautet:

Formel 19 $$rel.\ PA = \frac{\bar{P}_W - P_e}{P_{max} - P_{min}}$$

P_e ... Preis eigenes Produkt

$\bar{P}_W$ ...Durchschnittspreis Wettbewerbsprodukte

P_{max}... maximaler Preis (EUR 80)

P_{min}... minimaler Preis (EUR 20)

Die relative Preisabweichung, berechnet nach Formel 19, kann Werte zwischen -1 und +1 annehmen. Entspricht der Preis des eigenen Produkts dem durchschnittlichen Konkurrenzpreis, ist die relative normierte Preisabweichung null und es ergibt sich kein Effekt auf den Produktattraktivitätsmultiplikator. Je höher der Preis des eigenen Produkts im Vergleich zum durchschnittlichen Wettbewerbspreis, desto mehr nähert sich die Preisabweichung dem Wert -1 an. Dieser negative Wert findet mit 25 % Gewichtung Eingang in den Produktattraktivitätsmultiplikator und verringert dementsprechend den Produktattraktivitätsmultiplikator. Im umgekehrten Fall (hoher Wettbewerbspreis – niedriger Preis des eigenen Produkts) führt die Preisabweichung zu einer Erhöhung des Produktattraktivitätsmultiplikators. Solange noch kein Wettbewerbsprodukt auf dem Markt ist, ist die relative Preisabweichung annahmegemäß null und der Preis hat keinen Effekt auf den Produktattraktivitätsmultiplikator bzw. die Diffusionsgeschwindigkeit.

Wenn der Preis wesentlich unter dem Durchschnittspreis der Wettbewerbsprodukte liegt, findet aufgrund des Preisvorteils eine schnellere Diffusion statt, da der Produktattraktivitätsmultiplikator gemäß der Formel 17 > 1 wird. Dies bedeutet, dass ein nicht wirksames Produkt durch die Setzung eines sehr niedrigen Preises trotzdem verkauft wird, was als durchaus vertretbare Annahme geltend gemacht werden kann.

Im Modell wird der Preis als Fixwert vorgegeben, wobei eine beliebige Preisobergrenze mit 80 EUR und die Preisuntergrenze mit 20 EUR (Herstellkosten) angenommen wurde. Als Preisobergrenze fungiert die maximal mögliche Erstattungsfähigkeit durch die Krankenkasse, als Preisuntergrenze die Herstellkosten. Mit der Einschätzung der Produktqualität aus den Ergebnissen der klinischen Phasen können erste Preisindikationen ermittelt werden. Je höher die Wirksamkeit des Medikaments, desto eher wird der Preis an der Erstattungsgrenze (= Preisobergrenze) angesiedelt sein. Die Ermittlung des Preises stellt für das gesamte Management eine große Herausforderung dar, da die in Kapitel 4.1.3.1.2 erwähnten Einflussfaktoren im Einzelfall berücksichtigt werden müssen. Zur Ermittlung eines Preises werden in der Praxis neben der Preisanalyse bestehender Produkte jedenfalls auch umfangreiche Preisstudien durchzuführen sein. Während das Medikament sich noch in der Entwicklungsphase befindet, wird es ausreichend sein, die Preise analoger Produkte heranzuziehen. Erst vor der Markteinführung wird, vor dem Hintergrund der Herstellkosten und der Erstattungsgrenze, ein optimaler Preis ermittelt. In dem hier vorgestellten Modell erfolgt die Festlegung des Produktpreises sowie des maximalen und minimalen Marktpreis vereinfachend als exogene Größe.

Jeder über dem durchschnittlichen Markt- bzw. Konkurrenzpreis liegende Preis des neuen innovativen Medikaments führt zu einer negativen Preisabweichung zwischen dem durchschnittlichen Marktpreis der Konkurrenzprodukte und dem Preis des eigenen Produkts, wodurch sich ein negativer Effekt auf den Produktattraktivitätsmultiplikator ergibt.

Die Modellierung des Einflusses des Preises über die relative Preisabweichung, die wiederum über den Produktattraktivitätsmultiplikator Eingang ins Modell findet, wurde gewählt, da der Abweichung des Preises des eigenen Produkts zum Konkurrenzpreis eine wesentlich höhere Bedeutung zukommt als der Wirkung des absoluten Preisniveaus auf die Nachfrage. Der pharmazeutische Markt ist relativ preisunelastisch, d. h. die Nachfrage ändert sich aufgrund einer Preisänderung nur geringfügig bis gar nicht. Ursache dafür ist, dass der Patient den Preis nicht selbst bezahlen muss und der Preis bei den Ärzten nicht das wichtigste Entscheidungskriterium ist. Selbst bei

Einführung von Generika auf dem Markt zeigen empirische Studien, dass es bei den innovativen Arzneimitteln kaum zu einer Preissenkung kommt und der Eintritt von Generika sich primär auf die Absatzmenge auswirkt. Die Anwendung einer fallenden Preis-Absatz-Funktion wäre daher nicht gerechtfertigt. Gleichzeitig wird dadurch die Anwendung eines Diffusionsmodells begründet.

Produktattraktivitätsmultiplikator

Aus den möglichen Kombinationen der relativen Produktqualität und der relativen Preisabweichung ergeben sich für den Produktattraktivitätsmultiplikator gemäß Formel 17 Werte zwischen 0,0 und 2,0.

Zu Beginn der Markteinführung des innovativen neuen Produkts wird der Produktattraktivitätsmultiplikator einen Wert nahe 2,0 annehmen. Die Erfahrung am pharmazeutischen Markt zeigt jedoch, dass innerhalb kurzer Zeit (wenige Monate bis innerhalb der nächsten zwei bis drei Jahre) Konkurrenzprodukte vergleichbarer Qualität auf den Markt kommen. Dies hat automatisch zur Folge, dass die Produktattraktivität abnimmt und die relative Produktattraktivität sich dem Wert von null annähert, wenn die Wettbewerbsprodukte hinsichtlich Wirksamkeit und Nebenwirkungen vergleichbar bzw. besser sind. Dies führt dazu, dass sich einerseits die Diffusionsrate verlangsamt und andererseits Adoptoren verloren gehen, da annahmegemäß die Ärzte zum Produkt mit der höchsten Produktqualität wechseln. Damit ist mit dem Produktattraktivitätsmultiplikator auch ein Wettbewerbseffekt verbunden, der im folgenden Kapitel im Detail dargestellt wird.

Bei hoher Produktqualität und niedrigem Preis ist der Produktattraktivitätsmultiplikator 2,0. Da der Innovationskoeffizient relativ klein ist (annahmegemäß 0,01) und der Imitationskoeffizient höher, wirkt der Multiplikator „stärker" auf die Imitatoren. Dies ist plausibel, da ein sehr gutes Produkt durch den word of mouth Effekt schneller bekannt wird und zahlreiche Imitatoren findet. Der Anteil der Innovatoren wird dagegen weitgehend gleich bleiben, was verhaltenstheoretisch mit dem Bass-Modell übereinstimmt. Alternativ könnte im Simulationsmodell der Produktattraktivitätsmultiplikator auch nur auf den Imitationskoeffizienten wirksam werden.

Damit ergeben sich, abhängig von der relativen Produktqualität und der Preisabweichung, die in untenstehender Tabelle dargestellten fixen Werte mit dem Maximalwert von 2,0 und dem Minimumwert von 0,0:

Tabelle 18: Eckpunkte des Produktattraktivitätsmultiplikators

	Eigenes Produkt	Durchschnitt Wettbewerbsprodukte	Eigenes Produkt	Durchschnitt Wettbewerbsprodukte	Eigenes Produkt	Durchschnitt Wettbewerbsprodukte	Eigenes Produkt	Durchschnitt Wettbewerbsprodukte
Charakterisierung eigenes Produkt	*Höchste Qualität und niedrigster Preis*		*Höchste Qualität und höchster Preis*		*Gleiche Qualität und gleicher Preis*		*Niedrigste Qualität und höchster Preis*	
Wirksamkeit	HOCH	NIEDRIG	HOCH	NIEDRIG	HOCH	NIEDRIG	HOCH	NIEDRIG
Nebenwirkungen	NIEDRIG	HOCH	NIEDRIG	HOCH	NIEDRIG	HOCH	NIEDRIG	HOCH
Relative Produktqualität (Gewichtung 0,75)	**1,00**		**1,00**		**0,00**		**-1,00**	
Preis	NIEDRIG	HOCH	HOCH	NIEDRIG	NIEDRIG	HOCH	NIEDRIG	HOCH
Relative Preisabweichung (Gewichtung 0,25)	**1,00**		**-1,00**		**0,00**		**-1,00**	
Produktattraktivitätsmultiplikator	**2,00**		**1,50**		**1,00**		**0,00**	

Abhängig von der Einschätzung der Produktqualität und der Preisabweichung nimmt der Produktattraktivitätsmultiplikator Werte zwischen 0,0 und 2,0 an. Die in Tabelle 18 dargestellten Kombinationen sind durchaus plausibel, denn eine hohe Produktqualität gepaart mit einem sehr niedrigen Preis (Produktattraktivitätsmultiplikator = 2,0) wird eine entsprechende Beschleunigung der Diffusion verursachen, während eine sehr niedrige Produktqualität gepaart mit einem sehr hohen relativen Preis (Produktattraktivitätsmultiplikator = 0,0) die Diffusion praktisch zum Erliegen bringen wird.

Der Preis zeigt im Modell immer eine negative Wirkung, sofern jener des eigenen Produkts höher als der durchschnittliche Marktpreis ist. Die relative normierte Preisabweichung wird daher, sofern kein Marktpreis vorhanden ist, im Modell zu Beginn auf null gesetzt. Dies geschieht in der Weise, dass der Preis des Wettbewerbsprodukts dem Preis des eigenen Produkts entspricht. Dadurch ergibt sich eine relative Preisabweichung von null und der Preis hat, wenn kein Konkurrenzprodukt auf dem Markt ist, keinen Effekt, was auch verhaltenstheoretisch begründbar ist.

4.2.2.2.2 Wettbewerb

Nach Markteinführung des Medikaments werden je nach Attraktivität des Marktes früher oder später Konkurrenzprodukte auf den Markt kommen. Mit dem Auftreten von Wettbewerbsprodukten wird ein Teil der Ärzte die neu eingeführten bzw. vorhandenen Wettbewerbsprodukte verschreiben. Der Arzt trifft eine Einschätzung bezüglich Produktqualität und Preis und stellt intuitiv eine Kosten-Nutzen-Überlegung an. Der Produktqualität und der relativen Preisabweichung kommt dabei eine bedeutende Rolle zu, sodass diese beiden Faktoren in Form des Produktattraktivitätsmultiplikators Eingang bei der Berücksichtigung des Wettbewerbs finden müssen. Im Modell ist daher ein Zusammenhang zwischen dem Produktattraktivitätsmultiplikator und dem Verschreibungsverhalten der Ärzte herzustellen.

Zum Zeitpunkt des Eintritts eines Wettbewerbers werden bestehende Adoptoren verloren gehen, da letztere das Wettbewerbsprodukt verschreiben. Im Modell wird dies in Form einer Verlustrate berücksichtigt, wobei ein Zusammenhang zwischen der Produktattraktivität und der Höhe der Verlustrate über eine Tabellenfunktion hergestellt wird. Die Herstellung eines Zusammenhangs zwischen der Verlustrate und der Produktattraktivität erscheint plausibel, da mit zunehmender Produktattraktivität immer mehr Adoptoren zum Wettbewerbsprodukt wechseln. Schwierig ist die Darstellung des quantitativen Zusammenhangs zwischen der Verlustrate und des Produktattraktivitätsmultiplikators. Im hier vorgestellten Modell wird eine lineare Tabellenfunktion gemäß nachstehender Abbildung herangezogen. Denkbar wären auch alternative Funktionsverläufe, die gestrichelt dargestellt sind.

Abbildung 36: Zusammenhang Verlustrate und Produktattraktivitätsmultiplikator

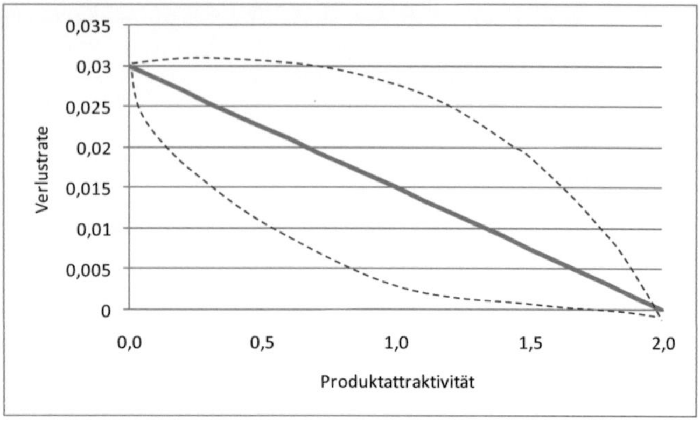

Die lineare Funktion hat folgende Eckpunkte: Bei einer Produktattraktivität von 2,0 (maximaler Wert) ist die Verlustrate null, da aufgrund der überragenden Produktqualität keine Adoptoren zum Wettbewerbsprodukt wechseln.

Bei einer Produktattraktivität von null beträgt die Verlustrate bei den Adoptoren 3 % pro Monat, d. h. 3 % der Adoptoren wechseln zum Wettbewerbsprodukt. In der Praxis wird man auf Basis medizinischer Datenbanken und Statistiken einen empirischen Zusammenhang zwischen der geschätzten Produktattraktivität und den Marktanteilsverlusten bei der Einführung eines Wettbewerbsprodukts im selben Indikationsgebiet herstellen, um daraus eine Verlustrate pro Monat abzuleiten. Anhand der Analyse der Absatzzahlen bei Eintritt von Wettbewerbsprodukten sollte die Ableitung eines empirischen Zusammenhangs möglich sein.

Neben der Abwanderung bestehender Adoptoren ergibt sich über den Produktattraktivitätsmultiplikator noch ein zweiter wichtiger Effekt: Die Verringerung des Produktattraktivitätsmultiplikators senkt die Adoptionsrate des eigenen Produkts, da Ärzte, die das Medikament noch nicht adoptiert haben, sich für das Wettbewerbsprodukt entscheiden. Somit verringert sich auch die Diffusionsgeschwindigkeit des eigenen Produkts und beide in der Realität auftretenden Phänomene sind im Modell erfasst.

Der Produktattraktivitätsmultiplikator ist aufgrund seines entscheidenden Einflusses ein zentraler Bestandteil des gesamten Modells und bedarf bei der Ableitung besonderer Sorgfalt.

4.2.2.2.3 Marketing

Im Kapitel zur Diffusion wurde demonstriert, dass einige Arbeiten existieren, die den Einfluss des Marketings in Diffusionsmodellen behandeln, wobei die mathematische Formulierung der Wirkung des Werbeeinflusses unterschiedlich ist. In dem hier vorgestellten Modell wird davon ausgegangen, dass die Marketingaktivitäten auf Innovatoren und Imitatoren in gleicher Weise wirken. Darüber hinaus wird ein multiplikativer Zusammenhang zwischen den Diffusionskoeffizienten und den

Marketing unterstellt. In diesem Zusammenhang ist eine Besonderheit des Pharmamarktes, dass die Marketingmaßnahmen nur einen geringen Einfluss auf das Marktpotenzial haben, da die Anzahl der Patienten von den Marketingmaßnahmen unabhängig ist, sodass dieser Effekt im Modell vernachlässigt werden kann. Marketing bewirkt jedoch, dass Patienten, die Informationen über eine bestimmte Krankheit erhalten, eher zum Arzt gehen, sofern bestimmte zutreffende Symptome auftreten. Weiters kann davon ausgegangen werden, dass innerhalb einer bestimmten Frist alle Ärzte aufgrund eines Besuchs der Pharmareferenten über das neue Medikament informiert werden. Höhere Marketingaktivitäten führen dazu, dass die Ärzte gemäß der Adoptionstheorie nach Rogers[712] (Bewusstseinsbildung, Interesse, Bewertung, Versuch → Adoption) diesen Adoptionsprozess schneller durchlaufen. Die Marketingaktivitäten beeinflussen daher primär die Diffusionsgeschwindigkeit. Je höher die Diffusionsgeschwindigkeit, desto mehr Umsatzeinzahlungen erfolgen, die anteilsmäßig wieder für weitere Marketingaufwendungen eingesetzt werden, sodass sich hieraus ein sich selbst verstärkender Effekt ergibt. Ein weiterer positiver Effekt ergibt sich dadurch, dass durch die schnelle Erreichung der Peak Sales ein längerer Zeitraum verbleibt, um das Produkt auf hohem Niveau zu verkaufen, bevor Wettbewerber Marktanteile gewinnen.

Nach Festlegung der Marketingaktivitäten und der damit verbundenen Auszahlungen ist es notwendig, den Einfluss des Marketings auf die Diffusionsgeschwindigkeit zu modellieren. Das in Kapitel 3.2.3.2.5 dargestellte Generalized-Bass-Modell (GBM) ist aufgrund seiner Eigenschaften ein möglicher Ansatz, den Einfluss des Marketings auf die Diffusionskoeffizienten abzubilden. Die Grundlagen des GBM werden auch in dieser Arbeit angewendet, in der ein multiplikativer Zusammenhang zwischen dem Normalwert Innovationskoeffizient und der Größe „Faktor Marketingaufwand" angenommen wird. Im GBM erfolgt die Wirkung des Marketingaufwands gemäß untenstehender Formel:

Formel 20 $$\textit{Einfluss Marketing} = 1 + 0{,}32 \times \frac{\textit{Marketingaufwand Periode } t}{\textit{Marketingaufwand Periode } t\text{-}1}$$

Vereinfachend wird die Änderung des Marketingaufwands aufgrund der monatlichen Betrachtung und des sich daraus resultierenden vernachlässigbaren Effekts nicht berücksichtigt.[713] Für das in dieser Arbeit zugrunde gelegte Modell wird der Faktor für die Werbeelastizität mit 0,32 angenommen. Dies entspricht der empirisch ermittelten durchschnittlichen Werbeelastizität für die Pharmareferenten.[714] Nach Vorliegen der ersten Umsätze und der Marketingaufwendungen kann z. B. halbjährlich die Werbeelastizität für die jeweilige Therapieklasse über eine Regressionsanalyse genau ermittelt werden, sofern nicht ohnehin intern in der Regel diese Daten mit hinreichender Genauigkeit zur Verfügung stehen.

Die Veränderung des Marketingeinsatzes im Laufe des Produktlebenszyklus wird im Modell über eine Tabellenfunktion (vgl. Abbildung 37) gesteuert.

Die Spezifika des Pharmamarketings verdeutlichen, dass zu Beginn der Vermarktungsphase relativ hohe Vermarktungskosten anfallen, die nach erfolgter Produkteinführung und entsprechender Verbreitung am Markt sukzessive zurück-

---

712 Vgl. Rogers (1995), S. 163ff.
713 Vgl. Rogers (1995), S. 163ff.
714 Vgl. Tabelle 14 und Tabelle 15.

gefahren werden.[715] Im Modell erfolgt die Abbildung des zeitlichen Verlaufs der Marketingkosten in Abhängigkeit vom Umsatz gemäß nachstehender Funktion.

Formel 21 *Marketingkosten = (0,5 x Umsatzerlöse + 1)*[716] *x Abnahme Marketingkosten*

Berücksichtigt werden muss, dass bei der Markteinführungsphase hohe Marketingaufwendungen anfallen, die später bei entsprechender Bekanntheit des Produkts kontinuierlich gesenkt werden.[717] Der Rückgang der sinkenden Marketingkosten wird durch die Tabellenfunktion „Abnahme Marketingaufwand" berücksichtigt. Die Annahme einer „Marketingfunktion" für das in dieser Arbeit entwickelte Modell ist auch damit zu rechtfertigen, dass der Umsatz absolut noch nicht hoch ist. Mit der zunehmenden absoluten Höhe des Umsatzes kann auch ein geringerer Anteil des Umsatzes für das Marketing ausgegeben werden.

Abbildung 37: Tabellenfunktion: Abnahme Marketingkosten

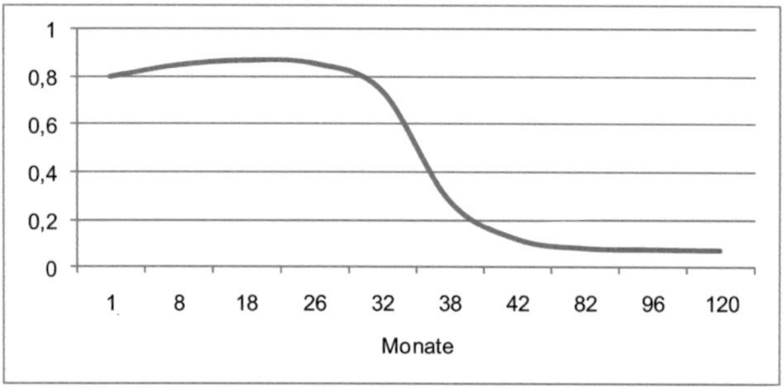

In der Praxis werden die Marketingkosten auf Basis eines detaillierten Marketing- und Vertriebsplans festgelegt und abhängig von den jeweiligen Maßnahmen vom Unternehmen ermittelt. Die Marketingkosten, die pro Land geplant werden, sind seitens des Unternehmens aufgrund der bekannten Werbeaktivitäten, wie Anzahl von Besuchen der Pharmareferenten bei Ärzten, Kongressbesuche, Inserate in Fachzeitschriften usw., gut abschätzbar. Im Falle der Auslizenzierung des Medikaments an ein etabliertes Pharmaunternehmen hängt die Ausgestaltung der Marketingaktivitäten von der jeweiligen Vertragssituation ab. Auch in diesem Fall wären die Marketingaufwendungen gut abschätzbar.

Mit der Modellierung der Produkteigenschaften, des Preises und des Marketingeinsatzes erhält der Prognoseersteller die Anzahl der Ärzte, die das Medikament pro Zeiteinheit adoptieren, d. h. an ihre Patienten verschreiben. Die Anzahl der Ärzte muss in einem weiteren Schritt über die Anzahl der mit dem Medikament behandelten Personen in reale Absatzmengen transformiert werden. Hierzu ist es notwendig, die Anzahl der pro Adoptor (Arzt) behandelten Personen pro Zeiteinheit

[715] Vgl. Kapitel. 4.1.3.2.
[716] Die Addition von 1 ist aus softwaretechnischen Gründen notwendig.
[717] Vgl. hierzu Tabelle 13 hinsichtlich der Priorisierung der Marketinginstrumente. Dieser Effekt wird in Abbildung 37 in Form einer Tabellenfunktion berücksichtigt.

zu ermitteln. Zur Vereinfachung des Modells wird unterstellt, dass die behandelten Personen sich gleichmäßig auf alle potenziellen Adoptoren verteilen und der Arzt, sofern er das Medikament einmal adoptiert hat, eine kontinuierliche Verordnung des Arzneimittels für seine Patienten vornimmt, womit ein Faktor „Behandelte Personen/ Arzt" ermittelt werden kann.[718] Hierfür ist die Verknüpfung des Patientenmodells mit dem Kern des Diffusionsmodells notwendig. Aus dem Patientenmodell errechnet sich die Flussgröße „Übergang behandelte Personen". Diese behandelten Personen pro Monat, dividiert durch die Gesamtzahl der Ärzte, ergibt die durchschnittliche Anzahl der behandelten Personen pro Arzt und Monat. Die auf diese Weise ermittelte Kennzahl ergibt, multipliziert mit den Adoptoren, die durchschnittliche Anzahl der Patienten, die pro Zeiteinheit (im Modell Monat) mit dem Medikament behandelt werden. Damit ist die Transformation von der Anzahl der Personen, die sich in Behandlung begeben, auf die Anzahl der Patienten, die das vom Biotechnologieunternehmen entwickelte Medikament erhalten, vollzogen.

Aus der Anzahl der mit dem entwickelten Medikament behandelten Patienten lässt sich erstmals eine Absatzmenge auf aggregierter Ebene (Packung, Flasche etc.) errechnen, die jedoch um weitere nur auf dem Pharmamarkt wirkende Faktoren ergänzt werden muss. Diese pharmaspezifischen Faktoren können, abhängig vom Therapiegebiet, noch erheblichen Einfluss auf die Absatzmenge ausüben und werden im nachfolgenden Kapitel erläutert.

4.2.2.3 Absatzmenge

Die aus der Verbindung von Patientenmodell und Diffusionsmodell gewonnenen Patientenrohdaten müssen in eine Absatzmenge in Kilogramm transformiert werden, um Produktionskapazitäten planen sowie Herstellkosten und Umsatzerlöse berechnen zu können. In der einfachsten Weise geschieht dies durch Multiplikation der mit dem Medikament behandelten Patienten mit der Tagesdosis und der Dauer der Behandlung in Tagen. Im Modell wird dies als Absatzmenge [mg] bezeichnet.

Aufgrund von weiteren Besonderheiten des Pharmamarkts ist diese Absatzmenge [mg] in der Regel nicht die reale Absatzmenge, da noch weitere pharmaspezifische Faktoren zu berücksichtigen sind. Dies sind:

- die Dauer der Behandlung
- die Persistenz und
- die Compliance

Das nachfolgende Schaubild zeigt den Einfluss dieser Faktoren auf die Absatzmenge [mg].

[718] Das bedeutet, dass es keine Ärzte gibt, die bei bestimmten Patienten das vom Biotechnologieunternehmen entwickelte Medikament und bei anderen Patienten ein Wettbewerbsprodukt verordnen.

Abbildung 38: Systemdynamische Darstellung der Ermittlung der Absatzmenge

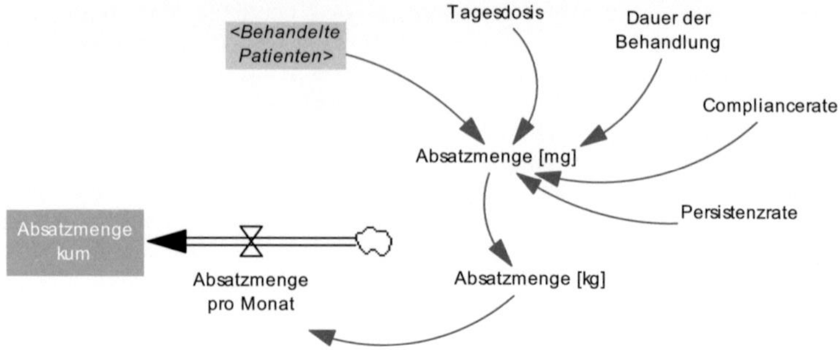

Im Modell erfolgt eine formalisierte Darstellung gemäß untenstehender Gleichung:

Formel 22: *Absatzmenge [mg] = Behandelte Patienten x Tagesdosis [mg] x Compliancerate [%] x Persistenzrate [%] x Dauer der Behandlung [Tage]*

Folgenden Parameter werden angesetzt:

Tagesdosis	50 mg
Dauer der Behandlung	20 Tage
Compliancerate	100 %
Persistenzrate	95 %

Die Dosis und die Dauer der Behandlung wurden im Rahmen der klinischen Studien bestimmt und liegen zum Zeitpunkt der Prognose vor. Die Dosis und die Dauer der Behandlung könnten theoretisch auch in einer Größe zusammengefasst werden, da die tägliche Dosis, multipliziert mit der Anzahl der Tage, eine Gesamtdosis bis zur Heilung ergeben würde. Auf diese verkürzte Darstellung wird hier jedoch verzichtet, da einerseits die Tagesdosis eine relevante Information ist, die aus den klinischen Studien kommt, und andererseits die Dauer der Behandlung Einfluss auf die Faktoren Persistenz und Compliance[719] nimmt.

Grundsätzlich ist aus der empirischen Literatur ein Zusammenhang zwischen der Persistenz- bzw. Compliancerate und der Dauer der Behandlung darstellbar (siehe untenstehende Grafiken). Um das Modell einfach zu halten, wurde auf die Darstellung dieses Zusammenhangs verzichtet. Es erfolgt die Annahme einer exogen vorgegebenen Compliance- bzw. Persistenzrate. Darüber hinaus wurde die Dauer der Behandlung im Modell mit zwanzig Tagen angenommen, sodass sowohl Compliance- als auch Persistenzrate nahe eins liegen und der Effekt vernachlässigbar ist.

Da die Compliance über verschiedene marketingtechnische Aktionen erhöht werden kann, wäre auch die Abbildung des Einflusses des Marketings auf die Compliance denkbar. Da hierzu keine gesicherten empirischen Studien existieren, wird auch im

[719] Zur Definition der Begriffe siehe Kapitel 4.1.3.1.1.2.

Modell dieser Einfluss nicht abgebildet. Intuitiv würde die Compliancerate im Kurvenverlauf weniger stark fallen und flacher verlaufen.

Die Ermittlung der Compliance ist entweder aus Patientenkonsultationsstudien oder aus der Verordnungshäufigkeit vergleichbarer Produkte in ähnlichen Indikationsgebieten möglich. Alternativ kann die Bestimmung der Compliance bereits im Zuge der Durchführung der klinischen Studien erfolgen. Dies kann über die Messung von Abbauprodukten des eingenommenen Medikaments in Haaren, Urin, Blut etc. oder über einfaches Pillenzählen geschehen.

Die Persistenzrate, die angibt, inwiefern eine einmal begonnene Therapie beibehalten wird, spielt insbesondere bei Langzeittherapien bzw. chronischen Erkrankungen eine wesentliche Rolle und hängt ebenfalls stark vom jeweiligen Indikationsgebiet ab. Die Bestimmung der Persistenz kann anhand von retrospektiven Daten aus vorhandenen Verordnungsdatenbanken der Krankenkassen von ähnlichen Produkten erfolgen.

Abbildung 39: Compliancerate

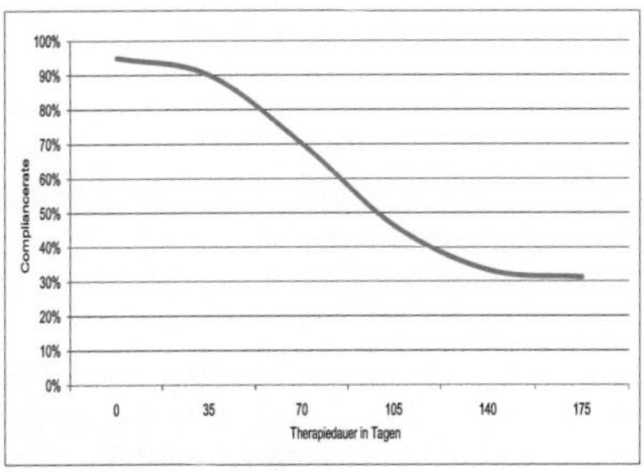

Beispielhafte Darstellung

Abbildung 40: Persistenzrate

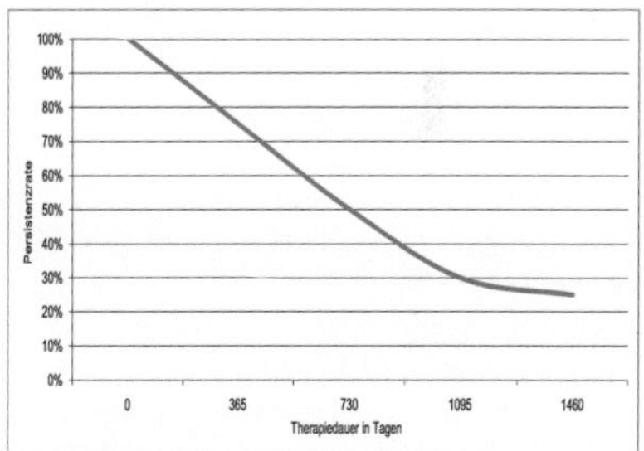

Beispielhafte Darstellung

Die Berücksichtigung der Einflussfaktoren auf die Absatzmenge und die Errechnung der Mengen in Kilogramm erfolgen mittels der einfachen Division durch 1.000.000, um von mg auf kg umzurechnen.

Die Absatzmenge entspricht der tatsächlich verkauften Menge des Arzneimittels und dient als Mengengröße durch Multiplikation mit dem Preis zur Ermittlung der Umsatzerlöse. Aus Modellgründen dient die so ermittelte Absatzmenge auch als Zwischengröße zur Ermittlung der kumulierten Absatzmenge (Summe Absatzmenge über die Zeit), um die Kalkulation von Kostendegressionseffekten bei den Herstellkosten im Modell zu ermöglichen.

Die Ermittlung der Absatzmenge entspricht im Modell von Schwarz/Schöneborn der Größe „products shipped“. Die zahlreichen Anpassungen und die Anwendung eines Diffusionsmodells veranschaulichen, dass zahlreiche zusätzliche Faktoren und Größen notwendig sind, um vom Standardunternehmensmodell auf das Modell für ein Biotechnologieunternehmen überzuleiten. Aufgrund der langfristigen Prognose (gesamter Produktlebenszyklus ca. 8 bis 12 Jahre) werden Auftragsstatus bzw. Lieferverzögerungen nicht modelliert, da diese nur einen kurzfristigen Effekt hätten. Auch die Auslagerung der Herstellung lässt die Annahme zu, dass eine jederzeitige Lieferbereitschaft existiert und keine Lagerkosten anfallen. Bestandsveränderungen werden aufgrund der reinen Zahlungsstromorientierung des Modells ebenfalls nicht berücksichtigt.

Zusammenfassung

Mit der Ermittlung der Absatzmenge in kg ist erstmals das Modell mit sämtlichen pharmaspezifischen Besonderheiten komplett. Das Teilmodell „Patienten" ermittelt die Anzahl der erkrankten Personen, die sich pro Zeiteinheit (Monat) von einem Arzt behandeln lassen. Über ein erweitertes Bass Diffusionsmodell wurden diejenigen Ärzte ermittelt, die das neue, innovative Medikament verschreiben. Die Diffusionsgeschwindigkeit hängt dabei von der relativen Produktqualität und der relativen Preisabweichung zu den Wettbewerbsprodukten und vom Marketingaufwand ab. Hierbei erfolgt eine multiplikative Verknüpfung des Innovations- und Imitationskoeffizienten mit dem Faktor Marketingaufwand und dem Produktattraktivitätsmultiplikator. Nach Berücksichtigung der pharmaspezifischen Faktoren (Dosis, Persistenz, Compliance) und der Modellierung des Eintritts von Wettbewerbern können eine Absatzmenge pro Periode und eine kumulierte Absatzmenge über den gesamten Zeitraum, den das Medikament sich auf dem Markt befindet, ermittelt werden.

4.2.2.4 Umsatzerlöse

Aus den in den vorangegangenen Kapiteln hergeleiteten Absatzmengen ist es relativ einfach, durch Multiplikation des Preises mit den Absatzmengen die Umsatzerlöse zu bestimmen. Der Preis wurde bei der Ermittlung der relativen Preisabweichung abgeleitet und wird im Modell unter Berücksichtigung der Preisuntergrenze (Herstellkosten plus Mindestgewinnaufschlag) und Preisobergrenze (maximale Erstattungsfähigkeit) exogen festgesetzt. Eine leichte Steigerung des Preises über die Zeit könnte ins Modell integriert werden, da empirische Untersuchungen diese Preiserhöhungen bestätigt haben. Im zugrunde liegenden Simulationsmodell wird ein Preis von 40 EUR pro Packung (= 1.000 mg) angenommen.[720]

Formel 23 *Umsatzerlöse [EUR] =*
Absatzmenge [kg] x Preis [EUR/1000 mg] x 1000

Neben der Berechnung der Umsatzerlöse müssen auch die beim Biotechnologieunternehmen anfallenden und teilweise von den Umsatzerlösen abhängigen Kosten modelliert werden. Die systemdynamischen Zusammenhänge zwischen den Umsatzeinzahlungen, den umsatzabhängigen Auszahlungen und der Renditeberechnung zeigt untenstehendes Wirkungsdiagramm. Die Modellierung ist an das Modell von Schwarz/Schöneborn angelehnt, wobei ausschließlich eine zahlungsstromorientierte Sichtweise stattfindet, sodass sämtliche nicht zahlungswirksamen Komponenten wie Gewinn, Abschreibungen, Rückstellungen etc. nicht berücksichtigt werden.

[720] Zu den Spezifika von Pharmapreisen und deren Ableitung vgl. Kapitel 4.1.3.2.2.

Abbildung 41: Systemdynamische Darstellung der Cash Flow Berechnung

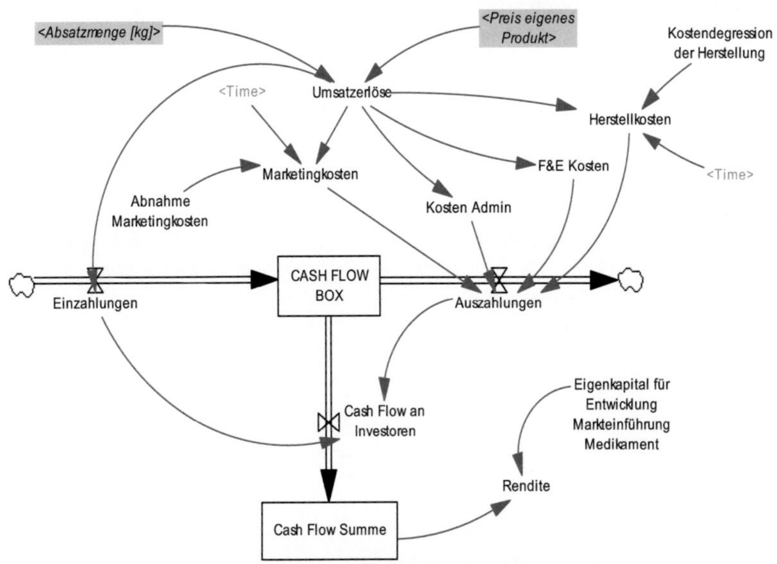

Aus dem obigen Modell ergeben sich folgende formale Zusammenhänge:

Formel 24: *Einzahlungen = Umsatzerlöse [EUR]*

Formel 25: *Auszahlungen = Marketingkosten + Kosten Admin + F&E-Kosten + Herstellkosten [EUR]*

Formel 26: *CASH FLOW BOX = Einzahlungen – Auszahlungen – Cash Flow an Investoren [EUR]*

Die Einzahlungen entsprechen den Umsatzerlösen; die Auszahlungen setzen sich aus den Marketingkosten, Kosten der Administration und Verwaltung (Kosten Admin), F&E-Kosten und Herstellkosten zusammen. Vereinfachend wird hier unterstellt, dass die in der Periode anfallenden Kosten in derselben Periode auch zahlungswirksam sind. Zur Ermittlung der Höhe der Auszahlungen bedarf es einer Betrachtung der einzelnen Kostenpositionen, die nach der Entwicklung und der Markteinführung des Medikaments anfallen. Eine verbleibende positive Differenz aus den Umsatzeinzahlungen und den Auszahlungen stellt den an die Investoren ausschüttbaren Cash Flow dar.

4.2.2.4.1 Umsatzerlösabhängige Kosten

Die Kosten der operativen Geschäftstätigkeit umfassen Kosten für Marketing und Vertrieb, Kosten der Weiterentwicklung des Medikaments (F&E), Kosten der Herstellung und sonstige Kosten (Administration, Organisation etc.). In der Regel kann davon ausgegangen werden, dass die einzelnen Kostenpositionen gut planbar, jedoch stark von der jeweiligen Situation des Unternehmens, insbesondere vom Therapiegebiet, abhängig sind. Somit erfolgt in den nachfolgenden Kapiteln zur Komplettierung des Modells eine einfache Schätzung der Kostenpositionen, die in der Realität von der Größe und Struktur des Unternehmens abhängen. Im Modell werden daher stark vereinfachende Annahmen hinsichtlich der Höhe der Kosten getroffen, wobei die als größtenteils umsatzabhängig angenommen werden. Die Berücksichtigung bestimmter Fixkostenuntergrenzen, die unabhängig vom Umsatz anfallen, erfolgt durch die Annahme von Mindestbeträgen bei den Größen „Kosten Admin" und „F&E-Kosten". Die Herstellkosten werden zu 100 % als variabel angenommen. Die Kosten für die Prä-Marketingphase sind in der Größe „Eigenkapital für Entwicklung/Markteinführung Medikament" berücksichtigt. Aus diesen Annahmen ergeben sich für das Modell folgende Gleichungen:

Formel 27: *Marketingkosten = (0,5 x Umsatzerlöse + 1) x Abnahme Marketingaufwand*[721]

Formel 28: *Kosten Admin = 0,03 x Umsatzerlöse (Mindestwert 50.000 EUR pro Monat)*

Formel 29: *F&E-Kosten = 0,05 x Umsatzerlöse (Mindestwert 75.000 EUR pro Monat)*

Formel 30: *Herstellkosten = 0,15 x Umsatzerlöse x Kostendegressionseffekt*[722]

Die in den Formeln abgebildeten, teilweise stark vereinfachenden Annahmen lassen sich durchaus plausibel für die verschiedenen Kostenpositionen begründen.

Herstellkosten

Die Herstellung des Wirkstoffs während der F&E-Phase wird in der Regel vom Biotechnologieunternehmen selbst durchgeführt bzw. werden nur einzelne Syntheseschritte zugekauft. Im Zuge der Entwicklung des Wirkstoffs ist es notwendig, die entsprechenden Mengen für die klinischen Tests bereitzustellen, sodass das Know-how der einzelnen Herstellungsschritte wie z. B. Synthese von Grundsubstanzen, Fermentations- und Reinigungsprozesse vorhanden ist bzw. von Dritten zugekauft werden kann. Während der präklinischen und der klinischen Phase I werden meist nur einige hundert Gramm für die Durchführung der Tests benötigt. Hier spielen die Kosten noch eine untergeordnete Rolle, da ein Großteil des Herstellungsprozesses im Labormaßstab durchgeführt wird. Mit Eintritt in Phase II und III ist es, abhängig vom Produkt, der Häufigkeit der Anwendung, der Dosis und der Wirksamkeit, oft

721 Abnahme Marketingaufwand ist als Tabellenfunktion definiert. vgl. hierzu Abbildung 37.

722 Der Kostendegressionseffekt ist aus softwaretechnischen Gründen definiert als eine Tabellenfunktion, sodass am Ende der Prognoseperiode die Herstellkosten nur noch 70 % der ursprünglichen Herstellkosten entsprechen. Eine korrekte Abbildung des Kostendegressionseffektes als Reduktion der Herstellkosten um einen bestimmten Prozentsatz bei einer Verdoppelung der Ausbringungsmenge wäre in der verwendeten Softwareversion nur über die Einführung weiterer Variablen möglich gewesen, die jedoch keine zusätzlichen Einsichten ins Modell gebracht hätten.

schon notwendig, die Wirksubstanzen in Mengen von einigen Kilogramm herzustellen. Die Bestimmung der Herstellkosten zu den jeweils gegebenen Mengen ist daher relativ einfach ab der klinischen Phase II möglich, da ab diesem Zeitpunkt Angebote von Vertragspartnern für die jeweils benötigten Mengen eingeholt werden können.

Für ein junges Biotechnologieunternehmen bedeutet die Herstellung der Wirksubstanz im industriellen Maßstab die Planung der Produktion bereits einige Jahre vor der Marktzulassung. Mit der eigenen Produktion wären gleichzeitig massive Investitionen in die Anlagen, die Prozesse und das Personal notwendig, die abhängig vom Produktionsprozess unterschiedlich hohen Kapitaleinsatz bedürfen. Diese Investitionen müssen in der Regel einige Jahre vor der Marktzulassung getätigt werden, um zum Zeitpunkt der Zulassung für den Markt lieferbereit zu sein. Solche Investitionen bedeuten für ein junges Biotechnologieunternehmen einen hohen finanziellen Aufwand, verbunden mit einem hohen Risiko, da die Marktzulassung zu diesem Zeitpunkt noch nicht sicher ist. Aus diesem Grund wird die großtechnische Herstellung des Medikaments an Drittfirmen ausgelagert, die einerseits über die entsprechende Ausstattung verfügen und andererseits sämtliche notwendige Zulassungen besitzen. Das Biotechnologieunternehmen organisiert daher lediglich die Produktionspartner und installiert Überwachungsmechanismen, um die entsprechenden Qualitätsrichtlinien (z. B. GLP, GMP) der Produktion zu gewährleisten.

Der kurz skizzierte Produktionsprozess, der sehr aufwendig und mit hohen Investitionen bei gleichzeitigem, kaum kalkulierbarem Risiko verbunden ist, führt dazu, dass die Biotechnologieunternehmen kaum selbst das Medikament produzieren und verpacken, sondern diesen Teil der Wertschöpfungskette an Drittfirmen auslagern. In der Realität sind die Kosten der Herstellung und der hierfür notwendigen Ausstattung bekannt, sodass dieser Teil des Modells gut abgebildet und bereits am Anfang der Entwicklung mit relativ hoher Genauigkeit vorhergesagt werden kann.

Da der gesamte Herstellungsprozess und der Einsatz der Methoden und der hierfür notwendigen Ausstattung an Personal und technischen Anlagen stark von der Wirksubstanz abhängen, werden im Modell lediglich generalisierende Annahmen hinsichtlich des Herstellungsprozesses getroffen.[723]

Für das Modell wird auf Basis der empirischen Literatur angenommen, dass die Herstellkosten rund 15 % der Umsatzerlöse betragen.[724] Weiters wird davon ausgegangen, dass wie bei allen Industriezweigen der Kostendegressionseffekt ebenso Gültigkeit besitzt.[725] Da die Herstellung des Medikaments von Dritten durchgeführt wird, wird nicht der gesamte Kostendegressionseffekt in Höhe von durchschnittlich 30 % durchsetzbar sein.[726] Im Modell erfolgt daher die Modellierung des Kostendegressionseffektes über eine einfache Tabellenfunktion. Aufgrund der Tatsache, dass die Herstellung von etablierten und produktionserfahrenen Drittunternehmen übernommen wird, enthält das Modell keine Kapazitätsbeschränkungen oder Lieferengpässe, die zu Verzögerungen führen könnten.

723 Vgl. Evens (2007), S. 214 m. w. N.
724 Vgl. Basu et al. (2008), S. 40.
725 Vgl. Hoffmann et al. (1996), S. 271.
726 30 % ist ein Erfahrungswert, der auch in weit auseinanderliegenden Industriezweigen erreicht wird; vgl. hierzu Hax/Majluf (1991), S. 135.

Kosten Administration

Für die allgemeine Verwaltung (Modellgröße „Kosten Admin“) werden vereinfachend 3 % der Umsatzerlöse angenommen, wobei ein Mindestbetrag von 50 TEUR pro Periode angesetzt wird. Der Mindestbetrag erscheint sinnvoll, da im Modell in Periode 1 lediglich einige hundert Euro Umsatz generiert werden und dieser Umsatz nicht ausreichen würde, um die Fixkosten im Unternehmen zu decken. Die Kosten der allgemeinen Verwaltung inkludieren Bürokosten, Kosten der Buchhaltung, Steuer- und Rechtsberatung sowie sonstigen Kosten wie Versicherungen, Patent- und Lizenzgebühren etc. Auch sämtliche Kosten der für den Verwaltungsbereich zuständigen Personen sind hierin enthalten.

In der Praxis werden diese Kosten gut aus Erfahrungswerten abschätzbar sein bzw. können diese durch Budgetvorgaben innerhalb von definierten Grenzen gehalten werden. Der vereinfachende Ansatz von mindestens 50 TEUR oder 3 % vom Umsatz scheint daher im Modell gerechtfertigt.

F&E-Kosten

Während der Vermarktungsphase erfolgt in der Regel die weitere Optimierung des Medikaments. In diesem Zusammenhang erfolgen auch die Tests hinsichtlich Langzeitverträglichkeit oder der Möglichkeit, die Wirksubstanz bei anderen Indikationen einzusetzen. Grundsätzlich müssten bei Indikationserweiterungen ähnliche Tests wie in Phase II und Phase III Studien durchgeführt werden, jedoch gelten aufgrund des fortgeschrittenen Entwicklungsstandes reduzierte formale Anforderungen, sodass auch die Kosten niedriger sind, da teilweise bestimmte medizinische Ergebnisse schon vorhanden sind. Aus Sicherheitsgründen ist auch eine kontinuierliche Überwachung (Pharmakovigilanz) des Arzneimittels nach der Zulassung notwendig, wofür ebenfalls Kosten anfallen.

Um die nach der Zulassung durchzuführenden Entwicklungstätigkeiten abzubilden, wurden vereinfachend 5 % der Umsatzerlöse bzw. ein Mindestbetrag von 75 TEUR pro Monat angenommen. Diese F&E-Kosten umfassen sämtliche Kosten für die Laboratoriumsausstattung und den dazugehörigen Materialaufwand sowie für das Personal im Bereich Forschung und Entwicklung.

Aufgrund der Tatsache, dass die im Rahmen der Weiterentwicklung des Medikaments notwendigen Aktivitäten weitgehend bekannt sind, können die einzelnen Kostenarten im F&E-Bereich gut abgeschätzt werden, sodass beim Modell diese Kosten als exogene Größe mit ausreichender Sicherheit festgelegt werden können.

Marketingkosten

Die Modellierung der Marketingkosten unter Berücksichtigung der Spezifika des Pharmamarktes wurden in Kapitel 4.2.2.2.3 diskutiert und modelliert.

4.2.2.4.2 Cash Flow und Rendite

Nachdem aus dem Patienten- und Diffusionsmodell die Einzahlungen ermittelt werden können und die auszahlungswirksamen Komponenten festgelegt sind, kann erstmalig eine Cash Flow Berechnung als Differenz zwischen Einzahlungen und

Auszahlungen durchgeführt werden. Systemdynamisch stellen die Einzahlungen, die den Umsatzerlösen pro Monat entsprechen, eine Flussgröße dar und füllen die Bestandsgröße „CASH FLOW BOX". Aus der CASH FLOW BOX werden die laufenden operativen Auszahlungen bedient.

Ein etwaiger Überschuss aus Einzahlungen minus Auszahlungen wird im Modell an die Investoren ausgeschüttet und über die gesamte Laufzeit der Vermarktungsphase des Medikaments (120 Monate) in der Bestandsgröße „Cash Flow Summe" kumuliert.

Formel 31 *Cash Flow an Investoren = IF THEN ELSE (Einzahlungen – Auszahlungen < 0, 0, Einzahlungen – Auszahlungen)*[727]

Die „Cash Flow Summe" wird dem für die Forschung und Entwicklung investierten Kapital gegenübergestellt. Der Quotient aus dem kumulierten Cash Flow Bestand und der Größe „Gesamtkosten Entwicklung/Markteinführung Medikament" ergibt eine „Rendite" auf das eingesetzte Kapital. Da für eine ordnungsgemäße Renditeberechnung der zeitliche Anfall der Cash Flows berücksichtigt werden müsste, handelt es sich streng genommen nicht um eine Rendite, sondern um einen statischen Vergleich, ob das eingesetzte Kapital unter den gesetzten Prämissen jemals erwirtschaftet werden kann.[728]

Mit der Berechnung der „Rendite" ist das Modell komplett. Zur Veranschaulichung ist das gesamte Modell mit den fünf wesentlichsten Partialmodellen in nachfolgender Abbildung nochmals dargestellt:

[727] IF THEN ELSE ist die WENN DANN Bedingung in der verwendeten Software. Nur im Falle, dass die Einzahlungen größer als die Auszahlungen sind, erfolgt eine Ausschüttung an die Investoren.

[728] Die Funktion zur Berechnung einer IRR (internal rate of return) steht in der vorliegenden Softwareversion nicht zur Verfügung, sodass der Quotient aus Cash Flow Summe und den gesamten Entwicklungskosten als Rendite bezeichnet wird.

Abbildung 42: Cash Flow Prognosemodell

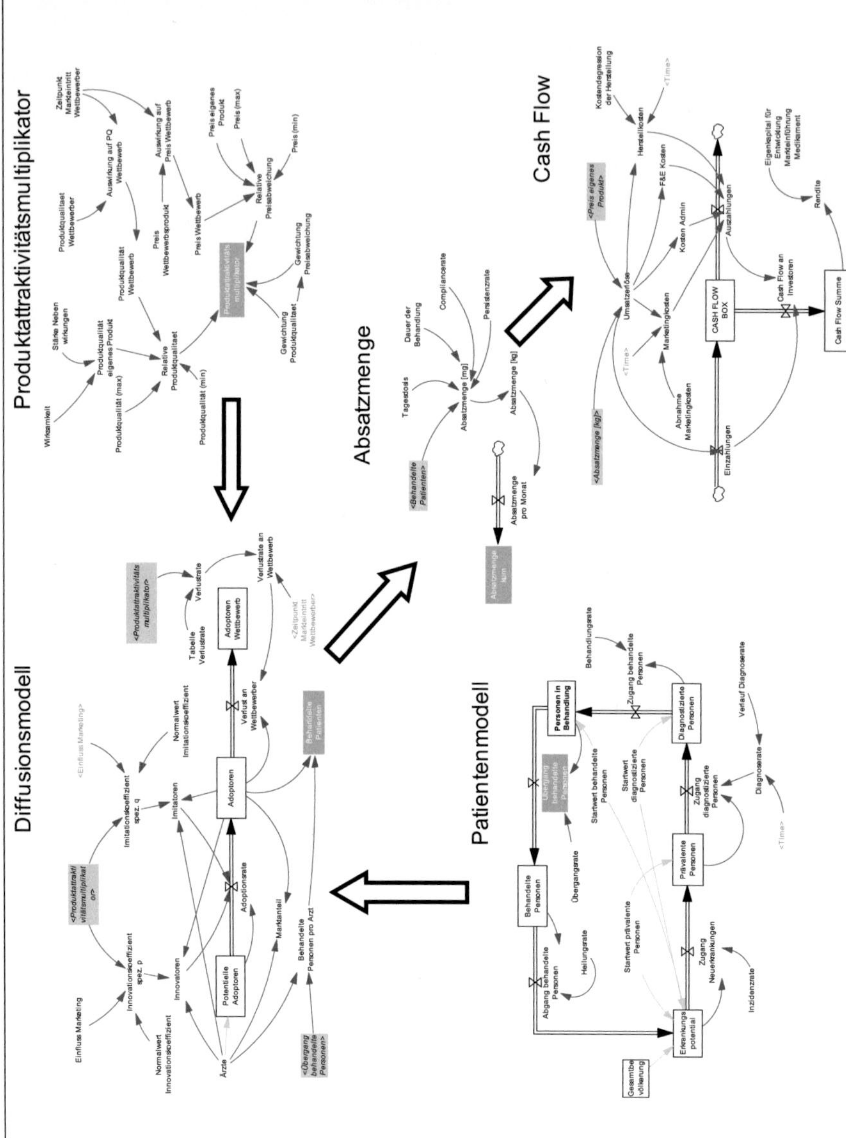

4.2.3 Simulationen des systemdynamischen Prognosemodells

In den vorangegangenen Kapiteln wurde das Cash Flow Prognosemodell konzeptionell entwickelt und mit Hilfe der systemdynamischen Methode operationalisierbar gemacht. In diesem Kapitel sollen ausgehend vom Basismodell unterschiedliche Simulationen durchgeführt werden, um einerseits das Modellverhalten zu testen und andererseits betriebliche Entscheidungsregeln abzuleiten. Durch Simulation des Modells ergibt sich ein besseres Verständnis der Wirkungsbeziehungen der einzelnen Größen untereinander, und es können „kritische" Größen, die einen wesentlichen Einfluss auf das Modellverhalten haben, identifiziert werden. Die mittels Variation einzelner Größen erzeugten Simulationen ermöglichen auch die Abschätzung bestimmter Bandbreiten zukünftiger Zustände. Vor dem Hintergrund, dass einige Größen über eine Expertenschätzung abgeleitet werden, denen alleine aufgrund deren Herleitung eine größere Unsicherheit zuzuschreiben ist, sind Simulationen besonders wichtig, da damit die Wirkung der Veränderung dieser Größen auf die Zielgröße ersichtlich wird. Darauf aufbauend kann entschieden werden, mit welcher Sorgfalt und in welcher erforderlichen Genauigkeit die Größe geschätzt bzw. quantifiziert werden muss. Eine Größe, die auf den Cash Flow einen nicht allzu starken Einfluss hat, kann durchaus mit vereinfachten Verfahren geschätzt werden, während Größen mit einem starken Einfluss auf den Cash Flow äußerst sorgfältig geschätzt werden müssen. Darüber hinaus ist eine Vielzahl von Szenariorechnungen denkbar, die die Sensitivität des Cash Flows bei gleichzeitiger Änderung der im Modell verwendeten Größen aufzeigen.

Mittels Simulationen bzw. der Erstellung von Szenariorechnungen lassen sich die unterschiedlichsten Fragestellungen beantworten. Besonders interessante Fragestellungen im Zusammenhang mit einer Renditebetrachtung sind:

- Bei welcher Höhe der Entwicklungskosten wird das Gesamtprojekt unrentabel bzw. wie hoch dürfen die Kosten der weiteren Entwicklungsphasen noch werden, damit eine bestimmte Rentabilität gesichert ist?
- Wie hoch muss die Produktqualität mindestens sein, damit das Projekt profitabel wird?
- Wie ändert sich die Rentabilität bei Eintritt eines Wettbewerbers mit einem Medikament vergleichbarer Produktqualität?
- Welcher Preis muss innerhalb der gesetzlich zulässigen Rahmenbedingungen gesetzt werden, um eine bestimmte Profitabilität zu erreichen?

Das Modell ist daher auch als Entscheidungsunterstützungssystem zu betrachten, mit dem Projektabbruchentscheidungen getroffen werden können. In einer Simulation mit den in Tabelle 19 angegebenen Basisparametern konnte demonstriert werden, dass die wichtigsten Größen, die den Cash Flow beeinflussen, neben den voraussichtlichen Gesamtkosten der Entwicklung, die Inzidenzrate, die Diffusionskoeffizienten, der Produktattraktivitätsmultiplikator, die Verlustrate und der Preis sind.

Das Modell besteht aus insgesamt 87 Gleichungen und einer Vielzahl von Größen, die alle auf eine Zielgröße, den über die gesamte Marktphase erzielbaren Cash Flow bzw. die Rendite auf das eingesetzte Kapital, hin wirken. Eine Simulation sämtlicher Größen wäre zwar möglich, doch wird es sinnvoll sein, vor allem jene Größen zu simulieren, aus denen sich bestimmte betriebliche Handlungsempfehlungen ableiten lassen. Hierzu sind zwei Sichtweisen zu berücksichtigen: Erstens sind Veränderungen von Größen, die innerhalb des Unternehmens steuerbar sind, zu betrachten, und zweitens sind Größen, die Veränderungen auf dem Markt bewirken, zu berücksichtigen. In den nachfolgenden Szenarien werden daher folgende Sachverhalte im Vergleich zum Basismodell simuliert, wobei sämtliche Simulationen hinsichtlich ihrer Wirkung auf die Summe des erzielbaren Cash Flows untersucht werden.[729]

Simulation 1: Wirkung der Veränderung der Inzidenzrate auf den Cash Flow

Simulation 2: Wirkung des Innovationskoeffizienten auf den Cash Flow

Simulation 3: Wirkung des Imitationskoeffizienten auf den Cash Flow

Simulation 4: Wirkung des Produktattraktivitätsmultiplikators auf den Cash Flow

Simulation 5: Wirkung des Preises auf den Cash Flow

Simulation 6: Wirkung des Markteintritts eines Wettbewerbers zu unterschiedlichen Zeitpunkten in Abhängigkeit von der Produktattraktivität

Tabelle 19 vermittelt einen Überblick über die Auswirkungen auf die in Summe erwirtschafteten Cash Flows bei Variation der jeweils in Simulation 1 bis 5 genannten Größen:

Tabelle 19: Simulationen des Cash Flow Prognosemodells

Größe	Wertannahmen Simulationen				Cash Flow Summe (in EUR Mio.)			
	Basismodell	Simulation A	Simulation B	Simulation C	Basismodell	Simulation A	Simulation B	Simulation C
Inzidenzrate	0,0075	0,005	0,01	0,0125	89,5	60,1	116,7	143,8
Änderungsrate		*-33,3%*	*33,3%*	*66,7%*		*-32,8%*	*30,4%*	*60,7%*
Normalwert Innovationskoeffizient	0,01	0,005	0,015	0,02	89,5	76,6	95,2	99,9
Änderungsrate		*-50,0%*	*50,0%*	*100,0%*		*-14,4%*	*6,4%*	*11,6%*
Normalwert Imitationskoeffizient	0,37	0,30	0,50	0,56	89,5	78,1	103,2	106,0
Änderungsrate		*-18,9%*	*35,1%*	*51,4%*		*-12,7%*	*15,3%*	*18,4%*
Produktattraktivitätsmultiplikator	1,75	1,00	1,50	1,92	89,5	42,0	77,9	95,5
Änderungsrate		*-42,9%*	*-14,3%*	*9,5%*		*-53,1%*	*-13,0%*	*6,7%*
Preis (Markteintritt Wettbewerber Monat 120)	40	20	60	80	89,5	41,3	131,3	168,8
Änderungsrate		*-50,0%*	*50,0%*	*100,0%*		*-53,9%*	*46,7%*	*88,6%*

Tabelle 19 zeigt in der Spalte Basismodell die Ausgangswerte der einzelnen Größen. Aufgrund der Annahme, dass kein weiterer Wettbewerber ein ähnliches Medikament auf den Markt bringt, ist die Verlustrate an Adoptoren null. Das Basismodell stellt damit den günstigsten Fall dar und ermittelt gleichzeitig, vor dem Hintergrund der gegebenen Produktattraktivität, den maximal erzielbaren Cash Flow. Im Basismodell wird über die gesamte Periode (10 Jahre bzw. 120 Monate), in der das Medikament auf dem Markt ist, eine Cash Flow Summe von 89,5 Mio. EUR erzielt. Unter der Annahme, dass die Entwicklung 43,0 Mio. EUR gekostet hat, entspricht das zirka einer Verdoppelung der Investitionssumme. Berücksichtigt man den zeitlichen Anfall der an die Investoren ausgezahlten Cash Flows, wird bei einer angenommenen Alternativverzinsung von 8 % eine Rendite von rund 17 % erzielt.[730] Tabelle 21 zeigt

[729] Im Modell handelt es sich hierbei um die Größe „Cash Flow Summe".

[730] Um eine genaue Rendite zu ermitteln, müsste korrekterweise auch der zeitliche Anfall der Auszahlungsströme in die F&E berücksichtigt werden. Der Zinssatz von 6 % entspricht lediglich der Verzinsung einer alternativen Veranlagung und berücksichtigt nicht das Risiko der erfolgreichen Entwicklung.

den Zusammenhang zwischen der Rendite und den für die Diskontierung verwendeten Kapitalisierungszinssatz.

Tabelle 20: Cash Flows Jahr 1 bis 10 im Basismodell

Jahr	Cash Flow in TEUR Basismodell	Cash Flow kumuliert in TEUR
1	0	0
2	0	0
3	408	408
4	3.958	4.365
5	8.577	12.943
6	12.537	25.480
7	14.890	40.370
8	15.977	56.347
9	16.480	72.827
10	16.747	89.575
Summe	**89.575**	

Tabelle 21: Renditen in Abhängigkeit des Diskontierungszinssatzes im Basismodell

Diskontierungszins %	Barwert Cash Flow EUR Mio.	Rendite %
4,0%	66,6	54,85%
6,0%	57,8	34,32%
8,0%	50,9	16,96%
10,0%	43,9	2,22%
12,0%	38,5	-10,35%
14,0%	33,9	-21,10%

Annahme: 43,0 Mio. EUR F&E-Kosten

Die im Zuge der Simulation veränderten Größen (siehe Tabelle 19) werden ausgehend vom Basiswert um jeweils einen bestimmten Prozentsatz erhöht bzw. verringert. Im Modell handelt es sich jeweils um eine Simulation unter *ceteris paribus* Bedingungen, d. h. es wird immer nur ein Wert verändert, während alle anderen Größen die Werte des Basismodells annehmen. Die Auswirkungen auf die Summe der Cash Flows zeigt Tabelle 19.

Die Sensitivität des Cash Flows bei einer Änderung der in Abbildung 43 dargestellten Größen zeigt anschaulich nachfolgendes Tornado-Chart.

Abbildung 43: Sensitivitätsanalyse – Tornado-Chart

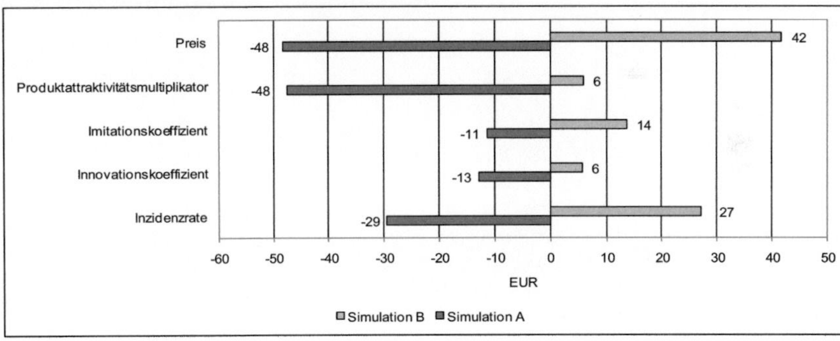

Das Tornado-Chart zeigt deutlich, dass der Preis, der Produktattraktivitätsmultiplikator und die Inzidenzrate den größten Einfluss auf den Cash Flow ausüben.

In der Praxis werden Simulationen durch gleichzeitige Veränderung von einer Vielzahl von Größen durchgeführt. Nachfolgend werden nur die Auswirkungen der wesentlichsten Größen anhand der in Tabelle 19 angenommenen Werte diskutiert.[731]

Inzidenzrate

Eine Veränderung der Inzidenzrate hat einen wesentlichen Einfluss auf den Cash Flow, da mit zunehmender Inzidenzrate auch die Anzahl der Patienten zunimmt, womit insgesamt ein größeres Marktvolumen vorhanden ist. Die Wirkung einer Erhöhung der Inzidenzrate auf den Cash Flow ist beinahe direkt proportional, d. h. eine Erhöhung der Inzidenzrate von 0,0075 auf 0,0125 (66,67 %) bewirkt eine Erhöhung der Cash Flow Summe um rund 61,2 %. Untenstehende Grafik zeigt, dass durch eine höhere Inzidenzrate die Anzahl der in Behandlung befindlichen Patienten wesentlich schneller ansteigt, das Maximum aber zu einem späteren Zeitpunkt erreicht wird. Die in Abbildung 44 dargestellten Simulationen entsprechen jeweils einem optimistischen und pessimistischen Szenario im Vergleich zum Basismodell.

Abbildung 44: Veränderung „Behandelte Personen“ bei Änderung der Inzidenzrate

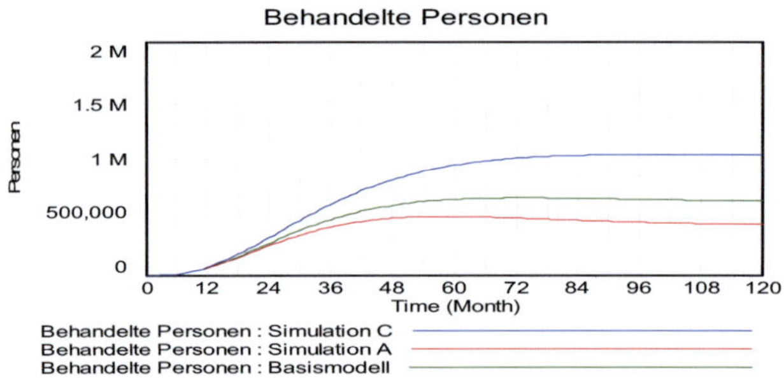

Innovationskoeffizient

Der Innovationskoeffizient gibt jene Anzahl von Ärzten an, die das Medikament aufgrund seines Innovationsgrades, weitgehend unabhängig von externen Faktoren, adoptieren. Eine Verdoppelung des Innovationskoeffizienten von 0,01 (Basismodell) auf 0,02 bedeutet für die Größe Cash Flow Summe lediglich eine Erhöhung um 15,2 %. Die Erklärung ist darin zu sehen, dass der Innovationskoeffizient absolut relativ klein ist, sodass im Modell von den 5.000 Ärzten, statt der 50 Innovatoren, 100 Innovatoren zu Beginn der Markteinführungsphase vorhanden sind. Gemäß der Diffusionsgleichung haben jedoch nach einem bestimmten Zeitraum sämtliche Innovatoren das Produkt adoptiert, sodass der Einfluss auf den Cash Flow nur daher rührt, dass zu Beginn mehr Innovatoren das Produkt adoptieren, womit die Adoptionsrate insgesamt steigt, sodass das Maximum früher erreicht wird. Da die

[731] Die im Modell eingesetzten Werte entsprechen denen in Tabelle 19 verwendeten Werten. Ausgenommen hiervon ist der Produktattraktivitätsmultiplikator, dem in der optimistischen Simulation (Simulation B) ein Wert von 1,92 (Basismodell 1,75) zugewiesen wurde.

absolute Zahl der Innovatoren klein ist, bleibt auch der Einfluss des Innovationskoeffizienten auf den gesamten Cash Flow gering.

Abbildung 45: Veränderung der Adoptionsrate und der Adoptoren bei Änderung des Innovationskoeffizienten

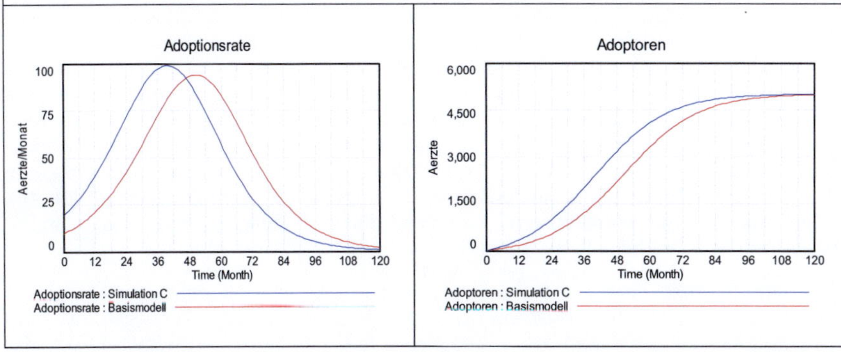

Imitationskoeffizient

Eine Erhöhung des Normalwertes des Imitationskoeffizienten von 0,37 (Basismodell) auf 0,56 (Simulation C) bedeutet gemäß der Diffusionsgleichung auch eine Erhöhung der Adoptionsrate, womit zu einem früheren Zeitpunkt das Maximum der Adoptionsrate erreicht wird. Diese schnellere Diffusion führt insgesamt zu einem höheren Cash Flow.

Abbildung 46: Veränderung der Adoptionsrate und der Adoptoren bei Änderung des Imitationskoeffizienten

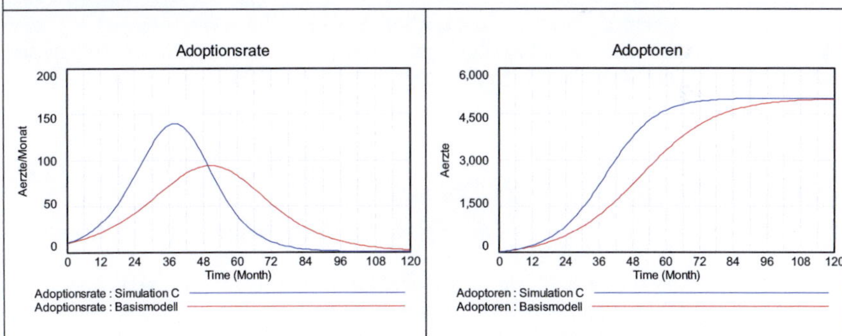

Aufgrund der höheren absoluten Anzahl von Imitatoren ergibt sich auch ein stärkerer Effekt auf den Cash Flow im Vergleich zu einer Steigerung des Innovationskoeffizienten.

Produktattraktivitätsmultiplikator

Im Basismodell wurde der Wert des Produktattraktivitätsmultiplikators aufgrund der Annahme, dass es sich um ein äußerst innovatives Medikament handelt, auf 1,75 fixiert. Eine Änderung des Produktattraktivitätsmultiplikators ist in der Praxis am häufigsten durch zwei Ursachen denkbar: Im ersten Fall wird während der Entwicklungsphase und auf Basis der klinischen Tests eine fortlaufende Einschätzung der Produktqualität vorgenommen, die aufgrund der zunehmend detaillierteren Ergebnisse immer besser geschätzt werden kann. Wird festgestellt, dass die ursprünglich angenommene Produktqualität nicht erreicht wird, kann mittels des Modells und der Simulationen von Szenarien festgestellt werden, welchen Wert der Produktattraktivitätsmultiplikator mindestens annehmen muss, damit noch eine ausreichend hohe Diffusion in den Markt stattfindet und ein entsprechend positiver, über den gesamten Entwicklungskosten liegender Cash Flow generiert werden kann. Damit können Abbruchentscheidungen in der Entwicklungsphase generiert werden. Dieser Fall ist unternehmensintern bedingt, wird relativ häufig auftreten und hat in der betrieblichen Praxis eine hohe Bedeutung.

Der zweite Fall einer Änderung des Produktattraktivitätsmultiplikators ist im Zusammenhang mit dem Wettbewerb zu sehen und hat damit eine externe, vom Biotechnologieunternehmen nicht beeinflussbare Ursache. Im Modell hängt der Produktattraktivitätsmultiplikator von der Produktqualität der Wettbewerbsprodukte ab und ist somit ein relativer Wert. Bei Eintritt eines Wettbewerbers werden abhängig von der Produktqualität des Wettbewerbsprodukts einerseits bestehende Adoptoren das Wettbewerbsprodukt verschreiben und andererseits wird sich die Adoptionsrate verlangsamen. Diese beiden Effekte haben einen wesentlichen Einfluss auf den Cash Flow.

Wie Tabelle 19 zeigt, erzeugt eine Reduktion des Produktattraktivitätsmultiplikators von 1,75 auf 1,0 eine Reduktion des Cash Flows um rund 53 %, womit dieser Größe höchste Bedeutung zukommt. Gleichzeitig ist damit verbunden, dass bei der Einschätzung der Produktqualität des eigenen und des Wettbewerbsprodukts mit höchster Sorgfalt vorzugehen ist. Vorteilhaft ist dabei, dass die Produktqualität auf Basis der finalen pharmazeutischen Endpunkte gut quantifizierbar ist. Der Produktattraktivitätsmultiplikator wirkt in zweifacher Weise. Einerseits erzeugt er eine Wirkung auf die Diffusionskoeffizienten und andererseits wirkt er auf die Verlustrate, die den Anteil der Adoptoren angibt, die zum Medikament des Wettbewerbers wechseln.

<u>Zeitpunkt des Markteintritts des Wettbewerbers</u>

Der gesamte über die Marktphase erwirtschaftete Cash Flow hängt auch wesentlich vom Zeitpunkt des Markteintritts des Wettbewerbsprodukts ab. Je früher das Wettbewerbsmedikament nach der Markteinführung des eigenen Medikaments auf den Markt kommt, desto mehr Adoptoren gehen verloren, bzw. werden potenzielle Adoptoren gleich das Wettbewerbsprodukt verordnen, sodass nicht das gesamte Potenzial ausgeschöpft werden kann.

Nachstehende Tabelle zeigt deutlich die Wirkung des Zeitpunkts des Markteintritts des Wettbewerbsprodukts im Zusammenhang mit der damit verbundenen Reduktion des Produktattraktivitätsmultiplikators auf den Cash Flow.

Tabelle 22: Zusammenhang Markteintritt, Produktattraktivitätsmultiplikator und Cash Flow

Zeitpunkt Markteintritt (Monate)	Produktattraktivitätsmultiplikator ab Eintritt Wettbewerber			
	1,0000	1,1875	1,3750	1,5625
12	21,8	36,6	48,9	58,7
24	30,9	43,2	51,9	61,1
48	52,2	57,1	62,2	67,8
72	70,2	72,8	74,8	77,9

Ausgehend vom Basismodell, in dem 89,5 Mio. EUR Cash Flow erwirtschaftet werden, reduziert sich bei einem Markteintritt eines Wettbewerbsprodukts nach 24 Monaten und der damit verbundenen Reduktion des Produktattraktivitätsmultiplikators auf z. B. 1,1875 der erwirtschaftete Cash Flow auf 43,2 Mio. EUR, sodass über die gesamte Laufzeit etwas mehr als die Entwicklungskosten von 43 Mio. EUR verdient werden. Unter Renditegesichtspunkten würde sich aufgrund des Zinseffektes in diesem Fall eine negative Rendite ergeben.

Tabelle 22 zeigt deutlich den starken Einfluss des Wettbewerbs auf die möglichen zu erwirtschaftenden Cash Flows. Die Stärke des Wettbewerbs bzw. die Höhe und der Verlauf der Verlustrate sind deshalb mit höchster Sorgfalt abzuleiten bzw. zu schätzen.

5. Zusammenfassung und Ansatzpunkte für die weitere Forschung

Ausgangspunkt dieser Arbeit war die Annahme, dass Cash Flow Prognosen bei Biotechnologieunternehmen aufgrund der Spezifika des Marktes und der Tatsache, dass es sich dabei um junge, innovative Unternehmen handelt, einige Besonderheiten aufweisen, die zu berücksichtigen sind. Zusätzlich haben Cash Flow Prognosen in der Praxis eine hohe Bedeutung, da diese bei einer Vielzahl von Anlässen notwendig sind. Besonders hohe Bedeutung haben Cash Flow Prognosen bei der Suche nach Kapitalgebern oder beim Kauf/Verkauf von Unternehmensanteilen oder des gesamten Unternehmens. In diesen Fällen ist die Kaufpreisermittlung über eine Unternehmensbewertung, der wiederum eine prognostizierte Cash Flow Reihe zugrunde liegt, durchzuführen. Die Literatur zur Unternehmensbewertung steuert wenig zur eigentlichen Cash Flow Prognose bei Unternehmen bei und beschränkt sich primär auf die Regeln zur Informationsverarbeitung. Die Prognoseliteratur beschränkt sich wiederum hauptsächlich auf die Beschreibung der Methoden und deren Weiterentwicklung und gibt keine Auskunft darüber, welche Methode für Cash Flow Prognosen bei Biotechnologieunternehmen angewendet werden kann. Bei etablierten Unternehmen mag eine einfache Fortschreibung der in der Vergangenheit erzielten Cash Flows, unter Berücksichtigung zukünftiger Markt- und Wettbewerbsentwicklungen, noch gerechtfertigt sein. Bei jungen, innovativen Unternehmen, die ein neues Produkt auf den Markt bringen, ist der Erfolg in höchstem Maße unsicher und die Prognose der Cash Flows ungleich schwieriger. Zusätzlich existiert nur eine begrenzte Auswahl an Prognosemethoden, die bei Neuprodukteinführungen zur Anwendung gebracht werden können. Bei Biotechnologieunternehmen kommt erschwerend hinzu, dass die Cash Flows über einen sehr langen Zeitraum hinweg prognostiziert werden müssen und die Marktbedingungen einige Besonderheiten aufweisen, die einer besonderen Berücksichtigung bedürfen. Ausgehend von der genannten Problematik wurde versucht, ein Cash Flow Prognosemodell für ein Biotechnologieunternehmen zu entwickeln, welches folgende Anforderungen erfüllen muss:

1. Offenlegung sämtlicher Prämissen und Identifikation der Größen der Prognose.
2. Möglichkeit der Integration unterschiedlicher Prognosemethoden, da aufgrund der Vielzahl der Einflussfaktoren unterschiedliche Verfahren zur Anwendung kommen müssen.
3. Darstellung der zwischen den Einflussfaktoren bestehenden Interdependenzen.
4. Möglichkeiten der Operationalisierung der einzelnen Einflussfaktoren.
5. Möglichkeit der Berechnung von unterschiedlichen Cash Flow Szenarien, um die Sensitivität des Cash Flows von einzelnen Parametern zu ermitteln, um daraus Handlungsalternativen abzuleiten bzw. ein Entscheidungsunterstützungssystem zu erhalten.

5.1 Zusammenfassung der wesentlichen Ergebnisse

Die oben genannten Anforderungen lassen sich am besten mit Hilfe des systemdynamischen Ansatzes erfüllen, der in dieser Arbeit angewendet worden ist. Systemdynamische Modelle fördern in einzigartiger Weise das Problemverständnis, da sämtliche Prämissen und Größen sowie die Beziehungen untereinander offengelegt werden. Die Aufdeckung von Strukturen und Zusammenhänge ist als Nebenbedingung bei der Erstellung von Prognosen definiert worden.

Die Identifizierung der wesentlichen Einflussfaktoren erfolgte vor dem Hintergrund des Geschäftsmodells eines pharmazeutischen Biotechnologieunternehmens. Die Analyse der Rahmenbedingungen des Marktes erfolgte anhand der bestehenden Literatur. Die Analyse der Marktsituation, der Vertriebsstruktur und der Entscheidungskriterien beim Kauf eines Medikaments zeigten, dass im Prognosemodell eine Trennung zwischen den Kunden (Patient) und den Käufern (Ärzte) vorzunehmen war. Beide Gruppen werden darüber hinaus von pharmaspezifischen Faktoren beeinflusst, die berücksichtigt werden müssen. Dazu zählt insbesondere die Inzidenzrate, der Preis, die Produktqualität und der Wettbewerb. Diese Faktoren üben einen wesentlichen Einfluss auf die Höhe der Cash Flows aus.

Somit sind in Summe fünf Partialmodelle, die auch als die wesentlichsten auf den Cash Flow wirkenden Komponenten interpretiert werden können, notwendig, um sämtliche Spezifika zu berücksichtigen und um eine prospektive Cash Flow Zeitreihe zu ermitteln. Die Partialmodelle umfassen die Modellierung der Patientenzahlen, das Adoptionsverhalten auf Ebene der Ärzte mittels eines Bass Diffusionsmodells unter Berücksichtigung des Wettbewerbs, die Produktattraktivität als Funktion von Produktqualität und Preis im Vergleich zu den Wettbewerbsprodukten, die Absatzmenge unter Berücksichtigung pharmaspezifischer Faktoren und das eigentliche Cash Flow Modell. Im Cash Flow Modell fließen die anderen Teilmodelle zusammen, und es erfolgt die Transformation in monetäre Einheiten.

Innerhalb eines jeden Partialmodells wurden die Wirkungsbeziehungen der einzelnen Größen untereinander anschaulich dargestellt und die einzelnen Größen anhand der empirischen Literatur bzw. ergänzenden intuitiven Überlegungen quantifiziert. Die übersichtliche systemdynamische Darstellung der zu prognostizierenden Größen ermöglicht ein schnelles Erfassen der Zusammenhänge sowohl zwischen den einzelnen Größen als auch zwischen den einzelnen Partialmodellen. Durch die vollständige Integration sämtlicher Partialmodelle bewirkt eine Änderung einer einzigen Größe eine unmittelbare Änderung des Cash Flows und damit der Rendite. Dies ermöglicht die Ableitung unterschiedlicher Szenarien und die Ermittlung von Handlungsoptionen. Das entwickelte Cash Flow Prognosemodell beinhaltet somit alle wesentlichen Komponenten, um auch als Entscheidungsunterstützungssystem zu fungieren.

Die Einflussfaktoren Preis, Produktqualität und Wettbewerb haben sich, neben der Anzahl der Patienten. als das maximal mögliche Marktpotenzial, als die wesentlichsten Cash Flow bzw. Renditetreiber erwiesen. Diese sind bei der Quantifizierung und Prognose besonders sorgfältig abzuleiten bzw. zu schätzen.

5.2 Ansatzpunkte für zukünftige Forschungsarbeiten

Das in dieser Arbeit konzeptionell entwickelte Cash Flow Prognosemodell für ein idealtypisches Biotechnologieunternehmen trägt wesentlich zum Verständnis der auf ein Biotechnologieunternehmen wirkenden Marktkräfte bei. Da es sich bei dem hier entwickelten Modell um ein Basismodell handelt, können für die weitere Forschung insgesamt drei Ansatzpunkte festgehalten werden:

Erstens ermöglicht der modulare Aufbau des Modells eine spezifische Erweiterung bzw. Verfeinerung einzelner Partialmodelle. Denkbar wäre eine Erweiterung des Patientenmodells um altersspezifische Parameter oder um die Abbildung der Veränderung der Patientenzahlen bei Epidemien über Ansteckungsraten. Im Bereich der Produktqualität erfolgte lediglich die Berücksichtigung der Wirkung und der Stärke der Nebenwirkungen, sodass eine Erweiterung um weitere wesentliche Faktoren, die die Produktqualität beeinflussen, denkbar wäre.

Das Modell geht von einer zehnjährigen Marktphase aus, sodass eine Erweiterung des Modells, hinsichtlich einer Endogenisierung der Größe „time to market“ ebenfalls wünschenswert wäre, da die Dauer der Marktphase wesentlich die Profitabilität des Gesamtprojekts beeinflusst. Hierbei wäre das Modell um die detaillierte Abbildung des F&E-Prozesses zu ergänzen, um etwaige systemdynamische Zusammenhänge aufzudecken, die einen Einfluss auf die Geschwindigkeit des Entwicklungsprozesses haben.

Zweitens wurden für die Parametrisierung des Modells, mangels vorhandener Literatur bzw. aufgrund nur im konkreten Praxisfall vorhandener Daten, vereinfachende Annahmen und Formalisierungen vorgenommen. Zwar konnten bei den jeweiligen Größen des Modells Empfehlungen zur Schätzung dieser Größen abgegeben werden, jedoch wäre die Konkretisierung der Parameter auf Basis von medizinischen Datenbanken wünschenswert. Hierbei sind insbesondere zwei Größen aufgrund ihrer hohen Bedeutung im Modell besonders zu beachten. Einerseits handelt es sich um die Ableitung der jeweiligen Diffusionskoeffizienten für das spezifische Therapiegebiet und andererseits wäre eine möglichst genaue Quantifizierung der Verlustrate wünschenswert.

Das Modell geht davon aus, dass das Medikament die gesamte Forschungs- und Entwicklungsphase durchläuft und mit hundertprozentiger Wahrscheinlichkeit auf den Markt kommt. Für die Abschätzung der erzielbaren Cash Flows im Falle einer Markteinführung ist diese Annahme auch gerechtfertigt. Unter dem Gesichtspunkt eines Risiko-Rendite-Verhältnisses wäre eine Integration von Wahrscheinlichkeiten in der Entwicklungsphase des Medikaments und die damit zusammenhängende zu fordernde Rendite untersuchenswert. Dies würde die Integration der F&E-Phase in das Modell bedeuten und damit eine wesentliche Erweiterung darstellen, wodurch aber der softwaretechnische Aufwand erheblich vergrößert werden würde. Damit verbunden wäre auch die Möglichkeit, Szenarien unter Einbeziehung der Erfolgswahrscheinlichkeiten der F&E-Phase zu rechnen, die Auskunft über verschiedene Ausprägungen des Risiko-Rendite-Verhältnisses geben könnten, womit auch Portfoliobetrachtungen von mehreren Entwicklungsprojekten denkbar wären.

ANHANG I: Übersicht Modellgleichungen

(01) Abgang behandelte Personen=(Behandelte Personen*Heilungsrate)/12
Units: Personen

(02) Abnahme Marketingkosten
([(0,0)-(120,1)],(0,0.8),(7.70642,0.855263),(17.6147,0.890351),(26.055,0.855263),
(31.5596,0.741228),(36.3303,0.425439),(48.8073,0.236842),(64.9541,0.166667),
(78.8991,0.140351),(95.0459,0.127193),(120,0.105263))
Units: Dmnl

(03) "Absatzmenge [kg]"="Absatzmenge [mg]"/1e+006
Units: kg

(04) "Absatzmenge [mg]"=Behandelte Patienten*Tagesdosis*Compliancerate*
Persistenzrate*Dauer der Behandlung
Units: mg

(05) Absatzmenge kum= INTEG (Absatzmenge pro Monat,0)
Units: kg

(06) Absatzmenge pro Monat="Absatzmenge [kg]"
Units: kg/Monat

(07) Adoptionsrate=if then else (Potentielle Adoptoren<0,0,(Imitatoren+Innovatoren)/12)
Units: Aerzte/Monat

(08) Adoptoren= INTEG (Adoptionsrate-Verlust an Wettbewerber,0)
Units: Aerzte

(09) Adoptoren Wettbewerb= INTEG (Verlust an Wettbewerber,0)
Units: Aerzte

(10) Auswirkung auf PQ Wettbewerb=STEP(Produktqualitaet Wettbewerber,
Zeitpunkt Markteintritt Wettbewerber)
Units: Dmnl

(11) Auswirkung auf Preis Wettbewerb=STEP(Preis Wettbewerbsprodukt,
Zeitpunkt Markteintritt Wettbewerber)
Units: Dmnl [20,80,1]

(12) Auszahlungen=Marketingkosten+Kosten Admin+Herstellkosten+"F&E Kosten"
Units: EUR/Monat

(13) Ärzte=5000
Units: Anzahl Ärzte [0,5000,100]

(14) Behandelte Patienten=Adoptoren*Behandelte Personen pro Arzt
Units: Patienten

(15) Behandelte Personen= INTEG (Übergang behandelte Personen-Abgang
behandelte Personen,0)
Units: Personen

(16) Behandelte Personen pro Arzt=Übergang behandelte Personen/Ärzte
Units: Personen

(17) Behandlungsrate=0.95
Units: Prozent [0.85,0.95,0.01]

(18) Cash Flow an Investoren=if then else (Einzahlungen-Auszahlungen<0,0,Einzahlungen-Auszahlungen)
Units: EUR/Monat

(19) CASH FLOW BOX= INTEG (Einzahlungen-Auszahlungen-Cash Flow an Investoren,0)
Units: EUR

(20) Cash Flow Summe= INTEG (Cash Flow an Investoren,0)
Units: EUR

(21) Compliancerate=1
Units: Dmnl [0,1,0.1]

(22) Dauer der Behandlung=20
Units: Tage

(23) Diagnoserate=Verlauf Diagnoserate(Time)
Units: **undefined**

(24) Diagnostizierte Personen= INTEG (Zugang diagnostizierte Personen-Zugang behandelte Personen, Startwert diagnostizierte Personen)
Units: Personen [0,1.5e+006,50000]

(25) Eigenkapital für Entwicklung Markteinführung Medikament= 4.3e+007
Units: EUR

(26) Einfluss Marketing=1+0.32
Units: Dmnl [1,2,0.1]

(27) Einzahlungen=Umsatzerlöse
Units: EUR/Monat

(28) Erkrankungspotenzial= INTEG (Abgang behandelte Personen-Zugang Neuerkrankungen, Gesamtbevölkerung-Startwert prävalente Personen-Startwert diagnostizierte Personen-Startwert behandelte Personen)
Units: Personen [0,8e+007,1e+006]

(29) "F&E Kosten"=MAX(0.05*Umsatzerlöse, 75000)
Units: EUR

(30) FINAL TIME = 120
Units: Month

(31) Gesamtbevölkerung= ACTIVE INITIAL (8e+007,8e+007)
Units: Personen [7e+007,8.5,1e+007]

(32) Gewichtung Preisabweichung=1-Gewichtung Produktqualitaet
Units: Prozent [0,1]

(33) Gewichtung Produktqualitaet=0.75
Units: Prozent [0,1]

(34) Heilungsrate=0.93
Units: Prozent [0.5,1,0.02]

(35) Herstellkosten=0.15*Umsatzerlöse*(Kostendegression der Herstellung(Time))
Units: EUR

(36) "Imitationskoeffizient spez. q"=Normalwert Imitationskoeffizient*Produktattraktivitätsmultiplikator*Einfluss Marketing
Units: Dmnl

(37) Imitatoren="Imitationskoeffizient spez. q"*Adoptoren/Ärzte*(Ärzte-Adoptoren)
Units: Aerzte

(38) INITIAL TIME = 0
Units: Month
The initial time for the simulation.

(39) "Innovationskoeffizient spez. p" =Normalwert Innovationskoeffizient*Produktattraktivitätsmultiplikator*Einfluss Marketing
Units: Dmnl

(40) Innovatoren="Innovationskoeffizient spez. p"*(Ärzte-Adoptoren)
Units: Aerzte

(41) Inzidenzrate=0.0075
Units: Prozent [0.005,0.0125,0.0025]

(42) Kosten Admin=MAX(0.03*Umsatzerlöse, 50000)
Units: EUR
0,03 % der Liquidität

(43) Kostendegression der Herstellung([(0,0)-(120,1)],(12,1),(24,0.9),(37.0642,0.842105),(49.1743,0.798246),(57.2477,0.767544),(62.0183,0.754386),(76.3303,0.736842),(85.8716,0.72807),(96.1468,0.719298),(107.156,0.70614),(118.899,0.701754))
Units: Dmnl

(44) Marketingkosten=(0.5*Umsatzerlöse+1)*Abnahme Marketingkosten(Time)
Units: **undefined**

(45) Marktanteil=(Adoptoren/Ärzte*100)
Units: Dmnl

(46) Normalwert Imitationskoeffizient=0.37
Units: Dmnl [0,1,0.01]

(47) Normalwert Innovationskoeffizient=0.01
Units: Dmnl [0.001,0.02,0.001]

(48) Persistenzrate=0.95
Units: Dmnl [0,1,0.1]

(49) Personen in Behandlung= INTEG (Zugang behandelte Personen-Übergang behandelte Personen,Startwert behandelte Personen)
Units: Personen [0,1.5e+006,50000]

(50) Potentielle Adoptoren= MAX (-Adoptionsrate,0)
Units: Aerzte [0,5000,100]

(51) Prävalente Personen= INTEG (Zugang Neuerkrankungen-Zugang diagnostizierte Personen,Startwert prävalente Personen)
Units: Personen

(52) "Preis (max)"=80
Units: EUR

(53) "Preis (min)"=20
Units: EUR [20,80,1]

(54) Preis eigenes Produkt=40
Units: EUR [20,80,1]
Einheit 40 EUR/Packung = 40 EUR pro 1000 mg = 40 EUR pro Gramm

(55) Preis Wettbewerb= MAX(40,Auswirkung auf Preis Wettbewerb)
Units: EUR

(56) Preis Wettbewerbsprodukt=40
Units: EUR [20,80,1]

(57) Produktattraktivitätsmultiplikator=(1+Relative Preisabweichung*Gewichtung Preisabweichung+Relative Produktqualitaet*Gewichtung Produktqualitaet)
Units: Dmnl

(58) Produktqualitaet Wettbewerber=0
Units: Dmnl [0,20,1]

(59) "Produktqualität (max)"=20
Units: Dmnl

(60) "Produktqualität (min)"=0
Units: Dmnl

(61) Produktqualität eigenes Produkt=MIN(Stärke Nebenwirkungen+Wirksamkeit,20)
Units: Dmnl

(62) Produktqualität Wettbewerb= 0+Auswirkung auf PQ Wettbewerb
Units: Dmnl

(63) Relative Preisabweichung=(Preis Wettbewerb-Preis eigenes Produkt)/("Preis (max)"-"Preis (min)")
Units: EUR

(64) Relative Produktqualitaet=(Produktqualität eigenes Produkt-Produktqualität Wettbewerb)/("Produktqualität (max)" -"Produktqualität (min)")
Units: Dmnl

(65) Rendite= (Cash Flow Summe/Eigenkapital für Entwicklung Markteinführung Medikament)
Units: Dmnl

(66) SAVEPER = TIME STEP
Units: Month

(67) Startwert behandelte Personen=0
Units: Personen [0,1e+006,50000]

(68) Startwert diagnostizierte Personen=0
Units: Personen

(69) Startwert prävalente Personen=1.2e+006
Units: Personen [300000,1.5e+006,50000]

(70) Stärke Nebenwirkungen=10
Units: Dmnl [0,10,0.5]

(71) Tabelle Verlustrate([(0,0)-(2,0.03)],(0,0.03),(0.5,0.0225),(0.721713,0.0194737),(0.990826,0.0163158),(1.49847,0.0101316), (2,0.00644737))
Units: Dmnl

(72) Tagesdosis=50
Units: mg/Tag

(73) TIME STEP = 1
Units: Month
The time step for the simulation.

(74) Umsatzerlöse="Absatzmenge [kg]"*Preis eigenes Produkt*1000
Units: EUR/Monat

(75) Übergang behandelte Personen=(Personen in Behandlung*Übergangsrate)/12
Units: Personen

(76) Übergangsrate=1
Units: Prozent [1,1]

(77) Verlauf Diagnoserate([(0,0.7)-(120,1)],(0,0.751),(11.0092,0.843421),(24,0.901316),(35.2294,0.928947),(48.8073,0.943421),(59.4495,0.948684),(69.7248,0.953947),(83.6697,0.955263),(96.1468,0.956579),(108.257,0.957895),(120,0.960526))
Units: Dmnl

(78) Verlust an Wettbewerber=(Adoptoren*Verlustrate an Wettbewerb)
Units: Aerzte/Monat

(79) Verlustrate=Tabelle Verlustrate(Produktattraktivitätsmultiplikator)
Units: Dmnl

(80) Verlustrate an Wettbewerb=if then else (Zeitpunkt Markteintritt Wettbewerber=0,0,STEP(Verlustrate, Zeitpunkt Markteintritt Wettbewerber))
Units: Dmnl

(81) Wirksamkeit=10
Units: Dmnl [0,10,0.5]

(82) Zeitpunkt Markteintritt Wettbewerber=120
Units: Monat [0,120,1]

(83) Zugang behandelte Personen=(Diagnostizierte Personen*Behandlungsrate)/12
Units: Personen

(84) Zugang diagnostizierte Personen=(Prävalente Personen*Diagnoserate)/12
Units: Personen

(85) Zugang Neuerkrankungen=(Erkrankungspotenzial*Inzidenzrate)/12
Units: Personen

ANHANG II: Fragebogen – Deskriptive Auswertung

Ausgangspunkt dieser Arbeit war, dass die Bewertungsliteratur nur spärlich Auskunft über die Durchführung von Cash Flow Prognosen im Rahmen der Unternehmensbewertung gibt. Die Hinweise über die Durchführung von Cash Flow Prognosen beziehen sich auf die Regeln der Informationsverarbeitung. Bei Biotechnologieunternehmen, die eine Reihe von Spezifika hinsichtlich Forschung und Entwicklung und Vermarktung aufweisen, stellt sich die Problematik der Cash Flow Prognose in besonderer Weise.

Um einen Eindruck von Anwendern in der Praxis zu erhalten, wurden Personen, die im Bereich Venture Capital tätig sind, zur Problematik der Cash Flow Prognose bei Biotechnologieunternehmen befragt.

Zielsetzung:

Der Fragebogen besteht aus drei Teilen, welche unterschiedliche Zielsetzungen haben:

I. Einleitungsfragen

   In diesem Teil wurde versucht, die Motive von Venture-Capital-Gesellschaften, die in Biotechnologieunternehmen investieren, zu identifizieren. Gleichzeitig wurden die größten Investitionshemmnisse und Herausforderungen, die Biotechnologieunternehmen zu bewältigen haben, abgefragt.

II. Methodik der Bewertung

   In diesem Abschnitt wurden die am häufigsten angewandten Bewertungsmethoden bei Biotechnologieunternehmen und die mit der Bewertung verbundenen Schwierigkeiten abgefragt.

III. Businessplananalyse

   Im dritten Teil des Fragebogens sollten die VC-Manager Auskunft darüber geben, welche Positionen im Businessplan einfach geschätzt werden und welche Positionen im Detail prognostiziert werden.

Grundgesamtheit:

Aufgrund der sehr speziellen Thematik standen nur einige ausgewählte Teilnehmer zur Verfügung. Befragt wurden neun Investment Manager von Venture-Capital- bzw. Private-Equity-Gesellschaften, welche im Rahmen ihrer Tätigkeit auch Biotechnologieunternehmen analysieren bzw. bewerten.

Aufgrund der niedrigen Grundgesamtheit sind keine statistisch signifikanten Auswertungen aus dem Fragebogen möglich, jedoch ergeben sich aus den Antworten einige klare Trends.

Nachstehend erfolgen, entsprechend der Gliederung des Fragebogens, die Diskussion der Antworten sowie die entsprechenden Schlussfolgerungen.

I. EINLEITUNGSFRAGEN:

Als Spezifika bei Biotechnologieunternehmen gegenüber anderen innovativen Unternehmen werden der restriktive Marktzugang, die langen Entwicklungszeiten und das hohe Entwicklungsrisiko identifiziert. Die Finanzierung, die F&E-Phase und die Patente haben nach Ansicht der Befragten eine wesentlich höhere Bedeutung gegenüber sonstigen jungen und innovativen Unternehmen.

Gründe für ein Investment in ein Biotechnologieunternehmen ist unter den Befragten das hohe Up-side Potential. Im Gegenzug wird der hohe Finanzbedarf für die Entwicklung von Medikamenten als wesentlichstes Investitionshindernis gesehen.

Welche der nachfolgend genannten Faktoren haben bei Biotechnologieunternehmen aus Ihrer Sicht eine höhere Bedeutung als bei sonstigen jungen innovativen Unternehmen, und was sind die Besonderheiten im Einzelfall? (Mehrfachnennungen möglich)

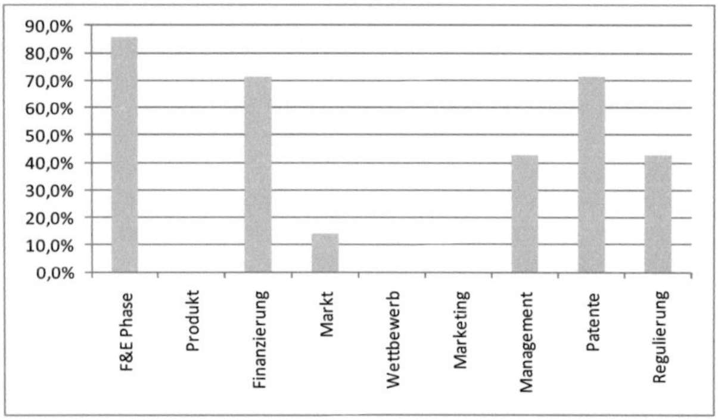

Was sind bzw. wären aus Ihrer Sicht die Gründe für die Investition in ein pharmazeutisches Biotechnologieunternehmen?
(Mehrfachnennungen möglich)

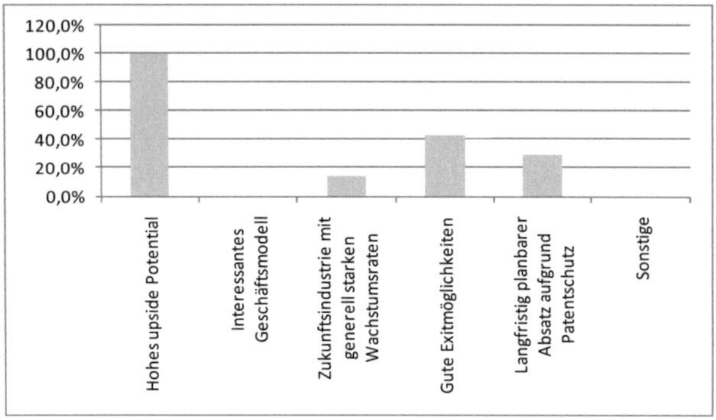

Aus welchen Gründen investieren Sie nicht in Biotechs insb. Medikamenten-entwickler? (Mehrfachnennungen möglich)

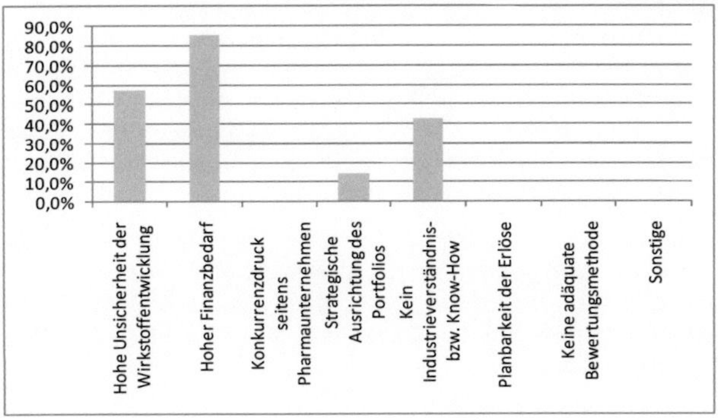

METHODIK DER BEWERTUNG:

Hinsichtlich der Frage, ob die VC/PE-Manager immer eine methodisch und formale Berechnung eines Unternehmenswertes bei einem Biotechnologieunternehmen durchführen, gaben rund 40 % der Befragten an, keine Berechnung durchzuführen. Ungefähr ein Drittel führt aber immer eine Berechnung durch. Das Ergebnis, dass ein Großteil keine Unternehmensbewertung durchführt, überrascht, liegt aber eventuell in der Fragestellung. Eine Interpretation wäre, dass die VC-Investoren nur bei erfolgversprechenden Unternehmen, bei denen eine Beteiligung beabsichtigt ist, eine vollständige Berechnung des Unternehmenswertes durchführen.

Rückschlüsse auf das überraschende Ergebnis der obigen Frage können aus den Antworten der im Fragebogen nachfolgenden Frage betreffend die Anwendung von Bewertungsmethoden gezogen werden. Es zeigt sich, dass das Discounted-Cash-Flow- und das Multiplikatorverfahren am häufigsten bei der Bestimmung eines Unternehmenswertes angewandt werden.

Welche Bewertungsverfahren sind Ihnen grundsätzlich bekannt (Liste unten angegeben) und welche Bewertungsverfahren wenden Sie bei der Bewertung von Biotechs an?

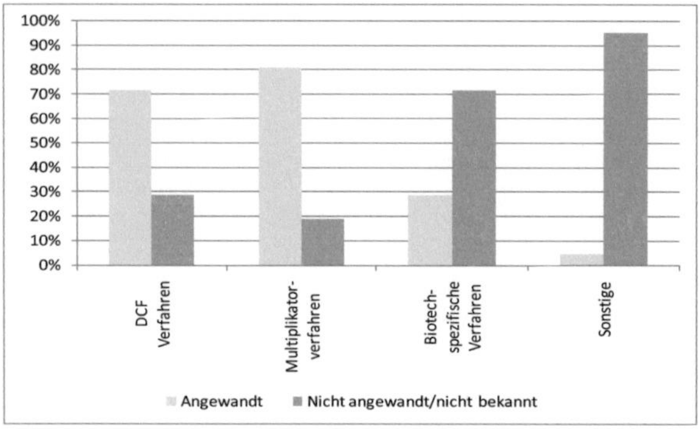

In der Regel werden daher einfache Multiplikatoren zur Berechnung eines ersten Unternehmenswertes herangezogen, sodass keine vollständige und formale Berechnung erfolgt. Biotechspezifische Methoden sind entweder nicht bekannt oder werden kaum angewandt. Interessanterweise werden Monte-Carlo-Simulationen von keinem der Befragten angewandt, was durch die Komplexität der Methode bedingt sein dürfte.

Die Schwierigkeiten bei der Bewertung liegen primär in der hohen Unsicherheit der Produktentwicklung und damit verbunden die Schätzung der Erfolgs- bzw. Abbruchwahrscheinlichkeiten. Als weiterer Grund wird der lange Prognosezeitraum und die Einschätzung der Werthaltigkeit von Patenten angegeben.

Worin liegen Ihrer Meinung nach die Schwierigkeiten bei der Bewertung (unabhängig von der Bewertungsmethode) von Biotechs? (Mehrfachnennungen möglich)

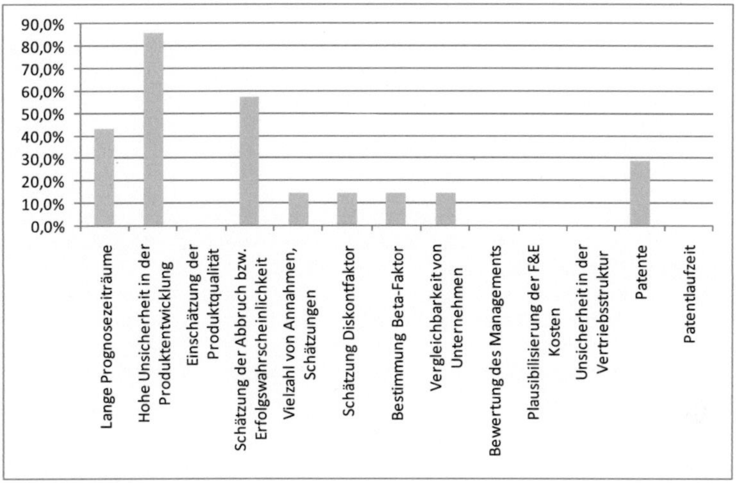

Sämtliche Befragten gaben an, dass qualitative Faktoren in Form einer subjektiven Schätzung, je nach Geschäftsmodell und Unternehmen, bei der Unternehmensbewertung berücksichtigt werden. Als besonders wichtige Faktoren wurden die Patente, industrielle Partnerschaften bzw. Kooperationen mit Pharmaunternehmen, die Zusammensetzung des Managements und die Produktklasse genannt.

Die Diskontierungsraten bei Biotechnologieunternehmen liegen bei rund der Hälfte der Befragten zwischen 30 und 40 %. Es wird angegeben, dass die angewandte Diskontrate höher ist als bei anderen jungen innovativen Unternehmen, da ein höheres Risiko in der Produktentwicklung besteht und es eine lange „pre-revenue“-Phase gibt. Das Ergebnis kann dahingehend interpretiert werden, dass der Unsicherheit der Unternehmensentwicklung und der Unsicherheit über die Anwendung einer geeigneten Bewertungsmethode einfach mit einem hohen pauschalen Diskontfaktor Rechnung getragen wird.

BUSINESSPLANANALYSE:

Zwei Drittel der Befragten geben an, dass im Businessplan mehrere Detailplanungsphasen unterschieden werden. Das gibt einen Hinweis, dass den potenziellen Investoren eine langfristige Planung vorgelegt wird.

Hinsichtlich der Frage, welche Positionen der Gewinn- und Verlustrechnung im Detail analysiert und welche über eine einfache Schätzung ermittelt werden, kommt deutlich zum Ausdruck, dass die F&E-Kosten und die Umsatzerlöse vom Großteil der Befragten im Detail analysiert werden. Angemerkt wird, dass die F&E-Kosten einfach, die Umsatzerlöse jedoch schwierig abzuschätzen sind. Der Finanzierungsbedarf wird von allen Befragten im Detail analysiert.

Bei der Abschätzung der Umsatzerlöse werden als wesentlichste Komponenten, die die Umsatzerlöse determinieren, die Anzahl der Patienten, der Preis des Medikaments, die Patentlaufzeit und der Wettbewerb von einem Großteil der Befragten genannt. Interessanterweise wird den Ärzten und dem Marketing sowie der Compliance- und Persistenzrate eine geringe Bedeutung zugesprochen. Dies lässt vermuten, dass die Wichtigkeit dieser Komponenten nicht bewusst ist, sodass vermutet werden kann, dass ein noch zu geringes Marktverständnis herrscht.

Hinsichtlich F&E wird die Länge der Entwicklungszeit als wesentlichster Kostentreiber im Unternehmen erkannt.

LITERATURVERZEICHNIS

Achleitner, A./Bassen, A. (2003): Controlling von jungen Unternehmen, Stuttgart, Schäffer-Poeschel

Achleitner, A./Nathusius, E. (2004): Venture Valuation – Bewertung von Wachstumsunternehmen, Stuttgart, Schäffer-Poeschel

Adam, D. (1996): Planung und Entscheidung: Modelle – Ziele – Methoden, 4. vollst. überarb. u. wesentlich erw. Aufl., Wiesbaden, Gabler

Almus, M. (2002): Wachstumsdeterminanten junger Unternehmen, 1. Aufl., Baden-Baden, Nomos

Ambroz, K. (2009): Estimating new product uptake with the use of system dynamics, St. Gallen, Univ. Diss., 2008

Andaleeb, D./Tallman, R. F. (1995): Physician Attitudes towards Pharmaceutical Sales Representatives, in: Health Care Mangement Review, Summer, 68–76

Armstrong, J. S. (2001): Selecting Forecasting Methods, in: Armstrong, J. S.: Principles of forecasting – a handbook for researchers and practitioners, Boston, Mass., Kluwer, 364–386

Arojärvi, O. (2001): How to value biotechnology firms: A study of current approaches and key value drivers, Helsinki, Master Thesis 2001

Audretsch, D. B. (2002): Entrepreneurship: A Survey of the Literature – Prepared for the European Commission, London, Enterprise Directorate General

Audretsch, D. B./Stephan, P. E. (1996): Company-Scientiest Locational Links: The Case of Biotechnology, in: American Economic Review, 86 (3), 641–652

Backhaus, K. (2006): Multivariate Analysemethoden – Eine anwendungsorientierte Einführung, 11. überarb. Aufl.,Berlin, Springer

Baetge, J. (1998): Bilanzanalyse, Düsseldorf, IDW

Baetge, J./Kirsch, H.-J./Thiele, S. (2001): Bilanzen, 5. überarb. und erw. Aufl., Düsseldorf, IDW

Bähr-Seppelfricke, U. (1999): Diffusion neuer Produkte – der Einfluss von Produkteigenschaften, Wiesbaden, Dt. Univ.-Verlag

Bains, W. (2009): Venture Capital and the European Biotechnology Industry, 1. publ., Basingstoke, Palgrave Macmillan

Balant, L. P./Gex-Fabry, M. (2000): Modelling during drug development, in: European Journal of Pharmaceutics and Biopharmaceuticals, 50, 2000, 13–26

Ballwieser, W. (1987): Unternehmensbewertung und Komplexitätsreduktion, 2. verb. und akt. Aufl, Wiesbaden, Gabler

Ballwieser, W. (1990): Unternehmensbewertung und Komplexitätsreduktion, 3. überarb. Aufl., Wiesbaden, Gabler

Baltzer, K. (2000): Die Bedeutung des Venture Capital für innovative Unternehmen, Aachen, Shaker, zugl.: Stuttgart, Diss., 1999

Bank Leu (2001): Sektorstudie Pharma Europa – Biotechnologie als Hoffnungsträger, Dezember 2001, Leu Investment Research, Zürich

Bass, F. M. (1969): A New Product Growth Model for Consumer Durables, in: Management Science, Vol. 15, 5, 215–227

Bass, F. M./Krishnan, T. V./Jain, D. C. (1994): Why the Bass Model fits without Decision Variables, in: Marketing Science, Vol. 13, No. 4, Summer, 203–223

Bastin, V./Bergeron, M./Hübner, G./Michel, P.-A./Servais, M. (2004): Venture Capital Financing in Biotechnologies: A prospective Assessment, working paper Ecole des sciences de la gestion; Université du Québec a Montréal

Basu, P./Joglekar, G./Rai, S./Suresh, P./Vernon, J. (2008): Analysis of manufacturing costs in pharmaceutical companies. in: Journal of Pharmaceutical Innovation, Vol. 3, 30–40

BCG (2001a): The Boston Consulting Group: A Revolution in R&D: The Impact of Genomics, June 2001

BCG (2001b): The Boston Consulting Group: Positionierung deutscher Biotechnologie-Cluster im internationalen Vergleich, Januar 2001

Berndt, E. R./Bhattacharjya, A./Mishol, D. N./Arcelus, A./Lasky, T. (2002): An Analysis of the Diffusion of New Antidepressants: Variety, Quality, and Marketing Efforts, in: The Journal of Menthal Health Policy and Economics, 5, 3–19

Berndt, E. R./Danzon, P. M./Kruse, G. B. (2007): Dynamic Competition in Pharmaceuticals: Cross-National Evidence from New Drug Diffusion, in: Managerial and Decision Economics, 28, 231–250

Bhall, G./Evgeniou, T./Lerer, L. (2004): Customer relationship mangement and networked healthcare in the pharmaceutical industry, in: International Journal of Medical Marketing, Vol. 4, 4, 370–379

Bianchi, C. (2002): Introducing SD modelling into planning and control systems to manage SME's growth: a learning-oriented perspective, in: System Dynamics Review, 18. Jg., 315–338

Bienz-Tadmor, B./Dicerbo, P. A./Tadmor, G./Lasagna, L. (1992): Biopharmaceuticals and Conventional Drugs: Clinical Success Rates, in: Bio/Technology, Vol 10, May, 521–525

biotechnologie.de (2010): Die deutsche Biotechnologie-Branche – The German Biotechnology Sector 2010, eine Initiative des BMBF, Berlin, www. biotechnologie.de

Bleicher, K. H./Böhm, H.-J./Müller, A./Alanine, A. (2003): Hit and Lead Generation: Beyond High-Throughput Screening, in: Nature Revies Drug Discovery, Vol. 2, May, 369–378

Böcker, F./Gierl, H. (1988): Die Diffusion neuer Produkte – Eine kritische Bestandsaufnahme, in: zfbf, 40 Jg., 1, 32–47

Bogdan, B./Villiger, R. (2008): Valuation in Life Sciences - A Practical Guide, Berlin, Springer

Böhmer, C. (2003): Risikoanalyse und Bewertung von Venture Capital-finanzierten Unternehmen, St. Gallen, Univ., Diss.

BPI (2002): Bundesverband der Pharmazeutischen Industrie e.V. und Cap Gemini Ernst & Young Deutschland GmbH (Hrsg.): Mittelständische Pharmaindustrie – neue Wege zum Erfolg mit Biotechnologie, Berlin, Stuttgart, Mai 2002

BPI (2004): Bundesverband der Pharmazeutischen Industrie e.V. (Hrsg.): Pharma Innovativ: Vom Wirkstoff zum Arzneimittel, 3. überarb. Aufl., Berlin

Brekke, K. R./Kuhn, M. (2003): Direct-to-Consumer Advertising in Pharmaceutical Markets, in: Journal of Health Economics, 25, 102–130

Brettel, M./Jaugey, C./Rost, C. (2000): Business Angels – Der informelle Beteiligungskapitalmarkt in Deutschland, Wiesbaden, Gabler

Brettel, M./Rudolf, M./Witt, P. (2005): Finanzierung von Wachstumsunternehmen, 1. Aufl., Wiesbaden, Gabler

Bretzke, W.-R. (1975): Das Prognoseproblem bei der Unternehmensbewertung, Düsseldorf, IDW

Bretzke, W.-R. (1993): Unternehmensbewertung in dynamischen Märkte, in: Betriebswirtschaftliche Forschung und Praxis, Vol. 45, Iss. 1, 39–45

Brockhoff, K. (1977): Prognoseverfahren für die Unternehmensplanung, Wiesbaden, Gabler

Brockhoff, K. (1989): Forschung & Entwicklung: Planung und Kontrolle, 2. erg. Aufl., München, Oldenburg

Brockhoff, K. (1993): Produktpolitik, 3. erw. Aufl., Stuttgart, G. Fischer

Bronner, R./Mellewigt, T./Späth, J. F. (2001): Gründungsmanagement, in: Die Betriebswirtschaft – DBW, 61. Jg., Heft 5/01, 581–599

Brown, J. R./Fazzari, S. M./Petersen, B. C. (2009): Financing Innovation and Growth: Cash Flow, External Equity, and the 1990s R&D Boom, in: The Journal of Finance, Vol. LXIV, No. 1, February, 151–185

Bruckmann, G. (1978): Prognose mittels Analogieschluss, in: Bruckmann, G.: (Hrsg.): Langfristige Prognosen: Möglichkeiten und Methoden der Langfristprognostik komplexer Systeme, 2. Aufl., Würzburg/Wien, Physica-Verlag, 72–75

Brüderl, J./Preisendörfer, P./Ziegler R. (2009): Der Erfolg neugegründeter Betriebe - Eine empirische Studie zu den Chancen und Risiken von Unternehmensgründungen, 3. erw. Aufl., Berlin, Duncker & Humblot

Bürgel, O./Fier, A./Licht, G./Murray, G. (1999): The Internationalisation of British and German Start-up Companies in High-Technology Industries, in: Oakey, R./During, W. (Hrsg.), New Technology Based Firms in the 1990s, New Technology Based Firms Bd. VI, London,

Burkhard, I. (2002): (Hrsg.): Praxis des Pharmamarketing, Weinheim, Viley-VCH

Busse von Colbe, W. (1957): Der Zukunftserfolg: Die Ermittlung des künftigen Unternehmungserfolges und seine Bedeutung für die Bewertung von Industrieunternehmen, Wiesbaden, Gabler

Buzzel, R. D./Gale, B. T. (1987): The PIMS Principles: linking strategy to performance, 7. print., New York, Free Press

Calfee, J. E./Winston, C./Stempski, R. (2002): Direct-to-Consumer Advertising and the demand for cholesterol-reducing drugs, in: Journal of Law and Economics, Vol. XLV, October, 673–689

Caplow, T./Raymond, J. J. (1954): Factors influencing the selection of pharmaceutical products, in: Journal of Marketing, Vol 19, Issue 1, 18–23

Caves, R. E./Whinston, M. D./Hurwitz, M. A. (1991): Patent expiration, entry, and Competition in the U.S. Pharmaceutical Industry, in: Brookings Papers on Economic Activity, Microeconomics, 1–66

CBO (1998): How increased competition from generic drugs has affected prices and returns in the pharmaceutical Industry, The Congress of the United States Congressional Budget Office, July 1998

Chambers, J. C./Mullick, S. K./Smith, D. D. (1971): How to choose the right forecasting technique, in: Harvad Business Manger, July-August, 45–74

Chatterjee, R./Eliashberg, J./Rao, V. R. (2000): Dynamic Models incorporating competition, in: Mahajan, V./Muller, E./Wind, Y. (Hrsg.): New Product Diffusion Models, Boston, Mass., Kluwer, 165–205

Coenenberg, A. G. (1992): Jahresabschluß und Jahresabschlußanalyse – Betriebswirtschaftliche, handels- und steuerrechtliche Grundlagen, 13. Aufl, Stuttgart, Schäffer-Poeschel

Coenenberg, A. G. (2000): Jahresabschluß und Jahresabschlußanalyse, 18. Aufl., Stuttgart, Schäffer-Poeschel

Coleman, J./Katz, F./Menzel, H. (1966): Medical innovation: A diffusion study; Indianapolis, Bobbs-Merill Co

Comanor, W. S./Schweitzer, S. O. (2007): Determinants of Drug Prices and Expenditures, in: Managerial and Decision Economics, 28, 357–370

Cook, A. G. (2006): Forecasting for the Pharmaceutical Industry - Models for New Product and In-Market Forecasting and How to Use Them, Surrey, Ashgate Publishing Limited

Creyer, E. H./Hrsistodoulakis, I. (1998): Marketing Pharmaceutical Products to Physicians, in: Marketing Health Services, Vol, 18, Issue 2, Summer, 35–38

Damodaran, A. (2001): The Dark Side of Valuation, London, Financial Times Prentice Hall

Dautzenberg, K. (Hrsg.) (2009): Risikobewertung und Finanzierung von technologieorientierten Gründerinnen und Gründer, 1. Aufl., Lohmar, Eul

Davidson, T./Sivadas, E. (2004): Details drive success: Physicians are responding to electronic sales calls, in: Marketing Health Service, Spring, 20–25

Dean, J. (1969): Pricing Pioneering Products, in: Journal of Industrial Economics, 17, 165–179

Desiraju, R./Nair, H./Chintagunta, P. (2004): Diffusion of new pharmaceutical drugs in developing and developed nations, in: International Journal of Research in Marketing, 21, 341–357

DG Bank (1999): Deutsche Genossenschaftsbank AG (Hrsg.): Die europäische Pharmaindustrie: Staatliche Rahmenbedingungen und internationale Wettbewerbsfähigkeit, Frankfurt am Main

Dietz, J.-W. (1989): Gründung innovativer Unternehmen, Wiesbaden, Gabler

DiLorenzo, F. (2002) Standard&Poor's, Industry Surveys, Biotechnology, November 21

DiMasi, J. A. (1995): Trends in Drug Development Costs, Times and Risks, in: Drug Information Journal, Vol. 29, 375–384

DiMasi, J. A. (1997): Improving the new drug development process, Tufts Center for the Study of Drug Development, Boston

DiMasi, J. A. (1997): Improving the new drug development process, Tufts Center for the Study of Drug Development, Testimony. Hearing before the Subcommittee on Health and Environment of the Committee on Commerce, House of Representatives. Reauthorization of the Prescription Drug User Fee Act and FDA reform, April 23, 1997. 105th Congress 1st Session:46–52, 62–68

DiMasi, J. A. (2001a): New drug development in the United States from 1963 to 1999, in: Clinical Pharmacology & Therpaeutics, 69, 286–296

DiMasi, J. A. (2001b): Risks in new drug development - Approval success rates for investigational drugs, in: Clinical Pharmacology & Therapeutics, Volume 69, Number 5, 297–307

DiMasi, J. A./Grabowski, H. G. (2007): The Cost of Biopharmaceutical R & D: Is Biotech Different?, in: Managerial and Decision Economics, 28, 469-479

DiMasi, J. A./Hansen, R. W./Grabowski, H. G. (2003): The Price of Innovation - New Estimates of Drug Development Costs: in Journal of Health Economics, May 22, (2), 151–185

DiMasi, J. A./Hansen, R. W./Grabowski, H. G./Lasagna, L. (1991): Cost of innovation in the pharmaceutical industry, in: Journal of Health Economics, 10, 107–142

DiMasi, J. A./Hansen, R. W./Grabowski, H. G./Lasagna, L. (1995): Research and Development Costs for New Drugs by Therapeutic Category, in: PharmacoEconomics, 7 (2), 152–169

DiMasi, J. A./Seibring, M. A./Lasagna, L. (1994): New drug development in the United States from 1963 to 1992, in: Clinical Pharmacology & Therapeutics, Volume 55, Number 6, June, 609–622

Ding, M./Eliashberg, J. (2008): A Dynamic Competitive Forecasting Model Incorporating Dyadic Decision Making, in: Management Science, Vol. 54, No. 4, April, 820–834

Dirrigl, H. (1988): Die Bewertung von Beteiligungen an Kapitalgesellschaften – Betriebswirtschaftliche Methoden und steuerlicher Einfluß, Hamburg, S+W, Steuer- u. Wirtschaftsverl., zugl. Hohenheim, Univ., Diss. 1987

Douglas, R. P. (2002): Propositions on the Pharmaceutical Marketing System, in: Journal of pharmaceutical marketing & management, 14, 3–4, 75–85

Drabinski, T./Eschweiler, J./Schmidt, U. (2008): Preisbildung von Arzneimitteln im internationalen Vergleich, Berlin, Springer

Dreger, C. (2000): Strategisches Pharma-Management, Wiesbaden, Dt. Univ.-Verlag

Drews, J. (1992): Strategies for Successfully Managing Pharmaceutical Research and Development in the 1990s, in: Drug Information Journal, Vol. 26, Nr. 4, 635–645

Drews, J. (1995): Innovationsmanagement in der pharmazeutischen Industrie, in: Lonsert, M./Preuß, K. J./Kucher, E. (Hrsg.): Handbuch Pharmamanagement, Band 1, Wiesbaden, Gabler, 765–784

Drews, J. (2002): Der Beitrag der Biotechnologie zur Auffindung und Entwicklung neuer Wirkstoffe, in: Herstatt, C./Müller, C. (Hrsg.): Management-Handbuch Biotechnologie, 89-99, Stuttgart, Schäffer-Poeschel, 55–62

Drukarczyk, J. (2003): Unternehmensbewertung, München, Vahlen

Duden (2009): Der Duden in zwölf Bänden : das Standardwerk zur deutschen Sprache, Wiss.Rat der Dudenred. (Hrsg.), Mannheim, Wien (u. a.), Dudenverlag

Düsing, R. (2007): Medikamentöse Therapie mit verblisterten Arzneimitteln - Möglichkeiten und Chancen, Universitätsklinikum Bonn, Bonn

DVFA (2005): Deutsche Vereinigung für Finanzanalyse und Asset Management e.V. (Hrsg.): Life Science am Kapitalmarkt – Biotechnologie im Fokus, Frankfurt am Main

DZ Bank (2002): Im Fokus Biotechnologie, Mai

Eddershaw, P. J./Beresford, A. P./Bayliss, M. K. (2000): ADME/PK as a part of a rational approach to drug discovery, in: Drug Discovery Today, Vol. 5, No.9, September, 409–414

Ehrmann, H. (1995): Planung, Ludwigshafen, Kiehl

Eichner, R./Maronick, T. J. (2001): A Review of Direct-to-Consumer (DTC) Advertising and Sales of Prescription Drugs: Does DTC Advertising Increase sales and Market Share?, in: Journal of Pharmaceutical Marketing & Management, Vol. 13, 4, 19–42

Ernst & Young (2000): Gründerzeit, Zweiter Deutscher Biotechnologie Report

Ernst & Young (2001): Integration, Eight Annual European Life Sciences Report

Ernst & Young (2009a): Beyond borders - Global biotechnology report 2009

Ernst & Young (2009b): Fallstrick Finanzierung - Deutscher Biotechnologie-Report 2009

EuropaBio (2006): Biotechnology in Europe: 2006 Comparative study, The European Association for Bioindustries

Evens, R. P. (2007): Drug and Biological Development, Berlin, Springer US

Families USA (2001): New 2001 Data Show Big Drug Companies Spent Almost Two-and-a-Half Times as Much on Marketing, Advertising and Administration as They Spent on Research and Development, Press release July 17, 2002, Washington, www.familiesusa.org

Fantapié Altobelli, C. (1991): Die Diffusion neuer Kommunikationstechniken in der Bundesrepublik Deutschland: Erklärung, Prognose und marketingpolitische Implikationen, Heidelberg, Physica-Verlag

Faulkner, W./Senker, J. (1994): Making sense of Diversity: Public-Private Sector Research Linkage in Three Technologie, in: Research Policy, 23, 673–695

Festel, G. (2005): Wachstums- und Finanzierungsstrategien von Start-Ut-ups im Bereich der industriellen Biotechnologie, in: M&A Review, 11, 481–484

FhG-ISI (1998): Beteiligungskapital und technologieorientierte Unternehmens-gründungen. Gutachten für das BMWi, erstellt vom Frauenhofer-Institut für Systemtechnik und Innovationsforschung, Karlsruhe und dem Zentrum europäische Wirtschaftsforschung

Findlay, (2002): Do Ads Really Drive Pharmaceutical Sales?, in: Marketing Health Services, Spring, Vol. 22, Issue 1, 21–25

Forrester, J. W. (1969): Industrial Dynamics – After the first Decade, in: Management Science, 14. Jg., H. 7, 398–415

Fourt, L. A./Woodlock, J. W. (1960): Early Prediction of Market Success for new Grocery Products, in: Journal of Marketing, 25, 31–38

Frank, R. G./Salkever, D. S. (1997): Generic Entry and the Pricing of Pharmaceuticals, in: Journal of Economics & Management Strategy, Volume 6, Number 1, Spring, 75–90

Friedli, P. (2001): Venture-Capital Investitionen aus Sichtweise eines Investors, in: Grünbichler, A./Graf, S./Gruber, A.. (Hrsg.): Private Equity und Hedge Funds: Alternative Anlagekategorien im Überblick, Frankfurt a. M., Frankfurter Allg. Buch, 85–100

Gallan, A. S. (2004): Factors That Influence Physicians Prescribing of Pharmaceuticals: A Literature Review, in: Journal of Pharmaceutical Marketing & Management, Vol. 16 (4), 3–46

Galler, K. (1983), Halten die Methoden Schritt?, in: Absatzwirtschaft, 3, 268–272

Garbe, C./Menhart, H./Schreiber, (2002): Chance Biotechnologie, 1. Aufl., Frankfurt am Main, Frankfurter Allg. Buch

Gartner, W. B./Thomas, R. J.: Factors Affecting New Product Forecasting Accuracy in New Firms, in: Journal of Product Innovation Management, 10, 1, 35–52

Gassmann, O./Reepmeyer, G./Zedtwitz, M. (2008): Leading Pharmaceutical Innovation, Berlin, Springer

Gausemeier, J./Fink, A./Schlake, O. (1995): Szenario-Management - Planen und Führen mit Szenarien, München Wien, Hanser Verlag

Gehrig, W. (1992): Pharma-Marketing - Instrumente, Organisation, Methoden - national und international, 2. völlig überarb. Aufl., Zürich, Verl. Moderne Industrie

Gelb, B./Johnson, M. (1995): Word-of-Mouth Communiction: Causes and Consequences, in: Journal of Health Care Marketing, Vol. 15, No.3, Fall, 54–58

Gent, R. M./Fischer, R./Rickert, J. (2002): Pflanzenbiotechnologie – Stand, Entwicklung, Perspektiven, in: Herstatt, C./Müller, C. (Hrsg.): Management-Handbuch Biotechnologie, 89-99, Stuttgart, Schäffer-Poeschel, 89–99

Georgoff, D. M./Murdick, R. G. (1986): Manager's guide to forecasting, in: Harvard Business Review, January-February, 110–120

Gerfin, H. (1964): Langfristige Wirtschaftsprognosen, Tübingen, Verlag Mohr

Geschka, H./Hammer, R. (1997): Die Szenariotechnik in der strategischen Unternehmensplanung, in: Hahn, D./Taylor, B. (Hrsg.): Strategische Unternehmensplanung - strategische Unternehmensführung: Stand und Entwicklungstendenzen, 7. Aufl., Heidelberg, Physica Verlag, 464–489

Geschka, H./Reibnitz, U. v. (1983), Die Szenario-Technik - ein Instrument der Zukunftsanalyse und der strategischen Planung, in: Töpfer, A./Afheldt, H. (Hrsg.): Praxis der strategischen Unternehmensplanung, Frankfurt am Main, Metzner, 125–170

Getzen, T. E. (2004): Health Economics, Fundamentals and Flow of Funds, 2. ed., New York, Wiley

Giesecke, (1999): Von der Forschung zum Markt, Berlin, Ed. Sigma, zugl. Berlin, Freie Univ., Diss, 1999

Giesecke, (2000): The contrasting roles of government in the development of biotechnology industry in the US and Germany, in: Research Policy, 29, 205–223

Glick, B. R./Pasternack, J. J./Jack, J. (1995): Molekulare Biotechnologie, Heidelberg, Berlin, Oxford, Spektrum, Akad. Verl.

Gönul, F. F./Carter, F./Petrova, E./Srinivasan, K. (2001): Promotion of Prescription Drugs and its impact on physicians Choice Behavior, in: Journal of Marketing, Vol. 65, July, 79–90

Götze, U.(1991): Szenario Technik in der strategischen Unternehmensplanung, 2. akt. Aufl., Wiesbaden, Dt. Universitätsverlag

Grabowski, H. (2004): Are the Economics of Pharmaceutical R&D Changing?, Productivity, Patents and Political Pressures, in: PharmacoEconomics, 22, Suppl. 2, 15–24

Grabowski, H. (2007): Competition between Generic and Branded Drugs, in: Sloan, F. A./Hsieh, C.-R. (Hrsg.): Pharmaceutical Innovation, Cambridge, New York, Cambrigde University Press, 153–173

Grabowski, H. G./Kyle, M. (2007): Generic Competition and Market Exclusivity Periods in Pharmaceuticals, in: Managerial and Decision Economics, 28, 491–502

Grabowski, H. G./Vernon, J.M. (1990): A New Look at the Returns and Risks to Pharmaceutical R&D, in: Management Science, Volume 36, Issue 7, 804–821

Grabowski, H./Vernon, J. (1992): Brand Loyalty, Entry, and competition, in: Journal of Law and Economics, Oct., 331–350

Graff, P. (1977): Die Wirtschaftsprognose - Empirie und Theorie, Voraussetzungen und Konsequenzen, Tübingen, Mohr

Grossmann, M. U. (1999): Growth Policies for Biopharmaceutical High-Technology Firms: Theoretical and Empirical Analysis with Continiuous-Time Simulation Models, Mannheim, Univ. Diss.

Hachmeister, D. (1998): Der Discounted Cash Flow als Maß der Unternehmenswertsteigerung, 2. durchges. Aufl., Frankfurt am Main, Berlin, Bern, New York, Paris, Wien, Lang

Hagedoorn, J. (1993): Understanding the Rationale for Strategic Technology Partnering: Interorganizational Modes of Cooperation and Sectoral Differences, in: Strategic Management Journal, 14, 371–385

Hahn, D. (1996), PuK, Controllingkonzepte, 5. Aufl., Wiesbaden, Gabler Verlag

Hahn, M./Park, S./Krishnamurathi, L./Zoltners A. A. (1994): Analysis of new product Diffusion using a four-segment trial-repeat Model, in: Marketing Science, Vol. 13, No. 3, Summer, 224–247

Hall, B. H. (1987): The Relationship between Firm Size and Firm Growth in the US Manufacturing Sector, in: Journal of Industrial Economics, 35, 583–606

Haller, H.:(1999): Eigenkapital aus Förderprogrammen, in: Finanz Betrieb, 9/1999, 269–273

Hammer, R. M. (1995): Unternehmensplanung, 6. durchges. Aufl., München, Wien, Oldenburg

Hansmann, K. W. (1983): Kurzlehrbuch Prognoseverfahren, Wiesbaden, Gabler

Härter, M. (1985): Güte- und Erfolgsbeurteilung zukunftsbezogener Aussagen, Frankfurt am Main, Bern, New York, Lang

Hasford, J./Mimran, A./Simons, W. R. (2002): A population-based European cohort study of persistence in newly diagnosed hypertensive patients, in: Journal of Human Hypertension, August, Volume 16, Number 8, 569–575

Hasskarl, H. (1995): Rechtliche Rahmenbedingungen und Verbandsdirektiven als neuer Handlungsrahmen – Marketing und Recht: Management einer Wechselbeziehung, in: Lonsert, M./Preuß, K. J./Kucher, E. (Hrsg.): Handbuch Pharmamanagement, Band 2, Wiesbaden, Gabler, 945–964

Hauschildt, J. (2007): Innovationsmanagement, 4. Aufl., München, Vahlen

Hauschildt, J./Rösler, J./Gemünden, H. G. (1984): Der Cash Flow – Ein Krisensignalwert?, in: DBW 44, 353–370

Hax, A. C./Majluf, N. S. (1991): Strategisches Management – Ein integratives Konzept aus dem MIT, Frankfurt/Main, New York, Campus Verlag

Haye, R. de la/Gebauer, A. (2008): Die Entwicklung eines Arzneimittels, in: Schöffski, O./Fricke, F.-U./Guminski, W. (Hrsg.) Pharmabetriebslehre, Berlin, Springer

Hayn, M. (2000): Bewertung junger Unternehmen, 2. stark überarb. Aufl., Herne, Verl. Neue Wirtschafts-Briefe

Heidenreich, B./Brand, S./Enderle, T./Jonischkeit, B./Kazakidou, G./Kramer, I./Vilchez, I./Reinhardt, M. (2002), Status Quo der Biotech-Szene in Deutschland, in: Herstatt, C./Müller, C. (Hrsg.): Management-Handbuch Biotechnologie, 89-99, Stuttgart, Schäffer-Poeschel, 432

Heitzer, B. (2000): Finanzierung junger innovativer Unternehmen durch Venture-Capital-Gesellschaften, Köln: Lohmar Eul; zugl. Münster, Univ., Diss. 2000

Helbling, C. (2001): Prozess der Unternehmensbewertung – Absicherungsstrategien gegen Risiken des Unternehmenskaufs, in: Peemöller, V. H. (Hrsg.): Praxishandbuch der Unternehmensbewertung, Herne, Verlag Neue Wirtschafts-Briefe

Henric, O./Farag, H./Hommel, U./Witt, P. (2008): Produktqualität, Signaling und Venture Capital-Finanzierung von Biotechnologieunternehmen, in: DBW 68, 6, 671–685

Henschel, H. (1979): Wirtschaftsprognosen, München, Vahlen

Hensel, M./Wirsam, J. (2008): Diffusion von Innovationen, Wiesbaden, Gabler Verlag/GWV Fachverlage GmbH

Herzog, R. (1995) (Hrsg.): F&E Management in der Pharma-Industrie, 284, Aulendorf, Ed.-Cantor-Verlag

Heuskel, D. (1998): Spielregeln brechen – Innovative Unternehmensstrategien jenseits von Produkt- und Branchengrenzen. in: Franke, N./von Braun, C.-F. (Hrsg.): Innovationsforschung und Technologiemanagement, Berlin, Springer

Hilleke, K. (1995): Decision Support Systeme bei der Preisbestimmung von Produkten, in: Lonsert, M./Preuß, K. J./Kucher, E. (Hrsg.): Handbuch Pharma-Management, Band 2, 649–666, Wiesbaden, Gabler

Hillisch, A./Hilgenfeld, R. (2002): Modern methods of drug discovery, Basel, Birkhäuser Verlag

Hintemann, R. (2001): Die Diffusion umweltfreundlicher und hochwertiger Gebrauchsgüter – dargestellt am Beispiel des 3-Liter-Autos, Frankfurt am Main, Lang; zugl. Aachen, Techn. Hochs., Diss., 2000

Hinterhuber A. (2002): Strategische Erfolgsfaktoren bei der Unternehmens-bewertung: Ein konzeptionelles Rahmenmodell, 2. Aufl., Wiesbaden, Dt. Univ.-Verlag

Hoffmann, W./Klien, W./Unger, M. (1996), Strategieplanung, in: Eschenbach, R. (Hrsg.): Controlling, 2. Aufl., Stuttgart, Schäffer-Poeschel, 211–315

Homburg, C./Wrede, N. (2007): Persistente Bestimmungsgrößen des künftigen operativen Cash Flows, in: ZfB, Jg, 77, 876–910

Homer, J. B. (1987): A Diffusion Model with Application to Evolving Medical Technologies, in: Technological Forecasting and Social change, 31, 197–218

Hunsdiek, D./May-Strobl, E. (1987): Gründungsfinanzierung durch den Staat – Fakten, Erfolg und Wirkung, Stuttgart, Pöschl Verlag

Hurwitz, E. M. (1999): Biotech finance: a family affair, in: Nat Biotechnol. Feb; 17 Suppl., BE 35-7

Hüttner M. (1986): Prognoseverfahren und ihre Anwendung, Berlin/New York, de Gruyter

Iizuka, T./Jin, G. Z. (2005): The Effect of Prescription Drug Advertising on Doctor Visits, in: Journal of Economics & Management Strategy, Volume 14, Number 3, Fall, 701–727

Jaeger, H./Mangold, B./Gielsdorf, W. (1991): Reduction of Drug Development Time, in: Pharmazeutische Industrie, 53, Nr. 6, 539–544

Jantsch, E. (1972): Technological planning and social futures, London, Wiley

Jones, A. P./Homer, J. B./Murphy, D. L./Essien, J. D./Milsein, B./Sevilee, D. A. (2006): Understanding diabetes population dynamics through simulation modelling and Experimentation, in: American Journal of Public Health, 96, 488–494

Juesten, W. (1975): Cash Flow und Unternehmensbeurteilung, 3. Aufl., Berlin, Schmidt

Juesten, W./Villiez, C. (1989): Cash-flow und Unternehmensbeurteilung, 5., neubearb. u. erw. Aufl., Berlin, Schmidt

Kahn, K. B. (2002): An exploratory Investigation of new product forecasting practices, in: The Journal of Product Innovation Management, 19, 133–143

Kahn, K. B. (2006): New Product Forecasting - An Applied Approach, New York, London, M.E. Sharpe

Kaitin, K. I. (1995): Pharmaceutical Innovation in a Changing Environment, in: American Journal of Therapeutics, Vol. 2, 730–734

Kaitin, K. I./DiMasi, J. A. (2000): Measuring the pace of new drug development in the user fee era, in: Drug Information Journal, Vol. 34, 673–680

Kanavos, P./Costa-Font, J./Seeley, E. (2008): Competition in off-patent drug markets: Issues, regulation and evidence, in: Economic Policy, July, 499–544

Keller, C. (1995): Marketing-Controlling in der pharmazeutischen Industrie, St. Gallen, Hochsch. für Wirtschafts-, Rechts- u. Sozialwiss., Diss. 1995

Kenney, M. (1986): Schumpeterian innovation and entrepreneurs in capitalism: A case study of the U.S. biotechnology industry, in: Research Policy, 15, 21–31

Klandt, H. (1999): Gründungsmanagement, München, Vahlen

Kleber, P. (1989): Prognoseprobleme in der Unternehmensbewertung, Wiesbaden, Dt. Univ.-Verlag

Knowles, J./Gromo, G. (2003): Target selection in drug discovery, in: Nature reviews drug discovery, Vol.2, January, 63–69

Köhler, R. (1970): Ermittlungsziele und Aussagefähigkeit von Cash Flow-Analysen, in: Die Wirtschaftsprüfung, Jg. 23, Nr. 14, 385–392

Kola, I./Landis, J. (2004): Can the pharmaceutical industry reduce attrition rates?, in: Nat Rev Drug Discov, 3, 711–715

Kolassa, M. (2002): Pharmaceutical Pricing Principles, in: Smith, M. C./Kolassa, M./Perkins, G./Siecker, B. (Hrsg.): Pharmaceutical Marketing – Principles, Environment, and Practice, New York, London, Oxford, Pharmaceutical Products Press, An Imprint of The Haworth Press, Inc., 189–216

Kollmer, H. (2003): Lizenzierungsstrategien junger Technologieunternehmen, Regensburg, Univ., Diss.

Kortmann, W. (1995): Diffusion, Marktentwicklung und Wettbewerb – Eine Untersuchung über die Bestimmungsgründe zu Beginn des Ausbreitungsprozesses technologischer Produkte, Frankfurt am Main, Berlin, Bern, New York, Paris, Wien, Lang; zugl. Dortmund, Univ., Diss., 1994

Kotler, P./Keller, K. L./Bliemel, F. (2008): Marketing-Management, 12. akt. Auflage, München (u. a.): Pearson-Studium

Kremer, S. T. M./Bijmolt, T. H. A./Leeflang, P. S. H./Wieringa, J. E. (2008): Generalizations on the effectiveness of pharmaceutical promotional expenditures; in: International Journal of Research in Marketing, 25, 234–246

Kruschwitz, L. (2002): Aktuelle Fragen der Unternehmensbewertung, Berlin, Fachbereich Wirtschaftswiss. der Freien Univ.

Kucher, E. (1995), Der Europäische Preiskorridor - und wie man ihn implementiert, in: Lonsert, M./Preuß, K. J./Kucher, E. (Hrsg.): Handbuch Pharmamanagement, Band 1, Wiesbaden, Gabler, 311–336

Kulicke, M. (1997): Die Finanzierung technologieorientierter Unternehmensgründungen, in: Koschatzky, K. (Hrsg.): Technologieunternehmen im Innovationsprozeß, Heidelberg, Physica-Verlag, 127–152

Kußmaul, H. (2008): Betriebswirtschaftslehre für Existenzgründer, 6. Aufl., München, Oldenbourg

Küting, K./Weber, C. P. (2000): Die Bilanzanalyse, 5. erw. und aktualisierte Aufl., Stuttgart, Schäffer-Poeschel

Kwang-Uh, O. (1976): Methoden und Ergebnisse der Langfristprognose, Meisenheim/Glan, Hain

Lachnit, L. (1973): Wesen, Ermittlung und Aussage des Cash Flows, in: ZfbF, 59–77

Lachnit, L. (1987): Externe Erfolgsanalyse auf der Grundlage der GuV nach dem Gesamtkostenverfahren, in: BfuP, 33–53

Lagace, R. R./Dahlstrom, R./Gassenheimer, J. B. (1991): The Relevance of Ethicals Salesperson Behavior on Relationship Quality: The Pharmaceutical Industry, in: Journal of Personal Selling and Sales Mangement, Fall, 9, 39–47

Lancaster, G./Lomas, R. (1986): A Managerial Guide to Forecasting, in: International Journal of Physical Distribution & Material Management, Vol. 16, Nr. 6, 3–38

Lane, D. C./Huseman, E. (2008): System dynamics mapping of acute patient flows, in: Journal of the Operational Research Society, 59, 213–224

Langenbucher, D. (2001): Einführung in die Biotechnologie für Investoren, Fondex Research Biotech-Report, Februar 2001, München

Laub, U. D. (1989): Zur Bewertung innovativer Unternehmensgründungen im institutionellen Zusammenhang - Eine empirisch gestützte Analyse, München: VVF, zugl. München, Techn. Univ., Diss. 1989

Lawrence, K. D/Hawton, W. H. (1981): Applications of Diffusion Models: Some Empirical Results; in: Wind, Y./Mahajan, V./Cardozo, R.C. (Hrsg.): New-Product Forecasting, 529–541

Leffson, U. (1984): Bilanzanalyse, 3. Aufl., Stuttgart, Poeschel

Lewandowski, R. (1974): Prognose- und Informationssysteme und ihre Anwendungen, Berlin, New York, de Gruyter

Licht, G./Nerlinger, E. (1998): New technology-based firms in Germany - a survey of the recent evidence, Research Policy, Volume 26, Issue 9, April, 1005–1022

Lilien, G. L./Rao, A. G./Kalisch, S. (1981): Bayesian Estimation and Control of Detailing Effort in a Repeat-Purchase Diffusion Environment, in: Management Science, Vol. 27, Issue 5, May, 493–506

Lobb, W. R./Shah, M. B. (2002): Contributions to Buyers, in: Journal of pharmaceutical marketing & management, 14, 3–4, 87–99

Locher, L./Roider, A. (2000): "Gibrats Gesetz" und das Wachstum von Firmen, in: Das Wirtschaftsstudium, 699–701

Lu, Z. J./Comanor, W. S. (1998): Strategic pricing of New Pharmaceuticals, in: Review of Economics and Statistics, 80, No. 1, 108–118

Lüscher, T./Vetter, H./Greminger, P./Steiner, R./Siegenthaler, W./Vetter, W. (1982): Patienten-Compliance, in: Klinische Wochenschrift, 60, 161–170.

Lyneis, J. M. (1980): Corporate Planning and policy design, Cambridge, Pugh Roberts

Lyneis, J. M. (1999): System dynamics for market forecasting and structural analysis, in: System Dynamics Review, Vol. 16, No. 1, Spring, 3–25

Mackintosh, A. (2004): Innovation in pharmaceutical marketing strategy: How to overcome the 30-second detailing dilemma, in: International Journal of Medical Marketing, Vol. 5, 1, 15–17

Mag, W. (1995): Unternehmensplanung, München, Vahlen

Mahajan, V./Muller, E. (1979): Innovation Diffusion and new Product Growth Models in Marketing, in: Journal of Marketing, Vol. 43, 55–68

Mahajan, V./Muller, E./Bass, F. M. (1995): Diffusion of New Product - Empirical Generalizations and Managerial Uses, in: Marketing Science, Vol. 14, No. 3, Part 2 of 2, G79–G88

Mahajan, V./Peterson, R. (1985): Models for Innovation Diffusion, Newbury Park, Calif., Sage Publ.

Mahajan, V./Sharma, S. (1986): Simple Algebraic Estimation Procedure for Innovation Diffusion Models of New Product Acceptance, in: Technological Forecasting and Social Change, 30, December, 331–346

Mahajan, V./Wind, Y. (1988): New Product Forecasting Models, in: International Journal of Forecasting, 4, 341–358

Makridakis, S./Reschke, H./Wheelwright, S. C. (1980): Prognosetechniken für Manager, Wiesbaden, Gabler

Makridakis, S./Wheelwright, S. C. (1982): The Handbook of Forecasting, New York, Wiley

Makridakis, S./Wheelwright, S. C. (1989): Forecasting Methods for Management, 5. ed., New York, Wiley

Makridakis, S./Wheelwright, S. C./Hyndman, R. J. (1998): Forecasting Methods and Applications, 3. Aufl, New York, Wiley

Mandl, G./Rabel, K. (1997): Unternehmensbewertung – Eine praxisorientierte Einführung, Wien, Ueberreuter

Mansfield, E. (1961): Technological change and the rate of Imitation, in: Econometrica, 741–766

Marquardt, R. (2000): Biotechnologie – Basis für Innovationen, Bundesministerium für Bildung und Forschung (Hrsg.): Bonn, BMBF, Referat Öffentlichkeitsarbeit

Mattmüller, R. (1990): Marketing-Prognosen für den Handel, Augsburg, FGM-Verlag

Meade, N./Islam, T. (2006): Modelling and forecasting the diffusion of innovation – A 25 year Review, in: International Journal of Forecasting, 22, 519–545

Meffert, H. (1998): Marketing: Grundlagen marktorientierter Unternehmensführung. Konzepte – Instrumente - Praxisbeispiele, 8.Aufl., Wiebaden, Gabler

Meier, P. (1982): Prognosewirkungen, Bern, Verlag Lang

Menrad, K./Hüsing, B./Reiß, T./Strauß, E. (1995): Innovationsleistungen geförderter Biotechnologieunternehmen im Modellversuch BJTU: Projektbegleitung zum Modellversuch "Beteiligungskapital für junge Technologieunternehmen" Karlsruhe, FhG-ISI

Menrad, K./Kulicke, M./Lohner, M./Reiß, T. (1999): Probleme junger, kleiner und mittelständischer Biotechnologieunternehmen, Stuttgart, Fraunhofer-IRB-Verlag

Mertens, H.-J. (Hrsg.) (1973): Prognoserechnung, Würzburg, Wien, Physica-Verlag

Meyersiek, D. (1991): Unternehmenswert und Branchendynamik, in: BFuP, 43, 3, 233–240

Mietzsch, A. (2002): Wachstum und Konsolidierung der deutschen Biotech-Branche, in: Herstatt, C./Müller, C. (Hrsg.): Management Handbuch Biotechnologie, Stuttgart, Schäffer-Poeschel, 33–41

Milling, P./Maier, F. (1996): Invention, Innovation und Diffusion, Berlin, Duncker & Humblot

Mizik, N./Jacobson, R. (2004): Are Physician “Easy Marks”? Quantifiying the Effects of Detailing and Sampling on New Prescriptions, in: Management Science, Vol. 50, No. 12, December, 1704–1715

Mortanges de, C. P./Rietbroek, J. W./Johns, C. M. (1997): Marketing pharmaceuticals in Japan: background and the experience of US firms, in: European Journal of Marketing, Vol. 31, No. 8, 561–582

Moxter, A. (1983): Grundsätze ordnungsgemäßer Unternehmensbewertung, Wiesbaden, Gabler

Mugler, J. (1995): Betriebswirtschaftslehre der Klein- und Mittelbetriebe, 2. Aufl., Wien (u. a.): Springer

Müller, M. C. (2005): Europäisches Pharmamarketing, Wiesbaden, Gabler

Münnich, F. E./Fryns, H. (2001): Innovationen im pharmazeutischen Mittelstand, Eine Gemeinschaftsstudie des Bundesverbandes der Pharmazeutischen Industrie und IMS Health zur Innovationskraft in kleinen und mittelständischen Unternehmen, IMS Health

Münstermann, H. (1970): Wert und Bewertung der Unternehmung, 3. Aufl., Wiesbaden, Betriebswirtschaftlicher Verlag Gabler

Murphy, M. N. (1995): Competitive Dynamics in Pharmaceuticals, in: Journal of Health Care Marketing, Summer, Vol. 15, Issue 2, 24–33

Nathusius, K./Göring, (2007): Zur Finanzierungsgenese von jungen, schnell wachsenden Technologieunternehmen, in: Finanz Betrieb 12/2007, 774-776

Nefiodow, L. A. (2000): Der sechste Kondratieff-Zyklus, in: Going Public, Sonderausgabe Biotechnologie, 8–9

Nehrlinger, E./Berger, G. (1995): Technologieorientierte Industrien und Unternehmen: Alternative Definitionen, DEW-Discussion Paper

Nowak, T. (2000): Marktorientierte Unternehmensbewertung, Wiesbaden, Dt. Univ.-Verlag

o.V. (1995): Forschungs- und Entwicklungskulturen, in: Herzog, R. (Hrsg.): F&E-Management in der Pharmaindustrie, Aulendorf, Ed.-Cantor-Verlag o.V. (1995): Prognose- und Analysemodelle – neue Entwicklungen, in: BFuP 3/95, 325–335

o.V. (1999): Zeittafel der molekularen Biotechnologie und Genomforschung, in: Going Public, Sonderausgabe Biotechnologie, 3. Jg., Wolfratshausen, Verlag Going Public Media AG

o.V. (2003): Siegeszug der grünen Gentechnik in China und Indien, in: NZZ, 17./18. Mai, 19

o.V. (2010): in: Gabler Wirtschaftslexikon, Band I-K, 17. komplett aktualisierte u. erw. Aufl., Wiesbaden, Gabler

OTA (1993): US Congress Office of Technology Assessment, Pharmaceutical R&D, Costs, risks and rewards:, Washington, DC: US Government Printing Office, OTA-H-522

Paich, M./Peck, C./Valant, J. (2004): Pharmaceutical Product Strategy – Using Dynamic Modeling for Effective Brand Planning, London, New York, Washington, CRC Press

Parker, P. M. (1994): Aggregate diffusion forecasting models in marketing: A critical review, in: International Journal of Forecasting, 10, 353–380

Pausenberger, E./Giesel, F./Volkmann, B. (1982): Technologiepolitik internationaler Unternehmen - Eine empirische Untersuchung über Forschung und Entwicklung, Technologietransfer und Technologieanpassung in internationalen Unternehmen. Abhandlung im Auftrag des Arbeitskreises "Organisation und Führung international tätiger Unternehmen" der Schmalenbach-Gesellschaft/DGfB e.V." in: ZfbF, 34, 12, 1025–1054

Peemöller, H./Kunowski, (2001): Ertragswertverfahren nach IDW, in: Peemöller, V. H. (Hrsg.): Praxishandbuch der Unternehmensbewertung, Herne (u. a.): Verlag Neue Wirtschafts-Briefe

Peemöller, V. H./Kunovski, /Hillers, J. (1999): Ermittlung des Kapitalisierungszinssatzes für internationale Mergers & Acquisitions bei Anwendung des Discounted Cash Flow-Verfahrens (Entitiy-Ansatz): in: Die Wirtschaftsprüfung, 621–630

Peemöller, V. H./Kunowski, S. (2001): Ertragswertverfahren nach IDW, in: Peemöller, V. H. (Hrsg.): Praxishandbuch der Unternehmensbewertung, Herne (u. a.): Verlag Neue Wirtschafts-Briefe, 199–262

Perkins, G. (2002): Principles of Product Research and Development, in: Smith, M. C./Kolassa, M./Perkins, G./Siecker, B.: Pharmaceutical Marketing – Principles, Environment, and Practice, New York, London, Oxford, Pharmaceutical Products Press, An Imprint of The Haworth Press, Inc., 103–130

Perridon, L./Steiner, M. (1999): Finanzwirtschaft der Unternehmung, 10. überarb. Aufl., München, Vahlen

Pfirrmann, O./Wupperfeld, U./Lerner, J. (1997): Venture Capital and New Technology Based Firms - An US-German Comparison, Heidelberg, Physica-Verlag

PhRMA (2003): Pharmaceutical Research and Manufacturers of America (Hrsg.), Pharmaceutical Industry Profile 2003, Washington, DC, PhRMA

PhRMA (2010): Pharmaceutical Research and Manufacturers of America (Hrsg.), Pharmaceutical Industry Profile 2010, Washington, DC, PhRMA

Picot, A. (1977): Prognose und Planung – Möglichkeiten und Grenzen, in: DB, 30 Jg., 2149–2153

Pirk, O. (2008): Preisbildung und Erstattung, in: Schöffski, O./Fricke, F.-U./Guminski, W.: (Hrsg.) Pharmabetriebslehre, Berlin, Springer

Pisano, G. P./Mang, P. Y. (1993): Collaborative Product Development and the Market for Know-HowKnow-how – Strategies and Structures in the Biotechnology Industry, in: Research on Technological Innovation, Management and Policy, Vol. 5, 109–136

Pitt, L./Nel, D. (1988): Pharmaceutical Promotion Tools – Their Relative Importance, in: European Journal of Marketing, Vol. 22, Issue 5, 7–14

Powell, W. W. (1996): Inter-Organizational Collaboration in the Biotechnology Industry, in: Journal of Institutional and Theoretical Economics, Vol. 120, 197–215

Pritsch, G. (2000): Realoptionen als Controllinginstrument – das Beispiel pharmazeutische Forschung und Entwicklung, 1. Aufl., Wiesbaden, Gabler, zugl. Koblenz, Wiss. Hochschule für Unternehmensführung, Diss. 2000

Putsis, W. P./Srinivasan, V. (2000): Estimation Techniques for Macro Diffusion Models, in: Mahajan, V./Muller, E./Wind, Y. (Hrsg.): New Product Diffusion Models, Boston, Mass., Kluwer

Räbel, D. (1986): Venture Capital als Instrument der Innovationsfinanzierung: eine krit. Analyse unter bes. Berücks. d. Projektbewertungsproblem, Köln, Deutscher Wirtschaftsdienst

Rao, A. G./Yamada, M. (1988): Forecasting with a repeat purchase diffusion Model, in: Management Science, Vol. 34, No. 6, June, 733–752

Reekie, D. W. (1978): Price and Quality Competition in the United States Drug Industry, in: Journal of Industrial Economics, 26, 223–237

Reibnitz, U. v. (1989): Szenario-Planung, in: Szyperski, N. (Hrsg.): Handwörterbuch der Planung, Sp. 1985, Stuttgart, Pöschel

Reibnitz, U. v. (1991): Szenario-Technik – Instrumente für die unternehmerische und persönliche Erfolgsplanung, Wiesbaden, Gabler Verlag

Reichert, J. (2000): New biopharmaceuticals in the USA: trends in development and marketing approvals 1995–1999, in: TIBTECH, Vol. 18, September, 364–369

Reichert, J. M./Healy, E. M. (2001): Biopharmaceuticals approved in the EU 1995 – 1999: a European Union – United states comparison, in: European Journal of Pharmaceuticals and Biopharmaceutics, 51, 1–7

Reiss, T. (1997): Von Biotechnologie bestimmt, in: Handelsblatt, 15.10.1997

Reiss, T. (2001): Drug discovery of the future: the implications of the human genome project, in: Trends in Biotechnology, Vol. 19, No. 12, December, 496–499

Reitsch, A. G./Hanke, J. E. (1998): Business Forecasting, 6. Aufl., London, Prentice-Hall International

Robinson, W. T. (1990): Product Innovation and Start-Ut-up Business Market Share Performance, in: Management Science, Vol. 36, 1279–1289

Röck, C. (2000): Die Diffusion von innovativen netzgebundenen Gütern bei unterschiedlichen Interaktionsnetzen, Frankfurt a. M., Wien (u. a.): Lang

Rogers, E. (1995): Diffusion of Innovations, 4. Aufl., United States of America, The Free Press

Rogers, E. (2003): Diffusion of Innovations, 5. Aufl., New York, Free Press

Rogge, H.-J. (1972): Methoden und Modelle der Prognose aus absatzwirtschaftlicher Sicht, Berlin, Duncker & Humblot

Römpp, H. (1996): Chemie-Lexikon, Band 1, 10. Aufl., Stuttgart, Thieme

Roselund, T./Lovich, D./Lubkeman, M./Flanagan, A. (2004): Biopharmaceutical marketing excellence: Driving business result, in: International Journal of Medical Marketing, Vol. 4, 3, 209–218

Rosenthal, M. B./Berndt, E. R./Donohue, J. M./Epstein, A. M./Frank, R. G. (2003): Demand Effects of Recent Changes in Prescription Drug Promotion, in: Frontiers in Health Policy Research, Vol. 6, MIT Press, 1–26

Rothaermel, F. T. (2001): Complementary assets, strategic alliances, and the incumbent's advantage: an empirical study of industry and firm effects in the biopharmaceutical industry, in: Research Policy, 30, 1235–1251

Rothschild, K. W. (1969): Wirtschaftsprognose, Methoden und Probleme, 165–172, Berlin, Springer

Rubin, P. H. (2004): Pharmaceutical Marketing: Medical and Industry Biases, in: Journal of Pharmaceutical Finance, Economics & Policy, Vol. 13 (2), 65–79

Ryan, J. F./Murray, J. A. (1997): The Diffusion of a Pharmraceutical Innovation in Ireland; in: European Journal of Marketing, Vol. 11, Issue 1, 3–13

Saha, A./Grabowski, H./Birnbaum, H./Bizan, O. (2006): Generic Competition in the U.S. Pharmaceutical Industry, in International Journal of the Economics of Business, 13 (1), 15–38

Sandrock, J. (2005): System Dynamics in der strategischen Planung - Zur Gestaltung von Geschäftsmodellen im E-Learning, 1. Aufl., Wiesbaden, Deutscher Universitäts-Verlag; zugl. Diss. Universität Karlsruhe, 2005

Schefczyk, M. (2000): Finanzieren mit Venture Capital, Stuttgart, Schäffer-Poeschel

Scheibehenne, V./Ising, J./Schiereck, D. (2003): Venture Capital für die Biotechnologie - Eine empirische Analyse der Vergabekriterien, Arbeitsberichte aus dem Institute for Mergers and Acquisitions (IMA): 03/03f

Schiel, D./Weißenfeldt, F./Schröder-Bernhardi, D. (2008): Quantitative Marktforschung, in: Schöffski, O./Fricke, F.-U./Guminski, W. (Hrsg.): Pharmabetriebslehre, 2. Aufl., Berlin, Springer

Schindler, P. W. (1995): Die Bedeutung rationaler Forschungsstrategien und moderner In-vitro-Methoden für die Suche nach neuen Arzneimitteln, in: Herzog, R. (Hrsg.): F&E- Management in der Pharma-Industrie, Aulendorf, Ed.-Cantor-Verlag

Schlaak T. M. (1999): Der Innovationsgrad als Schlüsselvariable – Perspektiven für das Management von Produktentwicklungen, Wiesbaden, Dt. Univ.-Verlag

Schmalen, H. (1989): Das Bass-Modell zur Diffusionsforschung – Darstellung, Kritik und Modifikation, in: zfbf 41, 3, 210–225

Schmalen, H./Binninger, F./Pechtl, H. (1993): Diffusionsmodelle als Entscheidungshilfe zur Planung absatzpolitischer Maßnahmen bei Neuprodukteinführungen, in: Die Betriebswirtschaft, Vol. 53, 513–527

Schmalen, H./Pechtl, H. (1996): Die Rolle der Innovationseigenschaften als Determinanten im Adoptionsverhalten, in: ZfbF, Vol 48, 816–836

Schmalen, H./Xander, H. K. (2000): Produkteinführung und Diffusion, in: Albers, S./Herrman, A. (Hrsg.): Handbuch Produktmanagement, 1. Aufl., Wiesbaden, Gabler, 411–440

Schmalenbach, E. (1917/1918): Die Werte von Anlagen und Unternehmungen in der Schätzungstechnik, ZfhF, 1–20

Schmidt, J. G. (1997): Unternehmensbewertung mit Hilfe strategischer Erfolgsfaktoren, Frankfurt a.M., Wien (u. a.): Lang

Schmidt, S. (2009): Die Diffusion komplexer Produkte und Systeme, Wiesbaden, Gabler Verlag/GWV Fachverlage GmbH

Schneider, D. K. (1993): Pharma-Szenario 2000; in: Pharma-Marketing Journal, 2/93, 60–61

Schöffski, O./Fricke, F.-U./Guminski, W. (2008): Pharmabetriebslehre, 2. Aufl., Berlin, Springer

Schöneborn, F. (2003): Strategisches Controlling mit System Dynamics, Heidelberg (u. a.): Physica-Verlag

Schonfeld, E. (1997): The New Biotech Boom: a Star is Born, in: Fortune Magazine, Januar 13

Schüssel, K./Leuner, K./Schulz, M./Müller, W. E. (2007): Persistenz und Compliance bei Antihypertensiva, in: Pharmazeutische Zeitung, 152. Jg, Ausgabe 14, 05. April

Schwall, B. (2001): Die Bewertung junger, innovativer Unternehmen auf Basis des Discounted Cash Flow, Frankfurt a. M., Wien (u. a): Lang

Schwarz, R. (2002): Controlling-Systeme – Eine Einführung in Grundlagen, Komponenten und Methoden des Controlling, 1.Aufl., Wiesbaden, Gabler

Schwarz, R./Ewaldt, J. W.: Über den Beitrag systemdynamischer Modellierung zur Abschätzung technologischer Evolution, in: Möhrle, M. G./Isenmann, R. (Hrsg): Technologie-Roadmapping – Zukunftsstrategien für Technologieunternehmen, Berlin, Heidelberg, New York, u. a., 159–175

Schwarz, R./Maybaum, P. (2001): Is the Lyneis-model reproducible? in: Economic Systems Report, S. 14; paper presented for the 8th International Conference of the System Dynamics Society, Bergen, Norway, 6–10. August 2000, Cottbus

Schwarz, R./Schöneborn, F. (2002): An elementary dynamic model of a small start-up firm, 2002, Proceedings of the 20th International Conference of the System Dynamics Society, Palermo

Seiffert, H. (1989b): Wissenschaftstheorie, in: H. Seiffert & G. Radnitzky (Hrsg.): Handlexikon zur Wissenschaftstheorie, 461–463, München, Ehrenwirth

Sieben, G./Diedrich, R./Kirchner, M./Krautheuser, R. (1989): Nutzung der Expertensystemtechnologie für die Unternehmensbewertung, in: Der Betrieb, 1989, Heft 34, 1681–1684

Sieben, G./Diedrich, R./Kirchner, M./Krautheuser, R. (1990): Expertensystemgestützte Ergebnisprognose zur Unternehmensbewertung, in: Der Betrieb, Heft 1, 1–8

Siecker, B. (2002): Principles of Place, Channel Systems, and Channel Specialists, in: Smith, M.C./Kolassa, M./Perkins, G./Siecker, B.: Pharmaceutical Marketing – Principles, Environment, and Practice, New York, London, Oxford, Pharmaceutical Products Press, An Imprint of The Haworth Press, Inc., 219–238

Siener, F. (1991): Der Cash-Flow als Instrument der Bilanzanalyse, Stuttgart, Schäffer-Poeschel

Simon, H./Hilleke-Daniel, K./Kucher, E. (1989): Wettbewerbsstrategien im Pharmamarkt, Stuttgart, Schäffer, Fachverlag für Wirtschaft und Steuern

Smith, J. K./Smith, R. L. (2000): Entrepreneurial Finance, 1 ed., New York, Wiley

Smith, M. (2002a): Practices, in: Smith, M. C./Kolassa, M./Perkins, G./Siecker, B.: Pharmaceutical Marketing – Principles, Environment, and Practice, New York, London, Oxford, Pharmaceutical Products Press, An Imprint of The Haworth Press, Inc., 313–328

Smith, M. (2002b): Principles, in: Smith, M. C./Kolassa, M./Perkins, G./Siecker, B.: Pharmaceutical Marketing – Principles, Environment, and Practice, New York, London, Oxford, Pharmaceutical Products Press, An Imprint of The Haworth Press, Inc., 269–304

Solbach, M. C. (2000): Performance Measurement im Arzneimittelmarketing, St. Gallen, Univ., Diss.

Spaethe, T. R. (2001): Die Pharmaindustrie und die Biotechnologie: Analyse der Veränderungen der Industriestruktur, Regensburg, Univ., Diss.

Spalding, B. J. (1991): Turning Promis into Reality, in: Bio/Technology, Vol. 9, November, 1032

Spiller, L. D./Wymer, W. W. (2002): Physicians' Responses to Marketing Strategies of Pharmaceutical Companies, in: Journal of Pharmaceutical Marketing & Management, Vol. 15, (1),15–30

Srinivasan, V./Mason, C. H. (1986): Non-linear Least Squares Estimation of New-Product Diffusion Models, in: Marketing Science, 5, (2), Spring, 169–178

Srivastava, R. K./Mahajan, V./Ramaswami, S. N./Cherian, J. (1985): A multi-attribute diffusion model for forecasting the adoption of investment alternatives for consumers, in: Technological forecasting and social change, Vol. 28, 328–333

Sterman, J. D. (2000): Business Dynamics – Systems Thinking and Modeling for a Complex World, Boston, Mass., McGraw-Hill Irwin

Streck, W. R./Pieper, B. (1997): Die biotechnische Industrie in Deutschland, ifo Institut für Wirtschaftsforschung, München, Ifo-Inst. für Wirtschaftsforschung

Stremersch, S./VanDyck, W. (2009): Marketing of the Life Sciences: A New Framework and Research Agenda for a Nascent Field, in: Journal of Marketing, Vol. 73, July 2009, 4–30

Stremersch, S./Venkataraman, G: (2007): The Debate on Influencing Doctors' Decisions: Are Drug Characteristics the Missing Link, in: Management Science, Vol. 53, No. 11, November, 1688–1701

Strohhecker, J. (2008): Der System-Dynamics-Prozess im Überblick, in: Strohhecker, J./Sehnert, J. (Hrsg.): System Dynamics für die Finanzindustrie - Simulieren und Analysieren dynamisch-komplexer Probleme, Frankfurt am Main, Frankfurt-School-Verl., 38–51

Strohhecker, J. (2008): Formulierung, Simulation und Analyse von System-Dynamics-Modellen, in: Strohhecker, J./Sehnert, J. (Hrsg.): System Dynamics für die Finanzindustrie – Simulieren und Analysieren dynamisch-komplexer Probleme, Frankfurt am Main, Frankfurt-School-Verl., 141–174

Strohhecker, J./Fischer M. M. (2008): Bestands- und Flussgrößen, in: Strohhecker, J./Sehnert, J. (Hrsg.): System Dynamics für die Finanzindustrie - Simulieren und Analysieren dynamisch-komplexer Probleme, Frankfurt am Main, Frankfurt-School-Verl., 105–140

Struck, M. (1994): Biopharmaceutical R&D Success Rates and Development Times, in: Biotechnology, Vol. 12, July, 674–677

Sultan, F./Farley, J. U./Lehmann, D. R. (1990): A Meta-Analysis of Applications of Diffusion Models, in: Journal of Marketing Research, 27, Feb, 70–77

Sultan, F./Farley, J. U./Lehmann, D. R. (1990): A Meta-Analysis of Applications of diffusion Models, in: Journal of Marketing Research, 27, Feb, 70–77

Sultan, F./Farley, J. U./Lehmann, D. R. (1996): Reflections on „A Meta-Analysis of Applications of Diffusion Models“, in: Journal of Marketing Research, Vol. XXXIII, May, 247–249

Suslow, V. Y. (1996): Measuring Quality Change in the Market for Anti-Ulcer Drugs, in: Helms, R. M. (Hrsg.): Competitive Strategies in the Pharmaceutical Industry, Washington, AEI Press

Szyperski, N. (1989): Handwörterbuch der Planung, Stuttgart, Poeschel

TCSDD (2002): Outlook 2002, Boston, Tufts Center for the Study of Drug Development

Thalmann, O. (2004): Finanzierung von jungen Biotechnologieunternehmen, St. Gallen, Univ., Diss.

Thayer, A. M. (1995): Technology-Based Firms Define New Business Approach to Drug Development, in: Chemical & Engineering News, Vol. 73, 5. June, 17–25

Thomas, R. J. (1985): Estimating market growth for new products: An Analogical Diffusion Model Approach, in: Journal of Product Innovation Management, 2, 45–55

Tornatzky, L. G./Klein, K. J. (1982): innovation characteristics and innovation adoption-implementation: A Meta-Analysis of Findings, in: IEEE Transactions on Enginieering Management, Vol. EM-29, No. 1, 28–45

Vakratsas, D./Kolsarici, C. (2008): A dual-market diffusion model for a new prescription pharmaceutical, in: International Journal of Research in Marketing, 25, 282–293

Van den Bulte, C./Lilien, G. (1997): Bias and systematic change in the parameter estimates of Macro Level Diffusion Models, in: Marketing Science, Vol. 16, No. 4, 338–353

VFA (1998): Verband Forschender Arzneimittelhersteller e.V., (Hrsg.): Innovation – Der Schlüssel zum Erfolg, Oktober 1998, Berlin

VFA (2000): Verband Forschender Arzneimittelhersteller e.V., (Hrsg.): Wirkstoffsuche: Entscheiden für den therapeutischen Fortschritt, 2. überarb. Aufl., Dezember 2000, Berlin

VFA (2001a): Verband Forschender Arzneimittelhersteller e.V., (Hrsg.): Heilen mit Genen, Mai 2001, Berlin

VFA (2001b): Verband forschender Arzneimittelhersteller e.V., (Hrsg.): So sicher sind Arzneimittel, Fakten und Beispiele zur Arzneimittelsicherheit, Oktober 2001, Berlin

Wagner, J. (1985): Die Aussagefähigkeit von cash-flow-Ziffern für die Beurteilung der finanziellen Lage einer Unternehmung, in: DB, 38. Jg., 1601–1607

Wazana, A. (2000): Physicians and the pharmaceutical industry: Is a gift ever just a gift?, in: Journal of American Medical Association, 283 (3), 373–380

Weber, K. (1990): Wirtschaftsprognostik, München, Vahlen

Weeks, W. B./Wallace, A. E./Kimberly B. C. S. (2001): The Changing Face of Pharmaceutical Advertising, Vol. 21, Fall, Issue 3, 27–30

Weiber, R. (1992): Diffusion von Telekommunikation, Wiesbaden, Gabler

Wellmann, G. et al. (2003): Drug attributes and patient out-of-pocket cost impact on preference: Conjoint Analysis of Physicians, pharmacists and consumers, in: Journal of Pharmaceutical Marketing & Management, Vol. 15 (2), 47–51

Wiggins, S. N./Maness, R. (1994): Price Competition in Pharmaceutical Markets - The Case of Antiinfectives, in: Economic Inquiry, Volume 42 Issue 2, 247–263

Wildgruber, J. (1998): Das Prognoseproblem bei der Ermittlung des Entscheidungswertes von Kreditinstituten, Frankfurt a.M., Wien (u. a.): Lang

Wipfli, C. (2001): Unternehmensbewertung im Venture Capital-Geschäft - Herleitung von Einflußfaktoren und deren empirische Überprüfung in der Praxis, Bern, Wien (u. a.): Haupt

Witzel, R. (2006): Relationship Marketing in der Pharmazeutischen Industrie: Vertrauen und Commitment als Erfolgsfaktoren, 1.Aufl., Wiebaden, Dt. Univ.-Verlag

Woltmann, H. R. (1989): Reviewing the Bidding: R&D Costs and Profitability of New Chemical Entities, in: Journal of Research in Pharmaceutical Economics, Vol. 1 (3), 49–65

WP-Handbuch (2002): Institut der Wirtschaftsprüfer e.V. (Hrsg..): 12. Aufl., Düsseldorf, IDW-Verl.

Wrede, M./Henning, R. (2000): Venture Capital in den Life Sciences, in: Going Public, Sonderausgabe Biotechnologie

Wright, M./Charlett, D. (1995): New Product Diffusion Models in Marketing: An Assessment of Two Approaches, in: Marketing Bulletin, 6, Article 4, 32–41

Zahn, E. (1971): Das Wachstum industrieller Unternehmen. Versuch einer Erklärung mit Hilfe eines komplexen, dynamischen Modells, Wiesbaden, Gabler

Zahn, E. (1995): Handbuch Technologiemanagement, Stuttgart, Schäffer-Poeschel

Zerres, M. P./Zerres, I. (1997): Unternehmensplanung, 1. Aufl., Frankfurt a. M., Frankfurter Allgemeine Zeitung, Verl.-Bereich Wirtschaftsbücher

Zloch S. (2007): Wertorientiertes Management der pharmazeutischen Produktentwicklung, 1. Aufl., Wiesbaden, Deutscher Universitätsverlag, zugl. Dissertation, Universität Bamberg, 2007

Zucker, L. G./Darby, M. R./Brewer, M. B. (1998): Intellectual Human Capital and the Birth of U.S. Biotechnology Enterprises, American Economic Review, 88 (1), 290–306

Zucker, L./Darby, M. R. (1997): Present at the biotechnological Revolution: Transformation of Technological Identity for a Large Incumbent Pharmaceutical Firm, in: Research Policy, 26, 429–446

EINZELSCHRIFTEN

Philipp Gallus
Effiziente Organisationsformen im Regionalflugsegment von Netzwerk-Carriern – Situations-Struktur-Konfigurationen im europäischen Luftverkehr
Lohmar – Köln 2011 • 336 S. • € 63,- (D) • ISBN 978-3-8441-0059-4

Tobias Rombach
Preisblasen auf Wohnimmobilienmärkten – Eine theoretische und empirische Analyse der internationalen Märkte
Lohmar – Köln 2011 • 460 S. • € 69,- (D) • ISBN 978-3-8441-0063-1

Uwe V. Lobeck (Hrsg.)
Sylter Runde – Memoranden an Deutschlands Zukunft
Lohmar – Köln 2011 • 448 S. • € 68,- (D) • Hardcover • ISBN 978-3-8441-0077-8

Harald F. O. von Kortzfleisch (Ed.)
Scientific Entrepreneurship – Reflections on Success of 10 Years EXIST
Lohmar – Köln 2011 • 352 S. • € 69,- (D) • Hardcover • ISBN 978-3-8441-0078-5

Andreas Förster
Mundell-Fleming-Modell – Eine makroökonomische Analyse wirtschaftspolitischer Maßnahmen
Lohmar – Köln 2011 • 128 S. • € 24,- (D) • ISBN 978-3-8441-0085-3

Nicolaus Schmidt
Kapitalaufbringung und Kapitalerhaltung im Cash-Pool nach Inkrafttreten des MoMiG und des ARUG
Lohmar – Köln 2011 • 188 S. • € 48,- (D) • ISBN 978-3-8441-0095-2

Vasily Belkin
Multikriterielles Controlling von Geschäftsprozessen – Prozessverbesserung mit Hilfe der dynamischen Simulation
Lohmar – Köln 2011 • 384 S. • € 65,- (D) • ISBN 978-3-8441-0096-9

David A. Maier
Cash Flow Prognosen bei Biotechnologieunternehmen mittels der systemdynamischen Modellierung
Lohmar – Köln 2011 • 268 S. • € 57,- (D) • ISBN 978-3-8441-0100-3